明日科技 编著

Python GUI 开发手册

基础·实战·强化

全国百佳图书出版单位
化学工业出版社
·北京·

内容简介

《Python GUI 开发手册：基础·实战·强化》是"计算机科学与技术手册系列"图书之一，该系列图书内容全面，以理论联系实际、能学到并做到为宗旨，以技术为核心，以案例为辅助，引领读者全面学习基础技术、代码编写方法和具体应用项目。旨在为想要进入相应领域或者已经在该领域深耕多年的技术人员提供新而全的技术性内容及案例。

本书以 Python 语言为载体讲解 GUI 开发，分为 4 篇，分别是：基础篇、tkinter 模块实战篇、PyQt5 模块实战篇和项目强化篇，共 30 章。内容由浅入深，循序渐进，使读者在打好基础的同时逐步提升技能。本书内容包含了 GUI 开发必备的基础知识和数据库相关知识，以较大篇幅讲解了目前应用较广的两个开发模块（tkinter 和 PyQt5）和相应的 12 个关键案例，同时配备了两个大型项目，使读者能够同步做出产品，达到学到并且做到的目的。

本书适合 Python GUI 开发从业者、Python 开发程序员、Python 开发以及人工智能的爱好者阅读，也可供高校计算机相关专业师生参考。

图书在版编目（CIP）数据

Python GUI 开发手册：基础·实战·强化 / 明日科技编著．—北京：化学工业出版社，2022.4
 ISBN 978-7-122-40640-8

Ⅰ.①P… Ⅱ.①明… Ⅲ.①软件工具 – 程序设计 – 手册 Ⅳ.①TP311.56-62

中国版本图书馆 CIP 数据核字（2022）第 019110 号

责任编辑：雷桐辉
责任校对：李雨晴
装帧设计：尹琳琳

出版发行：化学工业出版社
（北京市东城区青年湖南街13号 邮政编码100011）
印　装：大厂聚鑫印刷有限责任公司
880mm×1230mm　1/16　印张26½　字数764千字
2022年4月北京第1版第1次印刷

购书咨询：010-64518888
售后服务：010-64518899
网　　址：http://www.cip.com.cn

凡购买本书，如有缺损质量问题，本社销售中心负责调换。

定　价：128.00元
版权所有　违者必究

前言

随着我国"十四五"规划的提出，国家在提升企业技术创新能力、激发人才创新活力等方面加大力度，也标志着我国信息时代正式踏上新的阶梯。现如今，电子设备已经普及，在人们的日常生活中随处可见。信息社会给人们带来了极大的便利，信息捕获、信息处理分析等在各个行业得到普遍应用，推动整个社会向前稳固发展。

计算机设备和信息数据的相互融合，对各个行业来说都是一次非常大的进步，已经渗入到工业、农业、商业、军事等领域，同时其相关应用产业也得到一定发展。就目前来看，各类编程语言的发展、人工智能相关算法的应用、大数据时代的数据处理和分析都是计算机科学领域各大高校、各个企业在不断攻关的难题，是挑战也是机遇。因此，我们策划编写了"计算机科学与技术手册系列"图书，旨在为想要进入相应领域的初学者或者已经在该领域深耕多年的从业者提供新而全的技术性内容，以及丰富、典型的实战案例。

在大数据、人工智能应用越来越普遍的今天，Python 可以说是当下世界上最热门、应用最广泛的编程语言之一。我们知道，Python 在人工智能、爬虫、数据分析、游戏、自动化运维等方面应用广泛，无处不见其身影，但这些开发的前提，都需要界面来进行支撑。目前，Python 开发的图书有很多，但是讲解使用 Python 进行 GUI 窗体界面开发的图书很少。本书为 Python 程序开发人员、进行 GUI 窗体开发的初中级开发人员、编程爱好者、大学师生精心策划，所讲内容从技术应用的角度出发，结合实际应用进行讲解。本书侧重 Python GUI 编程的基础与实践，为保证读者学以致用，在实践方面循序渐进地进行 4 个层次的篇章介绍：基础篇、tkinter 模块实战篇、PyQt5 模块实战篇和项目强化篇。

本书内容

全书共分为 30 章，主要通过"基础篇（3 章）+tkinter 模块实战篇（12 章）+PyQt5 模块实战篇（12 章）+ 项目强化篇（3 章）" 4 大维度一体化进行讲解，具体的知识结构如下图所示：

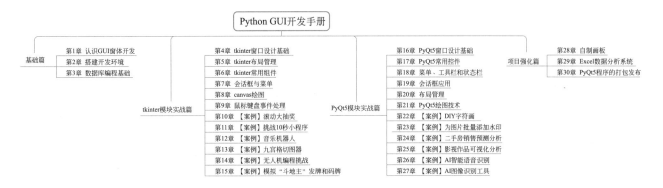

本书特色

1. 突出重点、学以致用

书中每个知识点都结合了简单易懂的示例代码以及非常详细的注释信息，力求能够让读者快速理解所学知识，提升学习效率，缩短学习路径。

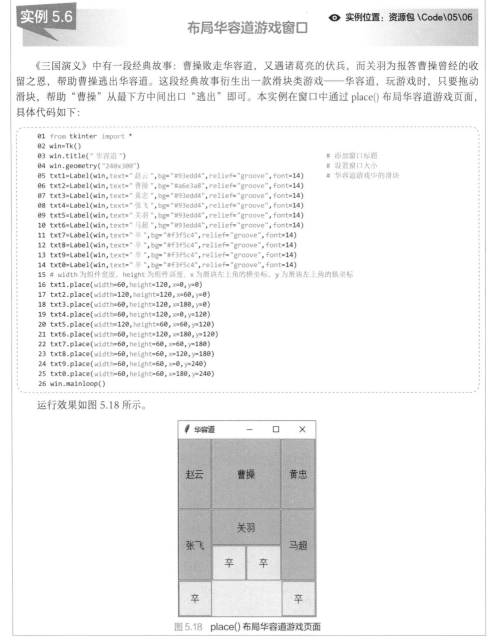

示例代码与运行结果

2. 提升思维、综合运用

本书以知识点综合运用的方式，带领读者学习各种趣味性较强的应用案例，让读者不断开拓 Python GUI 开发思维，还可以快速提高对知识点的综合运用能力，让读者能够回顾以往所学的知识点，并结合新的知识点进行综合应用。

3．综合技术、实际项目

本书在项目强化篇中提供了两个贴近实际应用的项目，力求通过实际应用使读者更容易地掌握 Python GUI 开发技术和对应项目的需求。两个项目都是根据实际开发经验总结而来，包含了在实际开发中所遇到的各种问题。项目结构清晰、扩展性强，读者可根据个人需求进行扩展开发。

4．精彩栏目、贴心提示

本书根据实际学习的需要，设置了"注意""说明""指点迷津"等许多贴心的小栏目，辅助读者轻松理解所学知识，规避编程陷阱。

本书由明日科技的 Python 开发团队策划并组织编写，主要编写人员有王小科、何平、李菁菁、张鑫、申小琦、赵宁、周佳星、李磊、王国辉、高春艳、李再天、赛奎春、葛忠月、李春林、宋万勇、张宝华、杨丽、刘媛媛、庞凤、谭畅、依莹莹等。在编写本书的过程中，我们本着科学、严谨的态度，力求精益求精，但疏漏之处在所难免，敬请广大读者批评斧正。

感谢您阅读本书，希望本书能成为您编程路上的领航者。

祝您读书快乐！

编著者

如何使用本书

本书资源下载及在线交流服务

方法1：使用微信立体学习系统获取配套资源。用手机微信扫描下方二维码，根据提示关注"易读书坊"公众号，选择您需要的资源和服务，点击获取。微信立体学习系统提供的资源和服务包括：

- 视 频 讲 解：**快速掌握编程技巧**
- 源 码 下 载：**全书代码一键下载**
- 配 套 答 案：**自主检测学习效果**
- 学 习 打 卡：**学习计划及进度表**
- 拓 展 资 源：**术语解释指令速查**

扫码享受
全方位沉浸式学 Python GUI

操作步骤指南　①微信扫描本书二维码。②根据提示关注"易读书坊"公众号。③选取您需要的资源，点击获取。④如需重复使用可再次扫码。

方法2：推荐加入QQ群：576760840（若此群已满，请根据提示加入相应的群），可在线交流学习，作者会不定时在线答疑解惑。

方法3：使用学习码获取配套资源。

（1）激活学习码，下载本书配套的资源。

第一步：刮开后勒口的"在线学习码"（如图1所示），用手机扫描二维码（如图2所示），进入如图3所示的登录页面。单击图3页面中的"立即注册"成为明日学院会员。

第二步：登录后，进入如图4所示的激活页面，在"激活图书VIP会员"后输入后勒口的学习码，单击"立即激活"，成为本书的"图书VIP会员"，专享明日学院为您提供的有关本书的服务。

第三步：学习码激活成功后，还可以查看您的激活记录。如果您需要下载本书的资源，请单击如图5所示的云盘资源地址，输入密码后即可完成下载。

图1 在线学习码

图2 手机扫描二维码

图3 扫码后弹出的登录页面

图4 输入图书激活码

图5 学习码激活成功页面

（2）打开下载到的资源包，找到源码资源。本书共计30章，源码文件夹主要包括：实例源码（110个＜包括实战练习＞）、案例源码（12个）、项目源码（2个），具体文件夹结构如下图所示。

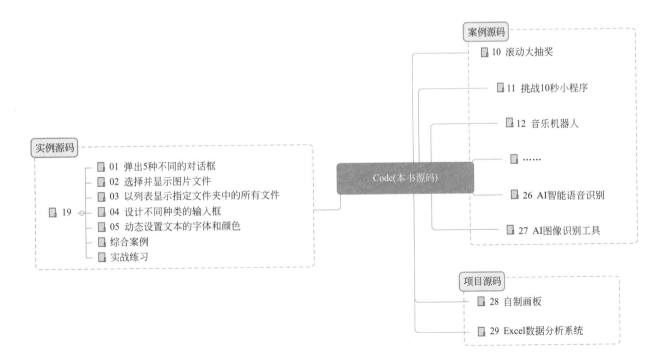

（3）使用开发环境（如PyCharm）打开实例或项目所对应.py文件，运行即可。

本书约定

本书推荐系统及开发工具			
系统（Win11 兼容）	PyCharm	QtDesigner	数据库
Windows 10	PC	D	MySQL

本书用到的第三方库		
Baidu.AI	ffmpeg	pyqt5、pyqt5-tools、pyqt5designer、winsound、Pillow、numpy、pandas、pyecharts、json、wordcloud、request、matplotlib、sklearn
Bai du 大脑	FFmpeg	

读者服务

为方便解决读者在学习本书过程中遇到的疑难问题及获取更多图书配套资源，我们在明日学院网站为您提供了社区服务和配套学习服务支持。此外，我们还提供了读者服务邮箱及售后服务电话等，如图书有质量问题，可以及时联系我们，我们将竭诚为您服务。

读者服务邮箱：mingrisoft@mingrisoft.com

售后服务电话：4006751066

目录

第 1 篇 基础篇

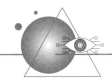

第 1 章 认识 GUI 窗体开发

1.1 什么是 GUI / 3
1.2 常用的 Python GUI 框架 / 3
  1.2.1 tkinter 模块 / 3
  1.2.2 PyQt5 模块 / 4
  1.2.3 其他常用 GUI 开发库 / 5

第 2 章 搭建开发环境

2.1 Python 的下载与安装 / 8
  2.1.1 下载 Python / 8
  2.1.2 安装 Python / 10
  2.1.3 测试 Python 是否安装成功 / 12
  2.1.4 Python 安装失败的解决方法 / 12
  2.1.5 测试 tkinter 是否可用 / 14
2.2 PyCharm 开发工具的下载与安装 / 14
  2.2.1 下载 PyCharm / 14
  2.2.2 安装 PyCharm / 15
  2.2.3 启动并配置 PyCharm / 16
2.3 在 PyCharm 中配置 PyQt5 环境 / 19
  2.3.1 安装 PyQt5 相关模块 / 19
  2.3.2 配置 PyQt5 设计器及转换工具 / 21

第 3 章 数据库编程基础

3.1 MySQL 的安装与配置 / 26
  3.1.1 MySQL 简介 / 26
  3.1.2 下载 MySQL / 26
  3.1.3 安装 MySQL / 27
  3.1.4 配置 MySQL / 28
3.2 数据库操作 / 29
  3.2.1 创建数据库 / 30
  3.2.2 查看数据库 / 30
  3.2.3 删除数据库 / 31
3.3 数据表操作 / 31
  3.3.1 创建数据表 / 31
  3.3.2 查看数据表 / 32
  3.3.3 修改表结构 / 33
  3.3.4 删除数据表 / 34
3.4 数据类型 / 35
  3.4.1 数字类型 / 35
  3.4.2 字符串类型 / 36
  3.4.3 日期和时间类型 / 37
3.5 数据的增查改删 / 37
  3.5.1 增加数据 / 37
  3.5.2 查询数据 / 38
  3.5.3 修改数据 / 41
  3.5.4 删除数据 / 42
3.6 PyMySQL 操作数据库 / 42

3.6.1 安装 PyMySQL / 42
3.6.2 连接数据库 / 43
3.6.3 游标对象 / 43
【实例 3.1】向 mrsoft 数据库中添加 books 数据表 / 44
3.6.4 操作数据库 / 45
【实例 3.2】向 books 数据表添加图书数据 / 45
3.7 ORM 模型 / 46
3.7.1 ORM 简介 / 46
3.7.2 常用的 ORM 库 / 48
3.8 综合案例——从数据库查询并筛选数据 / 48
3.9 实战练习 / 49

第 2 篇　tkinter 模块实战篇

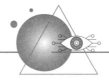

第 4 章　tkinter 窗口设计基础

4.1 创建窗口 / 52
4.2 设置窗口属性 / 52
【实例 4.1】为窗口添加标题 / 53
4.3 设置窗口位置 / 53
【实例 4.2】设置窗口大小以及位置 / 54
4.4 tkinter 窗口设计的核心 / 54
4.4.1 Widget 组件的分类 / 54
4.4.2 Widget 的公共属性 / 55
【实例 4.3】指定窗口大小以及文字的样式 / 56
4.4.3 Widget 的公共方法 / 58
4.5 综合案例——充值成功获得道具 / 58
4.6 实战练习 / 59

第 5 章　tkinter 布局管理

5.1 pack() 方法 / 61
5.1.1 pack() 方法中的参数总览 / 61
5.1.2 pack() 方法中各参数的应用 / 61
【实例 5.1】设置文字的排列方式 / 61
【实例 5.2】仿制"确认退出本窗口"的会话框 / 63
【实例 5.3】指定各组件的顺序 / 64
5.2 grid() 方法 / 65
5.2.1 grid() 方法中参数设置 / 65
【实例 5.4】显示 4 以内的乘法表 / 65
5.2.2 rowconfigure() 方法和 columnconfigure() 方法设置组件的缩放比例 / 67
【实例 5.5】实现在窗口的四角中添加 4 个方块 / 67
5.3 place() 方法 / 68
5.3.1 x、y、width 以及 height / 69
【实例 5.6】布局华容道游戏窗口 / 69
5.3.2 relx、rely、relwidth 和 relheight / 69
【实例 5.7】布局跟随窗口缩放的华容道游戏窗口 / 70
5.4 综合案例——显示斗兽棋游戏规则 / 71
5.5 实战练习 / 72

第 6 章　tkinter 常用组件

6.1 文本类组件 / 74
6.1.1 Label 标签组件 / 74
【实例 6.1】用箭头指示斗兽棋游戏中的规则 / 74
6.1.2 Entry 单行文本框组件 / 76
【实例 6.2】实现登录账号窗口,并且隐藏密码 / 77
【实例 6.3】在窗口中实现两个加数的和 / 77
6.1.3 Text 多行文本框组件 / 78
【实例 6.4】在 Text 组件中添加图片、文字以及

按钮 / 78
6.2 按钮类组件 / 81
　6.2.1 Button 按钮组件 / 81
　【实例 6.5】通过按钮添加图片 / 81
　【实例 6.6】实现简易密码输入器 / 82
　6.2.2 Radiobutton 单选按钮组件 / 83
　【实例 6.7】在窗口中显示一则脑筋急转弯 / 84
　6.2.3 Checkbutton 复选框组件 / 85
　【实例 6.8】实现问卷调查功能 / 86
6.3 列表类组件 / 86
　6.3.1 Listbox 列表框组件 / 86
　【实例 6.9】获取列表框的当前选项 / 87
　【实例 6.10】实现仿游戏内编辑快捷信号的功能 / 88
　6.3.2 OptionMenu 下拉列表组件 / 89
　【实例 6.11】在下拉列表中显示歌曲列表 / 90
　【实例 6.12】实现逻辑推理题 / 90

6.3.3 Combobox 组合框组件 / 91
　【实例 6.13】以管理员的身份查看报表 / 92
　【实例 6.14】实现添加日程功能 / 92
6.4 容器类组件 / 93
　6.4.1 Frame 组件 / 93
　【实例 6.15】实现鼠标悬停 Frame 组件上时的样式 / 94
　6.4.2 LabelFrame 标签框架组件 / 95
　6.4.3 Toplevel 顶层窗口组件 / 95
　【实例 6.16】模拟游戏中玩家匹配房间的功能 / 96
　6.4.4 Notebook 选项卡组件 / 97
　【实例 6.17】仿制 Win7 系统中设置日期和时间窗口选项卡 / 97
　【实例 6.18】实现游戏介绍的功能 / 98
6.5 综合案例——趣味测试 / 99
6.6 实战练习 / 100

第 7 章 会话框与菜单

7.1 messagebox 会话框模块 / 102
　7.1.1 会话框的分类 / 102
　7.1.2 各类会话框的使用 / 102
　【实例 7.1】模拟游戏中老玩家回归游戏的欢迎页面 / 103
　【实例 7.2】模拟退出游戏警告框 / 103
　【实例 7.3】模拟游戏异常时显示的提醒会话框 / 104
　【实例 7.4】制作关闭窗口提醒会话框 / 105
　【实例 7.5】制作关闭窗口会话框 / 105
　【实例 7.6】制作退出应用提醒会话框 / 106
　【实例 7.7】模拟打开游戏失败时，是否重启游戏的会话框 / 107
7.2 菜单组件 / 107
　7.2.1 Menu 组件的基本使用 / 108
　【实例 7.8】为游戏窗口添加菜单 / 108
　7.2.2 制作二级下拉菜单 / 108

　【实例 7.9】为城市列表添加弹出式菜单 / 110
　7.2.3 为菜单添加快捷键 / 110
　【实例 7.10】设置窗口的文字样式以及窗口大小 / 111
　7.2.4 制作工具栏 / 112
　【实例 7.11】实现猜成语游戏 / 112
7.3 树形菜单 / 114
　7.3.1 Treeview 组件的基本使用 / 114
　【实例 7.12】统计某游戏中各角色的类型以及操作难易程度 / 115
　7.3.2 为树形菜单添加图标 / 115
　【实例 7.13】树形显示近一周的天气状况 / 116
　7.3.3 为树形菜单添加子菜单 / 116
　7.3.4 菜单项的获取与编辑 / 117
　【实例 7.14】统计个人出行记录 / 118
7.4 综合案例——眼力测试小游戏 / 121
7.5 实战练习 / 123

第 8 章 canvas 绘图

8.1 canvas 简介 / 125

【实例 8.1】在窗口中创建画布 / 125

8.2 绘制基本图形 / 125
　8.2.1 绘制线条 / 125
　【实例 8.2】使用线条绘制五角星 / 126
　8.2.2 绘制矩形 / 126
　【实例 8.3】通过键盘控制正方形移动 / 127
　8.2.3 绘制椭圆 / 127
　【实例 8.4】绘制简笔画人脸 / 128
　8.2.4 绘制圆弧与扇形 / 128
　【实例 8.5】绘制西瓜形状的雪糕 / 129
　8.2.5 绘制多边形 / 129
　【实例 8.6】绘制七巧板拼接的松鼠图案 / 129

　8.2.6 绘制文字 / 130
　【实例 8.7】绘制随机颜色和字体的文字 / 130
　8.2.7 绘制图像 / 131
　【实例 8.8】用鼠标拖动小鸟，帮小鸟回家 / 131
8.3 拖动鼠标绘制图形 / 132
　【实例 8.9】在窗口中进行书法秀 / 132
8.4 canvas 组件设计动画 / 133
　【实例 8.10】实现游戏小猫钓鱼 / 133
8.5 综合案例——碰壁的小球 / 135
8.6 实战练习 / 136

第 9 章 鼠标键盘事件处理

9.1 鼠标事件 / 138
9.2 键盘事件 / 139
　【实例 9.1】模拟贪吃蛇游戏中通过键盘控制蛇的移动方向 / 140
9.3 绑定多个事件处理程序 / 141

9.4 取消事件的绑定 / 142
　【实例 9.2】键盘控制方块只能在窗口内移动 / 142
9.5 综合案例——找颜色眼力测试游戏 / 143
9.6 实战练习 / 145

第 10 章 【案例】滚动大抽奖（tkinter+random+ 文件读写技术实现）

10.1 案例效果预览 / 146
10.2 案例准备 / 147
10.3 业务流程 / 147
10.4 实现过程 / 148

10.4.1 实现窗口布局 / 148
10.4.2 实现滚动抽奖 / 148
10.4.3 实现不重复中奖 / 149

第 11 章 【案例】挑战 10 秒小程序（tkinter+random+messagebox+计时器实现）

11.1 案例效果预览 / 150
11.2 案例准备 / 150
11.3 业务流程 / 151
11.4 实现过程 / 151

11.4.1 实现窗口布局 / 151
11.4.2 判断挑战开始与结束和挑战结果 / 153
11.4.3 实现计时功能 / 153

第 12 章 【案例】音乐机器人（tkinter+winsound+random 实现）

12.1 案例效果预览 / 154

12.2 案例准备 / 155

12.3　业务流程 / 155
12.4　实现过程 / 155
　12.4.1　实现窗口布局 / 155
12.4.2　实现倒计时 / 156
12.4.3　实现随机播放音乐 / 157

第13章　【案例】九宫格切图器（tkinter+Pillow 实现）

13.1　案例效果预览 / 158
13.2　案例准备 / 159
13.3　业务流程 / 159
13.4　实现过程 / 160
13.4.1　实现窗口布局 / 160
13.4.2　预览图片和显示图片路径 / 161
13.4.3　实现切图 / 161
13.4.4　保存切好的图片 / 162

第14章　【案例】无人机编程挑战（tkinter+winsound+Pillow 实现）

14.1　案例效果预览 / 163
14.2　案例准备 / 165
14.3　业务流程 / 165
14.4　实现过程 / 166
　14.4.1　实现登录窗口布局 / 166
14.4.2　实现挑战任务窗口 / 167
14.4.3　挑战流程展示 / 169
14.4.4　执行挑战任务 / 170
14.4.5　挑战成功窗口展示 / 172

第15章　【案例】模拟"斗地主"发牌和码牌（tkinter + random + Pillow 实现）

15.1　案例效果预览 / 174
15.2　案例准备 / 175
15.3　业务流程 / 175
15.4　实现过程 / 175
　15.4.1　实现窗口布局 / 175
15.4.2　玩家叫地主 / 176
15.4.3　实现发牌功能 / 177
15.4.4　实现码牌功能 / 179
15.4.5　实现重新开始 / 179

第3篇　PyQt5 模块实战篇

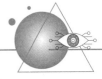

第16章　PyQt5 窗口设计基础

16.1　认识 Qt Designer / 183
　16.1.1　几种常用的窗口类型 / 183
　16.1.2　熟悉 Qt Designer 窗口区域 / 184
16.2　使用 Qt Designer 创建窗口 / 187
　16.2.1　创建主窗口 / 187
　16.2.2　设计主窗口 / 188

16.2.3 预览窗口效果 / 188
16.2.4 将 .ui 文件转换为 .py 文件 / 189
16.2.5 运行主窗口 / 189
16.3 窗口的个性化设置 / 190
　16.3.1 基本属性设置 / 191
　16.3.2 更换窗口的图标 / 192
　16.3.3 设置窗口的背景 / 193
　16.3.4 控制窗口透明度 / 199
　16.3.5 设置窗口样式 / 199
16.4 信号与槽 / 201
　16.4.1 信号与槽的基本概念 / 201
　16.4.2 编辑信号与槽 / 201

16.4.3 自定义槽 / 203
【实例 16.1】信号与自定义槽的绑定 / 203
　16.4.4 将自定义槽连接到信号 / 203
16.5 多窗口设计 / 203
　16.5.1 多窗口的建立 / 204
【实例 16.2】创建并打开多窗口 / 204
　16.5.2 设置启动窗口 / 205
　16.5.3 窗口之间的关联 / 205
16.6 UI 与逻辑代码分离 / 206
16.7 综合案例——设置窗口在桌面上居中显示 / 206
16.8 实战练习 / 207

第 17 章　PyQt5 常用控件

17.1 控件概述 / 209
　17.1.1 认识控件 / 209
　17.1.2 控件的命名规范 / 210
17.2 文本类控件 / 210
　17.2.1 Label：标签控件 / 210
　17.2.2 LineEdit：单行文本框 / 212
【实例 17.1】包括用户名和密码的登录窗口 / 213
　17.2.3 TextEdit：多行文本框 / 214
　17.2.4 SpinBox：数字选择控件 / 215
【实例 17.2】获取 SpinBox 中选择的数字 / 215
17.3 按钮类控件 / 216
　17.3.1 PushButton：按钮 / 216
【实例 17.3】制作登录窗口 / 217
　17.3.2 RadioButton：单选按钮 / 217
【实例 17.4】选择用户登录角色 / 218
　17.3.3 CheckBox：复选框 / 219
【实例 17.5】设置用户权限 / 219
17.4 选择列表类控件 / 220
　17.4.1 ComboBox：下拉组合框 / 220
【实例 17.6】在下拉列表中选择职位 / 220
　17.4.2 FontComboBox：字体组合框 / 221
　17.4.3 ListWidget：列表 / 222

【实例 17.7】用列表展示编程语言排行榜 / 223
17.5 容器控件 / 224
　17.5.1 GroupBox：分组框 / 224
　17.5.2 TabWidget：选项卡 / 224
【实例 17.8】选项卡的动态添加和删除 / 225
　17.5.3 ToolBox：工具盒 / 226
【实例 17.9】仿 QQ 抽屉效果 / 226
17.6 日期时间类控件 / 228
　17.6.1 日期和（或）时间控件 / 228
　17.6.2 CalendarWidget：日历控件 / 230
17.7 进度条类控件 / 231
　17.7.1 ProgressBar：进度条 / 231
【实例 17.10】模拟一个跑马灯效果 / 232
　17.7.2 QSlider：滑块 / 234
17.8 树控件 / 235
　17.8.1 TreeView：树视图 / 235
【实例 17.11】显示系统文件目录 / 237
　17.8.2 TreeWidget：树控件 / 238
【实例 17.12】使用 TreeWidget 显示树结构 / 238
17.9 QTimer：计时器 / 241
17.10 综合案例——双色球彩票选号器 / 241
17.11 实战练习 / 243

第 18 章　菜单、工具栏和状态栏

18.1 菜单 / 245

18.1.1 菜单基础类 / 245

18.1.2 添加和删除菜单 / 246
18.1.3 设置菜单项 / 247
18.1.4 为菜单设置快捷键 / 247
18.1.5 为菜单设置图标 / 247
18.1.6 菜单的功能实现 / 248
【实例 18.1】单击菜单项弹出信息提示框 / 248
18.2 工具栏 / 250
18.2.1 工具栏类：QToolBar / 250
18.2.2 添加工具栏 / 251
18.2.3 为工具栏添加图标按钮 / 251
18.2.4 一次为工具栏添加多个图标按钮 / 251
18.2.5 向工具栏中添加其他控件 / 251
18.2.6 设置工具栏按钮的大小 / 252
18.2.7 工具栏的单击功能实现 / 252
【实例 18.2】获取单击的工具栏按钮 / 252
18.3 状态栏 / 254
18.3.1 状态栏类：QStatusBar / 254
18.3.2 添加状态栏 / 254
18.3.3 向状态栏中添加控件 / 254
18.3.4 在状态栏中显示和删除临时信息 / 255
18.3.5 在状态栏中实时显示当前时间 / 256
【实例 18.3】在状态栏中实时显示当前时间 / 256
18.4 综合案例——调用系统常用工具 / 257
18.5 实战练习 / 258

第 19 章 会话框应用

19.1 QMessageBox：会话框 / 260
19.1.1 会话框的种类 / 260
19.1.2 会话框的使用方法 / 260
【实例 19.1】弹出 5 种不同的会话框 / 261
19.1.3 与会话框进行交互 / 262
19.2 QFileDialog：文件会话框 / 262
19.2.1 QFileDialog 类概述 / 262
19.2.2 使用 QFileDialog 选择文件 / 263
【实例 19.2】选择并显示图片文件 / 263
19.2.3 使用 QFileDialog 选择文件夹 / 265
【实例 19.3】以列表显示指定文件夹中的所有文件 / 265
19.3 QInputDialog：输入会话框 / 265
19.3.1 QInputDialog 概述 / 265
19.3.2 QInputDialog 会话框的使用 / 267
【实例 19.4】设计不同种类的输入框 / 267
19.4 字体和颜色会话框 / 269
19.4.1 QFontDialog：字体会话框 / 269
19.4.2 QColorDialog：颜色会话框 / 269
19.4.3 字体和颜色会话框的使用 / 270
【实例 19.5】动态设置文本的字体和颜色 / 270
19.5 综合案例——设计个性签名 / 272
19.6 实战练习 / 273

第 20 章 布局管理

20.1 线性布局 / 275
20.1.1 VerticalLayout：垂直布局 / 275
20.1.2 HorizontalLayout：水平布局 / 276
20.2 GridLayout：网格布局 / 277
【实例 20.1】使用网格布局登录窗口 / 278
20.3 FormLayout：表单布局 / 280
【实例 20.2】使用表单布局登录窗口 / 280
20.4 布局管理器的嵌套 / 282
20.5 综合案例——设计微信聊天窗口 / 283
20.6 实战练习 / 284

第 21 章 PyQt5 绘图技术

21.1 PyQt5 绘图基础 / 286

【实例 21.1】使用 QPainter 绘制图形 / 286

21.2 设置画笔与画刷 / 287
　21.2.1 设置画笔：QPen / 287
　　【实例 21.2】展示不同的画笔样式 / 287
　21.2.2 设置画刷：QBrush / 288
　　【实例 21.3】展示不同的画刷样式 / 289
21.3 绘制文本 / 292
　21.3.1 设置字体：QFont / 292
　21.3.2 绘制文本内容：drawText() / 293
21.4 绘制图像 / 293
　　【实例 21.4】绘制公司 Logo / 294
21.5 综合案例——绘制带噪点和干扰线的验证码 / 294
21.6 实战练习 / 296

第 22 章 【案例】DIY 字符画——PyQt5+sys+_thread+time+PIL+numpy 实现

22.1 案例效果预览 / 297
22.2 案例准备 / 299
22.3 业务流程 / 299
22.4 实现过程 / 299
　22.4.1 设计主窗体 / 299
　22.4.2 将 .ui 与 .qrc 文件转换为 .py 文件 / 302
　22.4.3 主窗体的显示 / 302
　22.4.4 创建字符画转换文件 / 303
　22.4.5 关联主窗体 / 304

第 23 章 【案例】为图片批量添加水印——PyQt5+PIL 模块实现

23.1 案例效果预览 / 306
23.2 案例准备 / 307
23.3 业务流程 / 307
23.4 实现过程 / 308
　23.4.1 设计窗体 / 308
　23.4.2 初始化窗体设置 / 309
　23.4.3 加载图片列表 / 309
　23.4.4 设置水印字体 / 311
　23.4.5 选择水印图片 / 311
　23.4.6 选择水印图片保存路径 / 312
　23.4.7 为图片添加水印 / 313

第 24 章 【案例】二手房销售预测分析——PyQt5+matplotlib+sklearn+pandas 实现

24.1 案例效果预览 / 316
24.2 案例准备 / 318
　24.2.1 开发工具准备 / 318
　24.2.2 技术准备 / 319
24.3 业务流程 / 322
24.4 实现过程 / 323
　24.4.1 实现图表工具模块 / 323
　24.4.2 清洗数据 / 325
　24.4.3 各区二手房均价分析 / 326
　24.4.4 各区房子数量比例 / 326
　24.4.5 全市二手房装修程度分析 / 327
　24.4.6 热门户型均价分析 / 327
　24.4.7 二手房售价预测 / 328

第 25 章 【案例】影视作品可视化分析——PyQt5+pyecharts+wordcloud+json 模块 +request 实现

- 25.1 案例效果预览 / 331
- 25.2 案例准备 / 332
- 25.3 业务流程 / 332
- 25.4 主窗体设计 / 333
  - 25.4.1 实现主窗体 / 333
  - 25.4.2 查看部分的隐藏与显示 / 334
  - 25.4.3 下拉列表处理 / 334
- 25.5 数据分析与处理 / 336
- 25.5.1 获取数据 / 336
- 25.5.2 生成全国热力图 / 337
- 25.5.3 生成主要城市评论数及平均分 / 338
- 25.5.4 生成云图 / 338
- 25.6 点击查看显示内容 / 339
  - 25.6.1 创建显示 html 页面窗体 / 339
  - 25.6.2 创建显示图片窗体 / 340
  - 25.6.3 绑定查询按钮单击事件 / 340

第 26 章 【案例】AI 智能语音识别——PyQt5+Baidu.AI+ffmpeg 多媒体工具实现

- 26.1 案例效果预览 / 342
- 26.2 案例准备 / 343
- 26.3 业务流程 / 343
- 26.4 实现过程 / 343
  - 26.4.1 准备百度云 AI 开发模块 / 343
- 26.4.2 设计窗体 / 347
- 26.4.3 创建语音识别对象 / 348
- 26.4.4 将文本合成语音文件 / 348
- 26.4.5 将语音识别为文本 / 349

第 27 章 【案例】AI 图像识别工具——PyQt5+ 百度 API+json+Base64 实现

- 27.1 案例效果预览 / 351
- 27.2 案例准备 / 353
  - 27.2.1 开发工具准备 / 353
  - 27.2.2 技术准备 / 353
- 27.3 业务流程 / 355
- 27.4 实现过程 / 355
- 27.4.1 设计窗体 / 355
- 27.4.2 添加分类 / 356
- 27.4.3 选择识别的图片 / 356
- 27.4.4 银行卡图像识别 / 358
- 27.4.5 植物图像识别 / 359
- 27.4.6 复制识别结果到剪贴板 / 360

第 4 篇 项目强化篇

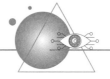

第 28 章 自制画板——tkinter+PIL 模块 +time 实现

- 28.1 系统需求分析 / 364
- 28.1.1 系统概述 / 364

28.1.2　系统可行性分析 / 364
28.1.3　功能性需求分析 / 364
28.2　系统功能设计 / 365
28.2.1　系统功能结构 / 365
28.2.2　系统业务流程 / 365
28.2.3　系统预览 / 365
28.3　系统开发必备 / 366
28.3.1　系统开发环境 / 366
28.3.2　文件夹组织结构 / 367
28.4　使用鼠标画图功能实现 / 367
28.4.1　功能概述 / 367
28.4.2　实现主窗口 / 367
28.4.3　实现按下鼠标时，记录鼠标位置 / 368
28.4.4　实现移动鼠标时，绘制图形 / 368
28.4.5　实现抬起鼠标时，停止作画 / 370
28.5　菜单栏实现 / 370
28.5.1　定义菜单栏 / 370
28.5.2　菜单栏功能实现 / 371
28.6　工具栏实现 / 372
28.6.1　颜色面板设计 / 372
28.6.2　设置颜色功能 / 374
28.6.3　绘图工具面板设计 / 375
28.6.4　绘图工具实现 / 376
28.6.5　设置线条粗细 / 377

第29章　Excel 数据分析系统——PyQt5+pandas+xlrd+xlwt+matplotlib 实现

29.1　系统需求分析 / 379
29.1.1　系统概述 / 379
29.1.2　系统可行性分析 / 379
29.1.3　系统用户角色分配 / 379
29.1.4　功能性需求分析 / 379
29.1.5　非功能性需求分析 / 379
29.2　系统功能设计 / 380
29.2.1　系统功能结构 / 380
29.2.2　系统业务流程 / 380
29.2.3　系统预览 / 381
29.3　系统开发必备 / 384
29.3.1　系统开发环境 / 384
29.3.2　pandas 模块基础应用 / 384
29.4　窗体 UI 设计 / 386
29.4.1　创建窗体 / 386
29.4.2　工具栏设计 / 387
29.4.3　其他布局与设置 / 389
29.4.4　将 ui 文件转换为 py 文件 / 389
29.5　功能代码设计 / 391
29.5.1　导入 Excel 文件 / 391
29.5.2　读取 Excel 数据 / 392
29.5.3　设置文件存储路径 / 392
29.5.4　保存数据到 Excel / 393
29.5.5　提取列数据 / 393
29.5.6　定向筛选 / 393
29.5.7　多表合并 / 395
29.5.8　多表统计排行 / 395
29.5.9　生成图表（贡献度分析）/ 396

第30章　PyQt5 程序的打包发布

30.1　安装 Pyinstaller 模块 / 400
30.2　打包普通 Python 程序 / 400
30.3　打包 PyQt5 程序 / 402
30.4　打包资源文件 / 403

第 1 篇
基础篇

- 第 1 章 认识 GUI 窗体开发
- 第 2 章 搭建开发环境
- 第 3 章 数据库编程基础

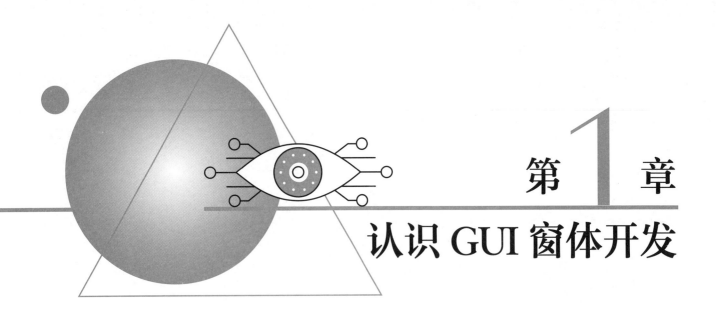

第 1 章
认识 GUI 窗体开发

扫码领取
- 教学视频
- 配套源码
- 练习答案
- ……

Python 是一门脚本语言，它本身并不具备 GUI 开发功能，但是由于它强大的可扩展性，现在已经有很多的 GUI 模块库可以在 Python 中使用，其中，tkinter 模块、PyQt5 模块无疑是最常用且开发效率最高的两种，本章将对 Python 中 GUI 窗体开发，以及 tkinter 模块、PyQt5 模块进行介绍。

本章知识架构如下：

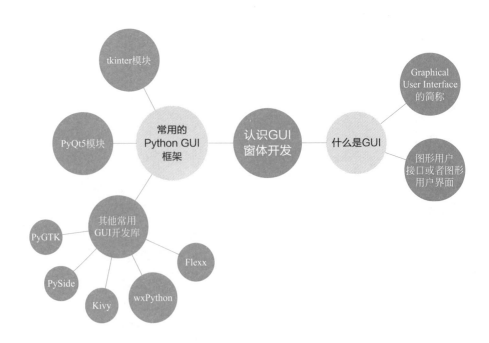

1.1 什么是 GUI

GUI，又称图形用户接口或者图形用户界面，它是 Graphical User Interface 的简称，表示采用图形方式显示的计算机操作用户界面。

GUI 是一种人与计算机通信的界面显示格式，允许用户使用鼠标等输入设备对计算机进行操作。比如 Windows 操作系统就是一种最常见的 GUI 程序，另外，我们平时使用的 QQ、Excel 表格处理软件、处理图片用的美图秀秀、观看视频时使用的视频播放软件，都是 GUI 程序。

1.2 常用的 Python GUI 框架

1.2.1 tkinter 模块

tkinter 是使用 Python 进行窗口视窗设计的模块，它是 Python 的标准 Tk GUI 工具包的接口，在安装 Python 时，就自动安装了该模块。

使用 tkinter 模块开发时，最核心的是各种组件的使用。生活中玩积木时，通过将不同形状的木板进行排列，就可以组成各种造型，而这些木板就类似于 tkinter 模块中的组件 Widget，这些组件的功能各不相同，在使用 tkinter 时，实际上就是将这些组件"拼接"在窗口中。例如，使用 Python 中的 tkinter 模块实现的简易密码输入器的效果如图 1.1 所示，该窗口由一个 Entry 组件和 12 个 Button 组件构成，并且左下方的后退按钮和右下方的确认按钮上显示的是图片。

图 1.1　简易密码输入器

虽然 Python 中含有 tkinter 模块，但是使用时，也不能直接使用，而是需要在 .py 文件中先导入该模块，具体导入模块的代码如下：

```
from tkinter import *
```

说明

在 Python 2.x 版本中该模块名为 Tkinter，而在 Python 3.x 中，该模块被正式更名为 tkinter。本书使用的 Python 为 3.x 版本，所以导入模块时应该导入 tkinter。

指点迷津

为 .py 文件命名时，不要命名为 Tkinter 或者 tkinter，否则将会导致导入模块失败，运行程序时，就会出现如图 1.2 所示的错误。

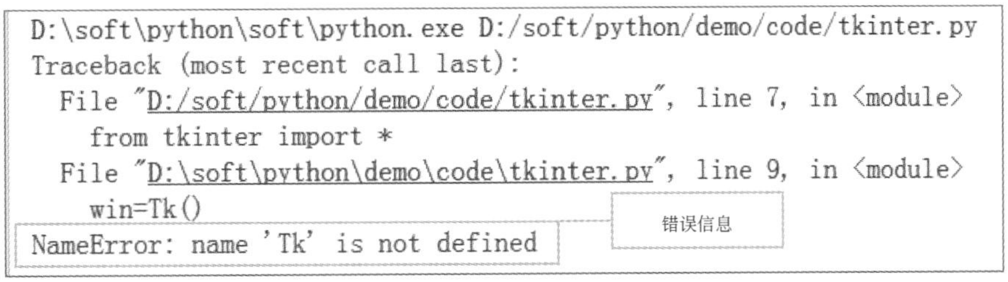

```
D:\soft\python\soft\python.exe D:/soft/python/demo/code/tkinter.py
Traceback (most recent call last):
  File "D:/soft/python/demo/code/tkinter.py", line 7, in <module>
    from tkinter import *
  File "D:\soft\python\demo\code\tkinter.py", line 9, in <module>
    win=Tk()
NameError: name 'Tk' is not defined
```

图 1.2　文件命名导致的错误

在tkinter模块中还有一个子模块——ttk模块，它相当于升级版的tkinter。虽然tkinter模块中已经含有较多的组件，但是这些组件样式比较简单，而为了弥补这一缺点，tkinter后来引入了ttk模块。

ttk模块中共包含了18个组件，其中有12个在tkinter模块中已经存在，这12个组件分别是Button（按钮）、Checkbutton（复选框）、Entry（文本框）、Frame（容器）、Label（标签）、LabelFrame（标签容器）、Menu（菜单组件）、PaneWindow（窗口布局管理组件）、Radiobutton（单选按钮）、Scale（数值范围组件）、Spinbox（含选择值的输入框）以及Scrollbar（滚动条）组件，而其余6个组件是ttk模块独有的，它们分别是Combobox（组合框）、Notebook（选项卡）、Progressbar（进度条）、Separator（水平线）、Sizegrip（成长箱）和Treeview（目录树）。

使用ttk模块中的组件可以为各平台提供更好的外观和感觉，但是目前的ttk模块中的组件兼容性不是很好，例如tkinter模块中的"bg""fg"等选项在ttk模块中并不支持，所以，设置ttk模块中组件的样式可以使用ttk.style类来实现。

ttk作为一个模块被放在tkinter包下，使用ttk模块的组件与使用tkinter模块的组件并无多大区别，但是注意使用之前需要导入ttk。具体代码如下：

```
from tkinter.ttk import *
```

如果希望使用ttk模块中的组件覆盖tkinter模块中的组件，则需要通过以下方式导入：

```
from tkinter import *
from tkinter.ttk import *
```

上述代码中，第一行代码导入了tkinter模块，第二行代码导入ttk模块。

1.2.2 PyQt5模块

PyQt是基于Digia公司强大的图形程序框架Qt的Python接口，由一组Python模块构成，它是一个创建GUI应用程序的工具包，由Phil Thompson开发。

自从1998年首次将Qt移植到Python上形成PyQt以来，已经发布了PyQt3、PyQt4和PyQt5等3个主要版本。PyQt5的主要特点如下：

- 对Qt库进行完全封装。
- 使用信号/槽机制进行通信。
- 提供了一整套进行GUI程序开发的窗口控件。
- 本身拥有超过620个类和近6000个函数及方法。
- 可以跨平台运行在所有主要操作系统上，包括UNIX、Windows和MacOS等。
- 支持使用Qt的可视化设计器进行图形界面设计，并能够自动生成Python代码。

📖 说明

① PyQt5不向下兼容PyQt4，而且官方默认只提供对Python 3.x的支持，如果在Python 2.x上使用PyQt5，需要自行编译，因此建议使用Python 3.x+PyQt5开发GUI程序。

② PyQt5采用双许可协议，即GPL（GNU General Public License的缩写，表示GNU通用公共授权）和商业许可，自由开发者可以选择使用免费的GPL协议版本，而如果准备将PyQt5用于商业，则必须为此交付商业许可费用。

PyQt是将Python与Qt融为一体，也就是说，PyQt允许使用Python语言调用Qt库中的API，这样做的最大好处就是在保留了Qt高运行效率的同时，大大提高了开发效率。因为，相对于C++来说，Python语言的代码量、开发效率都要更高，而且其语法简单、易学。PyQt对Qt做了完整的封装，几乎可以用PyQt做Qt能做的任何事情。由于目前最新的PyQt版本是5.15，所以习惯上称PyQt为PyQt5。

综上所述，可以看出，PyQt 就是使用 Python 对 Qt 进行了封装，而 PyQt5 则是 PyQt 的一个版本，它们的关系如图 1.3 所示。

PyQt5 中有超过 620 个类，它们被分布到多个模块，每个模块侧重不同的功能。图 1.4 展示了 PyQt5 中的主要类及其作用，在使用 PyQt5 开发 GUI 程序时，经常会用到这些类。

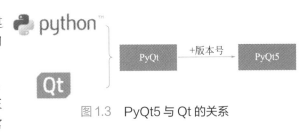

图 1.3　PyQt5 与 Qt 的关系

图 1.4　PyQt5 模块中的主要类

图 1.5 展示了 PyQt5 中的主要模块及其作用。

> **指点迷津**
>
> PyQt5 的官方帮助地址为 https://www.riverbankcomputing.com/static/Docs/PyQt5/，该帮助是官方提供的在线英语帮助，如果读者有需要，可以查看。

1.2.3　其他常用 GUI 开发库

除了 tkinter、PyQt5 之外，Python 还支持很多可以开发 GUI 图形界面程序的库，例如 Flexx、wxPython、Kivy、PySide、PyGTK 等，下面对它们进行简单介绍。

1. Flexx

Flexx 是用于创建图形用户界面（GUI）的纯 Python 工具箱，该工具箱使用 Web 技术进行渲染。作为跨平台的 Python 工具，用户可以使用 Flexx 创建桌面应用程序和 Web 应用程序，同时可以将程序导出到独立的 HTML 文档中。

作为 GitHub 推荐的纯 Python 图形界面开发工具，它的诞生基于网络，已经成为向用户提供应用程序及交互式科学内容的越来越流行的方法。

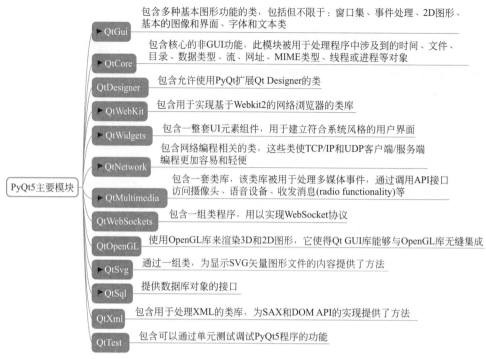

图 1.5 PyQt5 的主要模块及作用

2. wxPython

wxPython 是一套优秀的 Python 语言 GUI 图形库，可以帮助开发人员轻松创建功能强悍的图形用户界面程序。同时 wxPython 作为优秀的跨平台 GUI 库 wxWidgets 的 Python 封装，它具有非常优秀的跨平台能力，可以在不修改程序的情况下在多种平台上运行，支持 Windows、Mac OS 及大多数的 Unix 系统。

3. Kivy

Kivy 是一款用于跨平台应用开发的开源框架，只需编写一套代码便可轻松运行于各大平台，像 Android、iOS、Linux、MacOS 和 Windows 等。Kivy 采用 Python 和 Cython 编写。

4. PySide

PySide 是跨平台的应用程序框架 Qt 的 Python 绑定版本，可以使用 Python 语言和 Qt 进行界面开发。在 2009 年 8 月，PySide 首次发布，提供和 PyQt 类似的功能，并兼容 API。但与 PyQt 不同的是，它使用 LGPL 授权，允许进行免费的开源软件和私有的商业软件开发；另外，相对于 PyQt，它支持的 Qt 版本比较老，最高支持到 Qt 4.8 版本，而且官方已经停止维护该库。

5. PyGTK

PyGTK 是 Python 对 GTK+GUI 库的一系列封装，它最经常用于 GNOME 平台，虽然也支持 Windows 系统，但表现不太好，所以，如果在 Windows 系统上开发 Python 的 GUI 程序，不建议使用该库。

小结

本章首先简单介绍了 GUI 窗体，然后对使用 Python 开发 GUI 程序常用的模块进行了介绍，最常用的是 tkinter 模块和 PyQt5 模块，这也是本书重点讲解的两个模块。

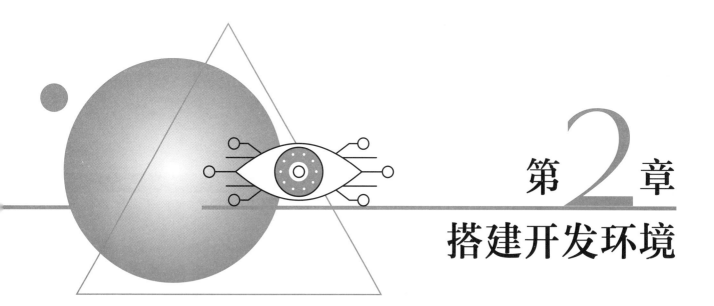

第 2 章
搭建开发环境

扫码领取
- 教学视频
- 配套源码
- 练习答案
- ……

要使用 Python+tkinter 模块 /PyQt5 模块进行 GUI 图形用户界面程序的开发，首先需要搭建好开发环境。开发 tkinter 程序，只需要安装 Python 解释器即可；而开发 PyQt5 程序，则需要 Python 解释器、PyCharm 开发工具（也可以是其他工具）、PyQt5 相关的模块，本章将对如何搭建 tkinter、PyQt5 模块的开发环境进行详细讲解。

本章知识架构如下：

2.1 Python 的下载与安装

Python 是跨平台的开发工具,可以在多个操作系统上进行使用,编写好的程序也可以在不同系统上运行。进行 Python 开发常用的操作系统及说明如表 2.1 所示。

表 2.1 进行 Python 开发常用的操作系统及说明

操作系统	说明
Windows	推荐使用 Windows10 及以上版本。Windows 7 系统不支持安装 Python 3.9 及以上版本
Mac OS	从 Mac OS X 10.3(Panther) 开始已经包含 Python
Linux	推荐 Ubuntu 版本

要进行 Python 程序开发,首先需要安装 Python。由于 Python 是解释型编程语言,所以需要一个解释器,这样才能运行编写的代码。这里说的安装 Python 实际上就是安装 Python 解释器。下面以 Windows 操作系统为例介绍下载及安装 Python 的方法。

2.1.1 下载 Python

在 Python 的官方网站中,可以很方便地下载 Python 的开发环境,具体下载步骤如下:

① 打开浏览器(如 Google Chrome 浏览器),输入 Python 官方网站,地址"https://www.python.org/",如图 2.1 所示。

图 2.1 Python 官方网站首页

> **说明**
>
> Python 官网是一个国外的网站,加载速度比较慢,打开时耐心等待即可。

② 将鼠标移动到 Downloads 菜单上,将显示和下载有关的菜单项,从图 2.1 所示的菜单可以看出,Python 可以在 Windows、MacOS 等多种平台上使用。这里单击 Windows 菜单项,进入详细的下载列表,如图 2.2 所示。

> **说明**
>
> 在如图 2.2 所示的列表中,带有"32-bit"字样的压缩包,表示该开发工具可以在 Windows 32 位系统上使用;而带有"64-bit"字样的压缩包,则表示该开发工具可以在 Windows 64 位系统上使用。另外,标记为"embeddable package"字样的压缩包,表示嵌入式版本,可以集成到其他应用中。

图 2.2 适合 Windows 系统的 Python 下载列表

③ 在 Python 下载列表页面中，列出了 Python 提供的各个版本的下载链接。读者可以根据需要下载。截至本书编写时的最新版本是 3.9.6，由于笔者的操作系统为 Windows 64 位，所以单击 "Windows installer(64-bit)" 超链接，下载适用于 Windows 64 位操作系统的离线安装包。

多学两招

由于 Python 官网是一个国外的网站，所以在下载 Python 时，下载速度会非常慢，在这里推荐使用专用的下载工具进行下载（例如国内常用的迅雷软件），下载过程为：在要下载的超链接上单击鼠标右键，在弹出的快捷菜单中选择"复制链接"（有的浏览器可能为"复制链接地址"），如图 2.3 所示。然后打开下载软件，新建下载任务，将复制的链接地址粘贴进去进行下载。

图 2.3 复制 Python 的下载链接地址

④ 下载完成后，将得到一个名称为"python-3.9.6-amd64.exe"的安装文件。

2.1.2 安装 Python

在 Windows 64 位系统上安装 Python 的步骤如下：

① 双击下载后得到的安装文件 python-3.9.6-amd64.exe，将显示安装向导会话框，选中"Add Python 3.9 to PATH"复选框，表示将自动配置环境变量。如图 2.4 所示。

图 2.4　Python 安装向导

② 单击"Customize installation"按钮，进行自定义安装，在弹出的安装选项会话框中采用默认设置，如图 2.5 所示。

图 2.5　安装选项会话框

③ 单击"Next"按钮，打开高级选项会话框，在该会话框中，除了默认设置外，还需要手动选中"Install for all users"复选框（表示使用这台计算机的所有用户都可以使用），然后单击"Browse"按钮设置 Python 的安装路径，如图 2.6 所示。

> **说明**
>
> 在设置安装路径时，建议路径中不要有中文或空格，以避免使用过程中出现一些莫名的错误。

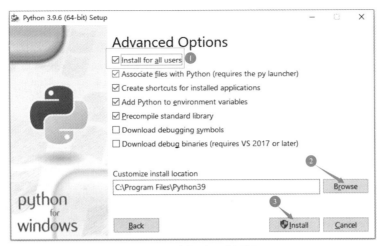

图 2.6 高级选项会话框

④单击 Install 按钮，开始安装 Python，并显示安装进度，如图 2.7 所示。

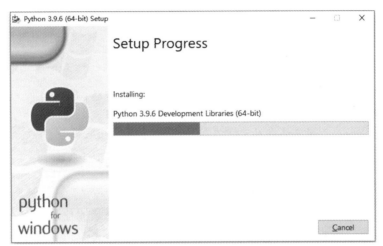

图 2.7 显示 Python 的安装进度

⑤ 安装完成后将显示如图 2.8 所示的会话框，单击"Close"按钮即可。

图 2.8 安装完成会话框

2.1.3 测试Python是否安装成功

Python安装完成后，需要测试Python是否成功安装。例如，在Windows 10系统中检测Python是否成功安装，可以单击开始菜单右侧的"在这里输入你要搜索的内容"文本框，在其中输入cmd命令，如图2.9所示，按下<Enter>键，启动命令行窗口。在当前的命令提示符后面输入"python"，并按下<Enter>键，如果出现如图2.10所示的信息，则说明Python安装成功，同时系统进入交互式Python解释器中。

图2.9 输入cmd命令

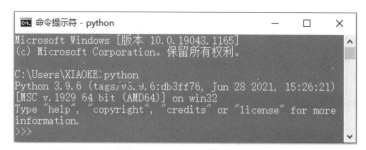

图2.10 在命令行窗口中运行的Python解释器

说明

图2.10中的信息是笔者电脑中安装的Python的相关信息：Python的版本、该版本发行的时间、安装包的类型等。因为选择的版本不同，这些信息可能会有所差异，但命令提示符变为">>>"即说明Python已经安装成功，正在等待用户输入Python命令。

2.1.4 Python安装失败的解决方法

如果在cmd命令窗口中输入python后，没有出现如图2.10所示的信息，而是显示"'python'不是内部或外部命令，也不是可运行的程序或批处理文件"，则说明安装失败，如图2.11所示。

图2.11 输入python命令后出错

出现图2.11所示提示的原因是在安装Python时，没有选中"Add Python 3.9 to PATH"复选框，导致系统找不到python.exe可执行文件。这时，就需要手动在环境变量中配置Python环境变量，具体步骤如下：

① 在"此电脑"图标上单击鼠标右键，然后在弹出的快捷菜单中执行"属性"命令，并在弹出的"属性"会话框左侧单击"高级系统设置"，在弹出的"系统属性"会话框中，单击"环境变量"按钮，如图2.12所示。

② 弹出"环境变量"会话框，在该会话框下半部分的"系统变量"区域选中Path变量，然后单击"编辑"按钮，如图2.13所示。

图 2.12 "系统属性"会话框

图 2.13 "环境变量"会话框

③ 在弹出的"编辑系统变量"会话框中，通过单击"新建"按钮，添加两个环境变量，两个环境变量的值分别是"C:\Program Files\Python39\"和"C:\Program Files\Python39\Scripts\"（这是笔者的 Python 安装路径，读者可以根据自身实际情况进行修改），如图 2.14 所示。添加完环境变量后，选中添加的环境变量，通过单击会话框右侧的"上移"按钮，可以将其移动到最上方，单击"确定"按钮完成环境变量的设置。

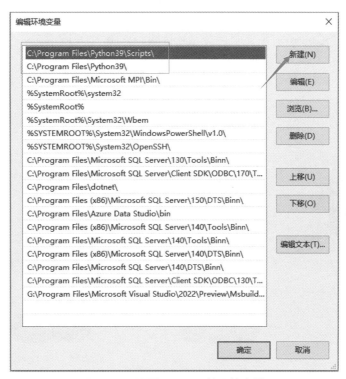

图 2.14 配置 Python 的环境变量

配置完成后，重新打开 cmd 命令窗口，输入 python 命令测试即可。

2.1.5　测试 tkinter 是否可用

Python 安装完成后，即可使用 tkinter 模块进行开发。测试 tkinter 模块的具体步骤为：打开系统的 cmd 命令窗口，输入"python"进入 Python 解释器，然后输入下面命令：

```
from tkinter import *
```

如果没有错误提示，则表示 tkinter 模块可用。具体测试步骤如图 2.15 所示。

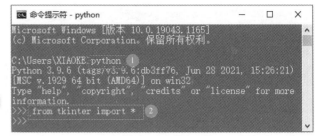

图 2.15　测试 tkinter 模块是否可用

2.2　PyCharm 开发工具的下载与安装

使用 PyQt5 模块开发 Python GUI 程序非常方便，但 PyQt5 作为 Qt 的封装，是自带可视化编辑器的，因此，在使用 PyQt5 模块开发程序时，建议选择一款 Python 开发工具作为载体。现在市场上流行的 Python 开发工具主要有 IDLE、PyCharm、Visual Studio 等，其中 PyCharm 是由 JetBrains 公司开发的一款 Python 开发工具，在 Windows、Mac OS 和 Linux 操作系统中都可以使用，它具有语法高亮显示、Project 管理代码跳转、智能提示、自动完成、调试、单元测试和版本控制等功能，本书选中 PyCharm 作为开发 PyQt5 程序的工具，本节将对 PyCharm 开发工具的下载与安装进行详细讲解。

2.2.1　下载 PyCharm

PyCharm 的下载非常简单，可以直接到 Jetbrains 公司官网下载，在浏览器中打开 PyCharm 开发工具的官方下载页面 https://www.jetbrains.com/pycharm/download/，单击页面右侧的"Community"下的"Download"按钮，下载 PyCharm 开发工具的免费社区版，如图 2.16 所示。

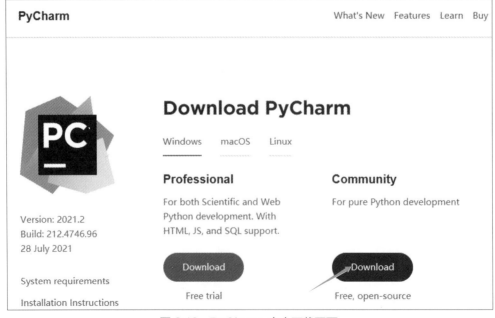

图 2.16　PyCharm 官方下载页面

> **说明**
>
> PyCharm 有两个版本，一个是社区版（免费并且提供源程序），另一个是专业版（免费试用，正式使用需要收费）。建议读者下载免费的社区版本进行使用。

下载完成后的 PyCharm 安装文件如图 2.17 所示。

图 2.17　下载完成的 PyCharm 安装文件

> **说明**
>
> 笔者在下载 PyCharm 开发工具时，最新版本是 2021.2 版本，该版本随时更新，读者在下载时，不用担心版本，只要下载官方提供的最新版本，即可正常使用。

2.2.2　安装 PyCharm

安装 PyCharm 的步骤如下：

① 双击 PyCharm 安装包进行安装，在欢迎界面单击"Next"按钮进入软件安装路径设置界面。

② 在软件安装路径设置界面，设置合理的安装路径。PyCharm 默认的安装路径为操作系统所在的路径，建议更改，因为如果把软件安装到操作系统所在的路径，当出现操作系统崩溃等特殊情况而必须重做系统时，PyCharm 程序路径下的程序将被破坏。另外安装路径中建议不要使用中文和空格。如图 2.18 所示。单击"Next"按钮，进入创建快捷方式界面。

③ 在创建桌面快捷方式界面（Create Desktop Shortcut）中设置 PyCharm 程序的快捷方式，接下来设置关联文件（Create Associations），勾选".py"左侧的复选框，这样以后再打开 .py 文件（Python 脚本文件）时，会默认使用 PyCharm 打开。选中"Add "bin" folder to the PATH"复选框，如图 2.19 所示。

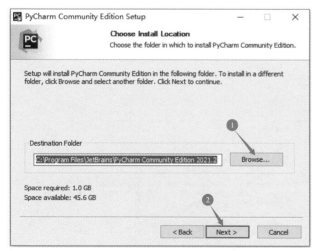

图 2.18　设置 PyCharm 安装路径

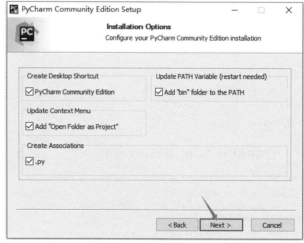

图 2.19　设置快捷方式和关联

④ 单击"Next"按钮，进入选择开始菜单文件夹界面，该界面不用设置，采用默认即可。单击"Install"按钮（安装大概 8 分钟，请耐心等待），如图 2.20 所示。

⑤ 安装完成后，单击"Finish"按钮，完成 PyCharm 开发工具的安装，如图 2.21 所示。

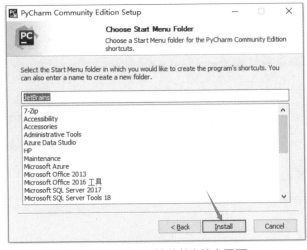

图 2.20　选择开始菜单文件夹界面

图 2.21　完成 PyCharm 的安装

2.2.3　启动并配置 PyCharm

启动并配置 PyCharm 开发工具的步骤如下：

① PyCharm 安装完成后，会在开始菜单中建立一个快捷菜单，如图 2.22 所示，单击"PyCharm Community Edition 2021.2"，即可启动 PyCharm 程序。另外，还会在桌面创建一个"PyCharm Community Edition 2021.2"快捷方式，如图 2.23 所示，通过双击该图标，同样可以启动 PyCharm。

图 2.22　PyCharm 菜单　　　图 2.23　PyCharm 桌面快捷方式

② 启动 PyCharm 程序后，进入阅读协议页，选中"I confirm that I have read and accept the terms of this User Agreement"复选框，单击 Continue 按钮，如图 2.24 所示。

③ 进入数据共享设置页面，该页面中单击"Don't Send"按钮，如图 2.25 所示。

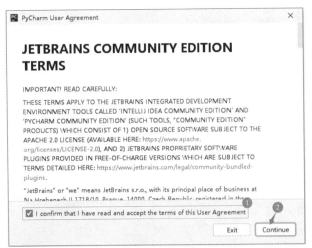
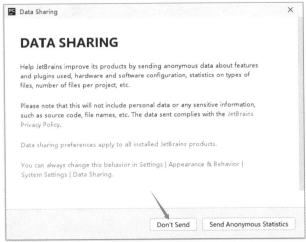

图 2.24　接受 PyCharm 协议　　　图 2.25　数据共享设置页面

④ 这时即可打开 PyCharm 的欢迎页面，如图 2.26 所示。

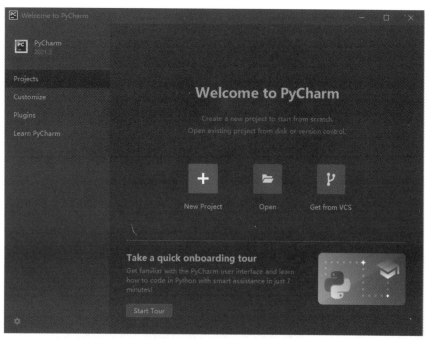

图 2.26　PyCharm 欢迎界面

⑤ PyCharm 默认为暗色主题，为了使读者更加清晰地看清楚代码，这里将 PyCharm 主题更改为浅色，单击欢迎界面左侧的 Customize，然后在右侧的"Color theme"下方的下拉框中选择前两项中的任意一项即可，如图 2.27 所示。

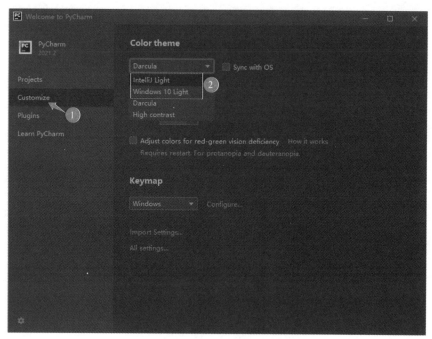

图 2.27　设置 PyCharm 的主题

⑥ 设置完主题后，单击左侧 Project，返回 PyCharm 欢迎页，单击"New Project"按钮，创建一个 Python 项目，如图 2.28 所示。

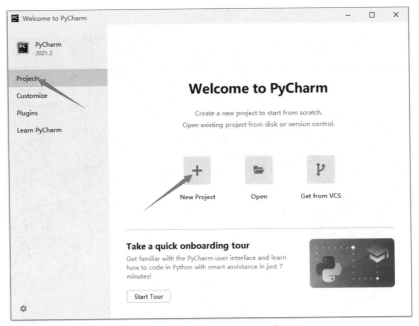

图 2.28　单击"New Project"按钮

⑦ 第一次创建 Python 项目时，需要设置项目的存放位置以及虚拟环境路径，这里需要注意的是，设置的虚拟环境的"Base interpreter"解释器应该是 python.exe 文件的地址（注意：系统会自动获取，如果没有自动获取，手动单击后面的文件夹按钮进行选择），设置过程如图 2.29 所示。

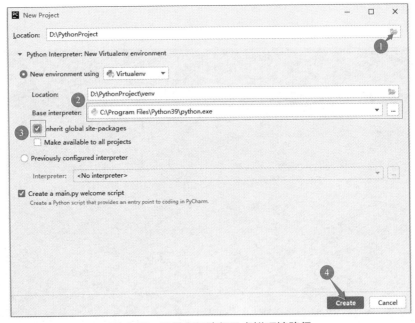

图 2.29　设置项目路径及虚拟环境路径

📖 说明

创建工程文件前，必须保证已经安装了 Python，否则创建 PyCharm 项目时会出现"Interpreter field is empty."提示，并且 Create 按钮不可用。另外，创建工程文件时，路径中建议不要有中文。

⑧ 设置完成后，单击图 2.29 中的 Create 按钮，即可进入 PyCharm 开发工具的主窗口，效果如图 2.30 所示，默认会显示一个每日一贴会话框，选中"Don't show tips"复选框，并单击 Close 按钮，这样打开 PyCharm，就不会再显示每日一贴会话框。

图 2.30　PyCharm 开发工具的主窗口

2.3　在 PyCharm 中配置 PyQt5 环境

安装完 Python 解释器和 PyCharm 开发工具之后，需要安装 PyQt5 相关的模块，并在 PyCharm 中进行配置，本节将对如何安装 PyQt5 相关的模块及在 PyCharm 中配置 PyQt5 环境进行详细讲解。

2.3.1　安装 PyQt5 相关模块

要进行 PyQt5 程序开发，需要安装 pyqt5、pyqt5-tools 和 pyqt5designer 这 3 个模块，在安装模块时，通常在系统的 cmd 命令窗口中使用 pip 命令进行安装，安装语法如下：

```
pip install 模块名
```

如果要同时安装多个模块，则模块名之间用空格隔开，语法如下：

```
pip install 模块名1 模块名2 模块名3 ……
```

这里需要注意的是，在使用 pip 命令安装 Python 模块时，默认是从 Python 官网下载安装的，而 Python 官网在国内的访问速度非常慢，为了提升效率，国内提供了很多镜像网站，可以从中下载并安装 Python 的相关模块，常用的镜像网站如下：

- 阿里云：https://mirrors.aliyun.com/pypi/simple/
- 清华大学：https://pypi.tuna.tsinghua.edu.cn/simple
- 豆瓣：https://pypi.douban.com/simple/

有了这些镜像网站，则需要将 pip 命令中的默认下载地址设置为这些镜像网站中的某一个，设置语法如下：

```
pip config set global.index-url 镜像网站地址
```

例如，将 Python 模块的默认下载地址设置为清华大学提供的镜像地址，效果如图 2.31 所示。

图 2.31 设置 Python 模块的默认下载地址

通过上面的设置，就可以在每次安装 Python 模块时，直接从设置的清华大学镜像地址下载相应的模块安装文件。下面继续安装 PyQt5 相关的 3 个模块，安装命令如下：

```
pip install pyqt5 pyqt5-tools pyqt5designer
```

安装过程效果如图 2.32 所示。

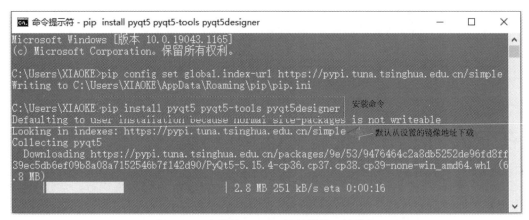

图 2.32 安装的 PyQt5 相关模块及依赖包

安装完成效果如图 2.33 所示。

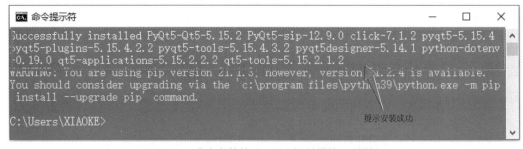

图 2.33 成功安装的 PyQt5 相关模块及依赖包

📖 说明

> 从图 2.33 中可以看到，除了 pip install 命令指定的 pyqt5、pyqt5-tools、pyqt5designer，还有其他的一些模块，这些模块是上面 3 个模块的依赖模块，所以自动进行了安装。

安装完的 PyQt5 相关模块默认会安装在系统目录中的 AppData\Roaming\Python 文件夹中，具体路径为 C:\Users\XIAOKE\AppData\Roaming\Python\Python39，该文件夹中的结构如图 2.34 所示。

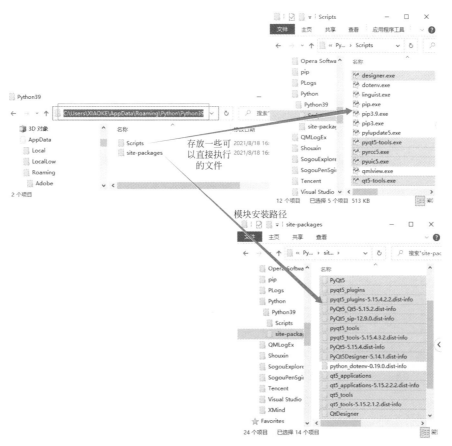

图 2.34　Python 模块默认安装路径及结构

2.3.2　配置 PyQt5 设计器及转换工具

由于使用 PyQt5 创建 GUI 图形用户界面程序时，会生成扩展名为 .ui 的文件，该文件需要转换为 .py 文件后才可以被 Python 识别，所以需要为 PyQt5 与 PyCharm 开发工具进行配置。

接下来配置 PyQt5 的设计器及将 .ui 文件（使用 PyQt5 设计器设计的文件）转换为 .py 文件（Python 脚本文件）的工具，具体步骤如下：

① 打开 PyCharm 开发工具，在 File 菜单中选择 Settings 菜单项，如图 2.35 所示，打开设置窗口。

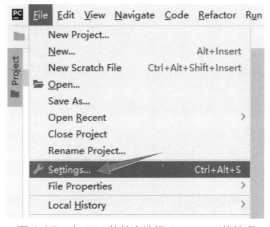

图 2.35　在 File 菜单中选择 Settings 菜单项

②在设置窗口中依次单击"Tools"→"External Tools"选项,然后在右侧单击"+"按钮,弹出"Create Tool"窗口,该窗口中,首先在"Name"文本框中填写工具名称为 Qt Designer,然后单击"Program"后面的文件夹图标,选择安装 pyqt5 模块时自动安装的 designer.exe 文件,该文件位于 Python 模块安装目录下的 Scripts 文件夹中,最后在"Working directory"文本框中输入 $ProjectFileDir$,表示项目文件目录,单击 OK 按钮,如图 2.36 所示。

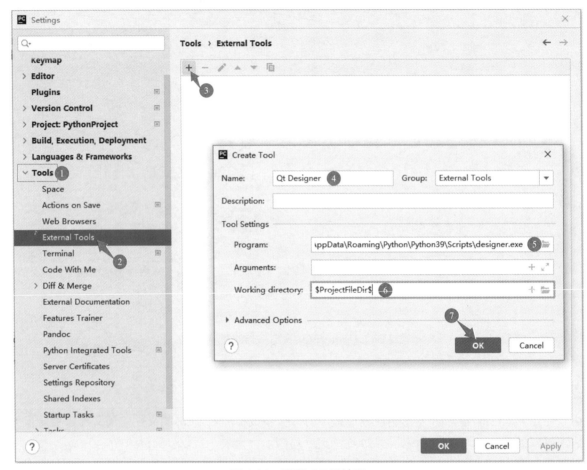

图 2.36　配置 QT 设计器

指点迷津

①在"Program"文本框中输入的是自己的 QT 开发工具安装路径,记住尾部必须加上 designer.exe 文件名。另外,路径中一定不要含有中文,以避免路径无法识别的问题。

②在配置 PyQt5 设计器及转换工具时,可以使用系统默认的变量设置"Working directory"路径,这些变量所表示的含义如下:
- $ProjectFileDir$:表示文件所在的项目路径。
- $FileDir$:表示文件所在的路径。
- $FileName$:表示文件名(不带路径)。
- $FileNameWithoutExtension$:表示没有扩展名的文件名。

③按照上面的步骤配置将 .ui 文件转换为 .py 文件的转换工具。在"Name"文本框中输入工具名称为 PyUIC,然后单击"Program"后面的文件夹图标,选择安装 pyqt5 模块时自动安装的 pyuic5.exe 文件,

该文件位于 Python 模块安装目录下的 Scripts 文件夹中。接下来在"Arguments"文本框中输入将 .ui 文件转换为 .py 文件的命令：-o $FileNameWithoutExtension$.py $FileName$。最后在"Working directory"文本框中输入 $ProjectFileDir$，表示项目文件目录，单击 OK 按钮，如图 2.37 所示。

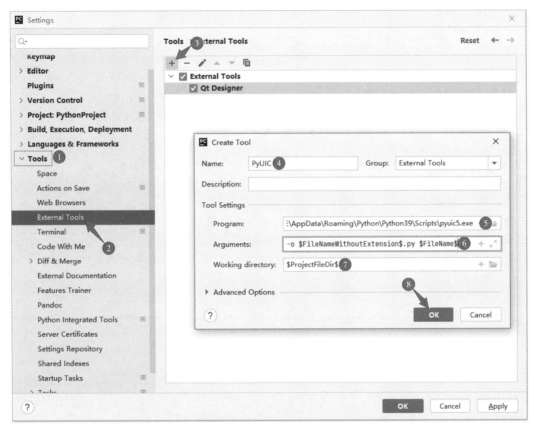

图 2.37　添加将 .ui 文件转换为 .py 文件的快捷工具

> **注意**
>
> 在"Program"文本框中输入或者选择的路径一定不要含有中文，以避免路径无法识别的问题。

完成以上配置后，在 PyCharm 开发工具的菜单中展开"Tools"→"External Tools"菜单，即可看到配置的 Qt Designer 和 PyUIC 工具，如图 2.38 所示，这两个菜单的使用方法如下：

① 单击"Qt Designer"菜单，可以打开 QT 设计器。

② 选择一个 .ui 文件，单击"PyUIC"菜单，即可将选中的 .ui 文件转换为 .py 代码文件。

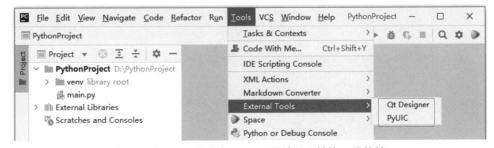

图 2.38　配置完成的 PyQt5 设计器及转换工具菜单

> **注意**
>
> 使用"PyUIC"转换工具时,必须首先选择一个 .ui 文件,否则,可能会出现如图 2.39 所示的错误提示,表示没有指定 .ui 文件。
>
>
>
> ```
> PyUIC
> C:\Users\XIAOKE\AppData\Roaming\Python\Python39\Scripts\pyuic5.exe -o .py
> Error: one input ui-file must be specified
>
> Process finished with exit code 1
> ```
>
> 图 2.39 没有选择 .ui 文件时单击"PyUIC"菜单出现的错误提示

小结

本章主要讲解了如何搭建 tkinter 和 PyQt5 的开发环境。其中,tkinter 是 Python 内置的模块,只要安装了 Python,就可以使用 tkinter 模块进行 Python GUI 程序的开发;而 PyQt5 则依赖于 pyqt5、pyqt5-tools 和 pyqt5designer 这 3 个模块,而且 PyQt5 支持可视化开发,因此需要选择一款 Python 开发工具,本书选用的是 PyCharm。

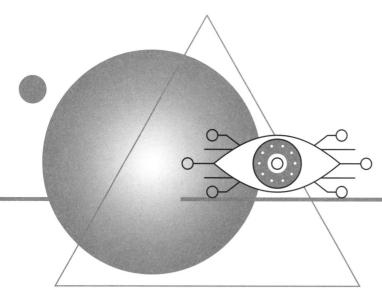

第3章
数据库编程基础

扫码领取
- 教学视频
- 配套源码
- 练习答案
- ……

数据是项目开发的核心，而存储数据最常用的就是数据库。Python 可以操作不同的数据库，如 SQLite、MySQL、Oracle 等，MySQL 作为当前免费开源，并且最流行的数据库之一，被应用于各种主流语言开发的项目中。本章将讲解 MySQL 数据库相关的知识，以及如何使用 Python 操作 MySQL 数据库。

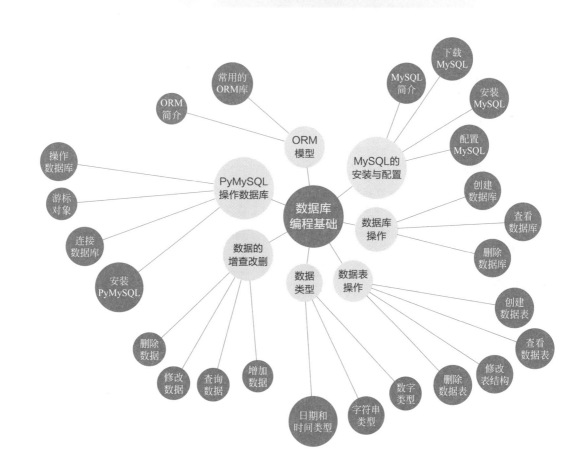

3.1 MySQL 的安装与配置

MySQL 是目前最为流行的开源数据库，是完全网络化的跨平台关系型数据库系统，它是由瑞典的 MySQL AB 公司开发的。

3.1.1 MySQL 简介

MySQL 是一种完全免费的产品，用户可以直接从网上下载使用，而不必支付任何费用。它主要有以下特点：

① 功能强大。MySQL 中提供了多种数据库存储引擎，各个引擎各有所长，适用于不同的应用场合，用户可以选择最合适的引擎以得到最高的性能，甚至可以处理每天访问量达数亿的高强度 Web 搜索站点。MySQL 支持事务、视图、存储过程和触发器等。

② 支持跨平台。MySQL 支持至少 20 种开发平台，包括 Linux、Windows、FreeBSD、IBMAIX、AIX 和 FreeBSD 等。这使得在任何平台下编写的程序都可以进行移植，而不需要对程序做任何修改。

③ 运行速度快。高速是 MySQL 的显著特性。在 MySQL 中，使用了极快的 B 树磁盘表（MyISAM）和索引压缩；通过使用优化的单扫描多连接，能够极快地实现连接；SQL 函数使用高度优化的类库实现，运行速度极快。

④ 成本低。MySQL 数据库是一种完全免费的产品，用户可以直接从网上下载。

⑤ 支持各种开发语言。MySQL 为各种流行的程序设计语言提供支持，为它们提供了很多的 API 函数，包括 PHP、ASP.NET、Java、Eiffel、Python、Ruby、Tcl、C、C++ 和 Perl 等。

⑥ 数据库存储容量大。MySQL 数据库的最大有效表尺寸通常是由操作系统对文件大小的限制决定的，而不是由 MySQL 内部限制决定的。InnoDB 存储引擎将 InnoDB 表保存在一个表空间内，该表空间可由数个文件创建，表空间的最大容量为 64TB，可以轻松处理拥有上千万条记录的大型数据库。

3.1.2 下载 MySQL

MySQL 数据库最新版本是 8.0 版，另外比较常用的还有 5.7 版本，本节将以 MySQL 8.0 为例讲解其下载过程。

① 在浏览器的地址栏中输入地址 "https://dev.mysql.com/downloads/windows/installer/8.0.html"，并按下 <Enter> 键，将进入到当前最新版本 MySQL 8.0 的下载页面，选择离线安装包，如图 3.1 所示。

> **说明**
>
> 如果想要使用 MySQL 5.7 版本，可以访问 https://dev.mysql.com/downloads/windows/installer/5.7.html 进行下载。

② 单击 "Download" 按钮下载，进入开始下载页面，如果有 MySQL 的账户，可以单击 "Login" 按钮，登录账户后下载，如果没

图 3.1　下载 MySQL 页面

有，则可以直接单击下方的"No thanks, just start my download."超链接，跳过注册步骤，直接下载，如图 3.2 所示。

3.1.3 安装 MySQL

下载完成以后，开始安装 MySQL。双击安装文件，在界面中勾选"I accept the license terms"，单击"Next"，进入选择设置类型界面。在选择设置中有 5 种类型，说明如下：

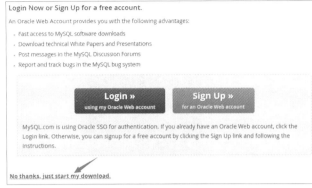

图 3.2　不注册直接下载 MySQL

- Developer Default：安装 MySQL 服务器以及开发 MySQL 应用所需的工具。工具包括开发和管理服务器的 GUI 工作台、访问操作数据的 Excel 插件、与 Visual Studio 集成开发的插件、通过 NET/Java/C/C++/ODBC 等访问数据的连接器、官方示例和教程、开发文档等。
- Server only：仅安装 MySQL 服务器，适用于部署 MySQL 服务器。
- Client only：仅安装客户端，适用于基于已存在的 MySQL 服务器进行 MySQL 应用开发的情况。
- Full：安装 MySQL 所有可用组件。
- Custom：自定义需要安装的组件。

MySQL 会默认选择"Developer Default"类型，这里一般选择纯净的"Server only"类型，如图 3.3 所示。

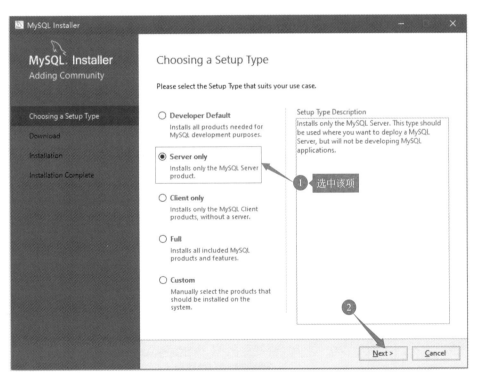

图 3.3　选择安装类型

接下来都采用默认安装设置，但中间有一步需要设置 MySQL 数据库的登录密码，只需要输入两次同样的密码即可，通常密码为 root，如图 3.4 所示。

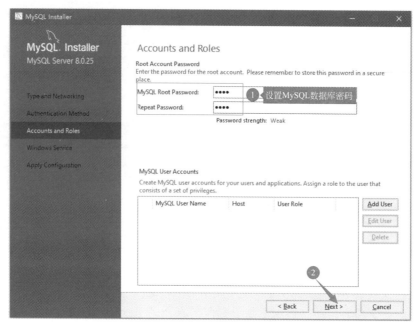

图 3.4　设置 MySQL 数据库密码

3.1.4　配置 MySQL

安装完成以后，默认的安装路径是"C:\Program Files\MySQL\MySQL Server 8.0\bin"。下面设置环境变量，以便在任意目录下使用 MySQL 命令，这里以 Windows 10 系列为例进行介绍。右键单击"此电脑"→选择"属性"→选择"高级系统设置"→选择"环境变量"→选择"PATH"→单击"编辑"，在弹出的"编辑环境变量"会话框中，单击"新建"按钮，然后将"C:\Program Files\MySQL\MySQL Server 8.0\bin"写入变量值中。如图 3.5 所示。

图 3.5　设置环境变量

使用 MySQL 数据库前，需要先启动 MySQL。在 CMD 窗口中，输入命令行"net start mysql80"来启动 MySQL 8.0。启动成功后，使用账户和密码进入 MySQL。输入命令"mysql -u root -p"，按下 <Enter> 回车键，提示"Enter password:"，输入安装 MySQL 时设置的密码，这里输入"root"，即可进入 MySQL。如图 3.6 所示。

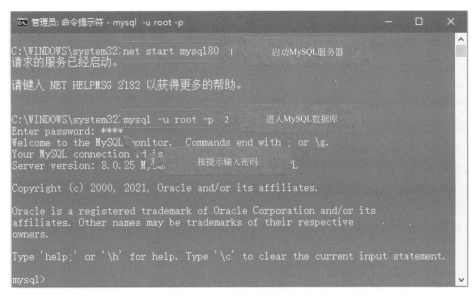

图 3.6　启动 MySQL

说明

> 如果安装的是 MySQL 5.7 版本，则启动 MySQL 服务器的命令为 net start mysql57。

在 MySQL 控制台中，输入"exit"即可退出 MySQL 控制台。然后输入"net stop mysql80"即可关闭 MySQL 服务。

指点迷津

> 如果在 CMD 命令窗口中使用"net start mysql80"命令启动 MySQL 服务时，出现如图 3.7 所示的错误提示，是由于 Windows 10 系统的权限设置引起的，只需要以管理员身份运行 CMD 命令窗口即可，如图 3.8 所示。
>
>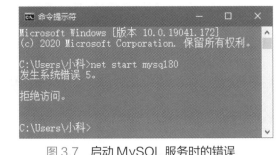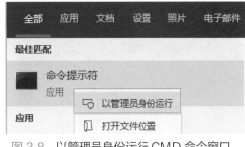
>
> 　图 3.7　启动 MySQL 服务时的错误　　　图 3.8　以管理员身份运行 CMD 命令窗口

3.2　数据库操作

针对 MySQL 数据库的操作可以分为创建、查看和删除三种，下面分别介绍这三种操作。

3.2.1 创建数据库

在 MySQL 中，应用 create database 语句创建数据库。其语法格式如下：

```
create database 数据库名；
```

> **注意**
>
> MySQL 数据库不区分关键字大小写，所以"CREATE"和"create"是同一个关键字。

在创建数据库时，数据库的命名要遵循如下规则：

① 不能与其他数据库重名。

② 名称可以是任意字母、阿拉伯数字、下划线"_"或者"$"组成，可以使用上述的任意字符开头，但不能使用单独的数字，那样会造成它与数值相混淆。

③ 名称最长可由 64 个字符组成（还包括表、列和索引的命名），而别名最多可长达 256 个字符。

④ 不能使用 MySQL 关键字作为数据库名、表名。

⑤ 默认情况下，Windows 下数据库名、表名的字母大小写是不敏感的，而在 Linux 下数据库名、表名的字母大小写是敏感的。为了便于数据库在平台间进行移植，建议读者采用小写字母来定义数据库名和表名。

下面通过 create database 语句创建一个名称为 db_users 的数据库。在创建数据库时，首先连接 MySQL 服务器，然后编写"create database db_users;"SQL 语句，数据库则创建成功。运行结果如图 3.9 所示。

创建 db_users 数据库后，MySQL 管理系统会自动在 MySQL 安装目录下的"MySQL\data"目录下创建 db_users 数据库文件夹及相关文件，实现对该数据库的文件管理。

use 语句用于选择一个数据库，使其成为当前默认数据库。其语法如下：

```
use 数据库名
use 数据库名；
```

> **说明**
>
> 选择数据库时，数据库名后面的分号可以省略。

例如，选择名称为 db_users 的数据库，操作命令如图 3.10 所示。

图 3.9 创建数据库

图 3.10 选择数据库

选择了 db_users 数据库之后，才可以操作该数据库中的所有对象。

3.2.2 查看数据库

数据库创建完成后，可以使用 show databases 命令查看 MySQL 数据库中所有已经存在的数据库。语法如下：

```
show databases;
```

例如，使用"show databases;"命令显示本地 MySQL 数据库中所有存在的数据库名，如图 3.11 所示。

> **注意**
>
> "show databases;"中"databases"是复数形式，并且所有命令都以英文分号"；"结尾。

3.2.3 删除数据库

删除数据库使用的是 drop database 语句，语法如下：

```
drop database 数据库名;
```

例如，在 MySQL 命令窗口中使用"drop database db_users;"SQL 语句即可删除 db_users 数据库，如图 3.12 所示。删除数据库后，MySQL 管理系统会自动删除 MySQL 安装目录下的"\MySQL\data\db_users"目录及相关文件。

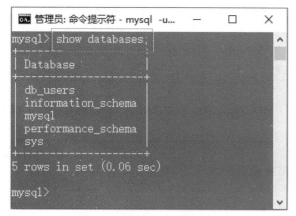

图 3.11　显示所有数据库名

图 3.12　删除数据库

> **注意**
>
> 对于删除数据库的操作，应该谨慎使用，一旦执行这项操作，数据库的所有结构和数据都会被删除，没有恢复的可能，除非数据库有备份。

3.3　数据表操作

数据库创建完成后，即可在命令提示符下对数据表进行操作，如创建数据表、更改数据表以及删除数据表等。

3.3.1　创建数据表

MySQL 数据库中，可以使用 create table 命令创建数据表。语法如下：

```
create[TEMPORARY] table [IF NOT EXISTS] 数据表名
[(create_definition,...)][table_options] [select_statement]
```

create table 语句的参数说明如表 3.1 所示。

表 3.1　create table 语句的参数说明

关键字	说明
TEMPORARY	如果使用该关键字，表示创建一个临时表
IF NOT EXISTS	该关键字用于避免表存在时 MySQL 报告的错误
create_definition	这是表的列属性部分。MySQL 要求在创建表时，表要至少包含一列
table_options	表的一些特性参数
select_statement	SELECT 语句描述部分，用它可以快速地创建表

下面介绍列属性 create_definition 的使用方法，每一列具体的定义格式如下：

```
col_name  type [NOT NULL | NULL] [DEFAULT default_value] [AUTO_INCREMENT]
          [PRIMARY KEY ] [reference_definition]
```

属性 create_definition 的参数说明如表 3.2 所示。

表 3.2　属性 create_definition 的参数说明

参数	说明
col_name	字段名
type	字段类型
NOT NULL | NULL	指出该列是否允许是空值，但是数据"0"和空格都不是空值，系统一般默认允许为空值，所以当不允许为空值时，必须使用 NOT NULL
DEFAULT default_value	表示默认值
AUTO_INCREMENT	表示是否是自动编号，每个表只能有一个 AUTO_INCREMENT 列，并且必须被索引
PRIMARY KEY	表示是否为主键。一个表只能有一个 PRIMARY KEY。如果表中没有一个 PRIMARY KEY，而某些应用程序要求 PRIMARY KEY，MySQL 将返回第一个没有任何 NULL 列的 UNIQUE 键，作为 PRIMARY KEY
reference_definition	为字段添加注释

在实际应用中，使用 create table 命令创建数据表的时候，只需指定最基本的属性即可，格式如下：

```
create table table_name ( 列名1 属性，列名2 属性 …);
```

例如，在命令提示符下应用 create database db_users 创建 db_users 数据库，然后使用 create table 命令，在数据库 db_users 中创建一个名为 tb_users 的数据表，表中包括 id、username、password 和 createtime 等字段，实现过程如图 3.13 所示。

📋 **说明**

> 按下 <Enter> 键即可换行，结尾分号 "；" 表示该行语句结束。

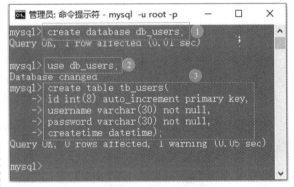

图 3.13　创建 MySQL 数据表

3.3.2　查看数据表

成功创建数据表后，可以使用 show columns 命令或 describe 命令查看指定数据表的表结构。下面分别对这两个语句进行介绍。

1. show columns 命令

show columns 命令的语法格式如下：

```
show [full] columns  from 数据表名 [from 数据库名 ];
```

或写成：

```
show  [full] columns  FROM 数据库名 . 数据表名；
```

例如，应用 show columns 命令查看数据表 tb_users 表结构，如图 3.14 所示。

图 3.14　查看 tb_users 表结构

2. describe 命令

describe 命令的语法格式如下：

```
describe 数据表名；
```

其中，describe 可以简写为 desc。在查看表结构时，也可以只列出某一列的信息，语法格式如下：

```
describe 数据表名 列名；
```

例如，应用 describe 命令的简写形式查看数据表 tb_users 的某一列信息，如图 3.15 所示。

3.3.3　修改表结构

修改表结构采用 alter table 命令。修改表结构指增加或者删除字段、修改字段名称或者字段类型、设置取消主键外键、设置取消索引以及修改表的注释等。语法如下：

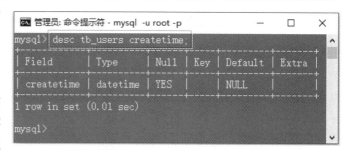

图 3.15　查看 tb_users 表 createtime 列的信息

```
alter [IGNORE] table 数据表名 alter_spec[,alter_spec]...
```

注意，当指定 IGNORE 时，如果出现重复关键的行，则只执行一行，其他重复的行被删除。其中，alter_spec 子句用于定义要修改的内容，语法如下：

```
alter_specification:
    ADD [COLUMN] create_definition [FIRST | AFTER column_name ]    -- 添加新字段
    | ADD INDEX [index_name] (index_col_name,...)                   -- 添加索引名称
    | ADD PRIMARY KEY (index_col_name,...)                          -- 添加主键名称
    | ADD UNIQUE [index_name] (index_col_name,...)                  -- 添加唯一索引
    | ALTER [COLUMN] col_name {SET DEFAULT literal | DROP DEFAULT}  -- 修改字段名称
```

```
          |  CHANGE [COLUMN] old_col_name create_definition              -- 修改字段类型
          |  MODIFY [COLUMN] create_definition                           -- 修改子句定义字段
          |  DROP [COLUMN] col_name                                      -- 删除字段名称
          |  DROP PRIMARY KEY                                            -- 删除主键名称
          |  DROP INDEX index_name                                       -- 删除索引名称
          |  RENAME [AS] new_tbl_name                                    -- 更改表名
          |  table_options
```

alter table 语句允许指定多个动作，动作间使用逗号分隔，每个动作表示对表的一次修改。

例如，向 tb_users 表中添加一个新的字段 address，类型为 varchar(50)，并且不为空值"not null"，将字段 user 的类型由 varchar(30) 改为 varchar(50)，然后再用 show colume 命令查看修改后的表结构，如图 3.16 所示。

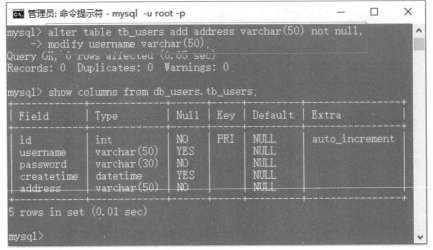

图 3.16　修改 tb_users 表结构

3.3.4　删除数据表

删除数据表的操作很简单，与删除数据库的操作类似，使用 drop table 命令即可实现。格式如下：

```
drop table 数据表名；
```

例如，在 MySQL 命令窗口中使用"drop table tb_users;" SQL 语句即可删除 tb_users 数据表。删除数据表后，MySQL 管理系统会自动删除"D:\phpStudy\MySQL\data\tb_users"目录下的表文件。

> **注意**
>
> 　　　　删除数据表的操作应该谨慎使用。一旦删除了数据表，那么表中的数据将会全部清除，没有备份则无法恢复。

在删除数据表的过程中，如果删除一个不存在的表将会产生错误，这时在删除语句中加入 if exists 关键字就可避免出错。格式如下：

```
drop table if exists 数据表名；
```

> **注意**
>
> 　　　　在对数据表进行操作之前，首先必须选择数据库，否则是无法对数据表进行操作的。

例如，先使用 drop table 语句删除一个 tb_users 表，查看提示信息，然后使用 drop table if exists 语句删除 tb_users 表。运行结果如图 3.17 所示。

3.4 数据类型

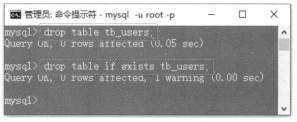

图 3.17 删除 tb_users 数据表

在 MySQL 数据库中，数据表中的每个字段都需要设置数据类型。MySQL 支持的数据类型主要分成三类：数字类型、字符串（字符）类型、日期和时间类型，下面分别介绍。

3.4.1 数字类型

MySQL 支持的数字类型包括准确数字的数据类型（NUMERIC、DECIMAL、INTEGER 和 SMALLINT），还包括近似数字的数据类型（FLOAT、REAL 和 DOUBLE PRECISION）。其中的关键字 INT 是 INTEGER 的简写，关键字 DEC 是 DECIMAL 的简写。

一般来说，数字类型可以分成整型和浮点型两类，详细内容如表 3.3 和表 3.4 所示。

表 3.3 整型数据类型

数据类型	取值范围	说明	单位
TINYINT	符号值：−127 ~ 127 无符号值：0 ~ 255	最小的整数	1 字节
BIT	符号值：−127 ~ 127 无符号值：0 ~ 255	最小的整数	1 字节
BOOL	符号值：−127 ~ 127 无符号值：0 ~ 255	最小的整数	1 字节
SMALLINT	符号值：−32768 ~ 32767 无符号值：0 ~ 65535	小型整数	2 字节
MEDIUMINT	符号值：−8388608 ~ 8388607 无符号值：0 ~ 16777215	中型整数	3 字节
INT	符号值：−2147683648 ~ 2147683647 无符号值：0 ~ 4294967295	标准整数	4 字节
BIGINT	符号值：−9223372036854775808 ~ 9223372036854775807 无符号值：0 ~ 18446744073709551615	大整数	8 字节

表 3.4 浮点型数据类型

数据类型	取值范围	说明	单位
FLOAT	−3.402823466E+38 ~ −1.175494351E−38 0 1.175494351E−38 ~ 3.402823466E+38	单精度浮点数	8 字节或 4 字节
DOUBLE	−1.7976931348623157E+308 ~ −2.2250738585072014E−308 0 2.2250738585072014E−308 ~ 1.7976931348623157E+308	双精度浮点数	8 字节
DECIMAL	可变	一般整数	自定义长度

> **说明**
>
> 在创建表时，使用哪种数字类型，应遵循以下原则。
> ① 选择最小的可用类型，如果值永远不超过 127，则使用 TINYINT 要比使用 INT 好。
> ② 对于完全都是数字的情况，可以选择整数类型。
> ③ 浮点类型用于可能具有小数部分的数。例如，货物单价、网上购物交付金额等。

3.4.2 字符串类型

字符串类型可以分为三类：普通的文本字符串类型（CHAR 和 VARCHAR）、可变类型（TEXT 和 BLOB）和特殊类型（SET 和 ENUM）。下面介绍这三类字符串类型。

① 普通的文本字符串类型。即 CHAR 和 VARCHAR 类型，CHAR 列的长度在创建表时指定，取值在 1～255 之间；VARCHAR 列的值是变长的字符串，取值和 CHAR 一样。普通的文本字符串类型如表 3.5 所示。

表 3.5　普通的文本字符串类型

类型	取值范围	说明
[national] char(M) [binary|ASCII|unicode]	0～255 个字符	固定长度为 M 的字符串，其中 M 的取值范围为 0～255。national 关键字指定了应该使用的默认字符集。binary 关键字指定了数据是否区分大小写（默认是区分大小写的）。ASCII 关键字指定了在该列中使用 latin1 字符集。unicode 关键字指定了使用 UCS 字符集
char	0～255 个字符	char(M) 类似
[national] varchar(M) [binary]	0～255 个字符	长度可变，其他和 char(M) 类似

② TEXT 和 BLOB 类型。它们的大小可以改变，TEXT 类型适合存储长文本，而 BLOB 类型适合存储二进制数据，支持任何数据，如文本、声音和图像等。TEXT 和 BLOB 类型如表 3.6 所示。

表 3.6　TEXT 和 BLOB 类型

类型	大小	说明
TINYBLOB	最大 255 个字节（2^8-1）	小 BLOB 字段
TINYTEXT	最大 255 个字节（2^8-1）	小 TEXT 字段
BLOB	最大 65535 个字节（$2^{16}-1$）	常规 BLOB 字段
TEXT	最大 65535 个字节（$2^{16}-1$）	常规 TEXT 字段
MEDIUMBLOB	最大 16777215 个字节（$2^{24}-1$）	中型 BLOB 字段
MEDIUMTEXT	最大 16777215 个字节（$2^{24}-1$）	中型 TEXT 字段
LONGBLOB	最大 4294967295 个字节（$2^{32}-1$）	长 BLOB 字段
LONGTEXT	最大 4294967295 个字节（$2^{32}-1$）	长 TEXT 字段

③ 特殊类型 SET 和 ENUM。特殊类型 SET 和 ENUM 的介绍如表 3.7 所示。

表 3.7　特殊类型 SET 和 ENUM

类型	最大值	说明
Set（"value1","value2",…）	64	该类型的列可以容纳一组值或为 NULL
Enum（"value1","value2",…）	65 535	该类型的列只可以容纳所列值之一或为 NULL

> **说明**
>
> 在创建表时，使用哪种字符串类型，应遵循以下原则：
> ① 从速度方面考虑，要选择固定的列，可以使用 CHAR 类型。
> ② 要节省空间，使用动态的列，可以使用 VARCHAR 类型。
> ③ 要将列中的内容限制在一种选择，可以使用 ENUM 类型。
> ④ 允许在一个列中有多于一个的条目，可以使用 SET 类型。
> ⑤ 如果要搜索的内容不区分大小写，可以使用 TEXT 类型。
> ⑥ 如果要搜索的内容区分大小写，可以使用 BLOB 类型。

3.4.3 日期和时间类型

日期和时间类型包括：DATETIME、DATE、TIMESTAMP、TIME 和 YEAR，其中的每种类型都有其取值的范围，如果赋予它一个不合法的值，则将会被"0"代替。日期和时间数据类型如表 3.8 所示。

表 3.8 日期和时间数据类型

类型	取值范围	说明
DATE	1000-01-01 ~ 9999-12-31	日期，格式 YYYY-MM-DD
TIME	-838:58:59 ~ 835:59:59	时间，格式 HH:MM:SS
DATETIME	1000-01-01 00:00:00 ~ 9999-12-31 23:59:59	日期和时间，格式 YYYY-MM-DD HH:MM:SS
TIMESTAMP	1970-01-01 00:00:00 ~ 2037 年的某个时间	时间标签，在处理报告时使用的显示格式取决于 M 的值
YEAR	1901 ~ 2155	年份可指定两位数字和四位数字的格式

在 MySQL 中，日期的顺序是按照标准的 ANSISQL 格式进行输入的。

3.5 数据的增查改删

数据库中包含数据表，而数据表中包含数据。更多时候，操作最多的是数据表中的数据，因此如何更好地操作和使用这些数据才是使用 MySQL 数据库的重点。

向数据表中添加、查询、修改和删除记录可以在 MySQL 命令行中使用 SQL 语句完成。下面介绍如何在 MySQL 命令行中执行基本的 SQL 语句。

3.5.1 增加数据

建立一个空的数据库和数据表时，首先要想到的就是如何向数据表中添加数据。这项操作可以通过 insert 命令来实现。语法格式如下：

```
insert into 数据表名 (column_name,column_name2, ... ) values (value1, value2, ... );
```

在 MySQL 中，一次可以同时插入多行记录，各行记录的值清单在 values 关键字后以逗号","分隔，而标准的 SQL 语句一次只能插入一行。

> **说明**
>
> 值列表中的值应与字段列表中字段的个数和顺序相对应，值列表中值的数据类型必须与相应字段的数据类型保持一致。

例如，向用户信息表 tb_users 中插入一条数据信息，如图 3.18 所示。

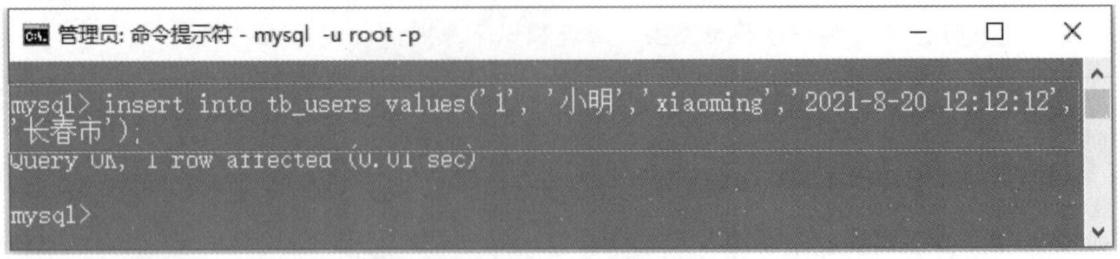

图 3.18 tb_users 表插入新记录

当向数据表中的所有列添加数据时，insert 语句中的字段列表可以省略，例如，

```
insert into tb_users values('1',' 小明 ','xiaoming','2021-8-20 12:12:12',' 长春市 ');
```

3.5.2 查询数据

数据表中插入数据后，可以使用 select 命令来查询数据表中的数据。该语句的格式如下：

```
select selection_list  from 数据表名 where condition;
```

其中，selection_list 是要查找的列名，如果要查询多个列，可以用"，"隔开；如果查询所有列，可以用"*"代替。where 子句是可选的，如果给出该子句，将查询出指定记录。

例如，查询 tb_users 表中数据。运行结果如图 3.19 所示。

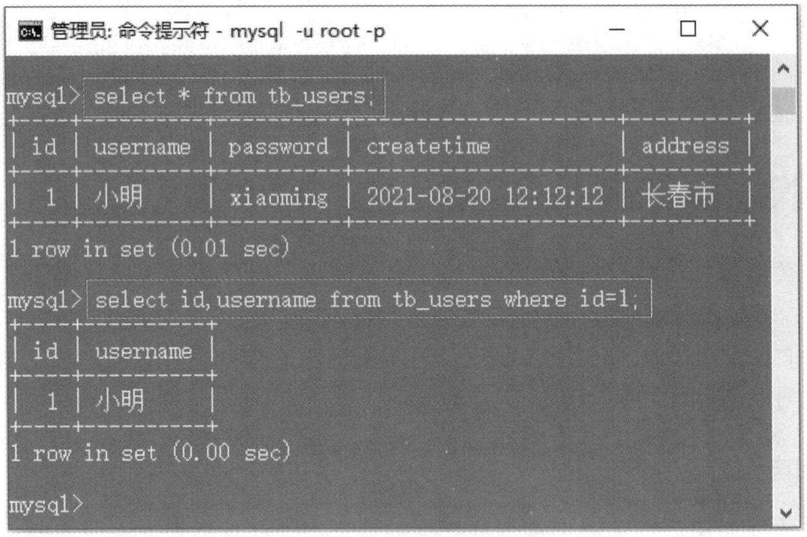

图 3.19 select 查找数据

上述方法只是介绍了最基础的查询操作，实际应用中查询的条件要复杂得多。如：

```
select selection_list                          -- 要查询的列
from 数据表名                                   -- 指定数据表
where primary_constraint                       -- 查询时需要满足的条件，行必须满足的条件
group by grouping_columns                      -- 如何对结果进行分组
order by sorting_cloumns                       -- 如何对结果进行排序
having secondary_constraint                    -- 查询时满足的第二条件
limit count                                    -- 限定输出的查询结果
```

参数说明如下。

1. selection_list

设置查询内容。如果要查询表中所有列，可以将其设置为"*"；如果要查询表中某一列或多列，则直接输入列名，并以","为分隔符。例如，查询 tb_mrbook 数据表中所有列和查询 id 和 bookname 列的代码如下：

```
select * from tb_mrbook;                          # 查询数据表中所有数据
select id,bookname from tb_mrbook;                # 查询数据表中 id 和 bookname 列的数据
```

2. table_list

指定查询的数据表。既可以从一个数据表中查询，也可以从多个数据表中进行查询，多个数据表之间用","进行分隔，并且通过 WHERE 子句使用连接运算来确定表之间的联系。

例如，从 tb_mrbook 和 tb_bookinfo 数据表中查询 bookname='python自学视频教程' 的 id 编号、书名、作者和价格，其代码如下：

```
select tb_mrbook.id,tb_mrbook.bookname,
    author,price from tb_mrbook,tb_bookinfo
    where tb_mrbook.bookname = tb_bookinfo.bookname
and tb_bookinfo.bookname = 'python自学视频教程';
```

在上面的 SQL 语句中，因为两个表都有 id 字段和 bookname 字段，为了告诉服务器显示的是哪个表中的字段信息，要加上前缀。语法如下：

```
表名.字段名
```

tb_mrbook.bookname = tb_bookinfo.bookname 将表 tb_mrbook 和 tb_bookinfo 连接起来，叫作等同连接；如果不使用 tb_mrbook.bookname = tb_bookinfo.bookname，那么产生的结果将是两个表的笛卡儿积，叫作全连接。

> **说明**
>
> 笛卡儿乘积是指在数学中两个集合 X 和 Y 的笛卡儿积（Cartesian product），又称直积，表示为 X×Y，第一个对象是 X 的成员，而第二个对象是 Y 的所有可能有序对的其中一个成员。

3. where 查询语句

在使用查询语句时，如要从很多的记录中查询出想要的记录，就需要一个查询的条件。只有设定了查询的条件，查询才有实际的意义。设定查询条件应用的是 where 子句，其功能非常强大，通过它可以实现很多复杂的条件查询。在使用 where 子句时，需要使用一些比较运算符，常用的比较运算符如表 3.9 所示。

表 3.9 常用的 Where 子句比较运算符

字段名	默认值或绑定	默认值或绑定	默认值或绑定	默认值或绑定	描述
=	等于	id=10	is not null	n/a	id is not null
>	大于	id>10	between	n/a	id between1 and 10
<	小于	id<10	in	n/a	id in (4,5,6)
>=	大于等于	id>=10	not in	n/a	name not in (a,b)
<=	小于等于	id<=10	like	模式匹配	name like（'abc%'）
!= 或 <>	不等于	id!=10	not like	模式匹配	name not like（'abc%'）
is null	n/a	id is null	regexp	常规表达式	name 正则表达式

表 3.9 中列举的是 where 子句常用的比较运算符，示例中的 id 是记录的编号，name 是表中的用户名。例如，应用 where 子句查询 tb_mrbook 表，条件是 type（类别）为 python 的所有图书，代码如下：

```sql
select * from tb_mrbook where type = 'python ';
```

4. distinct（在结果中去除重复行）

使用 distinct 关键字，可以去除结果中重复的行。例如，查询 tb_mrbook 表，并在结果中去掉类型字段 type 中的重复数据，代码如下：

```sql
select distinct type from tb_mrbook;
```

5. order by（对结果排序）

使用 order by 可以对查询的结果进行升序和降序（desc）排列，在默认情况下，order by 按升序输出结果。如果要按降序排列可以使用 desc 来实现。

对含有 null 值的列进行排序时，如果是按升序排列，null 值将出现在最前面，如果是按降序排列，null 值将出现在最后。例如，查询 tb_mrbook 表中的所有信息，按照"id"进行降序排列，并且只显示五条记录。其代码如下：

```sql
select * from tb_mrbook order by id desc limit 5;
```

6. like（模糊查询）

like 属于较常用的比较运算符，通过它可以实现模糊查询。它有两种通配符："%"和下划线"_"。"%"可以匹配一个或多个字符，而"_"只匹配一个字符。例如，查找所有书名（bookname 字段）包含"python"的图书，代码如下：

```sql
select * from tb_mrbook where bookname like('%python%');
```

📘 **说明**

> 无论是一个英文字符还是中文字符都算作一个字符，在这一点上英文字母和中文没有区别。

7. concat（联合多列）

使用 concat 函数可以联合多个字段，构成一个总的字符串。例如，把 tb_mrbook 表中的书名（bookname）和价格（price）合并到一起，构成一个新的字符串。代码如下：

```sql
select id,concat(bookname,":",price) as info,type from tb_mrbook;
```

其中，合并后的字段名为 concat 函数形成的表达式"bookname:price"，看上去十分复杂，通过 AS 关键字给合并字段取一个别名，就更加清晰。

8. limit（限定结果行数）

limit 子句可以对查询结果的记录条数进行限定，控制它输出的行数。例如，查询 tb_mrbook 表，按照图书价格升序排列，显示十条记录，代码如下：

```sql
select * from tb_mrbook order by price asc limit 10;
```

使用 limit 还可以从查询结果的中间部分取值。首先要定义两个参数，参数 1 是开始读取的第一条记录的编号（在查询结果中，第一个结果的记录编号是 0，而不是 1）；参数 2 是要查询记录的个数。例如，查询 tb_mrbook 表，从第 3 条记录开始，查询 6 条记录，代码如下：

```sql
select * from tb_mrbook limit 2,6;
```

9. 使用函数和表达式

在 MySQL 中，还可以使用表达式来计算各列的值，以作为输出结果。表达式还可以包含一些函数，例如，计算 tb_mrbook 表中各类图书的总价格，代码如下：

```
select sum(price) as totalprice,type from tb_mrbook group by type;
```

在对 MySQL 数据库进行操作时，有时需要对数据库中的记录进行统计，例如求平均值、最小值、最大值等，这时可以使用 MySQL 中的统计函数，其常用的统计函数如表 3.10 所示。

表 3.10　MySQL 中常用的统计函数

名称	说明
avg	获取指定列的平均值
count	如指定了一个字段，则会统计出该字段中的非空记录。如在前面增加 DISTINCT，则会统计不同值的记录，相同的值当作一条记录。如使用 COUNT（*）则统计包含空值的所有记录数
min	获取指定字段的最小值
max	获取指定字段的最大值
std	指定字段的标准背离值
stdtev	与 STD 相同
sum	获取指定字段所有记录的总和

除了使用函数之外，还可以使用算术运算符、字符串运算符以及逻辑运算符来构成表达式。例如，可以计算图书打九折之后的价格，代码如下：

```
select *, (price * 0.9) as '90%' from tb_mrbook;
```

10. group by（对结果分组）

通过 group by 子句可以将数据划分到不同的组，实现对记录进行分组查询。在查询时，所查询的列必须包含在分组的列中，目的是使查询到的数据没有矛盾。在与 avg() 函数或 sum() 函数一起使用时，group by 子句能发挥最大作用。例如，查询 tb_mrbook 表，按照 type 进行分组，求每类图书的平均价格，代码如下：

```
select avg(price),type from tb_mrbook group by type;
```

11. 使用 having 子句设定第二个查询条件

having 子句通常和 group by 子句一起使用。在对数据结果进行分组查询和统计之后，还可以使用 having 子句来对查询的结果进行进一步的筛选。having 子句和 where 子句都用于指定查询条件，不同的是 where 子句在分组查询之前应用，而 having 子句在分组查询之后应用，而且 having 子句中还可以包含统计函数。例如，计算 tb_mrbook 表中各类图书的平均价格，并筛选出图书的平均价格大于 60 元的记录，代码如下：

```
select avg(price),type from tb_mrbook group by type having avg(price)>60;
```

3.5.3　修改数据

要执行修改的操作可以使用 update 命令，该语句的格式如下：

```
update 数据表名 set column_name = new_value1,column_name2 = new_value2,…where condition;
```

其中，set 子句指出要修改的列及其给定的值；where 子句是可选的，如果给出该子句，将指定记录中的哪一行应该被更新，否则，所有的记录行都将被更新。例如，将用户信息表 tb_users 中用户名为"小明"的管理员密码"mrsoft"修改为"mingrisoft"，SQL 语句如下：

```
update tb_users set password='mingrisoft' where username='小明';
```

运行结果如图 3.20 所示。

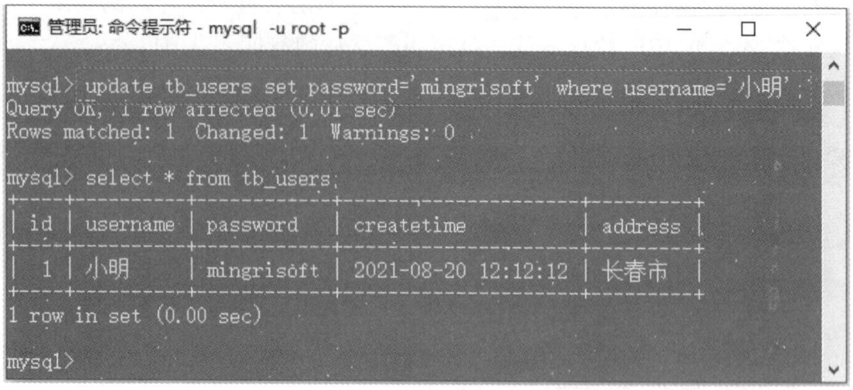

图 3.20 更改数据表记录

3.5.4 删除数据

在数据库中有些数据已经失去意义或者是错误的，这时就需要将它们删除，此时可以使用 delete 命令。该命令的格式如下：

```
delete from 数据表名 where condition;
```

> **注意**
>
> 该语句在执行过程中，如果没有指定 where 条件，将删除所有的记录；如果指定了 where 条件，将按照指定的条件进行删除。

使用 delete 命令删除整个表的效率并不高，还可以使用 truncate 命令，利用它可以快速删除表中所有的内容。例如，删除用户信息表 tb_users 中用户名为"小明"的记录信息，SQL 语句如下：

```
delete from tb_users where username = '小明';
```

删除后，使用 select 命令查看结果。运行结果如图 3.21 所示。

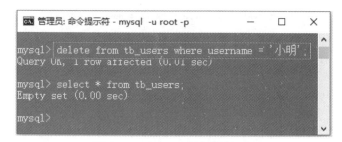

图 3.21 delete 命令删除记录

3.6 PyMySQL 操作数据库

由于 MySQL 服务器以独立的进程运行，并通过网络对外服务，所以，需要支持 Python 的 MySQL 驱动来连接到 MySQL 服务器。在 Python 中支持 MySQL 数据库的模块有很多，这里选择使用 PyMySQL。

3.6.1 安装 PyMySQL

PyMySQL 的安装比较简单，使用管理员身份运行系统的 CMD 命令窗口，然后输入如下命令：

```
pip install PyMySQL
```

按下 <Enter> 回车键，效果如图 3.22 所示。

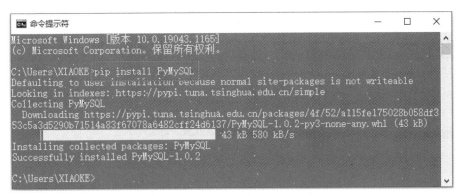

图 3.22　安装 PyMySQL 模块

3.6.2　连接数据库

使用数据库之前需要先连接数据库。成功连接数据库后会获取连接对象。示例代码如下：

```
01  import pymysql
02  try:
03      connection = pymysql.connect(
04          host = 'localhost',                              # 主机名
05          user = 'root',                                   # 数据库用户名
06          password = 'root',                               # 数据库密码
07          db = 'mrsoft',                                   # 数据库名
08          charset = 'utf8',                                # 字符集编码
09          cursorclass = pymysql.cursors.DictCursor         # 游标类型
10      )
11      print(connection)
12  except Exception as e:
13      print(e)
```

如果连接数据库参数正确，运行成功后输出结果如下：

```
<pymysql.connections.Connection object at 0x103a59990>
```

成功连接数据库后，会获取连接对象。连接对象有非常多的方法，其中最常用的方法如表 3.11 所示。

表 3.11　连接对象的常用方法

方法名	说明
cursor()	获取游标对象，操作数据库，如执行 DML 操作，调用存储过程等
commit()	提交事务
rollback()	回滚事务
close()	关闭数据库连接

3.6.3　游标对象

连接 MySQL 数据库以后，可以使用游标对象实现 Python 对 MySQL 数据库的操作。通过连接对象的 cursor 方法可以获取游标对象。示例代码如下：

```
cursor = connection.cursor()
```

连接对象有非常多的方法,其中最常用的方法如表 3.12 所示。

表 3.12 连接对象的常用方法

方法名	说明
execute(operation[, parameters])	执行数据库操作,SQL 语句或者数据库命令
executemany(operation, seq_of_params)	用于批量操作,如批量更新
fetchone()	获取查询结果集中的下一条记录
fetchmany(size)	获取指定数量的记录
fetchall()	获取结构集的所有记录
close()	关闭当前游标

Python 操作 MySQL 数据库的形式有很多,例如创建数据库、创建数据表、对数据进行增查改删等,但是基本流程是一致的,如图 3.23 所示。

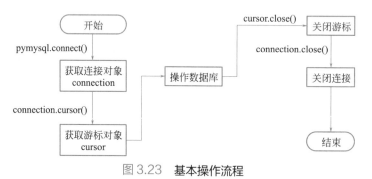

图 3.23 基本操作流程

实例 3.1 向 mrsoft 数据库中添加 books 数据表

实例位置:资源包 \Code\03\01

创建 mrsoft 数据库,编写 Python 程序向 mrsoft 数据库中添加 books 数据表,代码如下:

```
01  import pymysql
02  connectiont = pymysql.connect(
03      host = 'localhost',                              # 主机名
04      user = 'root',                                   # 数据库用户名
05      password = 'root',                               # 数据库密码
06      db = 'mrsoft',                                   # 数据库名
07      charset = 'utf8',                                # 字符集编码
08      cursorclass = pymysql.cursors.DictCursor         # 游标类型
09  )
10  # SQL 语句
11  sql = """
12  CREATE TABLE books (
13  id int NOT NULL AUTO_INCREMENT,
14  name varchar(255) NOT NULL,
15  category varchar(50) NOT NULL,
16  price decimal(10,2) DEFAULT '0',
17  publish_time date DEFAULT NULL,
18  PRIMARY KEY (id)
19  ) ENGINE=InnoDB AUTO_INCREMENT=1 DEFAULT CHARSET=utf8mb4 COLLATE=utf8mb4_0900_ai_ci;
20  """
```

```
21 cursor = connectiont.cursor()                              # 获取游标对象
22 cursor.execute(sql)                                         # 执行 SQL 语句
23 cursor.close()                                              # 关闭游标
24 connectiont.close()                                         # 关闭连接
```

> **注意**
>
> 先关闭游标，最后关闭连接。也可以使用 with 语句省略关闭游标操作。

运行结果如图 3.24 所示。

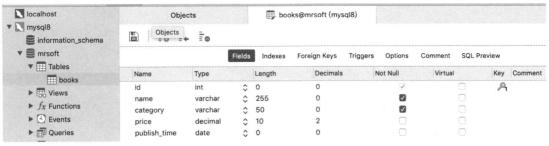

图 3.24 添加 books 数据表

3.6.4 操作数据库

对于查询操作，执行 select 查询 SQL 语句，生成一个结果集，需要使用 fetchone()、fetchmany() 或 fetchall() 方法来获取记录。对于新增、修改和删除操作，使用 cursor.execute() 执行 SQL 语句后，默认不会自动提交，需要使用 cursor.commit() 函数进行提交。例如，向 books 表中新增一条图书信息，代码如下：

```
01 sql = 'insert into books(name,category,price,publish_time) values(
02                           "零基础学 Python","Python","79.80","2018-04-01")'
03 cursor = connectiont.cursor()                               # 获取游标对象
04 cursor.execute(sql)                                         # 执行 SQL 语句
05 cursor.commit()                                             # 提交数据
06 cursor.close()                                              # 关闭游标
```

实例 3.2 向 books 数据表添加图书数据　　实例位置：资源包 \Code\03\02

在向 books 数据表中插入图书数据时，可以使用 excute() 方法添加一条记录，也可以使用 executemany() 方法批量添加多条记录，executemany() 方法格式如下：

executemany(operation, seq_of_params)

- operation：操作的 SQL 语句。
- seq_of_params：参数序列。

executemany() 方法批量添加多条记录的具体代码如下：

```
01 import pymysql
02 # 打开数据库连接
03 db = pymysql.connect("localhost", "root", "root", "mrsoft",charset="utf8")
```

```
# 使用 cursor() 方法获取操作游标
cursor = db.cursor()
# 数据列表
data = [("零基础学 Python",'Python','79.80','2018-5-20'),
        ("Python 从入门到精通 ",'Python','69.80','2018-6-18'),
        ("零基础学 PHP",'PHP','69.80','2017-5-21'),
        ("PHP 项目开发实战入门 ",'PHP','79.80','2016-5-21'),
        ("零基础学 Java",'Java','69.80','2017-5-21'),
        ]
try:
    # 执行 sql 语句，插入多条数据
    cursor.executemany("insert into books(name, category, price,
                          publish_time) values (%s,%s,%s,%s)", data)
    # 提交数据
    db.commit()
except:
    # 发生错误时回滚
    db.rollback()

# 关闭数据库连接
db.close()
```

上述代码中，特别注意以下两点：

① 使用 connect() 方法连接数据库时，额外设置字符集 charset=utf-8，可以防止插入中文时出错。

② 在使用 insert 语句插入数据时，使用 %s 作为占位符，可以防止 SQL 注入。

运行上述代码，在可视化图形软件 Navicat 中查看 books 表数据，如图 3.25 所示。

id	name	category	price	publish_time
1	零基础学Python	Python	79.80	2018-05-20
2	Python从入门到精通	Python	69.80	2018-06-18
3	零基础学PHP	PHP	69.80	2017-05-21
4	PHP项目开发实战入门	PHP	79.80	2016-05-21
5	零基础学Java	Java	69.80	2017-05-21

图 3.25　books 表数据

3.7　ORM 模型

在项目开发过程中，随着项目越来越大，采用写原生 SQL 的方式，在代码中会出现大量的 SQL 语句，频繁使用可能会出现以下问题：

① SQL 语句重复利用率不高，越复杂的 SQL 语句条件越多，代码越长，会出现很多相近的 SQL 语句。

② 很多 SQL 语句是在业务逻辑中拼接出来的，如果有数据库需要更改，就要去修改这些逻辑，这会很容易漏掉对某些 SQL 语句的修改。

③ 写 SQL 时容易忽略数据安全问题，给未来造成隐患，如：SQL 注入。

而使用 ORM 就可以通过类的方式去操作数据库，而不用再编写原生的 SQL 语句。通过把表映射成类，把行作为实例，把字段作为属性，ORM 在执行对象操作时，最终会把对应的操作转换为数据库原生语句。

3.7.1　ORM 简介

ORM 是 Object Relational Mapping 的简称，被称为对象关系映射，它是一种程序设计技术，用于实现面向对象编程语言中不同类型系统的数据之间的转换。从效果上说，它其实是创建了一个可在编程语言里使用的“虚拟对象数据库”。ORM 模型如图 3.26 所示。

面向对象是从软件工程基本原则（如耦合、聚合、封装）的基础上发展起来的，而关系型数据库则是从数学理论发展而来的，两套理论存在显著的区别。为了解决这个不匹配的问题，对象关系映射技术应运而生。ORM 把数据库映射成对象，数据库和对象的映射关系如图 3.27 所示。

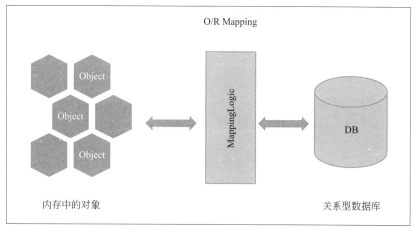

图 3.26　ORM 模型

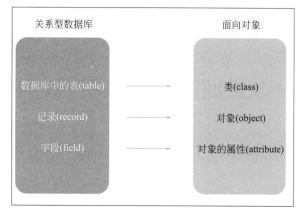

图 3.27　ORM 映射关系

举例来说，下面是使用面向对象的方式执行 SQL 语句：

```
01 sql = 'select * from books order by price'
02 cursor.execute(sql)
03 data = cursor.fetchall()
```

改成 ORM 的示例写法如下：

```
data = Book.query.all()
```

从上面的对比中可以发现，ORM 使用对象的方式封装了数据库操作，因此可以不用去了解 SQL 语句，开发者只需要使用面向对象编程与数据对象直接交互，而不用关心底层数据库。

总结起来，ORM 有下面这些优点：

① 数据模型都在一个地方定义，更容易更新和维护，也利于重用代码。
② ORM 有现成的工具，很多功能都可以自动完成，例如数据消毒、预处理等。
③ 迫使用户使用 MVC 架构，ORM 就是天然的 Model，最终使代码更清晰。
④ 基于 ORM 的业务代码比较简单，代码量少，语义性好，容易理解。
⑤ 不必编写性能不佳的 SQL。

但是，ORM 也有很突出的缺点，具体如下：

① ORM 库不是轻量级工具，需要花很多精力学习和设置。

② 对于复杂的查询，ORM 要么是无法表达，要么是性能不如原生的 SQL。
③ ORM 抽象掉了数据库层，开发者无法了解底层的数据库操作，也无法定制一些特殊的 SQL。

3.7.2 常用的 ORM 库

Python 中提供了非常多的 ORM 库，一些 ORM 库是框架特有的，还有一些是通用的第三方包。虽然每个 ORM 库的应用领域稍有不同，但是它们操作数据库的原理是相同的。下面列举了一些常用的 Python ORM 框架：

- SQLAlchemy：它是一个成熟的 ORM 框架，资源和文档都非常丰富。大多数 Python Web 框架对其都有很好的支持，能够胜任大多数应用场合。
- Django ORM：Django 是一个免费的和开源的应用程序框架，它的 ORM 是框架内置的。由于 Django 的 ORM 和框架本身结合紧密，所以不推荐脱离 Django 框架使用它。
- Peewee：它是一个轻量级的 ORM。Peewee 基于 SQLAlchemy 内核开发，整个框架由一个文件构成。Peewee 更关注极简主义，具备简单的 API 和容易理解并使用的函数库。
- Storm：它在一个中型的 ORM 库中，允许开发者跨数据库构建复杂的查询语句，从而支持动态地存储或检索信息。

3.8 综合案例——从数据库查询并筛选数据

本章学习了 MySQL 数据库的相关知识，下面将通过本章所学的知识与 Python 语言中的 PyMySQL 模块相结合来实现从 books 数据表中根据价格由低到高筛选 3 条数据的需求。

（1）设计 SQL

在 MySQL 数据库中，使用 order by 可以实现排序功能，使用 limit 可以设置筛选数量。所以，从 books 数据表中根据价格由低到高筛选 3 条数据，可以使用如下 SQL 语句：

```
select * from books order by price limit 3;
```

（2）实现过程

首先需要引入 PyMySQL 模块，再根据数据库具体的配置连接数据库，具体代码如下：

```
01  import pymysql
02  connectiont = pymysql.connect(
03      host = 'localhost',                              # 主机名
04      user = 'root',                                   # 数据库用户名
05      password = 'root',                               # 数据库密码
06      db = 'mrsoft',                                   # 数据库名
07      charset = 'utf8',                                # 字符集编码
08      cursorclass = pymysql.cursors.DictCursor         # 游标类型
09  )
```

接下来要设计好需要执行的 SQL 语句，由于本案例要获取多条记录，可以使用 cursor.fetchall() 方法，具体代码如下：

```
01  # SQL 语句
02  sql = 'select * from books order by price limit 3;'
03  with connectiont.cursor() as cursor:
04      cursor.execute(sql)                              # 执行 SQL 语句
05      data = cursor.fetchall()                         # 获取全部数据
```

最后直接遍历输出数据即可，具体代码如下：

```
01  # 遍历图书数据
02  for book in data:
03      print(f' 图书 :{book["name"]}, 价格 :{book["price"]}')
04
05  connectiont.close()  # 关闭连接
```

运行结果如下：

```
图书 :Python 从入门到精通 , 价格 :69.80
图书 :零基础学 PHP, 价格 :69.80
图书 :零基础学 Python, 价格 :79.80
```

3.9 实战练习

在本案例中，如果要实现价格由高到低的一个效果，只需在 SQL 语句中增加一个"desc"即可，具体 SQL 语句如下：

```
select * from books order by price desc limit 3;
```

运行结果如下：

```
图书 :PHP 项目开发实战入门 , 价格 :79.80
图书 :零基础学 Python, 价格 :79.80
图书 :零基础学 Java, 价格 :69.80
```

小结

本章内容主要分为三部分，第一部分介绍 MySQL 数据相关知识，包括下载安装 MySQL 数据库、操作数据库、操作数据表等内容；第二部分介绍如何使用 Python 操作 MySQL 数据库，包括下载 PyMySQL 包，以及使用 MySQL 实现基本的增查改删操作；第三部分介绍了 ORM 编程技术，读者了解即可。通过本章的学习，将学会 MySQL 的基本使用以及通过 Python 操作 MySQL 的相关技术。

Python GUI

Python GUI 开发手册
基础・实战・强化

第 2 篇
tkinter 模块实战篇

- 第 4 章　tkinter 窗口设计基础
- 第 5 章　tkinter 布局管理
- 第 6 章　tkinter 常用组件
- 第 7 章　会话框与菜单
- 第 8 章　canvas 绘图
- 第 9 章　鼠标键盘事件处理
- 第 10 章【案例】滚动大抽奖
- 第 11 章【案例】挑战 10 秒小程序
- 第 12 章【案例】音乐机器人
- 第 13 章【案例】九宫格切图器
- 第 14 章【案例】无人机编程挑战
- 第 15 章【案例】模拟"斗地主"发牌和码牌

第4章 tkinter 窗口设计基础

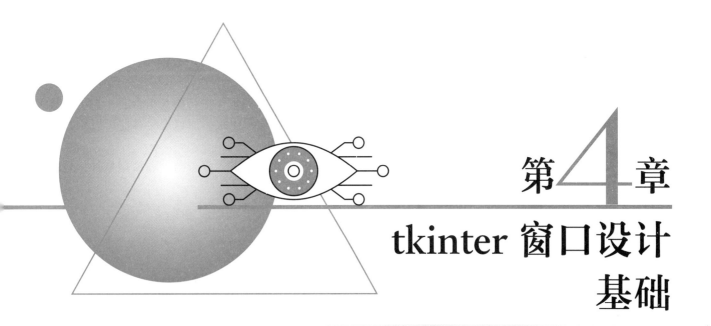

扫码领取
- 教学视频
- 配套源码
- 练习答案
- ……

tkinter 窗口，也被称作"容器"，因为 tkinter 模块中的所有组件以及 ttk 模块的组件都被放置在 tkinter 窗口中，本章将介绍 tkinter 窗口的创建以及相关属性的应用。

本章的知识架构如下：

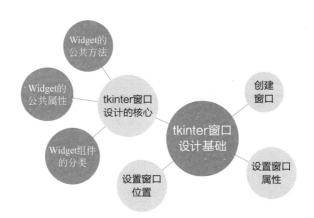

4.1 创建窗口

前面介绍过 tkinter 模块中的组件相当于一块块积木，而将各种"积木"进行排列组合时，需要为其定义父容器并且定义其在父容器中的位置，这样，这些"积木"才显示出来。而这个父容器可以是其他组件也可以是根窗口，接下来介绍如何创建根窗口。

创建窗口，需要实例化 Tk() 方法，然后通过 mainloop() 方法让程序进入等待与处理窗口事件，直到窗口被关闭。例如，下面代码就可以创建一个空白窗口：

```
01  from tkinter import *
02  win = Tk()                    # 通过 Tk() 方法建立一个根窗口
03  win.mainloop()                # 进入等待与处理窗口事件
```

上面代码中的运行效果如图 4.1 所示。该窗口的大小为默认值，用户可以借助鼠标拖动窗口和改变窗口大小。其左上角的羽毛是窗口的默认图标，而羽毛右边的"tk"是窗口的默认名称。单击右侧的按钮可以最大化、最小化以及关闭该窗口。

> **说明**
>
> mainloop() 方法可以让程序循环执行，并且进入等待与处理事件。实际上，可以将窗口中的组件理解为一部连环画，而 mainloop() 方法的作用是负责监听各个组件，当组件发生变化，或者触发事件时，mainloop() 方法立即更新窗口。

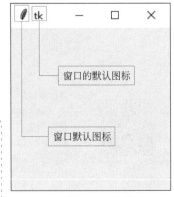

图 4.1　创建一个空白窗口

4.2 设置窗口属性

创建窗口后，可以通过一系列方法设置窗口样式，包括窗口大小、背景等。设置窗口样式的方法如表 4.1 所示。

表 4.1　设置窗口样式的相关方法及其含义

方法	含义
title()	设置窗口的标题
geoemetry("widthxheight")	设置窗口的大小以及位置，width 和 height 为窗口的宽度和高度，单位为 pielx
maxsize()	窗口的最大尺寸
minsize()	窗口的最小尺寸
configure(bg=color)	为窗口添加背景颜色
resizable(True,True)	设置窗口大小是否可更改，第一个参数表示是否可以更改宽度，第二个参数表示是否可以更改高度，值为 True（或 1）表示可以更改宽度或高度，若为 False（或 0）表示无法更改窗口的宽度或高度
state("zoomed")	将窗口最大化
iconify()	将窗口最小化
iconbitmap()	设置窗口的默认图标

下面通过实例演示上述部分方法的使用。

实例 4.1　为窗口添加标题　　实例位置：资源包 \Code\04\01

首先创建 .py 文件，然后在 .py 文件中添加窗口，并且设置窗口的标题为"tkinter 的初级使用"。具体代码如下：

```
01  from tkinter import *
02  win=Tk()
03  win.title("tkinter 的初级使用 ")                    # 添加窗口标题
04  txt=Label(win,text="\n\ngame over\n\n").pack()    # 在窗口中添加一行文字
05  win.mainloop()
```

运行效果如图 4.2 所示。

4.3　设置窗口位置

表 4.1 中介绍了如何使用 geoemetry() 方法设置窗口的大小，除此之外，该方法还可以设置窗口的位置。设置窗口位置有以下两种方式：

图 4.2　为窗口设置标题

◐ 方法一：将窗口设置在相对屏幕左上角的位置。具体语法如下：

```
win.geometry("300x300+x+y")                          # 设置窗口位置
```

上面语法中，"+x"表示窗口左侧与屏幕左侧的距离为 x，"+y"表示窗口顶部与屏幕顶部的距离为 y，读者也可以将 x 和 y 理解为窗口左上角的顶点坐标。具体如图 4.3 所示。

例如，设置窗口紧贴屏幕的左上角，其代码如下：

```
win.geometry("300x300+0+0")                          # 此时窗口的左上角顶点为 (0,0)
```

◐ 方法二：将窗口设置在相对屏幕右下角的位置。语法如下：

```
win.geometry("300x300-x-y")                          # 设置窗口位置
```

方法二与方法一类似，只不过，此时窗口位置是相对屏幕右下角来设置的，可以将 x 和 y 理解为窗口的右下角的顶点坐标，"-x"表示窗口右侧与屏幕右侧的距离为 x，"-y"表示窗口底部与屏幕底部的距离为 y，读者也可以将 x 和 y 理解为窗口右下角的顶点坐标，如图 4.4 所示。

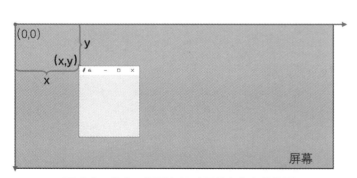

图 4.3　将窗口设置在相对屏幕左上角的位置

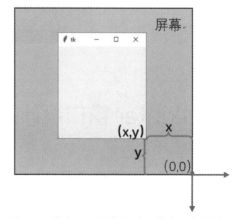

图 4.4　将窗口设置在相对屏幕右下角的位置

同样，如果设置窗口在屏幕右下角显示，其代码如下：

```
win.geometry("300x300-0-0")                                    # 设置紧贴屏幕右下角显示
```

接下来通过实例来演示设置窗口位置。

实例4.2　设置窗口大小以及位置

> 实例位置：资源包 \Code\04\02

设置窗口的大小为300*220，并且在屏幕中居中显示。具体代码如下：

```
01  from tkinter import *
02  win=Tk()
03  win.title("tkinter 的窗口的位置 ")           # 窗口的标题
04  win.configure(bg="#a7ea90")                 # 窗口的背景颜色
05  winw=300                                    # 窗口的宽度
06  winh=220                                    # 窗口的高度
07  scrw=win.winfo_screenwidth()                # 获取屏幕的宽度
08  scrh=win.winfo_screenheight()               # 获取屏幕的高度
09  x=(scrw-winw)/2                             # 计算窗口的水平位置，方法为：（屏幕宽度 - 窗口宽度）/2
10  y=(scrh-winh)/2                             # 计算窗口的垂直位置，方法为：（屏幕高度 - 窗口高度）/2
11  win.geometry("%dx%d+%d+%d" %(winw,winh,x,y))    # 设置窗口大小和位置
12  str="\n\n*******\n\n*******, *******\n\n*******, *******\n\n*******, *******"
13  txt=Label(win,text=str,bg="#a7ea90").pack()
14  win.mainloop()
```

上述代码中通过变量定义了窗口的宽度和高度，获取了屏幕的宽度和高度，然后计算出窗口的位置。运行效果如图4.5所示。

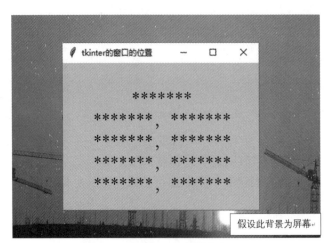

图4.5　设置窗口在屏幕中央显示

4.4　tkinter 窗口设计的核心

4.4.1　Widget 组件的分类

Widget 的汉语意思是组件，而组件是 tkinter 模块的核心，窗口中的按钮、文字等内容都属于组件。而 tkinter 模块和 ttk 模块中包含了多种组件，本书按照各组件的功能将其分为以下七类。具体如表4.2所示。

表 4.2　Widget 组件的分类

类型	包含的组件
文本类组件	Label：标签组件。主要用于显示文本，添加提示信息等 Entry：单行文本组件。只能添加单行文本，文本较多时，不能换行显示 Text：多行文本组件。可以添加多行文本，文本较多时可以换行显示 Spinbox：输入组件。可以理解为列表菜单与单行文本框的组合体，因为该组件既可以输入内容，也可以直接从现有的选项中选择值 Scale：数字范围组件。该组件可以使用户拖动滑块选择数值，类似于 HTML5 表单中的 range
按钮类组件	Button：按钮组件。通过单击按钮可以执行某些操作 Radiobutton：单选组件。允许用户在众多选择中只能选中一个 Checkbutton：复选框组件。允许用户多选
选择列表类组件	Listbox：列表框组件。将众多选项整齐排列，供用户选择 Scrollbar：滚动条组件。该组件可以绑定其他组件，使其他组件内容溢出时，显示滚动条 OptionMenu：下拉列表 Combobox：组合框。该组件为 ttk 模块中新增的组件。其功能与下拉列表类似，但是样式有所不同
容器类组件	Frame：框架组件。用于将相关的组件放置在一起，以便于管理 LabelFrame：标签框架组件。将相关组件放置在一起，并给他们一个特定的名称 Toplevel：顶层窗口。重新打开一个新窗口，该窗口显示在根窗口的上方 PaneWindow：窗口布局管理。通过该组件可以手动修改其子组件的大小 Notebook：选项卡。选择不同的内容，窗口中可显示对应的内容
会话类组件	Message：消息框。为用户显示一些短消息，与 Label 类似，但是比 Label 更灵活 Messagebox：会话框。该组件提供了 8 种不同场景的会话框
菜单类组件	Menu：菜单组件。可以为窗口添加菜单项以及二级菜单 Toolbar：工具栏。为窗口添加工具栏 Treeview：树菜单
进度条组件	Progressbar：添加进度条

4.4.2　Widget 的公共属性

虽然 tkinter 模块中提供了众多组件且每个组件都有各自的属性，但有些属性是各组件通用的，表 4.3 列出了各组件的公共属性。

表 4.3　widget 各组件的公共属性及其含义

属性	含义
foreground 或 fg	设置组件中文字的颜色
background 或 bg	设置组件的背景颜色
width	设置组件的宽度
height	设置组件的高度
anchor	文字在组件内输出的位置，默认为 center（水平、垂直方向都居中）
padx	组件的水平间距
pady	组件的垂直间距
font	组件的文字样式
relief	组件的边框样式
cursor	鼠标悬停在组件上时的样式

下面对 Weidget 组件的常用属性用法进行讲解。

① foreground（fg）和 background（bg）设置组件的前景颜色（即文字颜色）与背景颜色。这两个属性分别用于添加前景颜色和背景颜色，其属性值可以是表示颜色的英文单词，也可以使用十六进制的颜色值。例如下面代码将 Label 组件的文字颜色设置为红色，背景颜色设置为蓝色（背景色十六进制的"#C3DEEF"）。

指定窗口大小以及文字的样式　　实例位置：资源包 \Code\04\03

设置窗口的大小以及文字的前景色和背景色。具体代码如下：

```
01  from tkinter import *
02  win=Tk()
03  win.geometry("300x70")
04  Label(win,text=" 小扣柴扉久不开 ",foreground="red",background="#C3DEEF").pack()
05  win.mainloop()
```

设置颜色后的效果如图 4.6 所示。

如果将上述代码中的第 4 行修改成以下代码，然后运行本程序，其效果不变。

```
Label(win,text=" 小扣柴扉久不开 ",fg="red",bg="#C3DEEF").pack()
```

② width 和 height 设置组件的宽度与高度。tkinter 模块中大多数组件都可以通过 width 和 height 设置宽度和高度，大部分组件设置大小时，单位为像素，但是也有部分组件单位为文字的行，例如 Label 组件。下面对其用法进行演示。以【实例 4.3】为例，设置 Label 组件的宽度为 20，高度为 3，这里只需要对【实例 4.3】的第 4 行代码进行修改，修改的代码如下：

```
Label(win,text=" 小扣柴扉久不开 ",fg="red",bg="#C3DEEF",width=20,height=3).pack()
```

运行效果如图 4.7 所示。

图 4.6　设置窗口的大小和文字的样式　　图 4.7　设置组件的宽度和高度

③ anchor 设置文字在组件内的位置。当组件的空间足够时，默认情况下，文字在组件中居中显示。如果希望文字显示在别的位置时，就需要使用 anchor 属性，具体的属性值及设置的文字位置如图 4.8 所示。

例如，将文字设置在组件的左上角，这里对【实例 4.3】的第 4 行代码进行修改即可，修改代码如下：

```
Label(win,text=" 小扣柴扉久不开 ",fg="red",bg="#C3DEEF",width=20,height=3,anchor="nw").pack()
```

运行效果如图 4.9 所示。

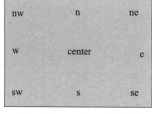 

图 4.8　anchor 属性值　　图 4.9　设置文字在组件内的位置

④ padx 和 pady 设置组件的间距。padx 和 pady 用于设置文字距离组件边缘的间距。通常如果没有为组件设置大小和设置间距，组件的大小应该是适应内容；如果设置了间距，那么无论标签里的内容有多少，里面的内容始终能够与标签边缘保持距离。

将【实例 4.3】中窗口的宽度与高度去掉（去掉【实例 4.3】中第 3 行代码），然后设置其水平间距为 20，垂直间距为 10，需要将【实例 4.3】中第 4 行代码修改为以下代码：

```
Label(win,text="小扣柴扉久不开",fg="red",bg="#C3DEEF",padx=20,pady=10).pack()
```

运行效果如图 4.10 所示。

⑤ font 设置文字属性。font 标签中可以设置文字相关属性，具体参数及含义如表 4.4 所示。

图 4.10　设置组件的间距

表 4.4　font 属性的参数及含义

参数	含义
size	设置字号，单位 px
family	设置字体，例如 Times New Roman
weight	设置文字粗细，如 bold
slant	设置斜体，如 italic
underline	添加下划线，值为 True 或者 False
overstrike	添加删除线。值为 True 或者 False

> **说明**
>
> 表 4.4 列举的 font 的参数在使用时并非缺一不可，读者按需要设置参数即可。例如将文字字体设置为华文新魏、大小为 16px、文字加粗的形式，其代码如下：
>
> ```
> Label(win,text="小扣柴扉久不开",fg="red",bg="#C3DEEF",font="华文新魏 16 bold").pack()
> ```

其效果如图 4.11 所示。

⑥ relief 属性用于设置组件的边框样式。组件的边框设置主要有 6 个属性值，各属性值的边框样式如图 4.12 所示。

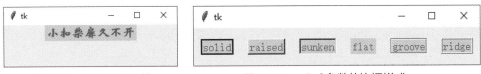

图 4.11　设置文字属性　　　图 4.12　relief 参数的边框样式

⑦ cursor：当鼠标悬停在组件上时的鼠标样式。因为各系统的不同，所以同样的参数值，其表现样式可能会略有差异。例如实现当鼠标悬停在 Label 组件上时，其形状变为蜘蛛，具体代码如下：

```
01 from tkinter import *
02 win=Tk()
03 label=Label(win,bg="#63A4EB",relief="groove",cursor="spider",width="30",height=2)
04 label.pack(padx=5,pady=5,side=LEFT)
05 win.mainloop()
```

运行效果如图 4.13 所示。

4.4.3 Widget 的公共方法

同样，Widget 中也有一些方法是各组件通用的，常用的方法有以下两个：
- config()：为该组件配置参数。
- keys()：获取该组件的所有参数，并返回一个列表。

前文都是在组件中直接设置其属性，除此之外也可以通过 config() 配置参数。例如，下面代码就是通过 config() 方法设置 Label 组件的前景颜色、背景颜色以及字号。具体代码如下：

```
01 from tkinter import *
02 win=Tk()
03 label=Label(win,text="**********\n\n**********\n\n****")
04 label.config(bg="#DEF1EF",fg="red",font=14)
05 label.pack()
06 win.mainloop()
```

运行效果如图 4.14 所示。

图 4.13　鼠标悬停在组件上时蜘蛛样式　　图 4.14　config() 方法的使用

4.5　综合案例——充值成功获得道具

（1）案例描述

在窗口中显示充值成功后获得的道具，运行效果如图 4.15 所示。

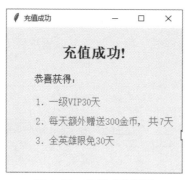

图 4.15　充值成功提示

（2）实现代码

在窗口中显示"重置成功"信息提示，并且将"充值成功"的字号设置为 18px、加粗显示的形式，将获得的道具信息设置为红色形式。具体代码如下：

```
01 from tkinter import *
02 win=Tk()
03 win.title("充值成功")
```

```
04 win.geometry("300x240")
05 str="1. 一级 VIP30 天 \n\n2. 每天额外赠送 300 金币，共 7 天 \n\n3. 全英雄限免 30 天 \n"
06 text=Label(win,text="\n 充值成功！",font="Times 18 bold").pack()
07 text1=Label(win,text="\n 恭喜获得: \n",font="16").pack(anchor=W,padx=45)
08 text2=Label(win,text=str,font="18",fg="red",justify="left").pack()
09 win.mainloop()
```

4.6 实战练习

设置窗口的标题、背景颜色以及窗口的初始大小，并且在窗口中添加一副对联（可自拟）。效果如图 4.16 所示。

图 4.16　设置窗口的基本属性

小结

本章主要介绍了如何使用 tkinter 添加窗口以及设置窗口的相关属性，然后介绍了 tkinter 模块中常用的组件分类以及组件的公共属性和方法。本章内容不多，却是后面内容的基础，希望读者多练习，快速掌握。

第5章 tkinter 布局管理

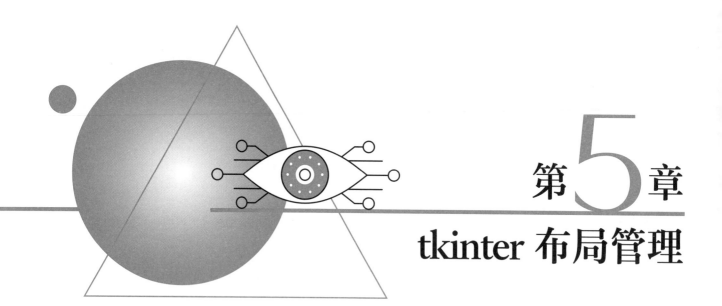

扫码领取
· 教学视频
· 配套源码
· 练习答案
· ……

如果把组件比作积木,那么布局的作用就是将积木放置在用户所希望的位置,即将组件放置在窗口的指定位置,这主要通过 tkinter 模块的布局管理实现,主要有三种方式,分别是 pack() 方法、grid() 方法以及 place() 方法,本章将分别进行详细讲解。

本章知识架构如下:

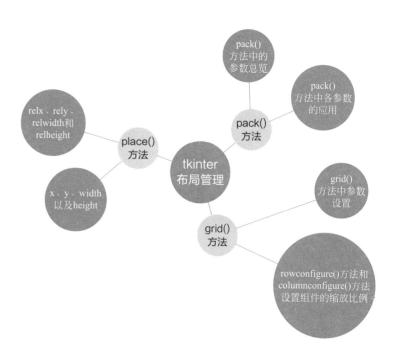

5.1 pack() 方法

pack() 方法是比较常用的布局组件的方式之一，其语法如下：

```
widget.pack(options)
```

语法中 widget 为需要布局的组件，options 为 pack() 方法的相关参数。

5.1.1 pack() 方法中的参数总览

pack() 方法是常用的一种布局方式，其参数及其含义如表 5.1 所示。

表 5.1 pack() 方法的相关参数及其含义

参数	含义
side	设置组件水平展示或者垂直展示
padx	设置组件距离窗口的水平距离
pady	设置组件距离窗口的垂直距离
ipadx	设置组件内的文字距离组件边界的水平距离
ipady	设置组件内的文字距离组件边界的垂直距离
fill	设置组件填充所在的空白空间的方式
expand	设置组件是否完全填充其余空间
anchor	设置组件在窗口中的位置
before	设置该组件应该位于指定组件的前面
after	设置该组件应该位于指定组件的后面

5.1.2 pack() 方法中各参数的应用

下面具体讲解表 5.1 中各参数的用法。

- side：该参数用于设置组件水平展示或者垂直展示。它主要有 4 个属性值，分别如下。
  - top：指组件从上到下依次排列，这是 side 参数的默认值。
  - bottom：指组件从下到上依次排列。
  - left：指组件从左到右依次排列。
  - right：指组件从右向左依次排列。

实例 5.1 设置文字的排列方式　　　　　实例位置：资源包 \Code\05\01

设置窗口中的三行文字，从左向右依次排列。具体代码如下：

```
01 from tkinter import *
02 win = Tk()                                                  # 创建根窗口
03 txt1 = " 暮冬时烤雪 "                                        # 第一行文字
04 txt2 = " 迟夏写长信 "                                        # 第二行文字
05 txt3 = " 早春不过一棵树 "                                    # 第三行文字
06 # 在 pack() 方法中通过 side 参数设置排列方式为从左向右依次排列
07 Label(win, text=txt1, bg="#F5DFCC").pack(side="left")
08 Label(win, text=txt2, bg="#EDB584").pack(side="left")
09 Label(win, text=txt3, bg="#EF994C").pack(side="left")
10 win.mainloop()
```

运行效果如图 5.1 所示。

而如果将【实例 5.1】的第 7～9 行代码中的"side=" left""修改为"side=" bottom"",被修改部分代码如下:

```
07 Label(win,text=txt1,bg="#F5DFCC").pack(side="bottom")
08 Label(win,text=txt2,bg="#EDB584").pack(side="bottom")
09 Label(win,text=txt3,bg="#EF994C").pack(side="bottom")
```

运行效果如图 5.2 所示。

- padx 和 pady:设置组件边界距离窗口边界的距离,单位 px。例如,设置【实例 5.1】中的三个组件距离窗口的水平距离为 20,垂直距离为 5。只需要将【实例 5.1】的第 7～9 行代码修改为以下代码:

```
07 Label(win,text=txt1,bg="#F5DFCC",width=20).pack(side="bottom",padx=20,pady=5)
08 Label(win,text=txt2,bg="#EDB584",width=20).pack(side="bottom",padx=20,pady=5)
09 Label(win,text=txt3,bg="#EF994C",width=20).pack(side="bottom",padx=20,pady=5)
```

具体效果如图 5.3 所示。

图 5.1　side="left"的实现效果（从左向右排列组件）　　图 5.2　side="bottom"的实现效果（从下往上排列组件）　　图 5.3　padx 和 pady 参数设置

- ipadx 和 ipady:设置组件内文字距离组件边界的距离,单位为 px。例如,设置【实例 5.1】中的三个组件内的文字距离组件边界的水平间距为 10,垂直间距为 5;距离窗口的水平距离为 20,垂直距离为 5。只需要将【实例 5.1】的第 7～9 行代码修改为以下代码:

```
07 Label(win,text=txt1,bg="#F5DFCC").pack(side="bottom",padx=20,pady=5,ipadx=10,ipady=5)
08 Label(win,text=txt2,bg="#EDB584").pack(side="bottom",padx=20,pady=5,ipadx=10,ipady=5)
09 Label(win,text=txt3,bg="#EF994C").pack(side="bottom",padx=20,pady=5,ipadx=10,ipady=5)
```

运行效果如图 5.4 所示。

- fill:该参数用于设置组件填充所分配空间的方式。它主要有 4 个属性值,分别如下。
  - x:表示完全填充水平方向的空白空间。
  - y:表示完全填充垂直方向的空白空间。
  - both:表示水平和垂直方向的空白空间都完全填充。
  - none:表示不填充空白空间（默认值）。

例如,设置组件纵向填充整个窗口,其代码如下:

```
01 from tkinter import *
02 win=Tk()
03 txt="枯藤老树昏鸦,小桥流水人家。"
04 txt1=Label(win,text=txt,bg="#E6F5C8",fg="red",font="14").pack(side="left",fill="y")
05 win.mainloop()
```

运行效果如图 5.5 所示。此时纵向拉伸窗口,Label 组件依然纵向完全填充窗口,如图 5.6 所示。

图 5.4　ipadx 和 ipady 的参数设置　　图 5.5　纵向拉伸窗口前　　图 5.6　纵向拉伸窗口后

- expand：设置组件是否填满父容器的额外空间，其属性值有两个，分别是 True(或者 1) 和 False(或者 0)。当值为 True（或 1）时，表示组件填满父容器的整个空间；当值为 False（或 0）时，表示组件不填满父容器的整个空间。例如，下面代码使 Label 组件水平填充整个窗口：

```
txt1.pack(side="left",padx="10",ipadx="6",fill="y",expand=1)
```

- anchor：设置组件在父容器中的位置，其具体参数的值与 Widget 组件的 anchor 属性值类似，具体如图 5.7 所示。

例如，在窗口的右下角，添加一个"按钮"（因为还未讲解组件的使用，所以暂用 Label 组件代替），具体代码如下：

```
01 from tkinter import *
02 win=Tk()
03 Label(win,text=" 下一步 ",bg="#8EBC90").pack(anchor="s",side="right",padx=10,pady=10)
04 win.mainloop()
```

运行效果如图 5.8 所示。

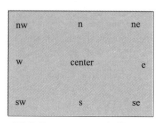 

图 5.7　anchor 参数的值　　图 5.8　anchor 的使用

> 上面代码中，anchor 设置组件在窗口的下方，side 参数设置组件从右向左排列，所以最终组件的位置在右下角。

仿制"确认退出本窗口"的会话框　　👁 **实例位置：资源包 \Code\05\02**

仿制"确认退出本窗口"的会话框，并且将"我再想想"和"果断退出"按钮置于窗口右下角（按钮使用 Label 组件实现）。具体代码如下：

```
01  from tkinter import *
02  win=Tk()                                          # 创建根窗口
03  win.geometry("350x150")                           # 设置窗口大小
04  win.title("tkinter 的初使用 ")                     # 设置窗口标题
05  txt1=Label(win,text=" 确定退出本窗口吗?  ")
06  txt2=Label(win,text=" 果断退出 ",bg="#c1ffc1")
07  txt3=Label(win,text=" 我再想想 ",bg="#cdb5cd")
08  txt1.pack(fill="x",pady="20")                     # fill='x' 设置组件始终水平居中显示
09  # side 和 anchor 组合实现组件由窗口右下角显示
10  txt2.pack(side="right",padx="10",ipadx="6",pady="20",anchor="se")
11  txt3.pack(side="right",padx="10",ipadx="6",pady="20",anchor="se")
12  win.mainloop()
```

运行效果如图 5.9 所示。

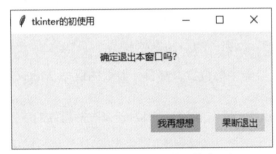

图 5.9　仿制确认退出本窗口的会话框

● before 和 after：指定该组件应该位于哪个组件之前或之后。

指定各组件的顺序

实例位置：资源包 \Code\05\03

使用 before 指定各组件的顺序，具体代码如下：

```
01  from tkinter import *
02  win = Tk()
03  win.title("tkinter 的初使用 ")
04  # 打乱各条规则的顺序
05  txt1 = Label(win, text=" 象吃狮 ", bg="#F1C5C5", font=14)
06  txt4 = Label(win, text=" 豹吃狼 ", bg="#F1C5C5", font=14)
07  txt3 = Label(win, text=" 虎吃豹 ", bg="#cdb5cd", font=14)
08  txt2 = Label(win, text=" 狮吃虎 ", bg="#c1ffc1", font=14)
09  txt6 = Label(win, text=" 狗吃猫 ", bg="#cdb5cd", font=14)
10  txt7 = Label(win, text=" 猫吃鼠 ", bg="#F1C5C5", font=14)
11  txt5 = Label(win, text=" 狼吃狗 ", bg="#c1ffc1", font=14)
12  txt8 = Label(win, text=" 鼠吃象 ", bg="#c1ffc1", font=14)
13  txt1.pack(side="left", padx="10", ipadx="6", fill="y", expand=1)
14  # 将 txt1 放在 txt2 前面
15  txt2.pack(side="left", padx="10", ipadx="6", fill="y", expand=1, before=txt1)
16  txt3.pack(side="left", padx="10", ipadx="6", fill="y", expand=1, before=txt2)
17  txt4.pack(side="left", padx="10", ipadx="6", fill="y", expand=1, before=txt3)
18  txt5.pack(side="left", padx="10", ipadx="6", fill="y", expand=1, before=txt4)
19  txt6.pack(side="left", padx="10", ipadx="6", fill="y", expand=1, before=txt5)
20  txt7.pack(side="left", padx="10", ipadx="6", fill="y", expand=1, before=txt6)
21  txt8.pack(side="left", padx="10", ipadx="6", fill="y", expand=1, before=txt7)
22  win.mainloop()
```

上述代码各组件的排列顺序打乱，然后在 pack() 方法中通过 before 参数依次设置各组件的排列顺序。

> **说明**
>
> anchor、fill 以及 side 等参数的作用效果是相互影响的，大家要灵活使用。

5.2 grid() 方法

在 Excel 表格中，使用数字定位单元格所在的行，使用大写的英文字母定位单元格所在的列，这样就可以快速定位单元格的位置。而 tkinter 中也提供了类似 Excel 表格的布局方式，即 grid() 网格布局，在网格中使用 row 定义组件所在的行，使用 column 定义组件所在的列，具体如图 5.10 所示。

row=0,column=0	row=0,column=1	...	row=0,column=n
row=1,column=0	row=1,column=1	...	row=1,column=n
...	...	...	...
row=n,column=0	row=n,column=1	...	row=n,column=n

图 5.10　grid() 网格布局

> **指点迷津**
>
> 使用 grid() 方法进行网格布局时，第 1 行和第 1 列的序号应该是 0，即 "row=0, column=0"。

grid() 方法中提供了许多参数，使用这些参数可以布局一些较为复杂的页面，具体参数如表 5.2 所示。

表 5.2　grid() 方法的相关参数及其含义

参数	含义
row	组件所在的行
column	组件所在的列
rowspan	组件横向合并的行数
columnspan	组件纵向合并的列数
sticky	组件填充所分配空间空白区域的方式
padx, pady	组件距离窗口边界的水平方向以及垂直方向的距离

5.2.1　grid() 方法中参数设置

接下来详细介绍表 5.2 中各属性的使用方法。

- row、column：定义组件所在的行数、列数。这是 grid() 网格布局方法中比较重要的两个参数，如果省略，则使用默认值 "row=0,column=0"，而单元格的大小取决于最大组件的宽度。

实例 5.4　　　　　　　　**显示 4 以内的乘法表**　　　　　实例位置：资源包 \Code\05\04

使用 grid() 方法显示 4 以内的乘法表，具体代码如下：

```
01 #grid()方法的使用
02 #row 表示行，column 表示列
03 from tkinter import *
04 win=Tk()                                                    # 创建根窗口
05 win.title("tkinter 的初使用")                                # 添加标题
06 # grid(row=0,column=0,padx=10) 设置组件位于第 1 行第 1 列，与其他组件的水平间距为 10
07 Label(win,text="1*1=1",bg="#E0FFFF").grid(row=0,column=0,padx=10)
08 Label(win,text="1*2=2",bg="#E0FFFF").grid(row=1,column=0,padx=10)
09 Label(win,text="1*3=3",bg="#E0FFFF").grid(row=2,column=0,padx=10)
10 Label(win,text="1*4=4",bg="#E0FFFF").grid(row=3,column=0,padx=10)
11 Label(win,text="2*2=4",bg="#EEA9B8").grid(row=1,column=1,padx=10)
12 Label(win,text="2*3=6",bg="#EEA9B8").grid(row=2,column=1,padx=10)
13 Label(win,text="2*4=8",bg="#EEA9B8").grid(row=3,column=1,padx=10)
14 Label(win,text="3*3=9",bg="#F08080").grid(row=2,column=2,padx=10)
15 Label(win,text="3*4=12",bg="#F08080").grid(row=3,column=2,padx=10)
16 Label(win,text="4*4=16",bg="#FFE1FF").grid(row=3,column=3,padx=10)
17 win.mainloop()
```

上述代码中通过 row 和 column 指定了各乘法算式的位置，运行效果如图 5.11 所示。

- rowspan 和 columnspan：组件纵向合并的行数和横向合并的列数。例如，设置第 1 行组件横向合并 4 列，第 2 行的两个组件分别横向合并 2 列。具体代码如下：

```
01 from tkinter import *
02 win=Tk()
03 label=Label(win,text="columnspan=4",width=15,height=1,relief="groove",bg="#EDE19A")
04 label21=Label(win,text="columnspan=2",width=15,height=1,relief="groove",bg="#EDBE9A")
05 label22=Label(win,text="columnspan=2",width=15,height=1,relief="groove",bg="#EDBE9A")
06 label.grid(row=0,column=0,columnspan=4)                    # 第 1 行横向合并 4 列
07 label21.grid(row=1,column=0,columnspan=2)                  # 第 2 行第 1 列横向合并 2 列
08 label22.grid(row=1,column=2,columnspan=2)                  # 第 2 行第 3 列横向合并 2 列
09 label31=Label(win,width=15,height=1,relief="groove",bg="#E5AEAE").grid(row=3,column=0)
10 label32=Label(win,width=15,height=1,relief="groove",bg="#E5AEAE").grid(row=3,column=1)
11 label33=Label(win,width=15,height=1,relief="groove",bg="#E5AEAE").grid(row=3,column=2)
12 label34=Label(win,width=15,height=1,relief="groove",bg="#E5AEAE").grid(row=3,column=3)
13 win.mainloop()
```

运行效果如图 5.12 所示。

图 5.11　使用 grid() 方法布局乘法表

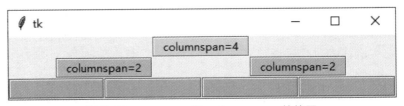

图 5.12　rowspan 和 columnspan 的使用

指点迷津

合并行和合并列时，只是增大组件占用的空间，而并不会增大组件本身。

- sticky：其功能与 anchor 类似，不过它只有 4 个可选的参数值，即 N（上对齐）、S（下对齐）、W（左对齐）、E（右对齐）。默认情况下，如果组件的宽度不一致，宽度较小的组件会以宽度较大的组件为基准，将同列的其他组件居中对齐。例如添加了两个 Label 组件，第二个组件以第一个组件为基准居中对齐。具体代码如下：

```
01 from tkinter import *
02 win=Tk()
```

```
03 Label(win,text=" 春花秋月何时了 ",bg="#EBC7C7",relief="groove").grid(row=0,column=0)
04 Label(win,text=" 往事知多少 ",bg="#DFC7EB",relief="groove").grid(row=1,column=0)
05 win.mainloop()
```

运行效果如图 5.13 所示。

通过 sticky 就可以设置组件的对齐方式，例如，将图 5.13 中的第二行修改为左对齐，仅需要将代码的第 4 行进行修改，具体代码如下：

```
Label(win,text=" 往事知多少 ",bg="#DFC7EB",relief="groove").grid(row=1,column=0,sticky=W)
```

运行效果如图 5.14 所示。

sticky 参数不仅可以单独使用，还可以组合使用，具体组合使用的方式以及含义如下：

- sticky=N+S：拉长组件高度，使组件的顶端和底端对齐。
- sticky=N+S+E：拉长组件高度，使组件的顶端和底端对齐，同时切齐右边。
- sticky=N+S+W：拉长组件高度，使组件的顶端和底端对齐，同时切齐左边。
- sticky=E+W：拉长组件宽度，使组件的左边和右边对齐。
- sticky=N+S+E+W：拉长组件高度，使组件的顶端和底端对齐，同时切齐左边和右边。

例如，将图 5.14 中第二个组件的左右两边与第一个组件切齐，需要将第 4 行代码修改为以下代码：

```
Label(win,text=" 往事知多少 ",bg="#DFC7EB",relief="groove").grid(row=1,column=0,sticky= E+W)
```

运行效果如图 5.15 所示。

图 5.13　grid() 方法设置第二个组件以第一个组件为基准居中对齐

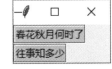
图 5.14　sticky 参数的作用

图 5.15　sticky 参数设置组件左右对齐

> 说明
>
> grid() 方法中的 padx 和 pady 与 pack() 布局中的 padx 和 pady 相同，此处不再演示。

5.2.2　rowconfigure() 方法和 columnconfigure() 方法设置组件的缩放比例

tkinter 模块添加的窗口默认情况下都是可以通过拖动鼠标改变大小的，而当窗口大小改变时，可以通过 rowconfigure() 方法和 columnconfigure() 方法改变某行或某列组件所占空间随窗口缩放的比例。其语法如下：

```
win.rowconfigure(0,weight=1)
win.columnconfigure(1,weight=1)
```

上面语法中，win 为实例化的窗口；"0" 和 "1" 分别表示设置第 1 行和第 2 列组件随窗口缩放的比例；weight 表示随窗口缩放的比例为 1。

实例 5.5　实现在窗口的四角中添加 4 个方块　　实例位置：资源包 \Code\05\05

实现在窗口的四角添加四个方块，并且无论放大或缩小窗口，四个方块始终位于窗口的四个顶角位置。具体代码如下：

```
01 from tkinter import *
02 win=Tk()
03 win.rowconfigure(0,weight=1)                              # 设置第 1 行的组件的缩放比例为 1
04 win.columnconfigure(1,weight=1)                           # 设置第 2 列的组件的缩放比例为 1
05 txt1=Label(win,width=15,height=2,relief="groove",bg="#E0FFFF")
06 txt1.grid(row=0,column=0,sticky=N+W)                      # 第 1 行第 1 列组件位置
07 txt2=Label(win,width=15,height=2,relief="groove",bg="#99ffcc")
08 txt2.grid(row=0,column=1,sticky=N+E)                      # 第 1 行第 2 列组件位置
09 txt3=Label(win,width=15,height=2,relief="groove",bg="#E0FFFF")
10 txt3.grid(row=1,column=0,sticky=N+S+W)                    # 第 2 行第 1 列组件位置
11 txt4=Label(win,width=15,height=2,relief="groove",bg="#99ffcc")
12 txt4.grid(row=1,column=1,sticky=N+S+E)                    # 第 2 行第 2 列组件位置
13 win.mainloop()
```

运行效果如图 5.16 所示，放大窗口后，可看到效果如图 5.17 所示。

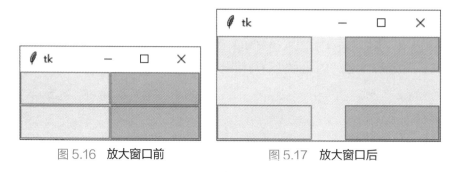

图 5.16　放大窗口前　　　　　图 5.17　放大窗口后

指点迷津

rowconfigure() 和 columnconfigure() 方法设置在父容器上，而并非设置在组件上，这一点要尤为注意。

5.3　place() 方法

place() 方法可以设置组件的大小以及组件在容器中的精确位置，其参数及其含义如表 5.3 所示。

表 5.3　place() 方法的参数及其含义

参数	含义
x	设置组件距离窗口左侧的水平距离
y	设置组件距离窗口顶部的垂直距离
width	设置组件的宽度
height	设置组件的高度
relx	设置组件距离容器左侧的相对距离。数值范围 0～1
rely	设置组件距离容器顶部的相对距离。数值范围 0～1
relwidth	组件相对父容器的宽度。数值范围 0～1
relheight	组件相对父容器的高度。数值范围 0～1

由表 5.3 可以看出，place() 方法可以使用两种方式来设置组件的大小以及位置，第一种是通过参数 x、y、width 和 height 设置组件的大小和位置；第二种是通过参数 relx、rely、relwidth 以及 relheight 设置组

件的大小和位置。下面具体介绍。

5.3.1　x、y、width 以及 height

表 5.3 中 x 和 y 可以定义组件的位置，其中（x=0,y=0）的位置是窗口的左上角的顶点，而 width 和 height 可以设置组件的宽度和高度，这四个参数设置了组件的绝对位置和绝对大小。换句话说，无论窗口放大或缩小，组件的位置以及大小都不会发生改变。下面通过一个实例来演示其用法。

实例 5.6　　布局华容道游戏窗口　　实例位置：资源包 \Code\05\06

《三国演义》中有一段经典故事：曹操败走华容道，又遇诸葛亮的伏兵，而关羽为报答曹操曾经的收留之恩，帮助曹操逃出华容道。这段经典故事衍生出一款滑块类游戏——华容道，玩游戏时，只要拖动滑块，帮助"曹操"从最下方中间出口"逃出"即可。本实例在窗口中通过 place() 布局华容道游戏页面，具体代码如下：

```
01 from tkinter import *
02 win=Tk()
03 win.title(" 华容道 ")                                          # 添加窗口标题
04 win.geometry("240x300")                                        # 设置窗口大小
05 txt1=Label(win,text=" 赵云 ",bg="#93edd4",relief="groove",font=14)  # 华容道游戏中的滑块
06 txt2=Label(win,text=" 曹操 ",bg="#a6e3a8",relief="groove",font=14)
07 txt3=Label(win,text=" 黄忠 ",bg="#93edd4",relief="groove",font=14)
08 txt4=Label(win,text=" 张飞 ",bg="#93edd4",relief="groove",font=14)
09 txt5=Label(win,text=" 关羽 ",bg="#93edd4",relief="groove",font=14)
10 txt6=Label(win,text=" 马超 ",bg="#93edd4",relief="groove",font=14)
11 txt7=Label(win,text=" 卒 ",bg="#f3f5c4",relief="groove",font=14)
12 txt8=Label(win,text=" 卒 ",bg="#f3f5c4",relief="groove",font=14)
13 txt9=Label(win,text=" 卒 ",bg="#f3f5c4",relief="groove",font=14)
14 txt0=Label(win,text=" 卒 ",bg="#f3f5c4",relief="groove",font=14)
15 # width 为组件宽度，height 为组件高度，x 为滑块左上角的横坐标，y 为滑块左上角的纵坐标
16 txt1.place(width=60,height=120,x=0,y=0)
17 txt2.place(width=120,height=120,x=60,y=0)
18 txt3.place(width=60,height=120,x=180,y=0)
19 txt4.place(width=60,height=120,x=0,y=120)
20 txt5.place(width=120,height=60,x=60,y=120)
21 txt6.place(width=60,height=120,x=180,y=120)
22 txt7.place(width=60,height=60,x=60,y=180)
23 txt8.place(width=60,height=60,x=120,y=180)
24 txt9.place(width=60,height=60,x=0,y=240)
25 txt0.place(width=60,height=60,x=180,y=240)
26 win.mainloop()
```

运行效果如图 5.18 所示。

5.3.2　relx、rely、relwidth 和 relheight

在实现【实例 5.6】所布局的华容道游戏页面后可发现，当放大窗口时，华容道页面的右侧或者下侧就会显示空白区域，如图 5.19 所示。如果不希望有空白区域，而是希望窗口内的组件能够随窗口的缩放而进行缩放，那么可以使用 relx、rely、relwidth 和 relheight 参数。

relx 和 rely 可以设置组件相对窗口的位置，其取值范围是 0.0 ～ 1.0，可以理解为分别位于窗口水平位置和垂直位置距离的比例；relheight 和 relwidth 设置组件的大小分别占窗口的比例。

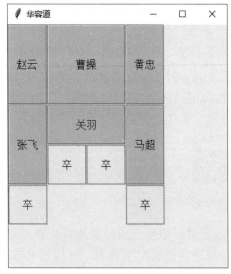

图 5.18　place() 布局华容道游戏页面　　　　图 5.19　放大窗口时，窗口右侧和下方显示空白

实例 5.7　布局跟随窗口缩放的华容道游戏窗口

　实例位置：资源包 \Code\05\07

将【实例 5.6】的页面效果修改为游戏内滑块与窗口等比例缩放，具体代码如下：

```
01 from tkinter import *
02 win=Tk()
03 win.title("华容道")
04 # 添加滑块（由 Label 组件实现）
05 txt1=Label(win,text="赵云",bg="#93edd4",relief="groove",font=14)   # 华容道游戏中的滑块
06 txt2=Label(win,text="曹操",bg="#a6e3a8",relief="groove",font=14)
07 txt3=Label(win,text="黄忠",bg="#93edd4",relief="groove",font=14)
08 txt4=Label(win,text="张飞",bg="#93edd4",relief="groove",font=14)
09 txt5=Label(win,text="关羽",bg="#93edd4",relief="groove",font=14)
10 txt6=Label(win,text="马超",bg="#93edd4",relief="groove",font=14)
11 txt7=Label(win,text="卒",bg="#f3f5c4",relief="groove",font=14)
12 txt8=Label(win,text="卒",bg="#f3f5c4",relief="groove",font=14)
13 txt9=Label(win,text="卒",bg="#f3f5c4",relief="groove",font=14)
14 txt0=Label(win,text="卒",bg="#f3f5c4",relief="groove",font=14)
15 # 设置各滑块的大小和位置，relwidth=0.25 表示宽度为窗口宽度的 0.25 倍，依次类推
16 txt1.place(relwidth=0.25,relheight=0.4,relx=0,rely=0)
17 txt2.place(relwidth=0.5,relheight=0.4,relx=0.25,rely=0)
18 txt3.place(relwidth=0.25,relheight=0.4,relx=0.75,rely=0)
19 txt4.place(relwidth=0.25,relheight=0.4,relx=0,rely=0.4)
20 txt5.place(relwidth=0.5,relheight=0.2,relx=0.25,rely=0.4)
21 txt6.place(relwidth=0.25,relheight=0.4,relx=0.75,rely=0.4)
22 txt7.place(relwidth=0.25,relheight=0.2,relx=0.25,rely=0.6)
23 txt8.place(relwidth=0.25,relheight=0.2,relx=0.5,rely=0.6)
24 txt9.place(relwidth=0.25,relheight=0.2,relx=0,rely=0.8)
25 txt0.place(relwidth=0.25,relheight=0.2,relx=0.75,rely=0.8)
26 win.mainloop()
```

初始运行效果与图 5.18 相同，当放大窗口时，可看到各组件随窗口一起放大，如图 5.20 所示。

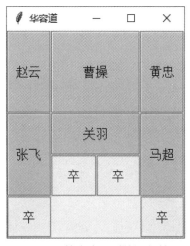

图 5.20　放大窗口时的运行效果

5.4　综合案例——显示斗兽棋游戏规则

（1）案例描述

斗兽棋是一款简单的棋牌类游戏，其中包含象、狮、虎、狼、狗、猫、鼠等棋子，该游戏的规则就是大体型动物吃小体型动物，唯一例外的是，鼠可以"捕食"象。本案例将在 tkinter 窗口中显示斗兽棋的游戏规则。运行效果如图 5.21 所示。

图 5.21　窗口中显示斗兽棋的游戏规则

（2）实现代码

在窗口中显示斗兽棋游戏中的规则主要通过 Label 标签实现，具体代码如下：

```
01 from tkinter import *
02 win=Tk()
03 win.title("tkinter 的初使用 ")
04 txt1=Label(win,text=" 象吃狮 ",bg="#ba55d3",font=14)
05 txt2=Label(win,text=" 狮吃虎 ",bg="#c1ffc1",font=14)
06 txt3=Label(win,text=" 虎吃豹 ",bg="#cdb5cd",font=14)
07 txt4=Label(win,text=" 豹吃狼 ",bg="#ba55d3",font=14)
08 txt5=Label(win,text=" 狼吃狗 ",bg="#c1ffc1",font=14)
09 txt6=Label(win,text=" 狗吃猫 ",bg="#cdb5cd",font=14)
10 txt7=Label(win,text=" 猫吃鼠 ",bg="#ba55d3",font=14)
11 txt8=Label(win,text=" 鼠吃象 ",bg="#c1ffc1",font=14)
12 txt1.pack(side="left",padx="10",pady="5",ipadx="6",ipady="4")
13 txt2.pack(side="left",padx="10",pady="5",ipadx="6",ipady="4")
14 txt3.pack(side="left",padx="10",pady="5",ipadx="6",ipady="4")
15 txt4.pack(side="left",padx="10",pady="5",ipadx="6",ipady="4")
16 txt5.pack(side="left",padx="10",pady="5",ipadx="6",ipady="4")
17 txt6.pack(side="left",padx="10",pady="5",ipadx="6",ipady="4")
18 txt7.pack(side="left",padx="10",pady="5",ipadx="6",ipady="4")
19 txt8.pack(side="left",padx="10",pady="5",ipadx="6",ipady="4")
20 win.mainloop()
```

5.5 实战练习

完善综合案例，使其组件都纵向填充窗口，即以图 5.22 所示的效果显示斗兽棋游戏规则。

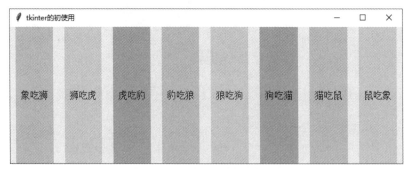

图 5.22 纵向填充窗口

小结

本章详细介绍了 tkinter 中的 pack() 方法、grid() 方法以及 place() 方法。学习本章后，读者应该掌握这三种布局方式各自的布局特点，并且需要多加练习，才能够学以致用。

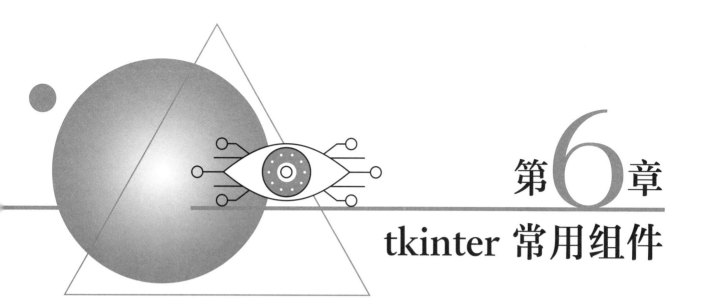

第6章
tkinter 常用组件

扫码领取
- 教学视频
- 配套源码
- 练习答案
- ……

本章涵盖了 tkinter 中的常用组件，并且讲解时按照功能将其分为文本类组件、按钮类组件、列表类组件以及容器类组件。其中，文本类组件主要用于添加文本、图片等功能；按钮类组件包括单选按钮和普通按钮；列表类组件用于将多个选项显示在列表中以供选择。

本章的知识架构如下：

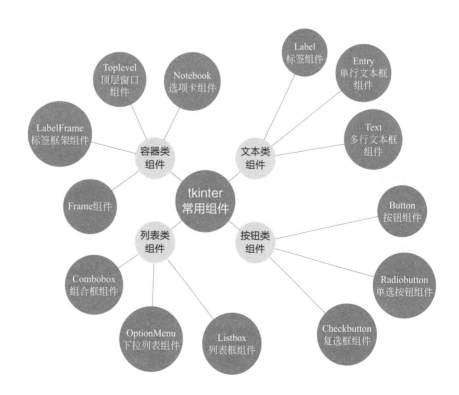

6.1 文本类组件

文本是窗口中必不可少的一部分，本节主要介绍 tkinter 模块中常用的 3 种文本类组件，通过这 3 个组件，可以在窗口中显示以及输入单行文本、多行文本、图片等。

6.1.1 Label 标签组件

Label 组件是窗口中比较常用的组件，通常用来添加文字或者图片，并且还可以定义 Label 组件中文字和图片的排列方式，下面进行详细讲解。

1. Label 组件的基本使用

前面介绍布局管理时，多次使用到了 Label 组件，而 Label 组件最常见的用法就是添加文字，具体语法如下：

```
Label(win,text=" 文本 ",justify="center")
```

其中，win 指定 Label 组件的父容器；text 指定标签中的文本；justify 指定标签中拥有多行文本时，最后一行文本的对齐方式。

实例 6.1　用箭头指示斗兽棋游戏中的规则　　实例位置：资源包 \Code\06\01

通过箭头指示斗兽棋游戏规则，首先添加 Label 组件，显示斗兽棋规则以及箭头，然后通过 grid() 方法设置各组件的位置。具体代码如下：

```
01 from tkinter import *
02 win=Tk()                                                    # 添加标题
03 win.title(" 斗兽棋游戏的食物链 ")                             # 添加标题
04 # text 定义 Label 标签里的文本内容，bg 表示 Label 的背景颜色
05 txt1=Label(win,text=" 象 ",bg="#FFEBCD",width=5,padx=4,pady=4,font="14")
06 txt2=Label(win,text=" 狮 ",bg="#c1ffc1",width=5,padx=4,pady=4,font="14")
07 txt3=Label(win,text=" 虎 ",bg="#FFEBCD",width=5,padx=4,pady=4,font="14")
08 txt4=Label(win,text=" 豹 ",bg="#c1ffc1",width=5,padx=4,pady=4,font="14")
09 txt5=Label(win,text=" 狼 ",bg="#FFEBCD",width=5,padx=4,pady=4,font="14")
10 txt6=Label(win,text=" 狗 ",bg="#c1ffc1",width=5,padx=4,pady=4,font="14")
11 txt7=Label(win,text=" 猫 ",bg="#FFEBCD",width=5,padx=4,pady=4,font="14")
12 txt8=Label(win,text=" 鼠 ",bg="#c1ffc1",width=5,padx=4,pady=4,font="14")
13 #  foreground 设置 label 组件的文字颜色
14 txtr1=Label(win,text=" → ",padx=2,pady=2,foreground="#B22222").grid(row=1,column=2)
15 txtr2=Label(win,text=" → ",padx=2,pady=2,foreground="#B22222").grid(row=1,column=4)
16 txtb1=Label(win,text=" ↓ ",padx=2,pady=2,foreground="#B22222").grid(row=2,column=5)
17 txtb2=Label(win,text=" ↓ ",padx=2,pady=2,foreground="#B22222").grid(row=4,column=5)
18 txtl1=Label(win,text=" ← ",padx=2,pady=2,foreground="#B22222").grid(row=5,column=4)
19 txtl2=Label(win,text=" ← ",padx=2,pady=2,foreground="#B22222").grid(row=5,column=2)
20 txtt1=Label(win,text=" ↑ ",padx=2,pady=2,foreground="#B22222").grid(row=4,column=1)
21 txtt2=Label(win,text=" ↑ ",padx=2,pady=2,foreground="#B22222").grid(row=2,column=1)
22 #  设置斗兽棋游戏棋子的位置
23 txt1.grid(row=1,column=1)
24 txt2.grid(row=1,column=3)
25 txt3.grid(row=1,column=5)
26 txt4.grid(row=3,column=5)
27 txt6.grid(row=5,column=5)
28 txt6.grid(row=5,column=3)
29 txt7.grid(row=5,column=1)
30 txt8.grid(row=3,column=1)
31 win.mainloop()
```

运行效果如图 6.1 所示。

2. 在 Label 组件中添加图片

在 tkinter 模块中，图片可以在多处使用，例如 Label 组件、Button 按钮以及 Text 文字区域等，但是添加图片时，需要先创建图像对象 PhotoImage()，然后再在其他组件中引入该对象。例如在 Label 组件中添加一张图像，具体代码如下：

```
01 from tkinter import *
02 win=Tk()
03 img=PhotoImage(file="cat.png")         # 创建图像对象,file 为图片路径
04 Label(win,image=img).pack()            # 在 Label 组件中引入图片对象
05 win.mainloop()
```

上面代码中，第 3 行代码中的 file 参数为图像的路径。第 4 行通过 image 参数引入该图像对象，运行效果如图 6.2 所示。

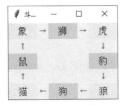 

图 6.1 箭头指示斗兽棋游戏中的规则　　图 6.2 在 Label 组件中添加图像

 说明

上述例子中添加的图片为 .png 格式，如果添加 .jpg 格式的图片，就会出现图 6.3 所示的错误。

这是因为 PhotoImage() 方法不支持 .jpg 格式的图片，如果需要在窗口中添加 .jpg 格式的图片，需要下载和引入第三方模块 PIL，安装该模块的命令为"pip install pillow"，安装成功后，需要在 .py 文件中引入 PIL 模块中的 Image 模块和 ImageTk 模块，具体代码如下：

```
01 from tkinter import *
02 from PIL import Image,ImageTk          # 导入 PIL 模块
```

例如，在窗口中添加一张 .jpg 格式的图片，代码如下：

```
01 from tkinter import *
02 from PIL import Image,ImageTk          # 导入 PIL 模块
03 win=Tk()                               # 创建窗口
04 image=Image.open("1.jpg")              # 读取图片文件
05 img1=ImageTk.PhotoImage(image)
06 txt1=Label(win,image=img1).pack()      # 将图片添加到 Label 组件中
07 win.mainloop()
```

运行效果如图 6.4 所示。

```
Traceback (most recent call last):
  File "D:/soft/python/demo/tkint/part5/test/demo3.py", line 14, in <module>
    img1=PhotoImage(file="1.jpg")
  File "D:\soft\python\python\soft\lib\tkinter\__init__.py", line 4061, in __init__
    Image.__init__(self, 'photo', name, cnf, master, **kw)
  File "D:\soft\python\python\soft\lib\tkinter\__init__.py", line 4006, in __init__
    self.tk.call(('image', 'create', imgtype, name,) + options)
_tkinter.TclError: couldn't recognize data in image file "1.jpg"
```

图 6.3 添加 .jpg 格式的图片时出现错误提示　　图 6.4 在窗口中添加 .jpg 格式的文件

而如果 Label 组件中，既有文字，又有图片，则可以通过 Label 组件中的 compound 设置图片与文字

的显示位置，其可选参数的值有 5 个，具体参数可选值及其含义如表 6.1 所示。

表 6.1 compound 参数可选的值及含义

值	含义
top	图片位于文字上方
bottom	图片位于文字下方
left	图片位于文字左侧
right	图片位于文字右侧
center	文字位于图片上（图片与文字重叠，且文字在图片的上层）

6.1.2 Entry 单行文本框组件

1. Entry 组件的基本使用

Entry 组件用于添加单行文本框，其特点是可以添加少量文字。例如登录窗口中的用户名输入框和密码输入框，就可以通过 Entry 实现。添加 Entry 组件的语法如下：

```
Entry(win)
```

例如，在窗口中添加两个文本框，用于输入乘客的出发地和目的地，具体代码如下：

```
01 from tkinter import *
02 win=Tk()
03 Label(win,text="出发地:",font=14).grid(pady=10,row=0,column=0)
04 Entry(win).grid(row=0,column=1)                    # 添加出发地文本框
05 Label(win,text="目的地:",font=14).grid(pady=10,row=1,column=0)
06 Entry(win).grid(row=1,column=1)                    # 添加目的地文本框
07 win.mainloop()
```

运行效果如图 6.5 所示。

很多 App 登录时都需要设置密码，输入密码时，用户看到的并非自己输入的密码内容，而是 "*" 这样的隐藏符号。Entry 组件中，可以通过 show 参数将用户输入的内容隐藏起来，并且显示为用户指定的字符。具体语法如下：

```
Entry(win,show="*")
```

其中，show 表示将用户输入的内容全都显示为 "*"。

例如，在窗口中添加一个密码输入框，将输入的密码内容显示为 "*"，具体代码如下：

```
01 from tkinter import *
02 win=Tk()
03 Label(win,text="密码",font=14).grid(pady=10,row=0,column=0)
04 Entry(win,show="*").grid(row=0,column=1)
05 win.mainloop()
```

运行效果如图 6.6 所示。

图 6.5 Entry 组件的使用

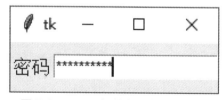

图 6.6 Entry 组件实现密码输入框

实例 6.2　实现登录账号窗口，并且隐藏密码

> 实例位置：资源包 \Code\06\02

设置登录窗口，在输入密码时，将密码显示为"*"。具体代码如下：

```
01 from tkinter import *
02 win=Tk()
03 win.configure(bg="# EFE5D2")                              # 设置窗口的背景颜色
04 user=PhotoImage(file="user.png")                          # 用户名图标
05 psw=PhotoImage(file="psw.png")                            # 密码图标
06 Label(win,image=user,bg="#fff").grid(row=0)               # 显示用户名图标
07 Entry(win).grid(row=0,column=1,padx=10,pady=10)           # 用户名文本框
08 Label(win,image=psw,bg="#fff").grid(row=1)                # 显示密码图标
09 Entry(win,show="*").grid(row=1,column=1,padx=10,pady=10)  # 密码文本框，输入的内容显示为 "*"
10 Label(win,text=" 确定 ",relief="groove").grid(row=2,columnspan=2,pady=10)
11 win.mainloop()
```

运行效果如图 6.7 所示。

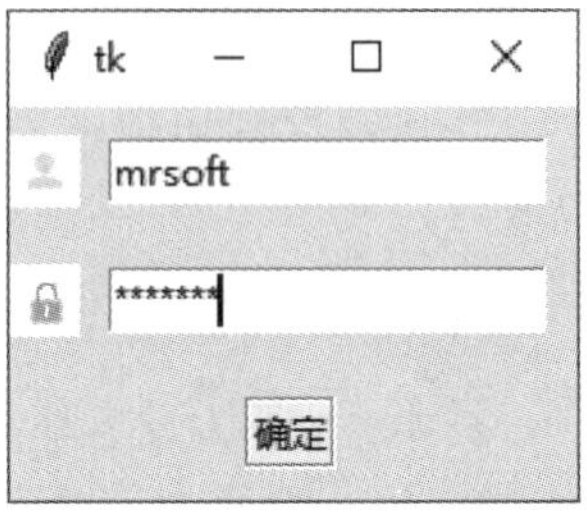

2. Entry 组件中各方法的使用

Entry 组件中提供了三个方法，分别是 get()、insert() 以及 delete() 方法，它们的具体功能如下：

- get()：获取文本框中的内容。
- insert()：在文本框的指定位置添加内容。其语法如下：

`entry.insert(index,str)`

图 6.7　隐藏 Entry 组件中的内容

参数说明如下：

- entry：添加内容的文本框组件。
- index：添加的位置。str 为添加的内容。
- delete()：删除文本框中指定内容。其语法如下：

`entry.delete(first,end)`

参数说明如下：

- first：删除文本区间的起始位置。
- end：删除文本区间的结束位置。如果省略 end，表示只删除 first 位置的内容。

实例 6.3　在窗口中实现两个加数的和

> 实例位置：资源包 \Code\06\03

实现简单加法计算。在文本框中输入两个加数，单击"计算"按钮后，将计算结果显示在第三个文本框中。具体代码如下：

```
01 from tkinter import *
02 win=Tk()
03 win.configure(bg="#F3E4A4")           # 设置窗口的背景颜色
04 def add():
05     re.delete(0,END)                  # 清空显示结果的文本框的内容
06     add1=int(op1.get())               # 获取第一个加数
07     add2=int(op2.get())               # 获取第二个加数
```

```
08        re.insert(INSERT,add1+add2)
09 op1=Entry(win,width=5,relief="groove")              # 第一个加数文本框
10 op1.grid(row=0,pady=20)
11 Label(win,text="+",bg="#F3E4A4").grid(row=0,column=1)
12 op2=Entry(win,width=5,relief="groove")              # 第二个加数文本框
13 op2.grid(row=0,column=2)
14 Label(win,text="=",bg="#F3E4A4").grid(row=0,column=3)
15 re=Entry(win,width=5,relief="groove")               # 显示结果的文本框
16 re.grid(row=0,column=4)
17 Button(win,text=" 计算 ",command=add,relief="groove",bg="#10C9F5").grid(row=1,columnspan=5,ipadx=10)
18 win.mainloop()
```

运行效果如图 6.8 所示。

6.1.3 Text 多行文本框组件

Entry 组件虽然可以添加文字，但是文字只能在一行中显示，当文字较多时，无法换行显示，而 Text 多行文本框恰好弥补了这一缺点。

图 6.8 计算两个数之和

1. Text 组件的基本使用

Text 组件内可以输入多行文本，当文本内容较多时，它可以自动换行。事实上，Text 组件中不仅可以放置纯文本，还可以添加图片、按钮等。具体语法如下：

```
Text(win)
```

其中，win 为父容器。

在 Text 组件中可以通过 insert() 方法添加初始文本，其代码如下：

```
01 text = Text(win)                          # 在 win 中添加一个多行文本框
02 text.insert(INSERT,text)                  # 在 text 的指定位置添加文本 text,INSERT 表示在光标处添加文本
```

在 Text 组件中添加图片，需要创建 PhotoImage() 对象，然后通过 image_create() 引入图像，具体代码如下：

```
01 photo = PhotoImage(file='ico.png')        # 创建了一个图像对象
02 text.image_create(END, image=photo)       # 插入图像
```

实例 6.4 在 Text 组件中添加图片、文字以及按钮

实例位置：资源包 \Code\06\04

在多行文本框中添加图片、文字以及按钮，并且统计单击按钮的次数。此时，Text 组件相当于一个容器，具体代码如下：

```
01 i = 0                                                              # 单击按钮的次数，初始值为 0
02 def show():
03     global i                                                        # 声明为全局变量
04     i += 1                                                          # 单击一次按钮，i 就加 1
05     label.config(text="你点了我 \t" + str(i) + " 下 ")
06 from tkinter import *
07 root = Tk()                                                         # 创建根窗口
08 text = Text(root, width=45, height=10, bg="#CAE1FF", relief="solid") # 创建多行文本框
09 photo = PhotoImage(file='ico.png')                                  #  创建了一个图像对象
10 text.image_create(END, image=photo)                                 # text 组件中插入图像
11 text.insert(INSERT, " 在这里添加文本 :\n")                            # 添加文本
```

```
12 text.pack()                                              # 包装文本框，没有此步骤，文本框无法显示在窗口中
13 bt = Button(root, text='你点我试试', command=show, padx=10)  # 创建按钮
14 text.window_create("2.0", window=bt)                     # 将按钮放置在 text 组件中
15 label = Label(root, padx=10, text="你点了我 0 下")         # 创建 Label 组件
16 text.window_create("2.end", window=label)                # 将 Label 组件放置在 text 组件中
17 root.mainloop()
```

运行程序，初始效果如图 6.9 所示。在多行文本框中添加多行文字，可以看到文字可以换行显示在多行文本框中，并且单击按钮时，可以统计单击按钮的次数，效果如图 6.10 所示。

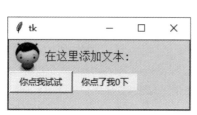

图 6.9　初始运行效果

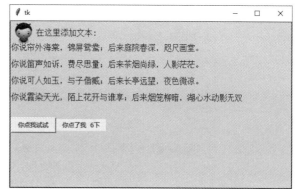

图 6.10　添加文字和单击按钮时的效果

2. Text 组件的索引

Text 组件提供了 index() 方法，该方法用于指向 Text 组件中文本的位置，它与 Python 的序列索引一样，Text 组件索引也是对应实际字符的位置。Text 组件中，文本的索引值通常为字符串类型，并且指定 Text 索引的方式有多种，下面列举常见的几种方式：

- line.column：这种方式将索引位置的行号和列号以字符串的形式表示出来，并且中间以"."分隔，例如"2.3"表示第 2 行第 4 列。
- insert：插入光标的位置。
- end：最后一个字符的位置，如果字符串为 end，表示所有文本的最后一个字符位置；如果字符串为 line.end，表示当前行的最后一个字符位置。
- + count chars：指定位置向后移动 count 个字符。例如"2.1+2 chars"表示第 2 行第 4 个字符的位置。
- − count chars：指定位置向前移动 count 个字符。例如"2.3-2 chars"表示第 2 行第 2 个字符的位置。

📖 **指点迷津**

> Text 组件中获取字符串的索引位置时，第 1 行的索引为 1，第 1 列的索引为 0。

例如，在 Text 组件中插入一句话，然后通过索引找到第 1 行第 3 列到第 1 行第 7 列之间的内容。具体代码如下：

```
01 from tkinter import *
02 win = Tk()
03 text = Text(win)                          # 添加文本框
04 text.insert(INSERT, "I love python")      # 在文本框中添加一句话
05 text.pack()
06 print(text.get(1.2, 1.6))                 # 索引第 1 行第 3 个列至第 1 行第 7 列的字符
07 win.mainloop()
```

运行效果如图 6.11 所示。

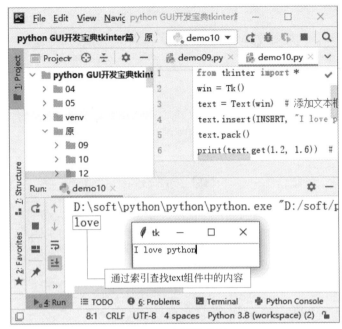

图 6.11 索引的使用

3. Text 组件的常用方法

Text 组件中提供了一些方法可以获取或者编辑 Text 组件中的内容，具体方法如表 6.2 所示。

表 6.2 Text 组件的常见方法

方法	含义
delete()	删除 Text 组件中的内容
get()	获取文本内容
mark_set()	添加标记
search()	搜索文本
edit_undo()	撤销操作
edit_separator()	添加分割线。之后再进行撤销操作时，不会撤销所有操作，只是撤销上一次的操作

例如，在窗口中添加 Text 组件，并且用户可以使用 <Ctrl+Z> 和 <Ctrl+Y> 执行撤销与恢复操作动作。具体代码如下：

```
01 from tkinter import *
02 root = Tk()                                                    # 创建根窗口
03 def undo1(event):
04     text.edit_undo()                                           # 撤销之前的操作
05 def redo1(event):
06     text.edit_redo()                                           # 恢复之前的操作
07 def callback(event):
08     text.edit_separator()    # 每单击一次键盘就添加一个分割线，否则会撤销或恢复所有内容
09 text = Text(root, width=50, height=30, undo=True, autoseparators=False)   # 添加文本框
10 text.pack()
11 # 添加提示性文字
12 text.insert(INSERT, ' 在下方可以添加文本，通过键盘 <Ctrl+Z> 撤销操作和 <Ctrl+Y> 恢复操作：\n\n')
13 text.bind('<Key>', callback)                                   # 每当有按键操作的时候，插入一个分割符
14 text.bind('<Control-Z>', undo1)                                # 单击组合键 <Ctrl+Z> 时撤销操作
15 text.bind('<Control-Y>', redo1)                                # 单击组合键 <Ctrl+Y> 时恢复操作
16 root.mainloop()
```

运行程序，在文本框中添加文字，效果如图 6.12 所示。按下键盘上的组合键 <Ctrl+Z> 即可撤销上一次添加的文字，如图 6.13 所示。

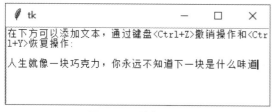

图 6.12　编辑文本

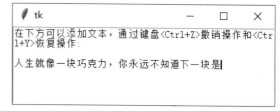

图 6.13　通过键盘 <Ctrl+Z> 撤销操作

6.2　按钮类组件

按钮相当于用户与计算机沟通的桥梁，使用 tkinter 模块中的按钮组件时，只要为其添加事件，就可以为用户服务。除此之外，它还包括单选按钮以及复选框，这些组件可以帮助用户实现单选或者多选功能。

6.2.1　Button 按钮组件

1. Button 组件的基本使用

无论是网站、App 还是窗口，按钮都是不可缺少的一部分，通过为按钮绑定事件，可以实现单击按钮执行指定方法。tkinter 模块中的 Button 组件显示的内容可以是文字，也可以是图片。语法如下：

```
Button(win, text=" 提交 ", command=callback)
```

其中，win 表示父容器；text 指定按钮上显示的文字；command 指定单击该按钮所执行的函数。

例如，添加一个提交按钮，代码如下：

```
Button(win, text=" 提交 ")
```

同样 Button 按钮组件也可以显示图片，显示图片时，首先创建 PhotoImage() 对象，然后在 Button 组件中引入该对象。具体代码如下：

```
01  img = PhotoImage(file='enter.png')         # 创建一个图片对象
02  butback = Button(win, image=img)           # 引入图片对象
```

实例 6.5　通过按钮添加图片　　　实例位置：资源包 \Code\06\05

在窗口中添加一个按钮，并且每单击一次按钮，在窗口中就新增加一个图片。具体代码如下：

```
01  def show():
02      # 创建 Label 标签，在该标签中显示图片
03      Label(win, image=img).pack()
04  from tkinter import *
05  win = Tk()
06  img = PhotoImage(file="laugth.png")         # 创建图片对象
07  but1 = Button(win, text=" 添加图片 ", command=show).pack()   # 添加按钮
08  win.mainloop()
```

运行效果如图 6.14 所示。

2. Button 组件的相关属性

Button 组件提供了很多属性，具体如表 6.3 所示。

图 6.14　通过按钮添加图片

表 6.3　Button 组件的相关属性及其含义

属性	含义
activebackground	按钮激活时的背景颜色
activeforeground	按钮激活时的前景颜色
bd	边框的宽度，默认为 2 像素
command	单击按钮时执行的方法
image	在按钮上添加的图片
state	设置按钮的状态，可选的值有 NORMAL（默认值）、ACTIVE、DISABLED
wraplength	限制按钮每行显示的字符数量
text	按钮的文本内容
underline	设置哪些文字带下划线。例如，取值为 0，表示第一个字符带下划线；值为 1 表示第二个字符带下划线

实例 6.6　　实现简易密码输入器　　　　　　实例位置：资源包 \Code\06\06

在窗口中添加简易密码器，且为密码器添加后退和确认密码功能。具体步骤如下：

① 首先创建窗口，然后在窗口中添加按钮以及显示密码的文本框等组件。具体代码如下：

```
01  from tkinter import *
02  win = Tk()
03  win.title(" 密码输入器 ")
04  # 密码显示部分
05  pswshow = Entry(win, relief="solid",justify="center" )
06  # 键盘部分
07  but1 = Button(win, text="1", command=lambda: num("1"))
08  but2 = Button(win, text="2", command=lambda: num("2"))
09  but3 = Button(win, text="3", command=lambda: num("3"))
10  but4 = Button(win, text="4", command=lambda: num("4"))
11  but5 = Button(win, text="5", command=lambda: num("5"))
12  but6 = Button(win, text="6", command=lambda: num("6"))
13  but7 = Button(win, text="7", command=lambda: num("7"))
14  but8 = Button(win, text="8", command=lambda: num("8"))
15  but9 = Button(win, text="9", command=lambda: num("9"))
16  back1 = PhotoImage(file='back.png')              # 创建一个图像对象，即后退按钮上的图片
17  but0 = Button(win, text="0",height="1", command=lambda: num("0"))
18  enter2 = PhotoImage(file='enter.png')            # 创建一个图像对象，即确认按钮上的图片
19  butback = Button(win, image=back1, command=back)
20  butok = Button(win, image=enter2, command=enter)
21  # foreground 设置 label 组件的文字颜色
22  pswshow.grid(row=1,columnspan=3)
23  # 布局按钮
24  but1.grid(row=5,sticky=W+E)
25  but2.grid(row=5, column=1,sticky=W+E)
26  but3.grid(row=5, column=2,sticky=W+E)
27  but4.grid(row=6,sticky=W+E)
28  but6.grid(row=6, column=1,sticky=W+E)
29  but6.grid(row=6, column=2,sticky=W+E)
```

```
30 but7.grid(row=7,sticky=W+E)
31 but8.grid(row=7, column=1,sticky=W+E)
32 but9.grid(row=7, column=2,sticky=W+E)
33 butback.grid(ipady=3,row=8,sticky=W+E)
34 but0.grid(row=8, column=1,sticky=W+E)
35 butok.grid(ipady=3,row=8, column=2,sticky=W+E)
36 win.mainloop()
```

② 实现单击数字后，在文本框中显示所单击的数字，以及后退和确认密码功能，具体在步骤①的前面添加如下代码：

```
01 def num(a):
02     val = pswshow.get()
03     # 实现输入密码
04     if len(val) < 11:
05         # 先清除原有内容，然后将原有内容同输入的值一起添加到单行文本框
06         pswshow.delete(0, END)
07         pswshow.insert(0, val +" "+ a)
08 # 实现后退功能
09 def back():
10     # 获取文本框的值
11     val = pswshow.get()
12     if len(val) >= 1:
13         # 如果文本框的值的长度大于1，则删除最后一位
14         pswshow.delete(len(val) - 2, END)
15         pswshow.config(text=val[0:len(val) - 2])
16 def enter():
17     val = pswshow.get()
18     # 弹出一个顶层窗口
19     win2 = Toplevel()
20     if len(val) == 11:
21         Label(win2, text="\n\n 密码正确，请等待 \n\n").pack()
22     else:
23         Label(win2, text="\n\n 密码为 6 位数的数字 \n\n").pack()
```

运行效果如图 6.15 所示。

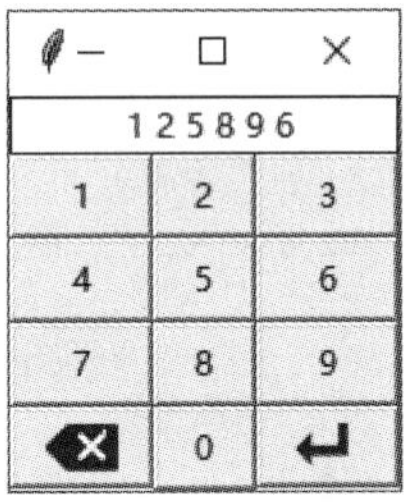

6.2.2 Radiobutton 单选按钮组件

1. Radiobutton 组件的基本使用

Radiobutton 组件可以实现单选，为了保证一组按钮中只能选择一个，将一组单选按钮的 variable 参数设置为同样的值，然后通过 value 属性定义该选项代表的含义。例如，添加一组选择性别的单选按钮，具体如下：

图 6.15　简易密码输入器

```
01 from tkinter import *
02 win=Tk()
03 vali=IntVar()                                              # 这一组按钮都将使用 vali 作为可选的值
04 vali.set("male")                                           # 设置默认选中值为 male 的选项
05 radio1=Radiobutton(win,variable=vali,value="male",text=" 男 ").pack()    # 第一个按钮
06 radio2=Radiobutton(win,variable=vali,value="female",text=" 女 ").pack()  # 第二个按钮
07 win.mainloop()
```

运行效果如图 6.16 所示。

2. 单选按钮的相关属性

单选按钮提供了很多属性，常用属性及其含义如表 6.4 所示。

图 6.16　添加一组单选按钮

表 6.4　Radiobutton 组件的常用属性及其含义

属性	含义
image	指定 Radiobutton 显示的图片
text	指定 Radiobutton 显示的文本
compound	设置图像和文本的排版方式，具体值可参照 Label 组件中 compound 属性
cursor	当鼠标悬停于单选按钮上时的样式
indicatoron	指定是否绘制单选按钮前面的小圆圈
selectcolor	选择框的颜色
selectimage	当该单选按钮被选中时显示的状态
state	指定单选按钮的状态
value	表示该按钮的值
variable	设置或获取当前选中的单选按钮

> **说明**
>
> Radiobutton 按钮也具有 activebackground、activeforeground、bd、command、highlightcolor 等属性。事实上，很多表单组件都具有这些属性，且含义相同，后面文中不再具体列举这些属性。

实例 6.7　在窗口中显示一则脑筋急转弯

实例位置：资源包 \Code\06\07

在窗口中显示一则脑筋急转弯，并且当用户提交答案后，判断用户的答案是否正确。具体代码如下：

```
01  # 判断答案是否正确
02  def result1():
03      if v.get() == 1:
04          re.config(text="答错了，答案是小狗，因为" 旺旺仙贝（汪汪先背）"")
05      else:
06          re.config(text="答对了，因为" 旺旺仙贝（汪汪先背）"")
07  from tkinter import *
08  win = Tk()
09  win.title(" 脑筋急转弯 ")                              # 设置窗口标题
10  win.geometry("300x150")                              # 设置窗口大小
11  text = Label(win, text=" 老师让小猫和小狗去背书，请问谁先背书呢 ",font="14").pack(anchor=W)
12  # 该变量绑定单选按钮的值
13  v = IntVar()
14  ans1=Radiobutton(win,text=" 小猫 ",variable=v, value=1,selectcolor="#F1D4C9")
15  ans1.pack(anchor=W)
16  ans2=Radiobutton(win, text=" 小狗 ", variable=v, value=2,selectcolor="#F1D4C9")
17  ans2.pack(anchor=W)
18  button = Button(win, text=" 提交 ", command=result1,font="14",bg="# F1C57E",relief="groove").pack()
19  re = Label(win)                                      # 显示答案的文本框
20  re.pack()
21  win.mainloop()
```

运行效果如图 6.17 所示。

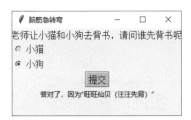

图 6.17　Radiobutton 组件的实现效果

6.2.3　Checkbutton 复选框组件

1. Checkbutton 组件的基本使用

Checkbutton 组件与 Radiobutton 组件类似，只不过在一组 Checkbutton 复选框中，用户可以选中多个选项。具体添加复选框的代码如下：

```
01 from tkinter import *
02 win=Tk()
03 val1=IntVar()                                           # 第一个复选框要绑定的变量
04 checkbox1=Checkbutton(win,variable=val1,text=" 苹果 ").pack() # 第一个复选框
05 val2=IntVar()                                           # 第二个复选框绑定的变量
06 checkbox2=Checkbutton(win,variable=val2,text=" 香蕉 ").pack() # 第二个复选框
07 win.mainloop()
```

运行效果如图 6.18 所示。

选项较多时，可以通过元组或者列表存放选项显示的文本，具体代码如下：

```
01 from tkinter import *
02 win=Tk()
03      # 通过元组定义复选框的内容
04 fruits=(" 苹果 "," 香蕉 "," 草莓 "," 百香果 "," 牛油果 ")
05 for i in fruits:
06     val=IntVar()
07     checkbox1 = Checkbutton(win, variable=val, text=i).pack(side=LEFT)
08 win.mainloop()
```

运行效果如图 6.19 所示。

图 6.18　添加复选框　　　图 6.19　通过元组存储复选框上的文字

> **指点迷津**
>
> 上面代码中，如果将第 6 行代码，放置在第 4 行代码下面（即放置在 for 循环外），那么通过 for 循环创建的这 5 个复选框都绑定同一个变量，这会导致用户选择或取消选择其中一个复选框时，其他复选框都会被选中或取消选中。

2. 判断复选框是否被选中

判断复选框是否被选中，实际上判断的是为复选框绑定的变量的值。例如，绑定的变量类型为整型，那么当复选框被选中，则变量的值为 1；反之，复选框没被选中，则变量的值为 0。如果绑定的变量类型

为布尔类型，那么当复选框被选中时，变量值为 True；反之，当复选框没被选中，则变量值为 False。接下来通过一个实例演示如何判断复选框是否被选中。

实例 6.8　实现问卷调查功能　　实例位置：资源包 \Code\06\08

在问卷调查中，当用户选中或取消答案时，在下方更新用户的答案。具体代码如下：

```
01  def result1():
02      # sel=re.cget("text")
03      sel=""
04      for i in range(len(str1)):
05          # 判断是否被选中
06          if(check[i].get()==1):
07              sel=sel+str1[i]+" "
08      # 更新 Label 组件的内容
09      re.config(text=sel)
10  from tkinter import *
11  win = Tk()
12  win.title(" 调查问卷 ")
13  # 复选框旁边显示的文字
14  str1 = [" 旅游 "," 追剧上网 "," 和亲友聚餐 "," 户外健身 "]
15  text = Label(win, text=" 适当的放松有益身心健康，请在下方选出自己最喜欢的放松方式 ", font="14").grid(row=0,column=0,columnspan=6)
16  check=[]
17  for i in range(len(str1)):
18      v = IntVar()
19      checkbox=Checkbutton(win, text=str1[i],
20                  variable=v,                          # 绑定变量
21                  font="12",                           # 设置字号
22                  selectcolor="#00ffff",padx=5)        # 复选框的背景颜色
23      # 将各复选框的 varible 存储在一个列表中，便于获取其状态
24      checkbox.grid(row=1,column=i)
25      check.append(v)
26  button = Button(win, text=" 提交 ", command=result1, font="14", bg="#EFB4DE").grid(row=3,column=0,pady=6,columnspan=6)
27  re = Label(win, font="12",height="5",width="50",bg="#cfcfcf")
28  re.grid(row=4,columnspan=5)
29  win.mainloop()
```

运行效果如图 6.20 所示。

6.3　列表类组件

列表类组件主要包括 Listbox 组件、OptionMenu 组件以及 Combobox 组件。其中，tkinter 模块中含有的列表类组件有 Listbox 列表框以及 OptionMenu 下拉列表，而 ttk 模块提供了 Combobox 组件，该组件相当于 OptionMenu 与 Entry 组件的综合体。下面进行详细介绍。

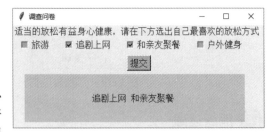

图 6.20　显示调查问卷的结果

6.3.1　Listbox 列表框组件

1. Listbox 组件的基本使用

Listbox 为列表框组件，它可以包含一个或多个文本，以便进行单选或者多选，其语法如下：

```
listbox = Listbox(win,option)
```

例如，在窗口中添加一个列表框，然后在列表框中添加一个选项，具体代码如下：

```
01 listbox = Listbox(win)                              # 添加列表框
02 listbox.insert(END, "重庆")                         # 列表框中添加选项
```

如果添加的选项较多，可以通过列表存储选项，然后通过 for 循环向列表框中添加选项。具体代码如下：

```
01 from tkinter import *
02 win=Tk()
03 items=["苹果","香蕉","葡萄","梨","圣女果","百香果"]    # 将选项存储到列表中
04 listbox = Listbox(win,height=6,width=20,relief="solid")  # 创建列表框
05 for i in items:                                      # 通过 for 循环向列表框添加数据
06     listbox.insert(END,i)
07 listbox.pack()
08 win.mainloop()
```

运行效果如图 6.21 所示。

图 6.21 向列表框中添加多个选项

2. Listbox 组件的相关属性

Listbox 组件同样提供了诸多属性，其中很多属性与 Button 等组件的属性类似，读者可以参照本书 6.2.1 节。表 6.5 展示了 Listbox 组件特有的属性及其含义。

表 6.5 Listbox 组件的相关属性及其含义

属性	含义
listvariable	指向一个 StringVar 变量，用于存放 Listbox 组件所有项目
selectbackground	某个选项被选中时的背景颜色
selectmode	选择模式，值可以是"single（单选）""browse（单选）（可以拖动鼠标或使用方向键改变选项）""multiple（多选）""extended（多选）（可以通过<Shift>、<Ctrl>或者拖动鼠标实现多选）"
takefocus	指定列表框是否可以通过 <Tab> 键转移焦点
xscrollcommand	为列表框添加水平滚动条
yscrollcommand	为列表框添加垂直滚动条

获取列表框的当前选项

实例位置：资源包 \Code\06\09

在列表框中显示各大主要城市，当双击列表框中的选项时，将选项内容添加到文本框中。代码如下：

```
01 def show(ele):
02     listbox.pack(fill=X)
03 # 列表中当前选中的值，并且显示在文本框中
04 def typeIn(event):
05     enc.delete(0,END)
06     enc.insert(INSERT,listbox.get(listbox.curselection()))
07 from tkinter import *
08 win = Tk()
09 win.title("Listbox 的初级使用")
10 win.geometry("180x150")
11 val=StringVar()
```

```
12 val.set("重庆 北京 天津 上海 广州 深圳 ")          # 列表框中所有选项内容
13 listbox = Listbox(win, bg="#FFF8DC", selectbackground="#2C92DF", selectmode="single", height=6,
    width=25,listvariable=val)
14 enc=Entry(win)
15 enc.pack(fill=X)
16 # 为文本框绑定事件，当鼠标左键单击文本框时，执行 show() 函数
17 enc.bind("<Button-1>",show)
18 # 为列表框绑定双击事件，当鼠标左键单击文本框时，执行 typeIn() 函数
19 listbox.bind("<Double-Button-1>",typeIn)
20 win.mainloop()
```

运行程序，在展开的下拉列表中双击选项"天津"，可以看到文本框中显示"天津"，效果如图 6.22 所示。

图 6.22　实现双击选中列表框中的内容

3. Listbox 组件的相关方法

Listbox 组件提供了许多方法，具体如表 6.6 所示。

表 6.6　Listbox 组件的相关方法及其含义

方法	含义
insert(index,text)	向列表框中指定位置添加选项，index 表示索引，text 表示添加的选项
delete(start,[end])	删除列表框中 start ～ end 区间的选项，如果省略 end，则表示删除索引为 start 的选项
selection_set(start,[end])	选中列表框中 start ～ end 区间的选项，如果省略，则选取索引为 start 的选项
selection_get(index)	获取某项的内容，index 为所获取项的索引值
size()	获取列表框组的长度
selection_includes()	判断某项是否被选中

实例 6.10　实现仿游戏内编辑快捷信号的功能

实例位置：资源包 \Code\06\10

本实例实现一个类似于在游戏中编辑快捷信号的功能，以及将现有快捷信号显示到系统信号栏中。具体代码如下：

```
01 win=Tk()
02 win.title(" 添加快捷消息列表 ")
03 win.geometry("250x200")
04 Label(win,text=" 系统信号 ").grid(row=0,column=0)
05 Label(win,text=" 快捷信号 ").grid(row=0,column=2)
06 # 列表内容
07 val1=StringVar()              # 系统信号
08 val1.set(" 发起进攻  请求集合  小心草丛  跟着我 ")
```

```
09 val2=StringVar()        # 快捷信号
10 val2.set("开始撤退 清理兵线 回防高地 请求支援")
11 # 添加列表组件
12 listbox1 = Listbox(win, bg="#FFF8DC", selectbackground="#D15FEE", selectmode="single",listvariable=val1, height=8, width=10)
13 listbox2 = Listbox(win, bg="#C1FFC1", selectbackground="#D15FEE", selectmode="single",listvariable=val2, height=8, width=10)
14 listbox1.grid(row=1,column=0,rowspan=2)
15 listbox2.grid(row=1,column=2,rowspan=2)
16 btn1=Button(win,text=">>>",command=lambda :add(listbox1,listbox2)).grid(row=1,column=1,padx=10)
17 btn2=Button(win,text="<<<",command=lambda :add(listbox2,listbox1)).grid(row=2,column=1,padx=10)
18 win.mainloop()
```

运行效果如图 6.23 所示。选择系统信号中的"跟着我"选项，然后单击按钮">>>"即可将该条消息添加至快捷信号，如图 6.24 所示。

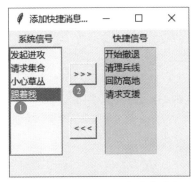
图 6.23　在系统信号中选中消息

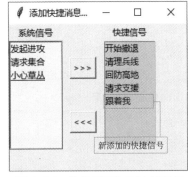
图 6.24　将信号添加至快捷信号

6.3.2　OptionMenu 下拉列表组件

1. OptionMenu 组件的基本使用

OptionMenu 为下拉列表组件，用户可以单击按钮展开下拉列表，并且选择其中的一项。例如，在窗口中添加一个 tkinter 模块的 OptionMenu 组件，具体代码如下：

```
01 from tkinter import *
02 win=Tk()
03 val=StringVar()          # 设置一个变量，该变量绑定 OptionMenu 组件
04 # 括号中的三个参数依次表示：父容器、绑定的变量、供选择的选项
05 optionmenu=OptionMenu(win,val,"苹果","香蕉","橘子","草莓")
06 optionmenu.pack()
07 win.mainloop()
```

运行效果如图 6.25 所示。

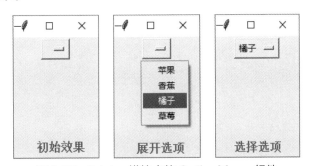
图 6.25　tkinter 模块中的 OptionMenu 组件

下拉列表的选项较多时，可以通过元组存储选项内容。所以可以将上述代码的第 5 行，修改为以下两行代码，其实现效果依然不变：

```
01 fruits=("苹果","香蕉","橘子","草莓")
02 optionmenu=OptionMenu(win,val,*fruits,)
```

实例 6.11 在下拉列表中显示歌曲列表

实例位置：资源包 \Code\06\11

在下拉列表中显示自己的歌曲列表，具体代码如下：

```
01 # OptionMenu 的初级使用
02 from tkinter import *
03 win = Tk()      # 创建根窗口
04 win.geometry("150x220")
05 win.title("OptionMenu 的创建 ")
06 Label(text="我的歌单: ").pack(fill="x",anchor="w")
07 # 通过元组存储选项
08 list=('逞强---刘洋洋','时间的过客---名诀','情深几许---香子',
09        '我爱---袁娅维','一个人挺好---梦颖','世间美好---夏艺涵','念旧---阿悠悠')
10 v = StringVar(win)
11 # 通过"*"+元组，设置下拉列表的选项
12 om = OptionMenu(win,v,*list).pack(fill="x")
13 win.mainloop()
```

运行代码，效果如图 6.26 所示。

2. OptionMenu 组件相关方法的使用

OptionMenu 组件主要有以下两个方法：

○ set()：设置下拉菜单默认被选中的值。
○ get()：获取下拉菜单当前被选中的值。

接下来通过一个实例演示 OptionMenu 组件的使用方法。

图 6.26　在下拉列表中显示歌曲列表

实例 6.12 实现逻辑推理题

实例位置：资源包 \Code\06\12

在窗口中添加逻辑推理题，使用下拉列表显示 4 个答案选项，待用户提交答案后，判断用户的答案是否正确。具体代码如下：

```
01 # OptionMenu 高级使用
02 from tkinter import *
03 def result():
04     # 判断选择是否正确
05     if v.get()==items[2]:
06         re.config(text="答对了")
07     else:
08         re.config(text="答错了，小偷是 "+items[2])
09 win = Tk()
10 win.title("逻辑推理谁是小偷")    # 设置窗口标题
11 win.configure(bg="#ffffcc")
12 # 创建一个 OptionMenu 控件
13 text=Text(win,width=50,height=13,bg="#ffffcc",font=14,relief="flat")
```

```
14  # 题目
15  ques="一位警察，抓获四个盗窃嫌疑犯，张三、李四、王二、麻子，而他们的供词如下: \n\n 张三说:" 不是我偷的。"\n\n 李四说:"
    是张三偷的。"\n\n 王二说:" 不是我。"\n\n 麻子说:" 是李四偷的。"\n\n 他们四人只有一人说了真话，你知道谁是小偷吗?  \n"
16  text.insert(END,ques)                                            # 向文本框增加内容
17  text.grid(row=1,columnspan=4)
18  text.config(state="disabled")                                    # 设置文本不可编辑
19  items = (" 张三 "," 李四 "," 王二 "," 麻子 ")                      # 答案选项
20  v = StringVar(win)
21  v.set(items[0])                                                  # 设置默认答案
22  om = OptionMenu(win,v,*items)
23  om.grid(row=2,columnspan=2)
24  button=Button(win,text=" 确定 ",command=result).grid(row=2,column=1,columnspan=2)
25  re=Label(win,padx=5,pady=5,width=60)
26  re.grid(row=3,column=0,columnspan=3)
27  win.mainloop()
```

运行效果如图 6.27 所示。

6.3.3 Combobox 组合框组件

1. Combobox 组件的基本使用

Combobox 组件是 ttk 模块的组件，它相当于 Entry 组件和 OptionMenu 组件的组合，用户既可以在文本框中输入内容，也可以单击文本框右侧的按钮展开下拉菜单。其语法如下：

```
Combobox(win,textvariable=StringVar(),values=(" 苹果 "," 香蕉 "," 梨 "))
```

其中，win 表示父容器；textvariable 表示 Combobox 的变量值；values 表示一个元组。

例如，在窗口中添加一个组合框，具体代码如下：

```
01  from tkinter import *
02  from tkinter.ttk import *                                        # 引入 ttk 模块
03  win=Tk()
04  val=StringVar()                                                  # 定义变量，该变量绑定组合框
05  fruits=(" 苹果 "," 香蕉 "," 橘子 "," 草莓 ")                       # 组合框的选项值
06  Combobox(win,textvariable=val,values=fruits).pack(padx=10,pady=10)
07  win.mainloop()
```

运行效果如图 6.28 所示。

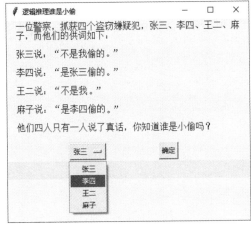

图 6.27　实现逻辑推理问题

图 6.28　Conbobox 组件的基本使用

实例 6.13　以管理员的身份查看报表

> 实例位置：资源包 \Code\06\13

使用 Combobox 组件实现以管理员身份查看报表的功能。查看报表窗口中，需要管理员选择身份和需要查看的报表内容。具体代码如下：

```
01 from tkinter import *
02 from tkinter.ttk import *                          # 引入 ttk 模块
03 win = Tk()
04 win.title("Combobox 的创建 ")
05 label1=Label(win,text=" 选择管理员身份: ").grid(row=1,column=0,columnspan=2,pady=10)
06 # 管理员身份
07 item=(" 蓝色妖姬 ", " 烈焰焚情 ", " 寒冰幽兰 ", " 岁岁芳华 ", " 朝暮盈霄 "," 陌上花开 ")
08 # 添加选择管理员身份的组合框
09 useroption = Combobox(win, width=12, values=item)
10 useroption.grid(row=1,column=2,pady=10)            # 设置其在界面中出现的位置
11 useroption.current(0)                              # 设置下拉列表默认显示的值，0 为 item 的值
12 label2=Label(win,text=" 查看类别: ").grid(row=2,pady=10,columnspan=2)
13 # 添加报表类别的选项
14 numberChosen = Combobox(win,width=12,values=(" 进销总览 "," 销量 "," 库存 ", " 进售价 "," 账单 "))
15 numberChosen.grid(row=2,column=2,pady=10)
16 numberChosen.current(0)
17 button=Button(win,text=" 提交 ").grid(row=3,columnspan=4,pady=10)
18 win.mainloop()
```

运行效果如图 6.29 所示。

2. Combobox 组件的相关方法

Combobox 组件中常用的方法有三个，分别是 get()、set()、current()，其具体功能如下：

- get()：获取当前被选中的选项。
- set(value)：设置当前选中的值为 value。
- current(index)：设置默认选中索引为 index 的选项。

图 6.29　以管理员身份查看报表

实例 6.14　实现添加日程功能

> 实例位置：资源包 \Code\06\14

在添加日程窗口中，在页面中选择日期以及添加事项后，单击"确定"按钮，下方就会列举用户的日程。具体代码如下：

```
01 from tkinter import *
02 from tkinter.ttk import *
03 #   根据月份设置每月的天数
04 def getMon(a):
05     items = monOption.get()
06     #   当月份为 4、6、9、11 月时，日期为 30 天
07     if items == "4" or items == "6" or items == "9" or items == "11":
08         b = tuple(range(1, 31))
09     elif items == "2":                              # 当月份为 2 月时，日期为 28 天
10         b = tuple(range(1, 29))
11     else:                                           # 其余月份日期为 31 天
12         b = tuple(range(1, 32))
13     dateOption["values"] = b
```

```
14 #   获取日期以及事项，并列举在下方标签中
15 def getDate():
16     info = label3.cget("text")
17     temp = monOption.get() + "月" + dateOption.get() + "日：\t" + text.get("0.0", END)
18     label3.config(text=info + temp)
19     text.delete("0.0", END)
20 win = Tk()
21 win.title("添加日程")
22 number = StringVar()
23 # 日期 1～12 月
24 a = tuple(range(1, 13))                                          # 月份元组
25 monOption = Combobox(win, width=5, textvariable=number, values=a)
26 monOption.current(0)                                             # 设置默认选中 1 月份
27 monOption.grid(row=1,column=0,sticky="E",columnspan=2)
28 # 为 Combobox 组件绑定事件，当进行选择时，触发事件
29 monOption.bind("<<ComboboxSelected>>", getMon)                   # 当月份选择改变时，触发 getMon() 事件
30 label1 = Label(win, text="月").grid(row=1, column=2, sticky=W)
31 # 默认每月的天数为 31 天
32 b = tuple(range(1, 32))                                          # 日期元组
33 dateOption = Combobox(win, width=5, values=b)                    # 日期选择组合框
34 dateOption.grid(row=1, column=3, pady=10,columnspan=2)
35 dateOption.current(0)                                            # 默认选中日期为 1 号
36 label2 = Label(win, text="日").grid(row=1, column=5, sticky="w")
37 text = Text(win, width=40, height=10)                            # 添加事项的文本域
38 text.grid(row=2, columnspan=8)
39 button = Button(win, text="确定", command=getDate).grid(row=3,columnspan=8)
40 label3 = Label(win )                                             #  显示日程的标签
41 label3.grid(row=4, columnspan=8)
42 win.mainloop()
```

运行程序，在窗口中选择日期，然后在多行文本框中输入具体日程，如图 6.30 所示，单击"确定"按钮，就会在下方显示日程信息，如图 6.31 所示。

图 6.30 选择和编辑日程信息　　图 6.31 显示日程信息

6.4 容器类组件

前面介绍组件时，将所有组件的父容器都设置为根窗口 Tk()，这样布局有一个缺点，就是当窗口中的组件较多时，对组件进行管理就会比较困难。为解决这一问题，tkinter 模块提供了一些容器组件，当布局窗口时，可以将组件按照功能或者位置等需求放置在不同的容器中以便于管理。下面介绍 tkinter 模块中的容器组件。

6.4.1 Frame 组件

1. Frame 组件的基本使用

Frame 是 tkinter 模块中的容器组件，窗口中的组件比较多时，管理起来就会比较麻烦，这时就可以

使用 Frame 容器组件将组件分类管理。其语法如下:

```
Frame(win)
```

其中 win 为其父容器，该参数可以省略。

📋 说明

> Frame 组件同前面的功能性组件一样，需要使用 pack() 方法、grid() 方法或者 place() 方法进行布局管理。

实现鼠标悬停 Frame 组件上时的样式　　👁 **实例位置：资源包 \Code\06\15**

在窗口中添加 6 个 Frame 容器组件，并且设置鼠标悬停在奇数和偶数组件上的样式不同。具体代码如下:

```python
01 from tkinter import *
02 win = Tk()
03 win.geometry("360x180")
04 for i in range(6):        # 因为添加多个 Label 组件，所以采用循环实现
05     if i % 2 == 0:
06         # 偶数 Frame 组件的背景颜色为 #b1ffbb，鼠标悬停时形状为 cross
07         Frame(bg="# B1FFBB",width=60,height=40,cursor="cross").grid(row=0,column=i,pady=10)
08     else:
09         # 奇数 Frame 组件的背景颜色为 #ffd9c5，鼠标悬停时形状为 plus
10         Frame(bg="# FFD9C5", width=60, height=40, cursor="plus").grid(row=0, column=i,pady=20)
11 win.mainloop()
```

运行效果如图 6.32 和图 6.33 所示。

图 6.32　鼠标悬停奇数 Frame 组件上时的样式　　图 6.33　鼠标悬停偶数 Frame 组件上时的样式

2. 使用 Frame 组件管理组件

使用 Frame 组件管理其他组件，就是将各组件按照功能、位置等条件进行区分，并放置在不同的 Frame 组件中（将组件的父容器设置为对应的 Frame 组件）。例如，将一个 Label 和一组单选按钮放置在同一个 Frame 组件中，代码如下:

```python
01 from tkinter import *
02 win = Tk()
03 win.geometry("360x120")
04 box = Frame(width=100, height=100, relief="groove", borderwidth=5)    # 定义容器组件
05 box.grid(row=0, column=0, pady=10, padx=10)                            # 布局容器组件
06 txt = "##小明去钓鱼，结果 6 条无头，8 条只有半个身子，9 条无尾，请问小明一共钓了几条鱼？"  # 题目
07 Label(box, text=txt, wraplength=320, justify="left", font=14).grid(columnspan=4)
08 select = ["8 条", "6 条", "9 条", "0 条"]                              # 答案选项
09 val = IntVar()   # 将这一组单选按钮的值绑定 val 变量
```

```
10    for i in range(len(select)):
11        # 添加单选按钮,并且定义父容器为box
12        Radiobutton(box, text=select[i], value=i, variable=val).grid(row=1, column=i)
13 win.mainloop()
```

运行效果如图 6.34 所示。

6.4.2 LabelFrame 标签框架组件

LabelFrame 是一个标签框架组件,使用该组件可以将一系列相关联的组件放置在一个容器内,默认情况下,该组件会绘制边框将子组件包围,并且为其显示一个标题。其语法如下:

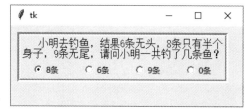

图 6.34　在 Frame 组件中添加组件

```
labelframe=LabelFrame(win,text=" 这是标题 ")
```

例如,将一组单选按钮放置在一个 LabelFrame 组件中,具体代码如下:

```
01 from tkinter import *
02 win=Tk()
03 labelframe=LabelFrame(win,text=" 选择你的出战英雄 ")# 添加 LabelFrame 容器
04 labelframe.grid(row=0,ipadx=10,ipady=10,column=1)
05 hero=StringVar()
06 hero.set(" 貂蝉 ")
07 # 在容器中添加单选按钮
08 Radiobutton(labelframe,variable=hero,text=" 貂蝉 ",value=" 貂蝉 ").grid(row=1,column=1)
09 Radiobutton(labelframe,variable=hero,text=" 吕布 ",value=" 吕布 ").grid(row=2,column=1)
10 Radiobutton(labelframe,variable=hero,text=" 小乔 ",value=" 小乔 ").grid(row=3,column=1)
11 Radiobutton(labelframe,variable=hero,text=" 周瑜 ",value=" 周瑜 ").grid(row=4,column=1)
12 win.mainloop()
```

运行效果如图 6.35 所示。

6.4.3 Toplevel 顶层窗口组件

1. Toplevel 组件的基本使用

Toplevel 组件可以新弹出一个窗口,而这个窗口显示在父窗口的上层,当父窗口被关闭时,Toplevel 窗口也会被关闭,但是 TopLevel 窗口的关闭并不影响父窗口。

其语法如下:

```
win2=Toplevel()
```

图 6.35　将一组单选按钮放置在 LabelFrame 组件中

例如,单击根窗口的按钮,弹出一个顶层窗口。具体代码如下:

```
01 # Toplevel 组件
02 def creat():
03     top=Toplevel()                              # 创建顶层窗口
04     top.geometry("150x150")                     # 设置顶层窗口的大小
05     top.title(" 创建顶层窗口 ")                   # 顶层窗口的标题
06     top.configure(bg="#D8EBB8")                 # 顶层窗口的背景
07     Label(top,text=" 这是 Toplevel 组件窗口 ").pack()
08 from tkinter import *
09 win1=Tk()
10 win1.geometry("200x200")                        # 设置父窗口的大小
11 win1.configure(bg="#F7D7C4")                    # 设置父窗口的背景颜色
12 Button(win1,text=" 创建顶层窗口 ",command=creat).pack()
13 win1.mainloop()
```

运行效果如图 6.36 所示，单击按钮，弹出顶层窗口，如图 6.37 所示。

图 6.36　根窗口

图 6.37　弹出顶层窗口

2. Toplevel 组件的高级使用

下面通过 Toplevel 组件实现窗口会话框，模拟游戏中玩家匹配房间的功能。

实例 6.16　　模拟游戏中玩家匹配房间的功能　　　　　实例位置：资源包 \Code\06\16

很多多人互动游戏，都是将多个玩家匹配到一个"房间"，当这个"房间"里的所有玩家进入准备状态后，游戏才能开始。下面实现窗口会话框，模拟玩家匹配房间以及提醒玩家准备功能。具体代码如下：

```
01  #   Toplevel 组件
02  from tkinter import *
03  def begin():
04      #  顶层窗口提示玩家进入 2 号房间，并且准备游戏
05      win2=Toplevel()                                    #  添加顶层窗口
06      win2.geometry("200x120")                           #  设置顶层窗口的大小
07      win2.configure(bg="#FFACAB")                       #  设置顶层窗口的背景颜色
08      win2.title(" 准备游戏 ")                            #  顶层窗口的标题
09      Label(win2,text=" 玩家已就位，请准备！ ",font=14,bg="#FFACAB").pack(pady=50)
10  def change():
11      #  顶层窗口提示玩家准备
12      win2 = Toplevel()
13      win2.geometry("200x120")
14      win2.configure(bg="#FFACAB")
15      win2.title("2 号棋牌室 ")
16      Label(win2, text=" 欢迎进入 2 号棋牌室 ", bg="#FFACAB", font=14, width=35).pack(side="top",fill="x")
17      Label(win2, text=" 玩家已就位，请准备！ ",bg="#FFACAB", font=16).pack(pady=20,side="top",fill="x")
18  win1=Tk()
19  win1.geometry("270x220")
20  win1.title("1 号棋牌室 ")
21  win1.configure(bg="#FFCD63")
22  #  默认匹配玩家进入 1 号棋牌室
23  label=Label(win1,text=" 欢迎进入 1 号棋牌室 ",background="#FFFBB5",font=14,width=35).grid(row=0,column=0,columnspan=5,ipady=8)
24  btn1=Button(win1,text=" 开始对局 ",background="#35A837",command=begin).grid(row=2,column=1,pady=10)
25  btn2=Button(win1,text=" 更换房间 ",background="#FF4A4F",command=change).grid(row=2,column=3,pady=10)
26  win1.mainloop()
```

初始运行效果如图 6.38 所示。当玩家单击"开始对局"按钮时，则弹出一个"准备游戏"窗口，提醒玩家开始准备，如图 6.39 所示。当单击"更换房间"按钮时，则弹出"2 号棋牌室"窗口，提醒玩家进入 2 号棋牌室，如图 6.40 所示。

图 6.38　默认窗口

图 6.39　顶层窗口提醒玩家准备

图 6.40　顶层窗口提醒玩家进入 2 号棋牌室

6.4.4　Notebook 选项卡组件

1. Notebook 组件的基本使用

Notebook 选项卡组件是 ttk 模块提供的组件，其特点是可以显示多个选项，当用户单击选项时，下方的面板中就会显示对应的内容。其语法如下：

```
note = Notebook(win)
```

上面代码只是创建了 Notebook，其中，win 指父容器。还需要通过 add() 方法将子组件添加到 Notebook 组件中。具体语法如下：

```
note.add(pane, text="title")
```

其中，note 表示选项卡组件；pane 表示向选项卡容器中添加的子组件；text 为该子组件的标题，运行程序时，单击选项卡标题即可显示对应组件。

实例 6.17　仿制 Win7 系统中设置日期和时间窗口选项卡　　　实例位置：资源包 \Code\06\17

众所周知，各操作系统的电脑都可以自动更新本地时间，当然用户也可以手动调整时间，接下来通过选项卡实现 Windows 7 系统中的设置日期和时间的选项卡，具体代码如下：

```
01  from tkinter import *
02  from tkinter.ttk import *
03  win = Tk()
04  win.title(" 日期和时间 ")
05  note = Notebook(win, width=250, height=150)      # 添加选项卡容器
06  pane1 = Frame()                                   # 子选项卡的容器
07  Button(pane1,text=" 更改日期时间 ").pack(pady=20)   # 第一个选项卡的内容
08  pane2 = LabelFrame()
09  Checkbutton(pane2,text=" 显示此时钟 ",variable=StringVar()).pack(pady=20)
10  pane3 = Frame()
11  Button(pane3,text=" 更改设置 ").pack(pady=20)
12  note.add(pane1, text=" 日期和时间 ")               # 添加第一个选项卡
13  note.add(pane2, text=" 附加时钟 ")                 # 添加第二个选项卡
14  note.add(pane3, text="Internet 时间 ")             # 添加第三个选项卡
15  note.pack()
16  win.mainloop()
```

初始运行效果如图 6.41 所示，单击选项卡中的"附加时钟"可看到效果如图 6.42 所示。

图 6.41　初始运行效果

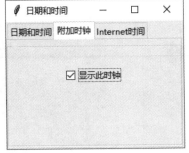
图 6.42　单击"附加时钟"选项卡

2. Notebook 组件的应用实例

实例 6.18　实现游戏介绍的功能　　实例位置：资源包 \Code\06\18

通过使用 Notebook 组件，实现单击游戏名称显示对应游戏简介的功能。具体代码如下：

```python
01  from tkinter import *
02  from tkinter.ttk import *
03  win = Tk()
04  note = Notebook(win, width=300, height=200)
05  pane1 = Frame()                                              # 第一个游戏介绍内容
06  img1 = PhotoImage(file="pane1.png")                          # 第一个游戏图片
07  Label(pane1, image=img1).pack()
08  Label(pane1, text=" 脑洞大不大，一问便知 ").pack(pady=20)
09  Button(pane1, text=" 现在就玩 ", state="DISABLE").pack()
10  pane2 = Frame()                                              # 第二个游戏介绍内容
11  img2 = PhotoImage(file="pane2.png")                          # 第二个游戏图片
12  Label(pane2, image=img2).pack()
13  Label(pane2, text=" 抽象派还是形象派，你到底是哪一派 ").pack(pady=20)
14  Button(pane2, text=" 现在就玩 ", state="DISABLE").pack()
15  note.add(pane1, text=" 最强的大脑 ")                         # 第一个游戏
16  note.add(pane2, text=" 水泼墨画 ")                           # 第二个游戏
17  note.pack()
18  win.mainloop()
```

运行效果如图 6.43 和图 6.44 所示。

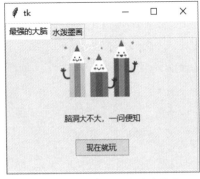
图 6.43　最强的大脑游戏简介

图 6.44　水泼墨画游戏介绍

6.5 综合案例——趣味测试

（1）案例描述

使用 tkinter 制作一道趣味测试题。程序中，设置测试题的答案选项为矩形，并且用户选择完成提交答案后，显示测试结果。运行效果如图 6.45 所示。

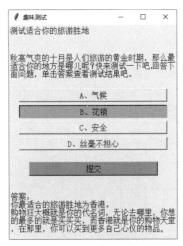

图 6.45 心理测试

（2）实现代码

具体代码如下：

```
01  # 答案对应的含义
02  def result1():
03      # re.delete("0.0",END)
04      print(v.get())
05      if v.get() == 0:                                    # 选择"气候"的答案解析
06          str = "答案：\n你最适合的旅游胜地为苏州。\n无论做任何事情，你总是很关注不利的客观条件，而这些条件总会束缚你的行动。苏州对你来说是一个不错的旅游胜地，无论是景色还是气候，以及人文素养对你来说都是无可挑剔的。"
07      elif v.get() == 1:                                  # 选择"花销"的答案解析
08          str = "答案：\n你最适合的旅游胜地为香港。\n购物狂大概就是你的代名词，无论去哪里，你想的最多的就是买买买，而香港就是你的购物天堂，在那里，你可以买到更多自己心仪的物品。"
09      elif v.get() == 2:                                  # 选择"安全"的答案解析
10          str = "答案：\n你最适合的旅游胜地为张家界。\n你性格文静内敛，任何事情都喜欢放在自己内心，正因为此，你的内心变得压抑，张家界的玻璃桥可以让你尽情地释放自己的压力。"
11      else:                                               # 选择"丝毫不担心"的答案解析
12          str = "答案：\n你最适合的旅游胜地为内蒙古。\n你喜欢旅游，但是对目的地却感到迷茫，置身于辽阔的草原和无垠的沙漠，你的身心会因为置身宽广而变得宁静，同时你的状态也会得到改善。"
13      re.config(text=str)
14  from tkinter import *
15  win = Tk()
16  win.title("趣味测试")
17  # 数组存储单选按钮显示的值
18  str1 = ["A、气候", "B、花销", "C、安全", "D、丝毫不担心"]
19  Label(win, text="测试适合你的旅游胜地 \n\n", font="10").pack(anchor=W)
20  text = Label(win, text="秋高气爽的十月是人们旅游的黄金时期，那么最适合你的地方是哪儿呢？快来测试一下吧，回答下面问题，单击答案查看测试结果吧。\n", font="10", wraplength=350,
21              justify=LEFT).pack(anchor=W)
22  v = IntVar()                                            # 该变量绑定一组单选按钮的值
23  for i in range(len(str1)):
24      # text 为单选按钮旁显示的文字 ,value 为单选按钮的值 ,indicatoron 设置单选按钮为矩形 ,selectcolor 设置被选中的颜色
25      radio = Radiobutton(win, text=str1[i], variable=v, value=i, font="05", indicatoron=0,
   selectcolor="#00ffff")
```

```
26     radio.pack(side=TOP, fill=X, padx=20, pady=3)
27 # 提交按钮
28 button = Button(win, text=" 提交 ", command=result1, font="10", bg="#4CC6E3")
29 button.pack(side=TOP, fill=X, padx=40, pady=20)
30 # 显示答案解析的 Label 组件
31 re = Label(win, font="10", justify="left", wraplength=350)
32 re.pack(side=TOP, pady=10)
33 win.mainloop()
```

6.6 实战练习

制作一个实现游戏"欢乐写数字"道具兑换的窗口，将"欢乐写数字"游戏窗口中的按钮以及文本框用 Label 组件代替。效果如图 6.46 所示。

图 6.46　游戏"欢乐写数字"道具兑换的窗口

小结

本章详细介绍了 tkinter 中的常用组件，包括文本类组件、按钮类组件、列表类组件以及容器类组件，其中文本类组件包括 Label 标签、单行文本框以及多行文本框，使用它们可以快速在窗口中添加和显示文字、图片等；按钮类组件包括按钮、单选框和复选框，使用它们可以在窗口中执行指定方法以及进行单选和多选；而列表类组件中包括 Listbox、OptionMenu 以及 Combobox 组件，当选项较多时，这类组件是不错的选择；容器类组件则用于窗口中的组件较多时，将组件进行分类然后统一管理。本章介绍的组件较多并且比较常用，所以希望读者能够动手，快速掌握这些组件。

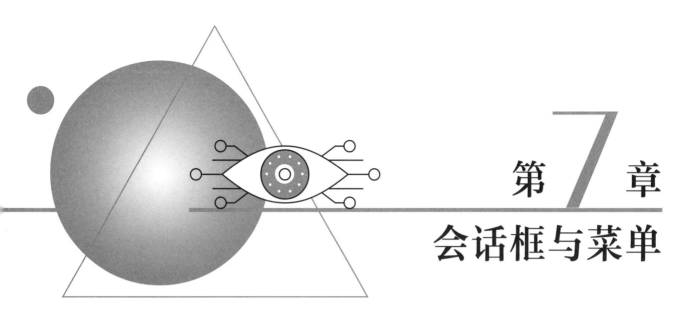

第 7 章
会话框与菜单

扫码领取
- 教学视频
- 配套源码
- 练习答案
- ……

本章主要介绍会话框和菜单类组件,其中会话框类组件包括 Message 组件和 Messagebox 模块,它们分别用于显示短消息和弹出提示会话框;菜单类组件包括 Menu 组件和 Treeview 组件,它们分别用于为窗口配置菜单和添加树形菜单或者表格。

本章知识架构如下:

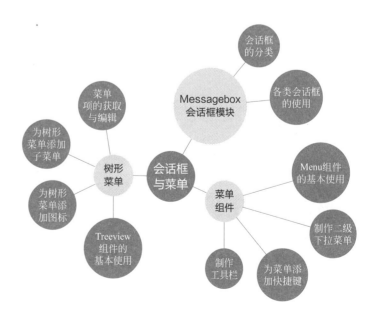

7.1 messagebox 会话框模块

会话框可以为用户展示提示信息，并且让用户做出选择，例如请求打开权限会话框等。tkinter.messagebox 模块提供了 8 种常用的会话框，下面具体介绍。

7.1.1 会话框的分类

messagebox 模块是 tkinter 模块中的一个模块，该模块根据会话窗口的使用场合，提供了 8 种会话框，具体内容如表 7.1 所示。

表 7.1　messagebox 模块中会话框的分类及其含义

会话框	含义
showinfo(title,message,option)	显示消息提示
showwarning(title,message,option)	显示警告消息
showerror(title,message,option)	显示错误消息
askquestion(title,message,option)	显示询问消息
askokcancle(title,message,option)	显示"确定"或"取消"。若用户选择"确定"，则返回 True；选择"取消"，则返回 False
askyesno(title,message,option)	显示"是"或"否"。若用户选择"是"，则返回 True；选择"否"，则返回 False
askyesnocancle(title,message,option)	显示"是""否"和"取消"。若用户选择"是"，则返回 True；选择"否"，则返回 False；若选择"取消"，则返回 None
askretrycancle (title,message,option)	显示"重试"和"取消"。若用户选择"重试"，则返回 True；选择"取消"，则返回 False

上述 8 种会话框的参数基本相同，title 表示会话框的标题；message 表示会话框内的文字内容；而 option 表示可选参数，主要有以下 3 个参数：

- default：设置默认的按钮，即按下回车键时相应的按钮，默认值为第一个按钮。
- icon：设定显示的图标，有 INFO、ERROR、QUESTION 以及 WARNING。
- parent：指定当会话框关闭时，焦点指向的父窗口。

> **说明**
>
> messagebox 是 tkinter 中的一个模块，所以需要通过 from...import... 形式引入该模块才能使用各会话框。

下面通过实例讲解各会话窗口的使用方法。

7.1.2 各类会话框的使用

1. showinfo(title,message,option)

showinfo(title,message,option) 方法可以显示提示消息会话框，并且该会话框中含有一个"确定"按钮，单击按钮即可关闭该会话框。

实例 7.1 模拟游戏中老玩家回归游戏的欢迎页面

> 实例位置：资源包 \Code\07\01

很多游戏都设置有回归礼，即当玩家很长一段时间未进入游戏后，再次进入游戏，游戏中就会显示欢迎回归的信息。本实例将模拟这个功能，单击根窗口中的按钮，显示"好久不见，欢迎回归"的会话框。具体代码如下：

```
01 def mess():
02     showinfo("welcome！","好久不见，欢迎回归")   # 创建 showinfo() 会话框
03 from tkinter import *
04 from tkinter.messagebox import *                # 导入 messagebox 模块
05 win=Tk()
06 win.title(" 会话框 ")
07 # 创建一个按钮，单击按钮时，弹出会话框
08 Button(win,text=" 进入游戏 ",command=mess).pack(padx=20,pady=20)
09 win.mainloop()
```

窗口初始效果如图 7.1 所示。单击窗口中的"进入游戏"按钮，即可弹出会话框，效果如图 7.2 所示。

图 7.1　初始窗口　　图 7.2　会话消息框

2. showwarning(title,message,option)

showwarning(title,message,option) 方法可以显示警告消息提示会话框，并且该会话框中同样含有一个"确定"按钮，单击按钮即可关闭该会话框。

实例 7.2 模拟退出游戏警告框

> 实例位置：资源包 \Code\07\02

单击窗口中的"退出游戏"按钮，屏幕中弹出警告框，警告玩家退出游戏后，将会失去本轮游戏所有得分。具体代码如下：

```
01 def mess():
02     # 创建 showwarning() 会话框
03     showwarning(" 警告 ","您正在退出游戏，退出后，将会失去本轮游戏所有得分 ")
04 from tkinter import *
05 from tkinter.messagebox import *
06 win=Tk()
07 win.title(" 警告会话框 ")
08 # 创建一个按钮，单击按钮时，弹出会话框
09 Button(win,text=" 退出游戏 ",command=mess).pack(padx=20,pady=20)
10 win.mainloop()
```

运行程序，在窗口中显示一个"退出游戏"按钮，如图 7.3 所示。单击按钮，就会弹出一个警告会话

框，如图7.4所示。

图7.3 初始运行效果　　　图7.4 "警告"会话框

3. showerror(title,message,option)

showerror(title,message,option)方法可以显示错误消息提示会话框，并且该会话框中同样含有一个"确定"按钮，单击按钮即可关闭该会话框。

实例7.3　模拟游戏异常时显示的提醒会话框　　实例位置：资源包 \Code\07\03

很多手机游戏都需要开启诸多权限，例如存储权限、摄像头权限等。如果玩家拒绝了这些权限请求，就会导致游戏中的某些功能无法正常使用，本实例实现当游戏无法正常运行时，弹出运行错误原因会话框。具体代码如下：

```
01  def mess():
02      # 创建 showerror() 会话框
03      showerror("错误提醒","XX游戏请求开启摄像头权限，\n您拒绝了此项请求，导致游戏无法正常进行")
04  from tkinter import *
05  from tkinter.messagebox import *
06  win=Tk()
07  win.title("警告会话框")
08  # 创建一个按钮，单击按钮时，弹出会话框
09  Button(win,text="进入游戏",command=mess).pack(padx=20,pady=20)
10  win.mainloop()
```

运行程序，效果如图7.5所示。单击"进入游戏"按钮，弹出一个错误会话框，如图7.6所示。

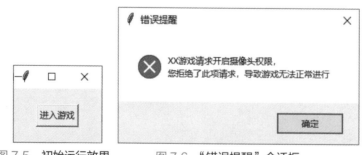

图7.5 初始运行效果　　　图7.6 "错误提醒"会话框

4. askokcancle(title,message,option)

askokcancle(title,message,option)方法可以显示"确定"和"取消"按钮的会话框。若用户选择"确定"按钮，则返回值为True，选择"取消"按钮，则返回值为False。

实例 7.4　制作关闭窗口提醒会话框

实例位置：资源包 \Code\07\04

在关闭窗口会话框中，当用户单击按钮"关闭窗口"时，弹出关闭提醒会话框，用户在该会话框中单击"确定"按钮即可关闭会话框和主窗口，反之，单击"取消"按钮则只关闭会话框。具体代码如下：

```
01 def mess():
02     # 创建 askokcancel() 会话框
03     boo=askokcancel("关闭提醒","您正在关闭主窗口，点击确定即可关闭主窗口")
04     if boo==True:                                               # 如果单击确定
05         win.quit()                                              # 关闭根窗口
06 from tkinter import *
07 from tkinter.messagebox import *
08 win=Tk()
09 win.title("关闭会话框")
10 # 创建一个按钮，单击按钮时，弹出会话框
11 Button(win,text="关闭窗口",command=mess).pack(padx=20,pady=20)
12 win.mainloop()
```

初始运行效果如图 7.7 所示。单击窗口中的"关闭窗口"按钮，即可打开"关闭提醒"会话框，如图 7.8 所示。单击会话框中的"确定"按钮，即可关闭会话框和主窗口，单击"取消"按钮，则仅关闭当前会话框。

图 7.7　初始运行效果

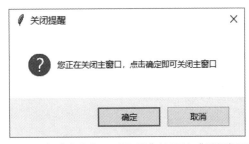
图 7.8　含"确定"和"取消"按钮的"关闭提醒"会话框

5. askyesno(title,message,option)

askyesno(title,message,option) 方法是可以显示"是"和"否"两个按钮的会话框。若用户选择按钮"是"，则返回值为 True，选择按钮"否"，则返回值为 False。

实例 7.5　制作关闭窗口会话框

实例位置：资源包 \Code\07\05

使用 askyesno() 会话框将【实例 7.4】中"关闭提醒"会话框中的"确定"和"取消"按钮修改为"是"和"否"。具体代码如下：

```
01 def mess():
02     # 创建 askyesno() 会话框
03     boo=askyesno("关闭提醒","您正在关闭主窗口，点击是即可关闭主窗口")
04     if boo==True:
05         win.quit()
06 from tkinter import *
07 from tkinter.messagebox import *
08 win=Tk()
09 win.title("关闭会话框")
```

```
10 # 创建一个按钮，单击按钮时，弹出会话框
11 Button(win,text=" 关闭窗口 ",command=mess).pack(padx=20,pady=20)
12 win.mainloop()
```

运行程序，初始效果与【实例7.4】的初始效果相同。单击"关闭窗口"按钮，可看到会话框效果如图7.9所示。单击"是"按钮则关闭会话框和主窗口，反之，单击"否"按钮则仅关闭会话框。

6. askyesnocancle(title,message,option)

askyesnocancle(title,message,option) 方法是可以显示"是""否"和"取消"按钮的会话框。若用户选择"是"按钮，则返回值为True；选择"否"按钮，则返回值为False；选择"取消"按钮，则返回值为None。

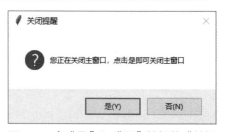

图 7.9　含"是"和"否"按钮的"关闭提醒"会话框

实例 7.6　制作退出应用提醒会话框

实例位置：资源包 \Code\07\06

当用户关闭电脑管家时，电脑管家就会询问用户需要退出程序还是后台运行。本实例就实现这样一个询问会话框，当用户单击"退出程序"按钮时，屏幕中就会弹出会话框，若用户单击"是"按钮，则关闭主窗口，若用户单击"否"按钮则最小化窗口，若单击"取消"按钮，则仅关闭会话框，而不对主窗口做处理。其代码如下：

```
01 def mess():
02     # 创建 askyesnocancel () 会话框
03     boo=askyesnocancel("退出提醒","您正在退出程序，点击是即可退出程序，点击否后台运行程序，单击取消则关闭该会话框")
04     if boo==True:                                          # 用户选择是
05         win.quit()
06     elif boo==False:                                       # 用户选择否
07         win.iconify()
08 from tkinter import *
09 from tkinter.messagebox import *
10 win=Tk()
11 win.title(" 退出会话框 ")
12 # 创建一个按钮，单击按钮时，弹出会话框
13 Button(win,text=" 退出程序 ",command=mess).pack(padx=20,pady=20)
14 win.mainloop()
```

运行效果如图7.10所示。单击"退出程序"按钮，则可以看到一个含有"是""否"和"取消"按钮的会话框，如图7.11所示。

图 7.10　初始运行效果　　图 7.11　含有"是""否"和"取消"按钮的会话框

7. askretrycancle (title,message,option)

askretrycancle (title,message,option) 方法是可以显示"重试"和"取消"按钮的会话框。若用户选择"重

试"按钮,则返回值为 True;若选择"取消"按钮,则返回值为 False。

实例 7.7　模拟打开游戏失败时,是否重启游戏的会话框

> 实例位置:资源包 \Code\07\07

很多游戏运行过程中遇到问题会询问玩家是否需要重启,本实例实现这样一个会话框,当用户打开游戏时弹出会话框,提醒用户,游戏出现错误,询问用户是否需要重新启动。若用户单击"重试"按钮,则再次调用该会话框;若用户单击"取消"按钮,则关闭主窗口。其代码如下:

```
01  def mess():
02      # 创建 askretrycancel() 会话框
03      boo=askretrycancel("重试提醒","打开游戏出现错误,选择重试或者取消")
04      if boo==True:                                    # 用户选择重试
05          mess()
06      else:                                            # 用户选择取消
07          win.quit()
08  from tkinter import *
09  from tkinter.messagebox import *
10  win=Tk()
11  win.title("重试会话框")
12  # 创建一个按钮,单击按钮时,弹出会话框
13  Button(win,text="打开游戏",command=mess).pack(padx=20,pady=20)
14  win.mainloop()
```

运行效果如图 7.12 所示。单击图中的"打开游戏"按钮,则可以看到一个含有"重试"和"取消"按钮的会话框,如图 7.13 所示。

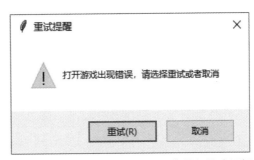

图 7.12　初始运行效果　　图 7.13　含有"重试"和"取消"按钮的会话框

> **说明**
>
> 除了上述 7 种会话框以外,还有一种询问会话框,即 askquestion(title,message,option),该会话框和 askyesno() 方法弹出的会话框类似,都显示"是"和"否"两个按钮,但是 askquestion(title,message,option) 询问会话框中,若用户选择按钮"是",则返回值为 yes;若用户选择按钮"否",则返回值为 no。

7.2　菜单组件

菜单是窗口应用程序的主要用户界面要素,tkinter 模块中提供了 Menu 菜单组件,通过该组件,可以为窗口设计菜单和工具栏。

7.2.1 Menu 组件的基本使用

菜单几乎是所有窗口的必备设计之一，而 tkinter 中创建菜单是通过 Menu 组件来实现，具体语法如下：

```
menu1=Menu(win,option)
```

其中，win 为 Menu 组件的父容器。

但是要在窗口中显示菜单，仅添加菜单组件是不够的，还需要添加菜单项，并且为窗口配置菜单。添加菜单项可以通过 add_command() 方法实现，语法如下：

```
menu1.add_command(label="开始", command=callback)
```

参数说明如下：

- menu1 为菜单组件。
- label 为菜单项的文字。
- command 为单击该菜单项时调用的方法。

实例 7.8　为游戏窗口添加菜单　　实例位置：资源包 \Code\07\08

为窗口添加"游戏""帮助""退出"菜单项，具体代码如下：

```
01 from tkinter import *
02 win=Tk()
03 win.title("为游戏窗口添加菜单")
04 menu1=Menu(win)                          # 创建顶级菜单
05 menu1.add_command(label="游戏")          # 添加菜单项
06 menu1.add_command(label="帮助")          # 添加菜单项
07 menu1.add_command(label="退出")          # 添加菜单项
08 win.config(menu=menu1)                   # 显示菜单
09 win.mainloop()
```

运行效果如图 7.14 所示。

图 7.14　为游戏窗口添加菜单

> 说明
>
> 可以通过 command 参数为各菜单项绑定方法，使其具有实际意义。

7.2.2 制作二级下拉菜单

当窗口中的菜单项比较多时，二级菜单就是比较常见的选择，tkinter 模块中可以使用 Menu 组件为窗口创建二级菜单。在介绍制作下拉菜单的方法之前，首先介绍 Menu 组件中常用的一些方法及其含义，如表 7.2 所示。

表 7.2 Menu 组件的常用方法及其含义

方法	含义
add_command(option)	添加一个命令菜单项，相当于 add("command",option)
add_cascade(option)	添加一个父菜单，相当于 add("cascade",option)
add_checkbutton(option)	添加一个菜单项，该菜单项为多选按钮，相当于 add("checkbutton",option)
add_radiobutton(option)	添加一个菜单项，该菜单项为单选按钮，相当于 add("radiobutton",option)
add_separator(option)	添加一条分割线，相当于 add("separator",option)
delete(index1，index2)	删除 index1～index2（含）的所有菜单项
entrycget(index,option)	获得指定菜单项的某选项的值，index 指定菜单项的索引值
entryconfig(index,option)	设置指定菜单项的某选项的值，index 指定菜单项的索引值
index(index)	返回 index 参数相对应的选项的序号
insert(index,itemType,option)	插入指定类型的菜单项到 index 参数指定的位置
insert_cascade(index,option)	在 index 参数指定的位置添加一个父菜单
insert_checkbutton(index,option)	在 index 参数指定的位置添加一个复选框
Insert_radiobutton(index,option)	在 index 参数指定的位置添加一个单选按钮
insert_command(index,option)	在 index 参数指定的位置添加一个子菜单
insert_separator(index,option)	在 index 参数指定的位置添加一个分割线
invoke(index)	调用 index 参数指定的菜单选项相关联的方法
post(x,y)	在指定位置显示弹出菜单
type(index)	获得 index 参数指定菜单项的类型，返回值为"command""cascade""checkbutton""radiobutton""separator"
unpost()	移除弹出菜单
ypostion(index)	返回 index 参数指定的菜单项的垂直偏移位置

表 7.2 中的大部分方法都有 option 参数，option 参数的参数值及其含义如表 7.3 所示。

表 7.3 option 参数的参数值及其含义

参数值	含义
postcommand	其属性值为一个方法，表示当菜单被打开时，调用该函数
tearoff	设置菜单能否从窗口中分离（默认值为 True）
cursor	鼠标悬停 Menu 组件上时，鼠标的样式
tearoffcommand	当菜单被分离时，执行的方法
background(bg)	设置背景颜色
selectcolor	当菜单项选中为单选按钮或多选按钮时，选中标志的颜色
activebackground	当 Menu 组件处于 active 状态（通过 state 设置）的背景颜色
activeborderwidth	当 Menu 组件处于 active 状态（通过 state 设置）的边框宽度
activeforeground	当 Menu 组件处于 active 状态（通过 state 设置）的前景颜色
borderwodth(bd)	指定边框宽度
disabledforeground	当 Menu 组件处于 disabled 状态时（通过 state 设置）的前景颜色
font	指定 Menu 组件中的文字样式
foreground(fg)	指定 Menu 组件的前景颜色
relief	指定边框样式
title	被分离的菜单的标题，默认标题为父菜单的名字

实例 7.9　为城市列表添加弹出式菜单

> 实例位置：资源包 \Code\07\09

通过二级菜单在窗口中展示城市列表，单击菜单中的"修改"菜单项，即可弹出一个显示"添加城市"和"修改城市"的弹出式菜单。具体代码如下：

```python
01 def pop1():
02     # win.winfo_x() 和 win.winfo_y() 方法为获取的 win 窗口的位置
03     menu2_2.post(win.winfo_x()+60,win.winfo_y()+120)
04 from tkinter import *
05 win=Tk()
06 menu1=Menu(win)                                         # 创建顶级菜单
07 menu2_1=Menu(menu1,tearoff=False)                       # 创建第二级菜单
08 menu1.add_cascade(label="城市",menu=menu2_1)            # 将第二级菜单添加到顶级菜单并设置显示的内容
09 menu2_1.add_command(label="北京")                       # 二级菜单中含有五个子菜单
10 menu2_1.add_command(label="上海")
11 menu2_1.add_command(label="重庆")
12 menu2_1.add_command(label="广州")
13 menu2_1.add_command(label="深圳")
14 menu1.add_command(label="修改",command=pop1)
15 menu2_2=Menu(menu1,tearoff=False)                       # 添加弹出菜单
16 menu2_2.add_command(label="添加城市")
17 menu2_2.add_command(label="修改城市")
18 menu1.add_command(label="退出",command=win.quit)
19 win.config(menu=menu1)
20 win.mainloop()
```

运行程序，在窗口中可看到菜单栏中仅有三项，分别是"城市""修改"和"退出"。单击"城市"选项即可展开下拉列表，如图 7.15 所示。单击"修改"选项，即可在窗口中央弹出一个菜单，如图 7.16 所示。单击"退出"选项即可关闭窗口。

图 7.15　展开下拉菜单　　　图 7.16　弹出式下拉菜单

> 📖 说明
>
> 【实例 7.9】实现的弹出式菜单，并不具有实际添加城市和修改城市的功能，读者有兴趣可以自行添加实际功能。

7.2.3　为菜单添加快捷键

在电脑上可以通过一些快捷键对文件进行操作，而 tkinter 模块中，同样可以添加快捷键，添加快捷键主要通过设置 accelerator 参数值实现。

指点迷津

accelerator 只能在菜单中显示快捷键提示信息,而不能在按下快捷键时,实现具体的功能。若要实现按下快捷键实现对应的功能,还需要通过 bind() 方法绑定键盘事件。

实例 7.10 设置窗口的文字样式以及窗口大小

实例位置:资源包 \Code\07\10

为窗口添加菜单,并且通过菜单设置窗口大小和文字样式。具体步骤如下:

① 引入 tkinter 模块以及 ttk 模块,然后新建窗口,并且在窗口中添加工具栏,为工具栏中的 "最大化" 和 "中等窗口" 添加快捷键。具体代码如下:

```
01 from tkinter import *
02 from tkinter.ttk import *
03 win = Tk()
04 win.geometry("300x200")
05 menu1 = Menu(win)                                              # 创建顶级菜单
06 menu2_1 = Menu(menu1)                                          # 创建第二级菜单
07 menu1.add_cascade(label="窗体", menu=menu2_1)                  # 将第二级菜单添加到顶级菜单并设置显示的内容
08 menu2_1.add_command(label="最大化", accelerator="Ctrl+Up", command=lambda :max_win(""))
09 menu2_1.add_command(label="中等窗口", accelerator="Ctrl+Down", command=lambda :normal_win(""))  # 二级菜单中含有三个子菜单
10 menu2_1.add_command(label="最小化", command=win.iconify)
11 menu2_1.add_separator()                                        # 添加分割线
12 menu2_1.add_command(label="关闭", command=win.quit)            # 退出游戏,关闭窗口
13 menu2_2 = Menu(menu1, tearoff=0)                               # 创建第二个二级菜单
14 menu1.add_cascade(label="自定义", menu=menu2_2)                # 将第二个二级菜单添加到顶级菜单
15 menu2_2.add_command(label="文字设置", command=txt)             # 添加二级菜单的子菜单
16 win.config(menu=menu1)
```

② 在窗口中添加一行文字,并且为快捷键绑定键盘事件,具体代码如下:

```
01 label = Label(win, text="这是一个窗口")
02 label.grid(row=0, column=0)
03 win.bind_all("<Control-Up>",max_win)
04 win.bind_all("<Control-Down>",normal_win)
05 win.mainloop()
```

③ 为工具栏中的各项菜单添加方法,使其具有最大化窗口、最小化窗口以及设置窗口中文字样式的功能,在步骤①的代码的上方,添加如下代码:

```
01 # 最大窗口尺寸
02 def max_win(event):
03     win.geometry("600x400")
04 # 最小窗口尺寸
05 def normal_win(event):
06     win.geometry("300x200")
07 # 实现设置窗口中的文字样式
08 def txt():
09     global val
10     global font_size
11     global top
12     top = Toplevel(win)                                        # 新建顶层窗口,设置文字样式
13     val = StringVar()
14     val.set("宋体")                                            # 初始字体
```

```
15      font_family = ("宋体","黑体","方正舒体","楷体","隶书","方正姚体")
16      family = Combobox(top, textvariable=val, values=font_family)
17      family.grid(row=0, column=0)
18      font_size = Spinbox(top, from_=12, to=30, increment=2, width=10)    # 选择字号
19      font_size.grid(row=0, column=1)
20      btn1 = Button(top, text="确定", command=font_set)
21      btn1.grid(row=1, column=1)
22  def font_set():          # 通过元组存储font的值
23      font1 = (val.get(), font_size.get())
24      label.config(font=font1)
```

运行本程序，展开"窗体"菜单，可以看到子菜单项"最大化"和"中等窗口"都有快捷键提示，如图 7.17 所示。按下键盘上对应的组合键，即可实现最大化窗口以及返回中等大小的窗口，而单击菜单中的自定义选项，即可显示顶层窗口。在顶层窗口中设置字体以及字号后，单击"确定"按钮，窗口中的文字样式即可对应改变，如图 7.18 所示。

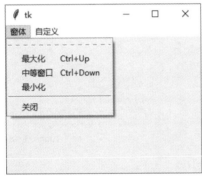

图 7.17　显示菜单的快捷键

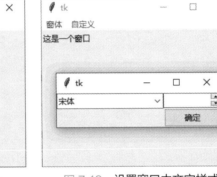

图 7.18　设置窗口中文字样式

7.2.4　制作工具栏

工具栏是窗口中必不可少的设计之一，而工具栏实际上就是由一系列常用的菜单命令组合而成的，下面为猜成语游戏制作工具栏。

实例 7.11　实现猜成语游戏　　　　　　　　　　　　实例位置：资源包 \Code\07\11

根据含义猜成语游戏中，可以通过快捷键或者单击工具栏中的菜单实现下一关、重新游戏以及退出游戏等功能，并且还可以设置窗口的文字样式以及窗口大小。具体步骤如下：

① 首先引入 tkinter 模块和 messagebox 模块，然后设置窗口样式以及添加工具栏。具体代码如下：

```
01  from tkinter import *
02  from tkinter.messagebox import *
03  win = Tk()
04  win.geometry("250x200")
05  win.title("成语猜猜猜")
06  # 工具栏部分
07  menu1 = Menu(win)                                           # 创建顶级菜单
08  menu2_1 = Menu(menu1)                                       # 创建第二级菜单
09  menu1.add_cascade(label="游戏", menu=menu2_1)                # 将第二级菜单添加到顶级菜单，并设置显示的内容
10  menu2_1.add_command(label="下一关", command=lambda:next1(""), accelerator="Ctrl+N")
11  menu2_1.add_command(label="重新开始", command=lambda :restart(""), accelerator="Ctrl+R")
12  menu2_1.add_separator()                                     # 添加分割线
```

```
13    menu2_1.add_command(label=" 退出 ", command=win.quit)       # 退出游戏，关闭窗口
14    menu2_2 = Menu(menu1)                                        # 创建第二个二级菜单
15    menu1.add_cascade(label=" 帮助 ", menu=menu2_2)              # 将第二个二级菜单添加到顶级菜单，并设置显示的内容
16    menu2_2.add_command(label=" 游戏规则 ",command=show1)        # 添加二级菜单的子菜单
17    menu2_2.add_command(label=" 提示 ",command=tip)              # 添加二级菜单的子菜单
18    win.config(menu=menu1)
```

② 在窗口中显示成语的含义，以及输入成语的文本框和提交按钮，并且为窗口绑定键盘函数，实现按下键盘上的组合键，即可进入下一关或者重新游戏的功能。具体代码如下：

```
01    # 窗口内容
02    level = Label(win, font=14, text="第 1 关 ")                 # 当前第几关
03    level.grid(row=0, column=0, columnspan=4, sticky=E)          # 显示成语的含义
04    means = Label(win, text=idiom_means[0], font=14, width=30, bg="#D8F3F0", height=3, wraplength="200")
05    means.grid(row=1, column=0, pady=10, columnspan=4)
06    entry = Entry(win, font=14)                                  # 输入成语
07    entry.grid(row=2, column=1, sticky=E)
08    btn = Button(win, text=" 确定 ", command=panduan).grid(row=2, column=2)
09    win.bind_all("<Control-n>", next1)                           # 绑定键盘事件
10    win.bind_all("<Control-r>", restart)                         # 绑定键盘事件
11    win.mainloop()
```

③ 实现判断输入成语是否正确、切换游戏关卡、获取帮助等功能，在步骤①的上方添加如下代码：

```
01    num = 0   # 当前游戏多少关
02    # 通过数组存储成语和成语的含义
03    idiom = [" 别出心裁 "," 白云苍狗 "," 暴虎冯河 "," 鞭长莫及 "," 并行不悖 "," 安土重迁 "," 不耻下问 "," 不胫而走 "," 安步当车 "," 爱莫能助 "," 白驹过隙 "]
04    idiom_means = [" 独出巧思，不同流俗 "," 比喻世事变幻无常 "," 比喻有勇无谋，鲁莽冒险 "," 本意为马鞭虽长，但打不到马肚子上，比喻虽有力，力量也打不到 "," 彼此同时进行，不相妨碍 "," 留恋故土，不肯轻易迁移 "," 比喻谦虚好学，不介意向学识或地位不及自己的人请教 "," 消息传得很快 "," 从容地步行，就当乘车一般 "," 心里愿意帮助，但是力量做不到 "," 形容时间过得很快，像白马在细小的缝隙前一闪而过 ",]
05    # 判断输入成语是否正确
06    def panduan():
07        global num
08        a = entry.get()
09        if a == idiom[num]:
10            num += 1
11        if (num >= len(idiom)):
12            boo = askyesno(" 成功过关 "," 恭喜！已过完所有关卡，是否重新过关？ ")
13            if boo == True:
14                num = 0
15                panduan()
16            else:
17                win.quit()
18        entry.delete(0, END)
19        means.config(text =idiom_means[num])
20        level.config(text=" 第 " + str(num + 1) + " 关 ")
21    # 手动切换至下一关
22    def next1(event):
23        global num
24        num += 1
25        panduan()
26    # 重新开始，关卡重置为0
27    def restart(event):
28        global num
29        num = 0
30        panduan()
31    # 显示游戏规则
32    def show1():
33        showinfo(" 游戏规则 "," 根据成语的含义猜成语，正确则自动跳转至下一关 ")
34    # 提示当前成语的第一个字
35    def tip():
36        str=idiom[num][0]
37        entry.delete(0,END)
38        entry.insert(0,str)
```

运行效果如图 7.19 所示,选择"游戏"选项可以展开其子菜单,如图 7.20 所示,然后单击子菜单中的"下一关"选项,或者直接按下键盘上的 <Ctrl+N> 组合键可以切换到下一关。如图 7.21 所示。

图 7.19　游戏初始效果

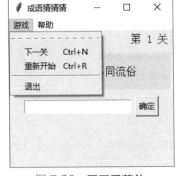

图 7.20　展开子菜单

图 7.21　切换至下一关

7.3　树形菜单

Treeview 组件是 ttk 模块的组件,可以在窗口中添加树形菜单或者表格,并且可以对菜单或表格中的内容进行增查改删。

7.3.1　Treeview 组件的基本使用

Treeview 组件集树状结构和表格于一体,用户可以使用该组件设计表格或者树形菜单,并且设置树形菜单时,可以折叠或展开子菜单。语法如下:

```
tree = Treeview(win, option)
```

其中,win 为 Treeview 的父容器;option 为相关参数。Treeview 组件的具体参数及其含义如表 7.4 所示。

表 7.4　Treeview 组件的参数及其含义

参数	含义
columns	其值为列表,列表的每一个元素代表一个列表标识符的名称,列表的长度为列的长度
displaycolumns	设置列表是否显示以及显示顺序,也可以使用 "#all" 表示全部显示
height	表格的高度(表格中可以显示几行数据)
padding	标题栏内容距离组件边缘的间距
selectmode	定义选择行的方式,"extended" 可以通过 Ctrl+ 鼠标选择多行(默认值);"browse" 只能选择一行;"none" 表示不能改变选择
show	表示显示哪些列,其值有 "tree headings(显示所有列)" "tree [显示第一列(图标栏)]" "headings(显示除第一列以外的其他列)"

> **指点迷津**
>
> Treeview 组件中,第一列("#0")表示图标栏是永远存在的,设置 displaycolumns 参数时,第一列不在索引范围内。

实例 7.12 统计某游戏中各角色的类型以及操作难易程度

> 实例位置：资源包 \Code\07\12

在表格中统计某游戏中各角色的类型以及操作难易程度，具体代码如下：

```
01  from tkinter import *
02  from tkinter.ttk import *   # 导入内部包
03  win = Tk()
04  # 创建树菜单以及每一列的名称
05  tree = Treeview(win,columns=("hero","type","operate"),show="headings",displaycolumns=(0,1,2))
06  # 定义每一列的标题以及居中显示
07  tree.heading("hero",text="英雄",anchor="center")
08  tree.heading("type",text="类型",anchor="center")
09  tree.heading("operate",text="操作难易程度",anchor="center")
10  # 插入四行数据
11  tree.insert("",END,values=("孙尚香","射手","5"))
12  tree.insert("",END,values=("孙策","战士","3"))
13  tree.insert("",END,values=("大乔","辅助","3"))
14  tree.insert("",END,values=("小乔","法师","3"))
15  tree.pack()
16  win.mainloop()
```

运行效果如图 7.22 所示。

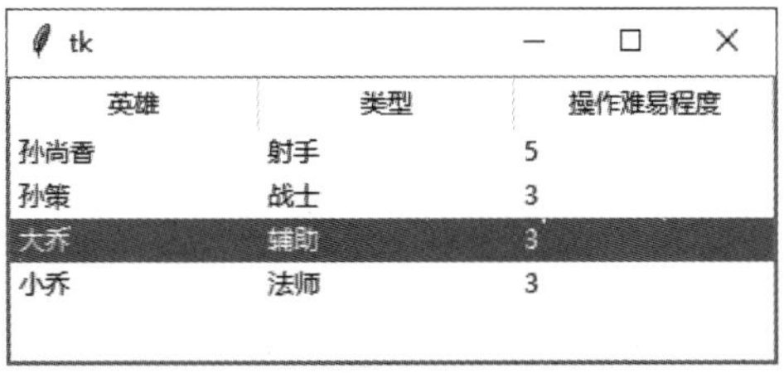

图 7.22　窗口中显示王者荣耀中各英雄的类型以及操作难易程度

【实例 7.12】中隐藏了图标栏，并且依次显示英雄名称、英雄类型和英雄操作难易程度，也可以修改 show 和 displaycolumns 参数，使其显示图标栏，以及各列显示内容依次为操作难易程度、类型和英雄，仅需要将第 5 行代码修改为下列代码即可：

```
tree=Treeview(win,columns=("operate","type","hero"),show="tree headings",displaycolumns=(0,1,2))
```

运行效果如图 7.23 所示。

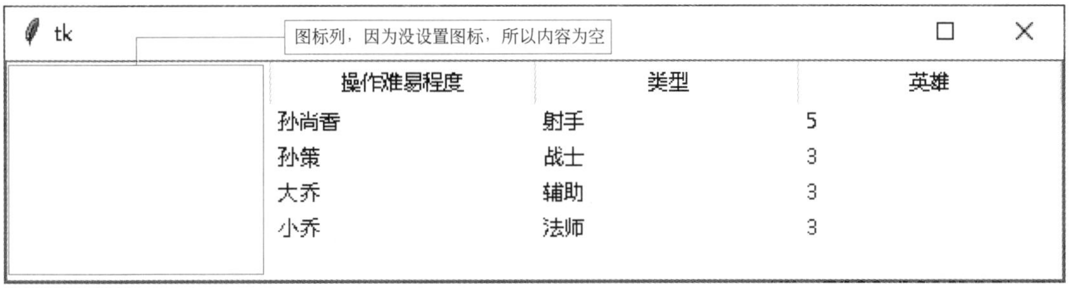

图 7.23　显示图标栏以及改变各列的显示顺序

7.3.2　为树形菜单添加图标

添加树形菜单后，需要通过 insert() 方法添加菜单的子项目 item。其语法如下：

```
tree.insert(父对象,插入位置,ID,option)
```

其中，第一项指定该项菜单的父菜单的 ID；第二项为插入位置，可以是索引或者 END 等；ID 是程序员为该项菜单设置的 ID，若省略，则由 Treeview 自动分配；option 则是可选参数，一共有 5 个，分别是 text、image、values、open 和 tags，具体参数值及其含义如表 7.5 所示。

表 7.5　insert() 方法中 option 参数值及其含义

参数值	含义
text	属性菜单中子项目显示的名称
image	子项目前面的图标
values	子项目一行的值，未赋值的列是空列，超过列的长度会被截断
open	子菜单展开或关闭
tags	与 item 关联的标记

实例 7.13　树形显示近一周的天气状况

实例位置：资源包 \Code\07\13

在窗口中添加树形组件，实现近一周的天气状况，并且在图标栏中显示天气图标。具体代码如下：

```
01 from tkinter import *
02 from tkinter.ttk import *
03 win = Tk()
04 tree = Treeview(win, columns=("date", "temperature"))
05 tree.heading("#0", text="天气")                                          # 设置图标栏的标题
06 tree.heading("date", text="日期")
07 tree.heading("temperature", text="气温")
08 rain = PhotoImage(file="rainheardly.png")                                # 定义图标
09 storm = PhotoImage(file="storm.png")
10 sunny = PhotoImage(file="sunny.png")
11 tree.insert("", END, values=("4月1日", "-3～5"), image=rain,text=" 中到暴雨 ")# 添加子项目
12 tree.insert("", END, values=("4月2日", "-3～7"), image=sunny,text=" 晴 ")
13 tree.insert("", END, values=("4月3日", "0～8"), image=storm,text=" 雷阵雨 ")
14 tree.insert("", END, values=("4月4日", "1～10"), image=sunny,text=" 晴 ")
15 tree.insert("", END, values=("4月5日", "2～10"), image=sunny,text=" 晴 ")
16 tree.insert("", END, values=("4月6日", "2～12"), image=sunny,text=" 晴 ")
17 tree.insert("", END, values=("4月7日", "2～10"), image=rain,text=" 晴 ")
18 tree.pack()
19 win.mainloop()
```

运行效果如图 7.24 所示。

7.3.3　为树形菜单添加子菜单

使用 Treeview 组件添加子菜单时，需要通过 ID 绑定父元素，这个 ID 可以通过程序员手动分配，如果程序员省略了子菜单的 ID，则由 Treeview 组件自动分配。首先通过一段代码来看如何设置和分配：

```
01 tree.insert("",0,"wei",text=" 魏 ")
02 shu=tree.insert("",1,text=" 蜀 ")
03 wu=tree.insert("",2,text=" 吴 ")
```

上面 3 行代码为树形菜单 "tree" 添加了三个子菜单，分别是魏、蜀和吴。其中，第一行代码中，"wei" 就是手动设置的 ID；第二行和第三行由于省略 ID，所以由 Treeview 自动分配 ID 为 "shu" 和 "wu"。

理解了菜单项的 ID 以后，就可以精确定义每个子菜单应属于哪个父菜单。例如，在树形菜单中显示历史上三国的开国皇帝，代码如下：

```
01 from tkinter import *
02 from tkinter.ttk import *                              # 导入 ttk 模块
03 win = Tk()
04 # 创建树菜单以及每一列的名称
05 tree=Treeview(win)
06 tree.heading("#0",text=" 皇帝 ")
07 tree.insert("",0,"wei",text=" 魏 ")
08 shu=tree.insert("",1,text=" 蜀 ")
09 wu=tree.insert("",2,text=" 吴 ")
10 tree.insert("wei",0,text=" 曹丕 ")                     # 设置父元素为 wei
11 tree.insert(shu,0,text=" 刘备 ")                       # 设置父元素为 shu
12 tree.insert(wu,0,text=" 孙权 ")                        # 设置父元素为 wu
13 tree.pack()
14 win.mainloop()
```

运行效果如图 7.25 所示。

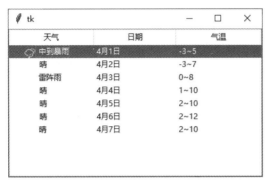

图 7.24　显示近一周的天气状况

图 7.25　利用树形菜单显示三国的开国皇帝

7.3.4　菜单项的获取与编辑

Treeview 组件提供了一些虚拟事件和方法，首先介绍虚拟事件。

Treeview 组件中提供 3 个虚拟事件，分别是 TreeviewSelect、TreeviewOpen 和 TreeviewClose，具体使用如下：

- TreeviewSelect：当选项发生变化时，触发某事件。
- TreeviewOpen：当菜单项 items 的 open=True 时，触发某事件。
- TreeviewClose：当菜单项 items 的 open=False 时，触发某事件。

而 Treeview 组件的常用方法及其含义如表 7.6 所示。

表 7.6　Treeview 组件的常用方法及其含义

方法	含义
bbox(item,column=None)	返回一个 item 的范围，如果 column 指定了列，则返回元素的范围，如果 item 不可使，则返回空值
get_children(item=None)	返回 item 的所有子 item 的列表，如果 item 没有指定，则返回根目录的 item
set_children(item,*newchildren)	设置 item 的新的子 items，这里的设置指的是全部替换
column(column,option=none,**kw)	设置或返回各列的属性。column 是列标识符，option 若不设置，则返回所有属性的字典

续表

方法	含义
delete(*item)	删除 item 及其子 item
detach(*item)	取消 item 和子 item 的链接，可以在另一个点重新输入，但不会显示。根 item 的链接无法取消
exists(item)	判断 item 是否在 Treeview 组件中，若返回 True，则在 Treeview 中
focus(item=None)	设置或返回获得焦点的 item，若不指定 item 且无 item 获得焦点，则返回空值
heading(column,option=None,**kw)	查询或修改指定列的标题选项，column 为列标识符，option 若不设置则返回所有属性的字典，若设置，则返回该属性的属性值
insert(parent,index,iid=none,**kw)	创建新的 item 并返回新创建 item 的项标识符
item(item,option=None,**kw)	查询或修改指定 item 的选项
selection()	返回所有选中的 items 的列表
selection_set(*item)	设置项目为新的选择
selection_add(*item)	从选择项中添加项
selection_remove(*item)	从选择项中删除项
selection_toggle(*item)	切换项目中每个项目的选择状态
set(item,column=None,value=None)	指定 item，如果不设定 column 和 value，则返回它们的字典，若设置了 column，则返回对应的 value，若 value 也设定了，则做相应的修改

实例 7.14 统计个人出行记录

实例位置：资源包 \Code\07\14

在菜单中统计并且修改个人出行记录。具体步骤如下：

① 首先创建窗口，在窗口中添加输入时间、日期的选择框以及出发地的文本类组件，具体代码如下：

```python
01 from tkinter import *
02 from tkinter.ttk import *
03 win = Tk()
04 # 输入内容
05 frame = Frame()
06 frame.grid()
07 Label(frame, text="日期: ").grid(row=0, column=0)
08 monsel = IntVar()                                              # 绑定月份选项
09 monsel.set(1)
10 mon = Combobox(frame, value=tuple(range(1, 13)), textvariable=monsel, width=5)    # 月
11 mon.grid(row=0, column=1)
12 mon.bind("<<ComboboxSelected>>", setdat)                       # 月份选项发生变化时，对应日期也变化
13 Label(frame, text="-").grid(row=0, column=2)
14 datsel = IntVar()                                              # 绑定日期选项
15 datsel.set(1)
16 dat = Combobox(frame, value=tuple(range(1, 32)), textvariable=datsel, width=5)    # 日
17 dat.grid(row=0, column=3)
18 Label(frame, text="时间: ").grid(row=0, column=4, columnspan=2, sticky=S + E)
19 horsel = IntVar()                                              # 绑定时间选项
20 horsel.set(0)
21 hor = Spinbox(frame, from_=0, to=24, width=5, textvariable=horsel)    # 时
22 hor.grid(row=0, column=6)
23 Label(frame, text=":").grid(row=0, column=7)
24 minsel = IntVar()
25 minsel.set(0)                                                  # 绑定分钟选项
26 min = Spinbox(frame, from_=0, to=59, width=5, textvariable=minsel)    # 分
27 min.grid(row=0, column=8)
```

```
28 Label(frame, text=" 出发地: ").grid(row=0, column=9)        # 出发地
29 entry = Entry(frame)
30 entry.grid(row=0, column=10)
31 Button(frame, text=" 确定 ", command=get1).grid(row=0, column=11)
32 Button(frame, text=" 删除 ", command=del1).grid(row=0, column=12)
```

② 添加表格以及为表格绑定虚拟事件 TreeviewSelect，作用是当选中某菜单项时，立即获取该菜单项的内容，便于修改或删除等。具体代码如下：

```
01 # 创建 Treeview 组件
02 tree = Treeview(win, column=("date", "time", "depart"), show="headings")
03 tree.heading("date", text=" 日期 ")                 # 设置每列的标题
04 tree.heading("time", text=" 时间 ")
05 tree.heading("depart", text=" 出发地 ")
06 tree.grid(row=1, column=0)
07 tree.bind("<<TreeviewSelect>>", edt)                # 当选项发生变化时，调用 edt() 函数
08 win.mainloop()
```

③ 编写 setdat() 方法，该方法实现选择月份后，日期选择列表中显示对应的天数的功能，例如当前选中月份为 1 月，则日期列表中最后一天为 31 日；如果当前选中月份为 4 月，则日期选择列表中最后一天为 30 天。在步骤①的第 2 行代码下方添加如下代码：

```
01 # 选择月份后，对应的日期选择列表发生变化，防止出现类似 2 月 30 日这样的错误
02 def setdat(a):
03     temp = monsel.get()
04     if temp == 2:
05         dat["value"] = tuple(range(1, 29))
06     elif temp == 4 or temp == 6 or temp == 9 or temp == 11:
07         dat["value"] = tuple(range(1, 31))
08     else:
09         dat["value"] = tuple(range(1, 32))
```

④ 编写 get1() 方法，实现向 Treeview 组件中添加内容的功能，当单击"确定"按钮时，首先判断目的地是否为空，若不为空，则将时间、日期以及目的地存储为元组，以便于向树形菜单中添加新的菜单项。然后判断当前属性菜单中，是否有菜单项被选中，若有，则在该菜单项的位置处添加新的菜单项（即修改当前选中的表格内容），并删除原菜单项，否则，在菜单的末尾添加新的菜单项。在步骤③后面添加如下代码：

```
01 # 添加以及修改表格
02 def get1():
03     if len(entry.get()) == 0:    # 判断文本框的内容是否为空
04         return False
05     else:
06         h = str(horsel.get()) if horsel.get() > 10 else "0" + str(horsel.get())   # 将时间格式化为两位数
07         m = str(minsel.get()) if minsel.get() > 10 else "0" + str(minsel.get())
08         item1 = (str(mon.get()) + "月" + str(datsel.get()) + "日", h + ":" + m, entry.get())
09         if not tree.focus() == "":    # 判断是否有菜单项被选中
10             # 在获取焦点的菜单项的位置添加新的菜单，并且删除原来的菜单
11             tree.insert("", tree.index(tree.focus()), values=item1)
12             del1()
13         else:
14             tree.insert("", END, values=item1)
15         reset1()
```

⑤ 编写 del1() 方法，实现单击"删除"按钮，删除当前被选中的菜单项的功能。在步骤④后面添加如下代码：

```
01 def del1():
02     # 单击删除按钮时，删除获取焦点的菜单
03     if tree.focus() == "":
04         return False
05     else:
06         tree.delete(tree.focus())
```

⑥ 编写 edt() 方法，实现双击菜单中某行，修改该行中的内容的功能，在步骤⑤后面添加如下代码：

```
01  # 获取菜单项中的内容并赋值到表单中对应的文本组件中
02  def edt(a):
03      temp = tree.set(tree.focus())
04      d = temp["date"].split("月")              # 日期以"月"字分割
05      t = temp["time"].split(":")               # 时间以":"字分割
06      monsel.set(int(d[0]))                     # 获取的月份赋值到月份选择列表中
07      datsel.set(int(d[1].split("日")[0]))       # 获取的日期赋值到日期选择列表中
08      horsel.set(int(t[0]))                     # 获取的小时赋值到时间的第一个选择列表中
09      minsel.set(int(t[1]))                     # 获取的分钟赋值到时间的第二个选择列表中
10      entry.delete(0, END)
11      entry.insert(INSERT,temp["depart"])
```

⑦ 由于修改和删除菜单项后，都需要重置文本组件里的值，为避免重复代码，编写 reset1() 方法，该方法中一次重置了各列表框和文本框的值。具体在步骤⑥后面添加如下代码：

```
01  # 初始化表单
02  def reset1():
03      monsel.set(1)
04      datsel.set(1)
05      horsel.set(0)
06      minsel.set(0)
07      entry.delete(0, END)
```

运行本程序，然后在选择列表中依次添加出行日期、出行时间和出发地，如图 7.26 所示，单击"确定"按钮，即可将出行记录添加到下方表格中，如图 7.27 所示，此时单击表格中的出行记录时，即可将表格中该项内容填充到表格框中，然后用户可进行修改，在列表中修改完内容以后，再次单击确定，即可将修改后的出行记录重新显示在表格中。如图 7.28 所示。

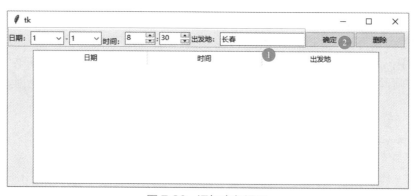

图 7.26　添加出行记录

图 7.27　将出行记录添加到表格中

图 7.28　修改出行记录

7.4　综合案例——眼力测试小游戏

（1）案例描述

本案例实现一个眼力测试的小游戏，即在窗口中众多的"大"字中找到唯一一个"女"字。单击菜单中的"游戏""帮助"以及"退出"选项分别可以实现重新开始与结束游戏、获得提示以及退出游戏的功能。运行程序，效果如图 7.29 所示。当玩家单击"帮助"选项即可获得提示信息，如图 7.30 所示。当玩家单击"游戏"选项时，则玩家可以在弹出的"暂停"会话框中选择暂停或者重新开始游戏，如图 7.31 所示。

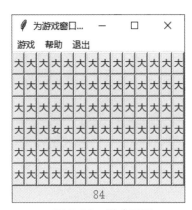
图 7.29　游戏界面

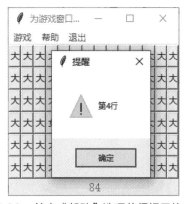
图 7.30　单击"帮助"选项获得提示信息

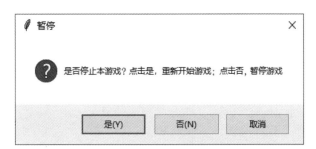
图 7.31　单击"游戏"选项后可选值暂停或开始游戏

（2）实现代码

具体步骤如下：

① 创建窗口，在窗口中添加菜单，并且通过command参数为菜单绑定方法。具体代码如下：

```
01 from tkinter import *
02 from tkinter.messagebox import *
03 win = Tk()
04 win.title("为游戏窗口添加菜单")
05 menu1 = Menu(win)                                    # 创建顶级菜单
06 # 添加菜单栏
07 menu1.add_command(label="游戏", command=game)
08 menu1.add_command(label="帮助", command=help)
09 menu1.add_command(label="退出", command=win.quit)
10 win.config(menu=menu1)                               # 显示菜单
```

② 通过for循环在窗口中添加"大"字，然后添加一个"女"字覆盖在其中一个"大"字上，接着添加一个Label组件，显示当前得分，满分为84分，每点错一次就扣一分。具体代码如下：

```
01 for c in range(6):
02     for j in range(14):
03         Button(win, text="大", width=1,command=wrong).grid(row=c, column=j)
04 Button(win, text="女", width=1, command=suc).grid(row=3, column=3)
05 label = Label(win, font=14, fg="red", text=84)
06 label.grid(row=8, column=0, columnspan=14)
07 win.mainloop()
```

③ 添加两个方法：wrong()与suc()。其中，wrong()方法实现玩家每误点一次"大"字，其得分就减1的功能；suc()方法实现玩家找到正确的"女"字后，弹出寻找正确以及得分的功能。在步骤（1）的前面添加如下代码：

```
01 i = 84
02 # 每点击错误一次，得分就减1
03 def wrong():
04     global i
05     i -= 1
06     label.config(text=i)
07 # 找到与众不同的汉字
08 def suc():
09     top = Toplevel(win)             # 弹出一个顶层窗口
10     Label(top, text="恭喜，找到了\n，得分为"+str(i), fg="red").grid(row=0, column=0, padx=10, pady=10)
```

④ 实现菜单项中"游戏"与"帮助"选项的功能，在步骤③的上面添加如下代码：

```
01 # 提示
02 def help():
03     showwarning("提醒", "第4行")
04 # 暂停与重新开始游戏
05 def game():
06     boo = askyesnocancel("暂停", "是否停止本游戏？点击是，重新开始游戏；点击否，暂停游戏")
07     if boo == True:
08         i = 0
09         label.config(text=i)                         # 结束游戏，将得分置为0
10     elif boo==False:
11         i=84
12         label.config(text=i)                         # 重新开始游戏，得分置为满分
```

7.5 实战练习

通过表格统计竞赛时各组成员的得分情况，效果如图 7.32 所示。

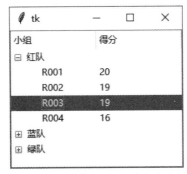

图 7.32　显示各小组活动竞赛成绩

小结

本章主要介绍会话框和菜单组件，分别有 messagebox 会话框模块、Menu 菜单组件以及 Treeview 树形菜单组件。其中，messagebox 模块提供了各种常用的会话框；Menu 组件可以为窗口配置菜单；Treeview 组件可以添加树形菜单和表格。

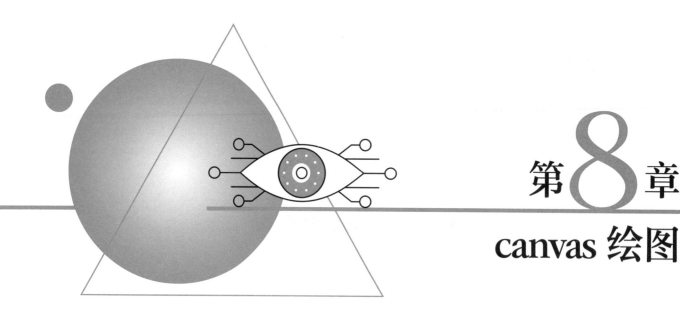

第8章
canvas 绘图

扫码领取
- 教学视频
- 配套源码
- 练习答案
- ……

Python tkinter 模块中的画布（canvas）组件同 HTML5 中的画布一样，用于绘制图形、文本，甚至可以设计一些精美的动画。本章将逐步介绍 tkinter 中 canvas 组件的使用。

本章知识架构如下：

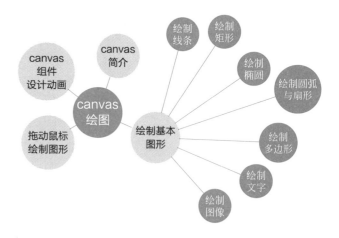

8.1 canvas 简介

canvas 组件也是 tkinter 模块中的组件，主要用途就是绘制图形、文字、设计动画，甚至可以将其他的小部件放置在画布上。但是在使用 canvas 组件之前，需要先定义 canvas 画布。定义 canvas 画布的语法如下：

```
canvas = Canvas(win,option)
```

其中，win 为 canvas 组件的父容器；option 为 canvas 画布的相关参数。具体参数及其含义如表 8.1 所示。

表 8.1 canvas 组件的相关参数及其含义

参数	含义
bd	设置边框宽度，默认为 2 像素
bg	设置背景颜色
confine	如果为 true（默认值），则画布不能滚动到可滑动区域外
cursor	设置鼠标悬停 canvas 组件上时的形状
height	设置画布的高度
width	设置画布的宽度
highlightcolor	设置画布高亮边框的颜色
relief	设置边框的样式
scrollregion	其值为元素 tuple(w.n.e.s)，分别定义左、上、右、下四个方向可滚动的最大区域
xscrollincrement	水平方向滚动时，请求滚动的数量值
yscrollincrement	垂直方向滚动时，请求滚动的数量值
xscrollcommand	绑定水平滚动条
yscrollcommand	绑定垂直滚动条

实例 8.1　　在窗口中创建画布　　实例位置：资源包 \Code\08\01

通过 canvas 组件在窗口中创建一个黄色的画布，具体代码如下：

```
01  from tkinter import *
02  win=Tk()
03  win.title(" 创建 canvas 画布 ")
04  win.geometry("300x200")
05  canvas=Canvas(win,width=200,height=200,bg="#EFEFA3").pack()    # 创建画布
06  win.mainloop()
```

运行效果如图 8.1 所示。

8.2 绘制基本图形

8.2.1 绘制线条

线条是 canvas 组件中比较常见的元素之一，canvas 组件中的线条，可以有多个顶点，读者在绘制线条时，需要按顺序依次绘制各个

图 8.1 创建 canvas 画布

顶点，而在 canvas 组件中绘制线段时是通过 create_line() 方法实现的。其语法如下：

```
canvas.create_line(x1,y1,x2,y2...xn,yn,option)
```

其中，x1,y1,x2,y2...xn,yn 依次为线段的起点、第二个顶点、……、直线的终点；而 option 为线条的可选参数。create_line() 方法的具体参数及其含义如表 8.2 所示。

表 8.2 create_line() 方法具体参数及其含义

参数	含义
arrow	是否添加箭头，默认为无箭头，另外还可以设置其值为 FIRST（起始端有箭头）、LAST（末端有箭头）、BOTH（两端都有箭头）
arrowshap	设置箭头的形状，其值为元素 d1、d2、d3，分别表示三角形箭头的底、斜边和高的距离
capstyle	线条终点的样式，其属性值有 butt（默认值）、projecting 和 round
dash	设置线条为虚线，以及虚线的形状，其值为元组 x1、x2，表示 x1 像素的实线和 x2 像素的空白交替出现
dashoffset	与 dash 相近，不过含义为 x1 像素的空白和 x2 像素的实现交替显示
fill	设置线条颜色
joinstyle	设置线条焦点的颜色，其值有 round（默认值）、bevel 和 miter
stipple	绘制位图线条
width	设置线条宽度

实例 8.2 使用线条绘制五角星 实例位置：资源包 \Code\08\02

在画布中使用线条绘制一个空心的五角星。具体代码如下：

```
01 from tkinter import *
02 win=Tk()
03 win.title("绘制五角星")
04 win.geometry("300x200")
05 canvas=Canvas(win,width=200,height=200)                    # 创建画布
06 line1=(14,65,66,65,83,19,99,64,148,64,111,96,126,143,83,113,44,142,58,97,14,65)# 五角星的顶点
07 line1=canvas.create_line(*line1,fill="red")                # 按定点的顺序依次绘制直线
08 canvas.pack()
09 win.mainloop()
```

运行效果如图 8.2 所示。

8.2.2 绘制矩形

绘制矩形可以使用 creat_rectangle() 方法，其语法如下：

```
create_rectangle(x1, y1, x2, y2, option)
```

其中，(x1,y1) 为矩形的左上角坐标；(x2,y2) 为矩形的右下角坐标，当 x2-x1=y2-y1 时，所绘制的矩形为正方形；而 option 为矩形的可选参数，其中，dash、dashoffset、stipple 以及 width 参数的含义可以参照表 8.2，另外可以通过 outline 属性设置矩形的轮廓颜色。

图 8.2 绘制五角星

实例 8.3　　通过键盘控制正方形移动　　　实例位置：资源包 \Code\08\03

在画布中绘制一个正方形，然后通过键盘上的方向键向指定方向移动正方形。具体代码如下：

```python
01 def up1(event):
02     # move()方法实现 rect 向上移动两个单位
03     canvas.move(rect, 0, -2)
04 def down1(event):
05     # move()方法实现 rect 向下移动两个单位
06     canvas.move(rect, 0, 2)
07 def left1(event):
08     # move()方法实现 rect 向左移动两个单位
09     canvas.move(rect, -2,0 )
10 def right1(event):
11     # move()方法实现 rect 向右移动两个单位
12     canvas.move(rect, 2,0 )
13 from tkinter import *
14 win = Tk()
15 win.title(" 键盘控制矩形移动 ")
16 win.geometry("300x200")
17 canvas = Canvas(win, width=200, height=200, relief="solid")     # 创建画布
18 rect = canvas.create_rectangle(10, 10, 50, 50, fill="#C8F7F2")   # 绘制矩形
19 canvas.pack()
20 win.bind("<Up>", up1)                                            # 绑定键盘事件
21 win.bind("<Down>", down1)
22 win.bind("<Left>", left1)
23 win.bind("<Right>", right1)
24 win.mainloop()
```

运行效果如图 8.3 所示。按下键盘上的方向键，矩形即可向对应方向移动。

> 说明
>
> 【实例 8.3】中，通过 move() 方法实现了矩形的移动，该方法中的三个参数的含义依次为：平移的对象、水平移动距离和垂直移动距离。

8.2.3　绘制椭圆

绘制椭圆和圆形使用的方法相同，即 creat_oval() 方法。其语法如下：

```
create_oval(x1, y1, x2, y2,option)
```

其中，(x1,y1) 为椭圆的左上角坐标，(x2,y2) 为椭圆的右下角坐标，如图 8.4 所示；option 参数及其含义可以参照表 8.2。

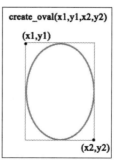

图 8.3　通过键盘控制正方形移动　　图 8.4　椭圆的坐标位置

实例 8.4 绘制简笔画人脸

> 实例位置：资源包 \Code\08\04

使用 creat_oval() 方法绘制人脸简笔画。具体代码如下：

```
01 from tkinter import *
02 win = Tk()
03 win.title(" 绘制人脸 ")
04 win.geometry("300x200")
05 canvas = Canvas(win, width=200, height=200, relief="solid")
06 cir1 = canvas.create_oval(34, 68, 143, 127, fill="#C8F7F2")      # 脸
07 cir2 = canvas.create_oval(59,83,71,99,fill="#E6F1B7")            # 左眼
08 cir2_1 = canvas.create_oval(61,86,71,94,fill="#000000")          # 左眼珠
09 cir3 = canvas.create_oval(101,83,113,99,fill="#E6F1B7")          # 右眼
10 cir3_1 = canvas.create_oval(100,86,109,94,fill="#000000")        # 右眼珠
11 canvas.pack()
12 win.mainloop()
```

运行效果如图 8.5 所示。

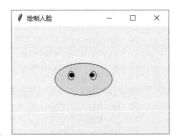

图 8.5　绘制简笔画人脸

8.2.4　绘制圆弧与扇形

绘制圆弧和扇形都使用的是 creat_arc()，只是使用的参数不同，下面具体讲解。

1. 绘制圆弧

绘制圆弧除了需要指定圆弧的起始坐标与终点坐标外，还需要指定圆弧的角度。其语法如下：

```
canvas.create_arc(x1,y1,x2,y2,extent=-180,style=ARC,option)
```

其中，(x1,y1) 为圆弧的起点坐标；(x2,y2) 为圆弧的终点坐标，其坐标的定位可以参照图 8.4；extend 表示圆弧的角度，默认为 90°；style 表示绘制的类型，其属性值有三个，分别是 ARC、CHORD、PIESLICE；option 参数及其含义可以参照表 8.2。下面通过一个示例演示 style 的属性值的样式，代码如下：

```
01 from tkinter import *
02 win = Tk()
03 win.title(" 绘制圆弧 ")
04 win.geometry("300x200")
05 canvas = Canvas(win, width=500, height=400, relief="solid")
06 canvas.create_arc(20,40,150,150, extent=120, outline="#EDB17A", start=30,width=2,style=ARC)canvas.create_arc(170,40,300,150, extent=120, outline="#EDB17A", start=30,width=2,style=CHORD)
07 canvas.create_arc(320,40,450,150, extent=120, outline="#EDB17A", start=30,width=2,style=PIESLICE)
08 canvas.pack()
09 win.mainloop()
```

运行效果如图 8.6 所示。

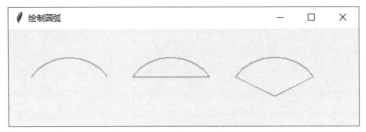

图 8.6　style 属性的各属性值的样式

2. 绘制扇形

绘制扇形同样使用 creat_arc() 方法，该方法中不仅需要指定圆扇形的起始坐标和终点坐标，还需要指定 style="pieslice"，以及设定扇形的角度和起始角度。其语法如下：

```
create_arc(x1,y1,x2,y2,extent=angle,start=startanfle,style=PIESLICE)
```

其中，extent 为扇形中弧形的弧度，默认值为 90；start 为弧形的起始弧度，默认值为 0。

绘制西瓜形状的雪糕

实例位置：资源包 \Code\08\05

综合使用 canvas 组件中的方法，绘制一个西瓜形状的雪糕。具体代码如下：

```
01 from tkinter import *
02 win = Tk()
03 win.title("绘制西瓜状雪糕")
04 win.geometry("300x200")
05 canvas = Canvas(win, width=500, height=400, relief="solid")
06 canvas.create_line(95,124,95,194,fill="#E9D39D",capstyle=ROUND,width=12)      # 雪糕把手
07 canvas.create_arc(5,-70,185,162,extent=-40,outline="#32E143",fill="#32E143",start=-70,width=2,style=PIESLICE)
                                                                                 # 西瓜的皮
08 canvas.create_arc(8,-67,181,155,extent=-40,outline="#E92742",fill="#E92742",start=-70,width=2,style=PIESLICE)
                                                                                 # 西瓜的瓤
09 canvas.create_arc(92,74,97,79,extent=159,fill="#000",width=2,style=ARC)      # 西瓜籽
10 canvas.create_arc(97,94,102,99,extent=180,start=90,fill="#000",width=2,style=ARC)
11 canvas.create_arc(110,124,113,127,extent=359,fill="#000",width=2,style=ARC)  # 西瓜籽
12 canvas.create_arc(90,134,93,137,extent=359,fill="#000",width=2,style=ARC)    # 西瓜籽
13 canvas.pack()
14 win.mainloop()
```

运行效果如图 8.7 所示。

8.2.5　绘制多边形

绘制多边形同绘制线条一样，需要按顺序（顺时针或者逆时针方向都可以）依次描绘多边形的各个顶点，而绘制多边形需要使用 creat_polygon() 方法。其语法如下：

```
canvas.create_polygon(x1,y1,x2,y2,xn,yn,option)
```

其中，(x1,y1)、(x2,y2) 以及 (xn,yn) 为顺时针方向或者逆时针方向依次描绘的多边形的顶点；option 为绘制多边形的相关参数，具体内容可参照表 8.2。

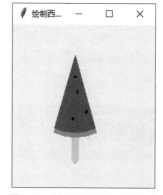

图 8.7　绘制西瓜形状的雪糕

绘制七巧板拼接的松鼠图案

实例位置：资源包 \Code\08\06

七巧板是很多人儿时的回忆，通过不同的摆放方式，可以将七巧板摆出不同的造型。接下来通过 canvas 画布绘制一个七巧板拼成的松鼠。具体代码如下：

```
01 from tkinter import *
02 win = Tk()
03 win.title("绘制松鼠")
```

```
04 win.geometry("240x260")
05 canvas = Canvas(win, width=250, height=250, relief="solid")
06 poly1=canvas.create_polygon(27,8,27,62,54,34,fill="#fbfe0d")              # 左耳
07 poly2=canvas.create_polygon(54,34,81,8,81,63,fill="red")                   # 右耳
08 poly3=canvas.create_polygon(81,63,54,35,25,61,53,90,fill="#0001fc")        # 脸
09 poly4=canvas.create_polygon(81,63,81,176,138,121,fill="#32ccfe")           # 身体
10 poly5=canvas.create_polygon(81,97,43,135,81,174,fill="#fdcbfe")            # 上半身
11 poly6=canvas.create_polygon(139,119,60,198,140,198,fill="#02cd02")         # 下半身
12 poly7=canvas.create_polygon(140,198,167,170,223,170,196,198,fill="#9b01ff") # 尾巴
13 canvas.pack()
14 win.mainloop()
```

运行效果如图 8.8 所示。

图 8.8　绘制七巧板拼接的松鼠图案

8.2.6　绘制文字

绘制文字需要使用 creat_text() 方法。其语法如下：

```
create_text(x, y, text=str, option)
```

其中，(x,y) 为字符串中心的位置；text 为输出的字符串；option 为文字的相关属性。如 font、fill 以及 justify 等。

实例 8.7　绘制随机颜色和字体的文字　　实例位置：资源包 \Code\08\07

使用 canvas 组件绘制一行文字，并且每一次单击"绘制"按钮时，随机改变文字的字体和颜色。具体代码如下：

```
01 from tkinter import *
02 import random
03 # 颜色列表
04 fill_color = ["#B0E3DD", "#E19644", "#6689E1", "#E16678", "#66E1CA"]
05 # 字体列表
06 font_family = ["方正舒体","方正姚体","华文琥珀","宋体","华文行楷","楷体","华文新魏","隶书"]
07 def draw():
08     canvas.delete("all")                                    # 清空画布
09     color = fill_color[random.randint(0, 4)]                # 随机选择文字颜色
10     family = font_family[random.randint(0, 7)]              # 随机选择字体
11     text = canvas.create_text(160, 60, text=str, font=(family, 20), fill=color)  # 绘制文字
12 win = Tk()
```

```
13 win.title(" 绘制文字 ")
14 win.geometry("330x200")
15 canvas = Canvas(win, width=300, height=160, relief="solid")
16 str = " 人因梦想而伟大 "    # 定义文字内容
17 canvas.pack()
18 Button(win, text=" 绘制 ", command=draw).pack()
19 win.mainloop()
```

运行程序，初始效果如图 8.9 所示。单击"绘制"按钮，窗口中即可显示随机字体和颜色的文字，如图 8.10 所示。

图 8.9　初始运行效果　　　　图 8.10　单击"绘制"按钮绘制文字

> **说明**
>
> 【实例 8.7】中，每一次重新绘制文字，都需要清除 canvas 组件中原有的所有内容，清除画布内容使用的方法就是 delete(shape)，该方法中 shape 参数为具体要删除的内容，若参数为 all，表示清除画布内所有内容。

8.2.7　绘制图像

tkinter 中 canvas 组件同样可以绘制图像，绘制图像所使用的方法是 creat_image()，具体语法如下：

```
create_image(x, y, image=house1, option)
```

其中，(x,y) 中为图像左上角顶点坐标；image 为添加的图像；option 参数有 anchor，具体用法可以参照 tkinter 布局管理中的 pack() 方法中的 anchor 参数。

实例 8.8　　**用鼠标拖动小鸟，帮小鸟回家**　　　　实例位置：资源包 \Code\08\08

在窗口中使用 canvas 组件绘制一只小鸟和鸟巢，并且使用鼠标可以拖动小鸟，当小鸟被移动到鸟巢中时，弹出感谢用户帮小鸟回家的提示框。具体代码如下：

```
01 from tkinter import *
02 from tkinter.messagebox import *
03 # 拖动鼠标，移动小鸟
04 def draw(event):
05     canvas.coords(bird, event.x, event.y)
06 # 判断小鸟是否回家
07 def panduan(event):
08     canvas.coords(bird, event.x, event.y)
```

```
09      x1=abs(event.x-340)
10      y1=abs(event.y-70)
11      if x1<70 and y1<75:
12          showinfo(" 小鸟回家 "," 谢谢你成功帮小鸟回家 ")
13  win = Tk()
14  win.title(" 帮助小鸟回家 ")
15  win.geometry("400x320")
16  canvas = Canvas(win, width=400, height=320, relief="solid", bg="#E7D2BB")
17  bird1 = PhotoImage(file="bird.png")
18  house1 = PhotoImage(file="house.png")
19  house = canvas.create_image(340, 70, image=house1)      # 绘制房子
20  bird = canvas.create_image(150, 250, image=bird1)        # 绘制小鸟
21  canvas.grid(row=0, column=0, columnspan=2)
22  canvas.bind("<B1-Motion>", draw)                          # 绑定鼠标按住左键移动事件
23  canvas.bind("<ButtonRelease-1>",panduan)                  # 绑定鼠标松开左键事件
24  win.mainloop()
```

运行程序，初始运行效果如图 8.11 所示。鼠标按住小鸟并将其拖动至鸟巢中，即可帮助小鸟回家，如图 8.12 所示。

图 8.11　初始运行效果　　　　　　　图 8.12　小鸟成功回家

8.3　拖动鼠标绘制图形

canvas 组件中并不能直接通过鼠标绘制线条，但是，可以通过为 canvas 组件绑定鼠标事件。移动鼠标时，在鼠标的坐标位置绘制圆形，然后将一系列圆形连在一起形成线条（可以理解为数学中的点动成线）。

实例 8.9　在窗口中进行书法秀　　　　　　　　实例位置：资源包 \Code\08\09

使用 canvas 组件在窗口中绘制米字格，然后实现用户在米字格中自由书写文字的功能。具体代码如下：

```
01  def draw(event):
02      global text1
03      # 鼠标绘制图形
04      text1=canvas.create_oval(event.x,event.y,event.x+10,event.y+10,fill="green",outline="")
05  def delete1():
06      canvas.delete("all")                                  # 删除画布上所有元素
07      can()                                                 # 初始化画布
```

```
08  from tkinter import *
09  win=Tk()
10  win.title("书法秀")
11  win.geometry("420x420")
12  canvas = Canvas(win, width=400, height=400, bg="#F1E9D0", relief="solid")
13  def can():
14      rect=canvas.create_rectangle(4,4,400,385,outline="red",width=2)
15      line1=canvas.create_line(2,198,400,198,dash=(2,2),fill="red")
16      line2=canvas.create_line(198,2,198,400,dash=(2,2),fill="red")
17      line3=canvas.create_line(0,0,400,400,dash=(2,2),fill="red")
18      line4=canvas.create_line(0,400,400,0,dash=(2,2),fill="red")
19      canvas.pack(side="bottom")
20      canvas.bind("<B1-Motion>",draw)
21  Button(win,text="清屏",command=delete1).pack(side="bottom")
22  can()
23  win.mainloop()
```

运行程序，初始效果如图 8.13 所示。然后在窗口中拖动鼠标写文字，效果如图 8.14 所示。

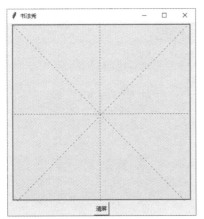
图 8.13　初始运行效果

图 8.14　拖动鼠标绘制文字

8.4　canvas 组件设计动画

canvas 组件不仅可以绘制基本图形和图像，还可以设计动画，而设计动画主要通过移动或改变 canvas 画布组件中元素的坐标来实现。移动和改变坐标主要通过两个方法，分别是 move() 和 coords()，具体方法如下：

- move(ID,x,y)：表示将 ID（ID 为 canvas 中需要移动的形状的编号）水平方向向右移动 x 单位长度，垂直向下移动 y 单位长度。
- coords(shape,x1,y1,x2,y2)：相当于重新设置所绘制图形的坐标。shape 为所修改的形状的名称。

除此之外，每当元素的位置改变，需要强制刷新窗口中的内容，强制刷新窗口的方法是 update()。

实例 8.10　　　　　实现游戏小猫钓鱼　　　　　实例位置：资源包 \Code\08\10

在画布中添加小猫和鱼，单击"开始"按钮时，鱼开始来回水平游动，当用户单击"钓鱼"按钮时，小猫向上移动到与鱼儿同一水平位置，如果小猫和鱼重合，则小猫钓鱼成功，否则钓鱼失败。具体步骤如下：

① 导入相关模块，然后在窗口中添加小猫和鱼等元素，具体代码如下：

```
01  from tkinter import *
02  from tkinter.messagebox import *
03  import time
04  win = Tk()
05  win.title("小猫钓鱼")
06  win.geometry("400x400")
07  canvas = Canvas(win, width=400, height=320, relief="solid",bg="#E7D2BB")
08  cat1=PhotoImage(file="cat.png")
09  fish1=PhotoImage(file="fish.png")
10  fish2=PhotoImage(file="fish1.png")
11  fish=canvas.create_image(350,50,image=fish1)           # 绘制鱼
12  cat=canvas.create_image(150,250,image=cat1)            # 绘制小猫
13  canvas.grid(row=0,column=0,columnspan=2)
14  btn=Button(win,text="开始",command=move_fish).grid(row=1,column=0)
15  Button(win,text="钓鱼",command=catch_fish).grid(row=1,column=1)
16  win.mainloop()
```

② 通过 coords() 方法让鱼游动，然后通过 sleep() 方法让鱼每隔 0.1 秒移动 step，再通过 update() 方法强制刷新窗口。在步骤①的第 3 行代码后面添加如下代码：

```
01  x1=350                                                 # 鱼的初始水平坐标
02  step=2
03  op=1                                                   # 控制鱼向左移动或者向右移动
04  bar=1                                                  # 当 bar=0 时，鱼不再游动
05  def move1():
06      global bar
07      bar=1
08      global  x1
09      global fish
10      global op
11      if(x1>=350):                                       # 如果鱼的坐标在最右侧，则设置鱼的移动方向为向左
12          op=-1
13          canvas.delete(fish)
14          fish = canvas.create_image(x1, 50, image=fish1)
15      if(x1<=0):                                         # 如果鱼的坐标在最左侧，则鱼的移动方向为向右
16          op=1
17          canvas.delete(fish)
18          fish = canvas.create_image(x1, 50, image=fish2)
19      x1=x1+op*step
20      canvas.coords(fish,(x1,50))
21  def move_fish():                                       # 鱼持续游动
22      while bar:
23          move1()                                        # 鱼游动
24          time.sleep(0.1)                                # 每隔 0.1s 移动一次
25          win.update()                                   # 更新页面
```

③ 当玩家单击按钮"钓鱼"按钮时，将猫移动到最上方，然后判断小猫是否抓到鱼。在步骤②的代码后面直接添加如下代码：

```
01  def catch_fish():
02      canvas.coords(cat, (150, 50))
03      global bar
04      bar = 0                                            # 鱼停止游动
05      if abs(x1-50)<=160 and abs(x1-50)>=40:             # 160 和 40 为小猫与鱼之间的距离
06          showinfo("成功钓鱼","恭喜,钓到一条鱼")
07      else:
08          showinfo("钓鱼失败","哇喔,钓鱼失败哦")
```

运行程序，初始效果如图 8.15 所示。如图 8.16 所示为小猫钓鱼失败的效果图。

图 8.15　初始运行效果　　　　图 8.16　小猫钓鱼失败效果图

8.5　综合案例——碰壁的小球

（1）案例描述

本案例使用 canvas 制作一个高级动画，即小球在封闭的空间内一直旋转并且不断碰壁的动画。运行本程序，初始效果如图 8.17 所示，单击按钮"开始"可看到画布中出现一个小球，效果如图 8.18 所示。

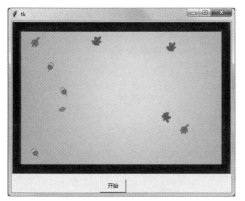
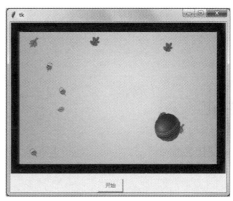

图 8.17　初始运行效果　　　　图 8.18　小球动画

（2）实现代码

① 在窗口中创建画布并添加按钮，同时为画布添加背景，具体代码如下：

```
01 from tkinter import *
02 from PIL import Image, ImageTk              # 需要旋转图片，所以引入这两部分
03 import random                                # 需要随机设置小球的初始位置
04 import math
05 wid = 500                                    # 画布的宽度
06 hig = 340                                    # 画布的高度
07 win = Tk()
08 win.geometry("500x380")
09 canvas = Canvas(win)
10 canvas.place(x=0, y=0, width=wid, height=hig)
11 bg = ImageTk.PhotoImage(file="bgball.png")
12 canvas.create_image(wid, hig, image=bg, anchor="se")  # 绘制背景图片
13 btn = Button(win, text="开始", command=ball)           # 添加按钮
14 btn.place(x=200, y=hig + 10, width=60, height=30)
15 win.mainloop()
```

② 创建一个 ball 类，并且在该类中定义相关的属性以及方法，实现小球的移动动画以及碰壁、旋转等功能，具体在步骤①的第 6 行代码下添加如下代码：

```
01  class ball():
02      def __init__(self):
03          btn.config(state="disabled")                               # 单击按钮后，将按钮设为禁用状态
04          self.x1 = random.randint(50, 90)                           # 随机生成小球的初始坐标
05          self.y1 = random.randint(50, 90)
06          self.img1 = Image.open("ball1.png")
07          self.dig = 0                                               # 初始角度
08          self.img = ImageTk.PhotoImage(self.img1.rotate(self.dig))  # 通过 rotate() 设置旋转角度
09          self.speed_x = 5                                           # 小球的水平移动速度
10          self.speed_y = 5                                           # 小球的垂直移动速度
11          self.balls = canvas.create_image(self.x1, self.y1, image=self.img)    # 绘制小球
12          self.move()                                                # 实现小球移动效果
13      def move(self):
14          canvas.delete(self.balls)                                  # 删除绘制的小球
15          self.dig += 5                                              # 重新设置旋转角度
16          # 通过 PhotoImage() 将小球变形，然后再绘制小球
17          self.img = ImageTk.PhotoImage(self.img1.rotate(self.dig))
18          # 小球是否碰壁以及碰壁后的移动方向
19          if self.dig >= 360:
20              self.dig = 0
21          if self.x1 < 60:
22              self.speed_x = math.fabs(self.speed_x)
23          if self.x1 + 65 > wid:
24              self.speed_x = -self.speed_x
25          if self.y1 < 60:
26              self.speed_y = math.fabs(self.speed_y)
27          if self.y1 + 65 > hig:
28              self.speed_y = -self.speed_y
29          self.x1 += self.speed_x
30          self.y1 += self.speed_y
31          # 重新绘制小球
32          self.balls = canvas.create_image(self.x1, self.y1, image=self.img)
33          win.after(50, self.move)
```

8.6 实战练习

在 tkinter 窗口中绘制有籽西瓜，运行效果如图 8.19 所示。

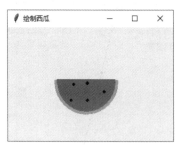

图 8.19 绘制有籽西瓜

小结

本章主要介绍 tkinter 模块中 canvas 组件的使用，首先介绍了如何在窗口中创建画布，然后介绍在画布中使用基本图形，包括线条、矩形、圆弧、椭圆、圆弧与扇形、多边形、文字以及图像，最后通过实例介绍了使用鼠标作画以及在窗口中实现动画。学完本章后，读者可以在窗口中绘制一些简单的图形图像，并且可以设计简单的动画效果。

第 9 章 鼠标键盘事件处理

在 Python GUI 编程中，组件响应事件处理是常用操作，那么 tkinter 模块中事件的类型有哪些？绑定事件的方式有几种？相信每一个学习 tkinter 模块的程序员都会有这些疑问。本章将详细介绍 tkinter 模块中鼠标键盘事件的处理。

本章知识架构如下：

9.1 鼠标事件

无论是上网还是玩游戏，当用户通过鼠标、键盘等游戏控制设备与图形界面交互时，就会触发事件。tkinter 中定义事件时，通常将事件名称放置在尖括号"< >"中。tkinter 模块中为组件定义绑定事件的通用语法如下：

```
Widget.bind(event,handle)
```

其中，Widget 为事件的来源，可以是 root 窗口，也可以是窗口中的组件等；event 为具体的事件；handle 为事件处理程序。例如，实现鼠标左键单击 label 组件时，执行 click() 方法，其代码如下：

```
label.bind("<Button-1>",click)
```

tkinter 模块中鼠标相关事件及其含义如表 9.1 所示。

表 9.1　鼠标相关事件及其含义

事件	含义
<Button-1>	单击鼠标左键
<Button-2>	单击鼠标中间键
<Button-3>	单击鼠标右键
<Button-4>	向上滚动滑轮
<Button-5>	向下滚动滑轮
<B1-Motion>	按下鼠标左键并拖动鼠标
<B2-Motion>	按下鼠标中键并拖动鼠标
<B3-Motion>	按下鼠标右键并拖动鼠标
<ButtonRelease-1>	释放鼠标左键
<ButtonRelease-2>	释放鼠标中键
<ButtonRelease-3>	释放鼠标右键
<Double-Button-1>	双击鼠标左键
<Double-Button-2>	双击鼠标中键
<Double-Button-3>	双击鼠标右键
<Enter>	鼠标进入控件
<Leaver>	鼠标移出控件

> **说明**
>
> 表 9.1 所示的事件中，当事件发生时，鼠标相对控件的位置会被存入事件对象 event 的 x 和 y 变量，所以在绑定的回调函数中，即使不需要鼠标的位置，也应该接受 event 参数，否则会发生错误。

例如，在窗口中添加一个 Label 组件，当鼠标进入该组件时，立刻显示文字；当鼠标离开组件时，则隐藏 Label 组件中的文字。具体代码如下：

```
01  def show1(event):                              # 显示文字
02      label.config(text=" 我是 Label 组件 ")
03  def hidden1(event):                            # 隐藏文字
04      label.config(text="")
05  from tkinter import *
```

```
06 win=Tk()
07 label=Label(win,bg="#C5E1EF",width=20,height=3)
08 label.pack(pady=20,padx=20)
09 label.bind("<Enter>",show1)                    # 绑定鼠标进入事件
10 label.bind("<Leave>",hidden1)                  # 绑定鼠标离开事件
11 win.mainloop()
```

运行程序，效果如图 9.1 和图 9.2 所示。

图 9.1　鼠标进入 Label 组件，显示文字

图 9.2　鼠标离开 Label 组件，隐藏文字

9.2　键盘事件

绑定键盘事件与绑定鼠标事件的语法类似，所以此处直接介绍 tkinter 模块中常见的键盘事件列表及其含义，具体如表 9.2 所示。

表 9.2　tkinter 模块中键盘事件列表及其含义

参数	含义
<FocusIn>	键盘进入组件
<FocusOut>	键盘离开组件
<Key>	按下某键，键值会作为 event 对象参数被传递
<Shift-Up>	同时按住 <Shift> 键和 <Up> 键
<Alt-Up>	同时按下 <Alt> 键和 <Up> 键
<Control-Up>	同时按下 <Ctrl> 键和 <Up> 键

例如，输入文字时，统计多行文本框中的字数，具体代码如下：

```
01 def prt(event):
02     le = len(text.get("0.0", END))
03     label.config(text=str(le))
04 from tkinter import *
05 win = Tk()
06 text = Text(win, width=20, height=5)
07 text.pack()
08 label = Label(win)
09 label.pack()
10 text.bind("<Key>", prt)                        # 绑定键盘事件
11 win.mainloop()
```

运行效果如图 9.3 所示。

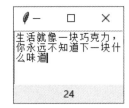
图 9.3　输入文字时，统计文字数量

实例 9.1 模拟贪吃蛇游戏中通过键盘控制蛇的移动方向

实例位置：资源包 \Code\09\01

在画布中添加 5 个小方块模拟贪吃蛇形象，然后实现通过键盘的方向键控制贪吃蛇向指定方向移动。具体实现步骤如下：

① 首先定义蛇头的初始位置、组成蛇身体的方块的数量等，以便于修改，具体代码如下：

```
01 w=10                                          # 蛇体由小正方形组成，w 为正方形的边长
02 x1 = 0                                        # 蛇头的初始位置
03 y1 = 10
04 num=5                                         # 初始状态的蛇由 5 个方块组成
05 step=10                                       # 蛇移动的单元距离
```

② 创建窗口，并且在窗口中添加"蛇"，同时为窗口绑定键盘事件。具体代码如下：

```
01 # 键盘事件
02 from tkinter import *
03 win = Tk()
04 # 贪吃蛇
05 snake=[]
06 for i in range(num):
07     item1 = Frame(width=10, height=10, bg="#86E7DD")
08     snake.append(item1)
09     item1.place(x=x1, y=y1+i*w)
10 snake[0].config(bg="#E7869D")
11 win.bind("<Up>",up1)                          # 绑定事件
12 win.bind("<Down>",down1)
13 win.bind("<Left>",left1)
14 win.bind("<Right>",right1)
15 win.mainloop()
```

③ 编写 up1()、down1() 等方法，分别实现蛇向上、下、左、右四个方向移动，在步骤①和步骤②之间添加如下代码：

```
01 # 单击上键，鼠标向上移动
02 def up1(event):
03     for index,ch in enumerate(snake):
04         ind=len(snake)-index-1
05         if ind==0:                                           #蛇头的移动
06             snake[ind].place(x=xx(snake[ind]),y=yy(snake[ind])- step)
07         else:                                                #蛇身体的移动
08             snake[ind].place(x=xx(snake[ind - 1]),y=yy(snake[ind - 1]))
09 # 单击下键，鼠标向下移动
10 def down1(event):
11     for index,ch in enumerate(snake):
12         ind=len(snake)-index-1
13         if ind==0:
14             snake[ind].place(x=xx(snake[ind]),y=yy(snake[ind])+ step)
15         else:
16             snake[ind].place(x=xx(snake[ind - 1]),y=yy(snake[ind - 1]))
17 def left1(event):                                            # 单击左键，鼠标向左移动
18     for index,ch in enumerate(snake):
19         ind=len(snake)-index-1
20         if ind==0:
21             snake[ind].place(x=xx(snake[ind]) - step, y=yy(snake[ind]))
22         else:
23             snake[ind].place(x=xx(snake[ind - 1]),y=yy(snake[ind - 1]))
24 def right1(event)    :                                       # 单击右键，鼠标向右移动
25     for index,ch in enumerate(snake):
```

```
26          ind=len(snake)-index-1
27          if ind==0:
28              snake[ind].place(x=xx(snake[ind])+ step,y=yy(snake[ind]))
29          else:
30              snake[ind].place(x=xx(snake[ind - 1]),y=yy(snake[ind - 1]))
31  # 避免重复代码，通过 xx(moudle) 和 yy(moudle) 方法获取指定组件 module 的当前位置
32  def xx(module):
33      return int(module.winfo_geometry().split("+")[1])
34  def yy(module):
35      return int(module.winfo_geometry().split("+")[2])
```

运行程序，可以在窗口中看到一条静止的贪吃蛇，如图 9.4 所示。每按一次键盘上的方向键，贪吃蛇就会向对应方向移动一个单元格，例如，按键盘右键时的运行效果如图 9.5 所示。

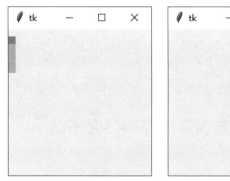

图 9.4　贪吃蛇初始效果　　图 9.5　贪吃蛇移动效果

9.3　绑定多个事件处理程序

前面介绍了如何为组件绑定事件，实际上，bind() 方法中还有一个可选的参数 "add"，其参数值可以为空字符串（默认值）或 "+"。当参数值为空字符串时，表示当前绑定的事件处理程序将替代与该组件相关联的其他事件处理程序；当参数值为 "+" 时，则表示将此处理程序添加到此事件类型的函数列表中。

例如，为按钮分别绑定了三个方法 fg1()、bg() 和 font()，这三个函数分别设置了按钮的前景颜色、背景颜色以及字号。具体代码如下：

```
01  def fg1():
02      button.config(fg="red")                             # 设置文字颜色
03  def bg(event):
04      button.config(bg="#ABE1DB")                         # 设置背景颜色
05  def font(event):
06      button.config(font="14")                            # 设置字号
07  from tkinter import *
08  win=Tk()
09  button=Button(win,text=" 按钮 ",command=fg1)            # 绑定 fg1 函数
10  button.bind("<Button-1>",bg,add="+")                    # 绑定 bg1 函数
11  button.bind("<Button-1>",font,add="+")                  # 绑定 font 函数
12  button.pack(pady=10)
13  win.mainloop()
```

运行程序，初始效果如图 9.6 所示，单击窗口中的按钮，效果如图 9.7 所示。而去掉上面代码中第 11 行的 add="+"，再次运行程序，效果如图 9.8 所示。

通过对比图 9.7 和图 9.8 可以看出，去掉了第 11 行代码中的 add="+"，第 10 行代码并没有起作用，这是因为第 11 行处理程序替代了第 10 行的处理程序。

图9.6　初始运行效果

图9.7　绑定多个事件处理程序

图9.8　绑定多个事件处理程序（去掉add属性）

9.4　取消事件的绑定

绑定事件可以通过bind()方法来实现，而取消绑定事件，则是通过unbind()方法来实现。例如，取消为label绑定的鼠标左键单击事件，其代码如下：

```
label.unbind("<Button-1>")
```

实例9.2　键盘控制方块只能在窗口内移动　　实例位置：资源包\Code\09\02

实现通过键盘上的方向键控制方块按照指定方向移动，并且当方块移动到窗口边缘时，方块不再移动。具体步骤如下：

① 在页面中添加方块，并且为窗口绑定键盘事件，具体代码如下：

```
01  from tkinter import *
02  win = Tk()
03  win.geometry("300x200")
04  win.resizable(0, 0)
05  frame = Frame(width=40, height=40, bg="#E2ABE5")
06  frame.place(x=0, y=0)
07  win.bind("<Up>", up1)                               # 绑定事件
08  win.bind("<Down>", down1)
09  win.bind("<Left>", left1)
10  win.bind("<Right>", right1)
11  win.mainloop()
```

② 编写up1()、down1()、left1()以及right1()等方法，实现方块移动，并且判断当方块移动到窗口边缘时，取消绑定事件。在步骤①代码上方添加如下代码：

```
01  step = 5
02  def up1(event):
03      # 如果组件贴近窗口的上边缘，则取消绑定键盘事件
04      if (yy(frame) <= 0):
05          win.unbind("<Up>")
06      else:
07          frame.place(x=xx(frame), y=yy(frame) - step)
08  # 单击下键，鼠标向下移动
09  def down1(event):
10      # 如果组件贴近窗口的下边缘，则取消绑定键盘事件
11      if (yy(frame) >= 160):
12          win.unbind("<Down>")
13      else:
14          frame.place(x=xx(frame), y=yy(frame) + step)
15  def left1(event):                                   # 单击左键，鼠标向左移动
16      if xx(frame) <= 0:
```

```
17          win.unbind("<Left>")
18      else:
19          frame.place(x=xx(frame) - step, y=yy(frame))
20  def right1(event):                                          # 单击右键，鼠标向右移动
21      if xx(frame) >= 260:
22          win.unbind("<Right>")
23      else:
24          frame.place(x=xx(frame) + step, y=yy(frame))
25  # 避免重复代码，通过 xx(moudle) 和 yy(moudle) 方法获取指定组件的当前位置
26  def xx(module):
27      return int(module.winfo_geometry().split("+")[1])
28  def yy(module):
29      return int(module.winfo_geometry().split("+")[2])
```

运行程序，可看到窗口内有一个方块，通过键盘上的方向键可以控制方块的移动，如图 9.9 所示为按下键盘右键控制方块向右移动的效果，当方块的边缘贴近窗口边缘时，方块不再移动，如图 9.10 所示。

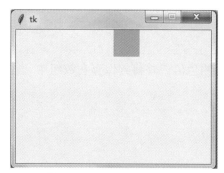
图 9.9　控制方块向右移动

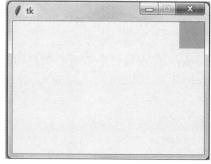
图 9.10　方块贴近右侧窗口时不再向右移动

9.5　综合案例——找颜色眼力测试游戏

（1）案例描述

在 10×10 的彩色方格中，有一个方格的颜色与众不同，找出该方块即可进入下一关。运行程序，效果如图 9.11 所示，单击颜色与众不同的方块，即可进行下一关，如图 9.12 所示。

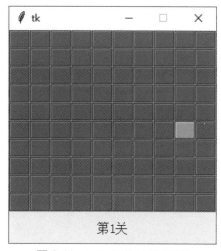
图 9.11　找颜色眼力测试游戏

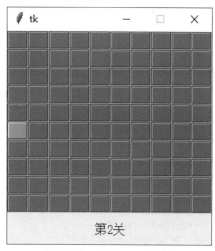
图 9.12　进入下一关游戏

(2) 实现代码

① 首先添加窗口，再通过 for 循环在窗口中添加 100 个小方块，并且为方块统一添加背景颜色，然后从中随机选择一个方块重新设置背景颜色。并且为该方块绑定鼠标左键单击事件。具体代码如下：

```
01  from tkinter import *
02  import random
03  win = Tk()
04  win.geometry("270x270")
05  win.resizable(0,0)
06  sqareBox=[]                                                 # 将方块存储在列表中
07  colorBox=col()
08  for i in range(10):                                         # i 表示行
09      for j in range(10):                                     # j 表示列
10          label=Label(win,width=3,height=1,bg=colorBox[0],relief="groove")
11          sqareBox.append(label)                              # 将组件添加到列表中
12          label.grid(row=i,column=j)
13  sqareBox[inde].config(bg=colorBox[1])
14  sqareBox[inde].bind("<Button-1>",panduan)                   # 为颜色与众不同的方块添加单击事件
15  level=Label(win,text=" 第 1 关 ",font=14)
16  level.grid(row=11,column=0,columnspan=10,pady=10)
17  win.mainloop()
```

② 编写方法 col()，实现随机生成两个相近的颜色的色值，并将其保存在数组中。在步骤①的第 2 行代码下方添加如下代码：

```
01  num=1     # 第多少关
02  # 随机设置颜色与众不同的方块（下面简称方块 A）的索引
03  inde=random.randint(0, 99)
04  # 随机设置颜色
05  def col():
06      arr=["0","1","2","3","4","5","6","7","8","9","A","B","C","D","E","F"]
07      # 为保证颜色相近，color1+color2 为多数方块的颜色，color1+color3 为方块 A 的颜色
08      color1=""
09      color2=""
10      color3=""
11      for i in range(4):
12          color1+=arr[random.randint(0,15)]
13      for i in range(2):
14          color2+=arr[random.randint(0,15)]
15      for i in range(2):
16          color3+=arr[random.randint(0,15)]
17      colorArr = []    # 将两种颜色保存到列表里
18      colorArr.append("#"+color1+color2)
19      colorArr.append("#"+color1+color3)
20      return colorArr
```

③ 编写 panduan() 方法，实现当用户找到颜色与众不同的方块时，自动进入下一关，并且更新当前的关数，在步骤②下方添加如下代码：

```
01  def panduan(event):
02      global num
03      num+=1     # 当前游戏关数加 1
04      level.config(text=" 第 "+str(num)+" 关 ")
05      # 每刷新一次就需要获取一次方块 A 的索引
06      inde = random.randint(1, 100)
07      # 获取所有方块的颜色
08      colorBox=col()
09      for i in sqareBox:
10          i.config(bg=colorBox[0])
11      sqareBox[inde].config(bg=colorBox[1])
12      # 重新为方块 A 绑定鼠标单击事件
13      sqareBox[inde].bind("<Button-1>",panduan)
```

9.6 实战练习

为多个 Label 组件一键添加颜色,实现单击按钮"一键着色"时,改变窗口中的奇数个方块和偶数个方块的颜色。运行程序,初始效果如图 9.13 所示。单击按钮"一键着色",效果如图 9.14 所示。

图 9.13　初始运行效果

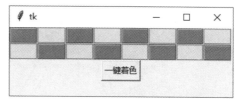
图 9.14　单击"一键着色"的效果

小结

本章主要介绍 tkinter 中常用的事件,而在介绍事件之前,列举了常见的鼠标事件以及键盘事件,然后依次介绍了如何绑定单个事件与多个事件,以及如何取消绑定事件。学完本章以后,读者可以对窗口中的组件添加相应的事件以实现更多的功能。

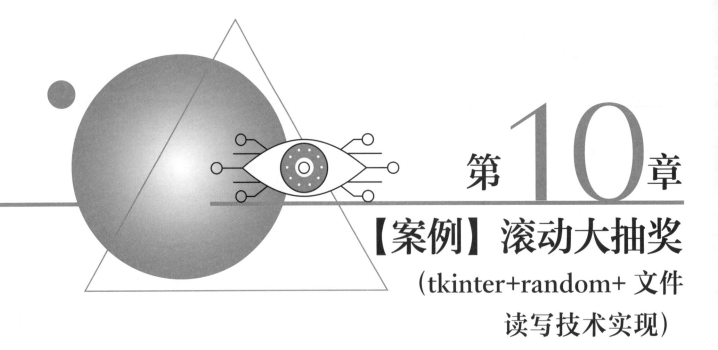

第 10 章

【案例】滚动大抽奖

(tkinter+random+ 文件读写技术实现)

扫码领取
· 教学视频
· 配套源码
· 练习答案
· ……

抽奖环节是很多活动中必不可少的一个环节,而抽奖程序主要有通过程序抽奖和借助道具进行抽奖。通过程序抽奖是非常常见的一种抽奖形式,本章则使用 tkinter 来实现滚动抽奖的程序。

10.1 案例效果预览

运行本程序,可看到初始效果如图 10.1 所示,单击窗口中的"立即抽奖"按钮,窗口中开始滚动显示参与抽奖的昵称,当再次单击"立即抽奖"按钮时,滚动动画停止,窗口中显示的昵称即为中奖昵称,如图 10.2 所示。

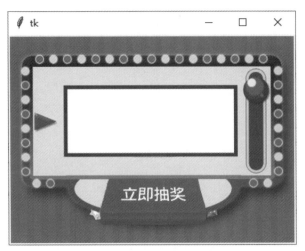

图 10.1 初始运行效果

图 10.2　开始抽奖时运行效果

10.2　案例准备

本系统的软件开发及运行环境具体如下：
- 操作系统：Windows 10。
- 语言：Python 3.9.6。
- 开发环境：PyCharm。
- 开发模块：tkinter、random。

10.3　业务流程

实现本案例之前，首先了解实现本案例的整体思路。根据本案例的功能以及实现思路，设计如图 10.3 所示的业务流程图。

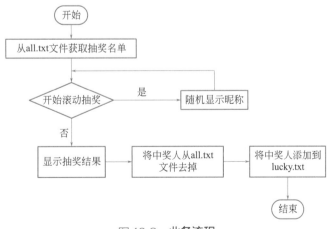

图 10.3　业务流程

10.4 实现过程

10.4.1 实现窗口布局

通过前面的讲解，相信有不少人发现为窗口设置背景颜色很容易，但要为窗口设置背景图片，就比较困难，所以本案例中使用画布 canvas 组件来为窗口设置背景图片以及添加按钮图片。具体步骤如下：

① 首先在文件开头引入相关模块，并且定义变量，定义根窗口，由于本案例中的背景和按钮都是图片，所以还需要创建图片对象，具体代码如下：

```
01  from tkinter import *
02  import random
03
04  win = Tk()                                              # 根窗口
05  win.geometry("380x270")
06  bg_img = PhotoImage(file="bg.png")                      # 背景图片对象
07  btn_img = PhotoImage(file="button.png")                 # 按钮图片对象
08
09  temp = ""                                               # 当前昵称
10  timer = ""                                              # 定时器
11  boo = False                                             # 抽奖未开始
12
13  win.mainloop()
```

② 在窗口中添加画布，然后绘制背景图片以及按钮图片，并且需要为按钮图片绑定单击事件。在步骤①的第 12 行代码处添加如下代码：

```
01  canvas = Canvas(win, width=380, height=270)
02  canvas.pack()
03  bg = canvas.create_image(190, 135, image=bg_img)                    # 添加背景
04  btn = canvas.create_image(190, 215, image=btn_img)                  # 添加按钮
05  re = canvas.create_text(190, 110, text="", font="宋体 16 bold")      # 显示结果
06  canvas.tag_bind(btn, "<Button-1>", callback)
```

此时，窗口的布局已经完成，其运行效果与图 10.1 相同，只是因为未编写 callback() 方法，所以单击按钮时，会出现错误。

> **说明**
>
> 前面介绍为组件绑定事件使用 bind() 方法，这里为画布中的元素绑定事件时使用的是 tag_bind() 方法，该方法中的第一个参数为绑定事件的对象（画布中绑定事件的元素），后两个参数与 bind() 方法中的参数含义相同。

10.4.2 实现滚动抽奖

要实现滚动抽奖动画，离不开 after() 方法，该方法类似于定时器，可以实现每间隔一段时间调用一次方法；而要让动画"停下来"，就必须要清除定时器，清除定时器的方法为 after_cancel()。本案例中实现滚动抽奖动画的代码如下所示：

```
01  def comeon():    # 滚动抽奖
02      global timer, temp
03      i = random.randint(0, len(box) - 1)
04      temp = box[i]
05      canvas.itemconfigure(re, text=temp)
06      timer = win.after(100, comeon)
```

> 说明
>
> comeon() 方法中，只实现了滚动抽奖，而停止抽奖的功能则在 callback() 方法中。

10.4.3 实现不重复中奖

既然是抽奖程序，那么中奖者不能重复是一个很关键的问题，这就需要将所有的中奖者保存起来，以便于下一次抽奖时，比对其是否已经中奖，所以本案例中创建了两个文本文件 all.txt 和 lucky.txt，分别用于存储所有参与抽奖的人名单和已中奖的人名单。具体步骤如下：

① 读取 all.txt 文件，将该文件中的参与抽奖名单转换为列表，抽奖时，从该列表中随机选择名称。具体代码如下：

```
01  with open("all.txt", "r", encoding="utf-8") as file1:    # 读取原文件
02      text1 = file1.readlines()                             # 读取文件
03      box = text1[0].split(" ")                             # 将名称以空格分割，然后存储为列表
```

② 编写 callback() 方法，实现抽奖功能。在该方法中首先判断中奖是否开始或停止（判断 boo 的值为 True 还是 False），若中奖停止，那么当前窗口中显示的名称为中奖昵称，为了保证不重复中奖，需要读取 all.txt 文件，从该文件中删除中奖人昵称，同时向 lucky.txt 文件中写入中奖人昵称。具体代码如下：

```
01  def callback(event):                                      # 单击开始时，滚动显示昵称，再次单击时暂停
02      global timer, boo, re3, box, i, temp
03      if not boo:
04          comeon()
05          boo = True
06      else:
07          timer = win.after_cancel(timer)
08          box.remove(temp)
09          with open("all.txt", "w", encoding="utf-8") as file1:    # 从 all 文件中删除中奖人
10              for k in box:
11                  file1.write(" " + k)
12          with open("lucky.txt", "a", encoding="utf-8") as file2:  # 将中奖昵称写入 lucky.txt
13              file2.write(temp + " ")
14          boo = False
```

小结

本章主要介绍了案例——滚动大抽奖，该案例主要使用了 canvas 组件、random、定时器以及读写文件操作。其中 canvas 组件设置窗口的背景、抽奖按钮以及显示中奖昵称；random 用于随机抽取中奖者；而使用文件存储参与者和中奖者则是为了防止重复中奖。

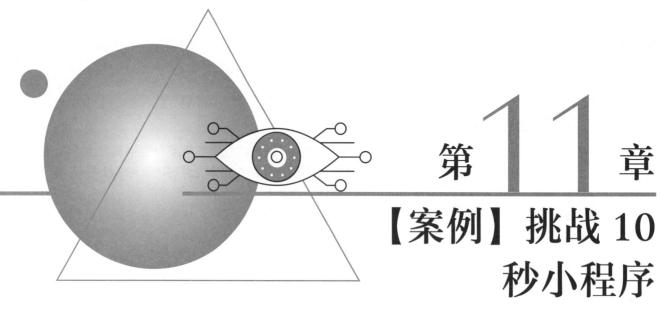

第11章

【案例】挑战10秒小程序

（tkinter+random+messagebox+ 计时器实现）

扫码领取
- 教学视频
- 配套源码
- 练习答案
- ……

挑战10秒是近年来比较火热的一项活动，该活动需要挑战者开始计时后，认为到达10秒后，立即按下开关，如果时间为正好10秒，则挑战成功，反之挑战失败。本章将使用tkinter来实现这样一个程序。

11.1 案例效果预览

运行本程序，挑战失败的效果如图11.1所示，由于挑战10秒整难度确实太大，可以放宽条件，只要时间整数部分为10秒就表示挑战成功，效果如图11.2所示。

11.2 案例准备

本系统的软件开发及运行环境具体如下：
- 操作系统：Windows 10。
- 语言：Python 3.9.6。
- 开发环境：PyCharm。
- 开发模块：tkinter、random、messagebox。

图 11.1 挑战失败

图 11.2 挑战成功

11.3 业务流程

实现本案例之前，首先了解实现本案例的业务流程。根据本案例的功能以及业务流程图，设计如图 11.3 所示的业务流程图。

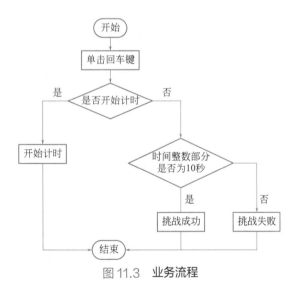
图 11.3 业务流程

11.4 实现过程

11.4.1 实现窗口布局

① 首先引入 tkinter 模块和 messagebox 模块，然后定义相关变量以及根窗口，并且设置根窗口的大

小。具体代码如下：

```
01 from tkinter import *
02 import random
03 from tkinter.messagebox import showinfo
04 temp = 0                                          # 初始时间
05 timer = ""                                        # 定时器
06 boo = False                                       # 计时未开始
07 rans = [100, 80, 60, 40]                          # 时间间隔
08 win = Tk()
09 win.title(" 挑战 10 秒小程序 ")
10 win.geometry("527x751")                           # 设置窗口大小
```

② 在窗口中添加画布，然后绘制背景图像，并且绘制文字元素用以显示时间。在步骤①的第 7 行代码下面添加如下代码：

```
01 bg = PhotoImage(file="bg.png")
02 canvas = Canvas(win, width=527, height=751)                                    # 添加画布
03 canvas.create_image(0, 0, image=bg, anchor=NW)                                 # 绘制背景图像
04 text = canvas.create_text(210, 100, text="0.000", anchor=NW, font=(" 宋体 ", 40))  # 绘制文字，显示计时时间
05 canvas.pack()
06 win.bind("<Return>", ready)                                                    # 为画布绑定键盘事件，单击回车键时挑战开始或者停止
```

此时，窗口的布局已经完成，其运行效果如图 11.4 所示。

图 11.4　初始运行效果图

> 说明
>
> 要运行上面的程序，需要编写一个空的 ready() 方法，否则直接运行程序时会报错。

11.4.2 判断挑战开始与结束和挑战结果

在该程序中，按下回车键可以开始计时或者停止计时，所以当按下回车键时，需要判断挑战已经开始或者停止。如果挑战开始后，再按下回车键时，则挑战停止，此时需要判断挑战的结果；反之表示开始进行挑战，那么此时开启计时器。具体代码如下：

```
01  def ready(event):
02      global timer, boo, temp
03      if boo:                                          # 挑战开始
04          timer = win.after_cancel(timer)              # 挑战结束，关闭定时器
05          if int(temp) == 10:                          # 时间为 10 秒，则挑战成功
06              showinfo(" 挑战成功 ", " 恭喜，挑战成功，您在本店的消费可全部免单 ")
07          else:
08              showinfo(" 挑战失败 ", " 啊哦！挑战失败，没有中奖 ")
09          boo = False                                  # 重置 boo,temp 和窗口中显示的时间
10          temp = 0
11          canvas.itemconfig(text, text="0.00")
12      else:
13          anim()                                       # 调用倒计时函数
14          boo = True                                   # 重置 boo
```

11.4.3 实现计时功能

实现计时功能是通过 after() 方法实现每隔一定时间就将时间加 0.001 秒（1 毫秒），并且将时间显示在窗口中。具体代码如下：

```
01  def anim():                                          # 计时
02      global timer, temp
03      num = random.choice(rans)
04      print(num)
05      temp += 0.02
06      temp = round(temp, 2)                            # 将时间格式化为两位小数的浮点数
07      canvas.itemconfig(text, text=temp)               # 将时间显示在窗口中
08      timer = win.after(num, anim)
```

▽ 小结

本章主要介绍了一个挑战 10 秒的小程序，该案例主要使用了 tkinter 模块 canvas 组件和 Messagebox 模块，其中 canvas 用于显示窗口背景以及时间，messagebox 模块用于提醒用户挑战的结果，也使用计时器实现了挑战过程中的计时功能。

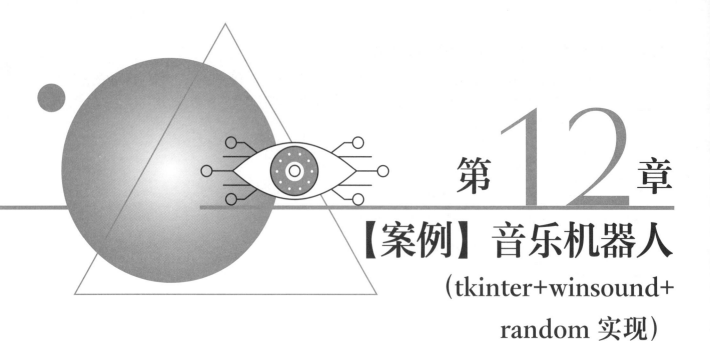

第12章
【案例】音乐机器人
(tkinter+winsound+random 实现)

扫码领取
- 教学视频
- 配套源码
- 练习答案
- ……

音乐机器人是一个使用 python 实现的自动播放音乐的程序，该程序可以在用户指定的时间随机播放音乐，并且播放音乐时用户可以手动关闭该程序。

12.1　案例效果预览

本案例主要实现指定时间自动播放音乐，运行本程序，可看到初始效果如图 12.1 所示，此时窗口会播放语音询问用户几秒后播放音乐，用户在左侧的文本框内输入文本后，按下回车键，窗口开始倒计时，效果如图 12.2 所示，倒计时结束后，窗口中随机播放音乐，用户也可以单击"关闭"按钮关闭该程序，如图 12.3 所示。

图 12.1　输入播放时间

图 12.2　开始倒计时

图 12.3　播放音乐并可以关闭程序

12.2　案例准备

本系统的软件开发及运行环境具体如下：
- 操作系统：Windows 10。
- 语言：Python 3.9.6。
- 开发环境：PyCharm。
- 开发模块：tkinter、winsound、random、messagebox。

12.3　业务流程

实现本案例之前，首先了解实现本案例的业务流程。根据本案例的功能以及业务流程图，设计如图 12.4 所示的业务流程图。

12.4　实现过程

12.4.1　实现窗口布局

① 引入相关模块，具体有 tkinter 模块、messagebox 模块、

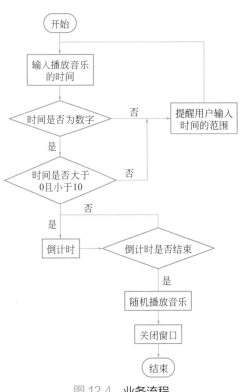

图 12.4　业务流程

winsound 模块以及 random 模块，然后添加根窗口，并且设置窗口的大小、标题以及将窗口最大化。具体代码如下：

```
01 from tkinter import *
02 from tkinter.messagebox import *
03 import winsound
04 import random
05
06 win = Tk()
07 win.geometry("1920x1080+0+0")
08 win.state("zoomed")
09 win.title(" 音乐机器人 ")
```

② 创建图片对象，本案例中涉及的图片有背景图片（bg0.png）、气泡（pao.png）、关闭（quit.png）以及倒计时数字（bg1.png ～ bg12.png），分别为它们创建图片对象，并且将倒计时图片对象放进列表中。代码如下：

```
01 imgbox = []
02 # 倒计时数字图片对象
03 for i in range(0, 11):
04     img = PhotoImage(file="image/bg" + str(i) + ".png")
05     imgbox.append(img)
06 quit1=PhotoImage(file="image/quit.png")          # 关闭窗口图片对象
07 imgbox.append(quit1)                              # 添加关闭按钮
08 pao = PhotoImage(file="image/pao.png")            # 聊天气泡图片对象
```

③ 实现窗口布局，在窗口中添加背景图片、聊天气泡以及文本框，并且为文本框绑定鼠标事件，最后实现打开该窗口时，播放语音，询问用户几秒后播放音乐。具体代码如下：

```
01 cav = Canvas(win, width=1920, height=1080, bg="yellow")
02 cav.place(x=0, y=0, relwidth=1, relheight=1)
03 bg = cav.create_image(960, 530, image=imgbox[0])          # 显示背景图片
04 # 用于显示倒计时
05 text = cav.create_image(470, 280, image=pao)
06 # 选择时间提示
07 # 创建文本框
08 time1 = StringVar()
09 entry = Entry(win,textvariable=time1,font=(" 宋体 ",20,"normal"),relief="groove",bd=2)
10 entry.place(x=400, y=240, width=110, height=40)
11 # 当变量发生变化时，调用 start 方法
12 entry.bind("<Return>", start)                              # 开始
13 entry.focus_set()                                          # 让文本框获得焦点
14 win.protocol("WM_DELETE_WINDOW", quitwin)
15 winsound.PlaySound("wav/1.wav", winsound.SND_ASYNC)        # 播放倒计时提示
16 win.mainloop()
```

此时，窗口的布局已经完成，其运行效果与图 12.1 相同。

12.4.2 实现倒计时

倒计时功能，需要两个方法实现，分别是 count() 方法和 start() 方法。

① count() 方法用于进行倒计时功能，并且判断倒计时是否结束，如果结束就调用 play() 方法。在 12.4.1 节步骤①的后面添加如下代码：

```
01 # 计时器
02 def count():
03     global tim, countdown
04     cav.delete(text)                                       # 删除气泡
```

```
05      entry.destroy()                                    # 销毁秒数文本框
06      cav.itemconfig(showTime, image=imgbox[tim + 1])
07      tim -= 1
08      countdown = win.after(1000, count)                 # 定时器，每过 1000 毫秒就调用一次 count
09      if tim < 0:
10          win.after_cancel(countdown)                    # 倒计时结束，取消计时器
11          play()                                         # 播放音乐
```

② start() 方法用于判断用户输入的是否为 10 以内的数字，如果是，则继续判断是否为 0，若为 0，则直接调用 play() 方法，反之则调用 count() 方法，开始倒计时。在步骤①后面添加如下代码：

```
01  # 开始倒计时
02  def start(*arge):
03      global tim, showTime
04      tim = time1.get()                                  # 获取用户选择的时间
05      if tim != "" and tim in ["0","1","2","3","0","1","2","3","4","5","6","7","8","9"]:
06          tim = int(tim)
07      else:
08          showerror("提示","请输入 0 到 9 之间的数字！")
09          return
10      showTime = cav.create_image(958, 228)
11      if tim > 0 and tim < 10:                           # 判断用户选择的时间是否大于 0 并小于 10
12          count()
13      elif tim == 0:
14          cav.delete(text)                               # 删除气泡
15          entry.destroy()                                # 隐藏选择时间的组合框
16          play()                                         # 播放音乐
```

12.4.3 实现随机播放音乐

① 接下来实现随机播放音乐，随机选择音乐使用了 random 模块的 random.choice() 方法，而播放音乐使用了 winsound 模块的 PlaySound() 方法，并且播放音乐时，将倒计时数字图片修改为关闭图片，并且为关闭图片添加单击实现，以便于用户直接关闭程序。代码如下：

```
01  # 随机播放音乐
02  def play():
03      cav.itemconfig(showTime, image=imgbox[-1])
04      cav.tag_bind(showTime, "<Button-1>", quitwin)
05      music = ["m1.wav", "m2.wav", "m3.wav", "m4.wav", "m5.wav", "m6.wav"]
06      one = "wav/" + random.choice(music)
07      winsound.PlaySound(one, winsound.SND_ASYNC)
```

② 编写关闭程序的方法 quitwin() 方法，代码如下：

```
01  def quitwin(event="event"):
02      win.quit()                                         # 功能：关闭窗口
```

小结

本章主要使用 tkinter 开发了一个音乐机器人，主要实现自动随机播放音乐的功能，该程序中使用到的模块有 tkinter、messagebox、random 和 winsound，其中 tkinter 模块和 messagebox 模块用于设计图形化窗口程序以及在窗口程序中添加提示会话框；random 模块用于随机选择音乐；winsound 模块用于播放音乐。

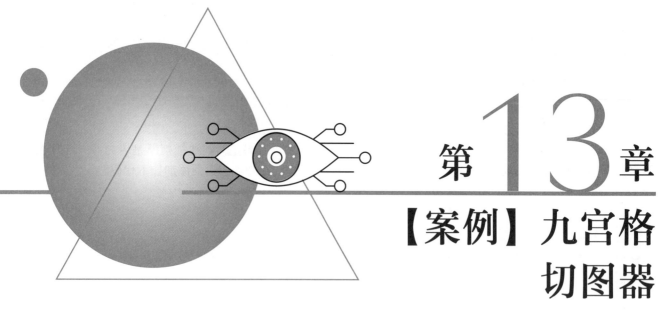

第13章

【案例】九宫格切图器

(tkinter+Pillow 实现)

很多人发布朋友圈时，都喜欢发布9张图片，而有些图是将一张图片切成9块，类似九宫格效果。本章将实现这样一个案例。

13.1 案例效果预览

本案例主要实现九宫格切图器，其主要功能是将一张指定的图片平均切成9块，并保存在本地。运行程序时，初始效果如图13.1所示，然后单击"浏览"按钮即可在本地选择图片文件，选择完成后，单击"我选好了"按钮，在窗口中即可显示原图，并且弹出一个提示框，告知用户已完成切图，如图13.2所示，此时关掉提示框，在程序所在文件夹中即可看到切好的9张图片，如图13.3所示。

图 13.1　选择图片路径

图 13.2 切图

图 13.3 切好的图片

13.2 案例准备

本系统的软件开发及运行环境具体如下：
- 操作系统：Windows 10。
- 语言：Python 3.9.6。
- 开发环境：PyCharm。
- 开发模块：tkinter、Pillow、tkinter.filedialog、tkinter.messagebox。

13.3 业务流程

实现本案例之前，首先了解实现本案例的业务流程。根据本案例的功能以及业务流程图，设计如图 13.4 所示的业务流程图。

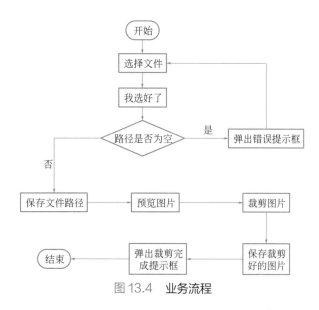

图 13.4 业务流程

13.4 实现过程

13.4.1 实现窗口布局

① 引入相关模块，具体有 tkinter 模块、Pillow 模块、tkinter.filedialog 模块以及 tkinter.messagebox 模块，然后添加根窗口，并且设置窗口的大小、标题以及背景颜色等属性。具体代码如下：

```
01 import tkinter as tk
02 from PIL import Image, ImageTk
03 import tkinter.filedialog
04 import tkinter.messagebox
05 # 设置窗口
06 main = tk.Tk()
07 # 设置窗口的大小
08 # F2F1D7    #E8FFE8"
09 main.configure(bg="#F2F1D7")
10 main.geometry('550x400')
11 main.title(' 明日九宫格切图器 ')                         # 设置标题栏
12 main.mainloop()                                        # 执行主循环
```

② 在窗口中添加组件，包括两个 Label 组件、两个按钮组件以及一个文本框。其中，两个 Label 组件用于显示提示文字以及选择图片后显示图片；两个按钮组件用于在本地选择图片（按钮上文字为"浏览"）以及确定所选图片（按钮上文字为"我选好了"）；而文本框用于显示所选图片的路径。在步骤①的第 11 行代码下面添加如下代码：

```
01 label1 = tk.Label(main, text=' 选择文件: ', font=("bold", 14), fg='#f00', bg="#F2F1D7")
02 label1.place(x=20, y=25)
03 txt = tkinter.StringVar()
04 txt_entry = tkinter.Entry(main, width=55, textvariable=txt, relief=tk.GROOVE)
05 txt_entry.place(x=120, y=20, width=220, height=30)
06 button1 = tk.Button(main, text=' 浏览 ', fg="#f00", bg='#E8FFE8', font=14, command=select_button, relief=tk.GROOVE, )
07 button1.place(x=350,y=20, width=60, height=32)
08 button2 = tk.Button(main, text=' 我选好了 ', fg="#f00", bg='#DDF3FF', font=13, relief=tk.GROOVE, command=cut_button)
09 button2.place(x=430, y=20, width=90, height=32)
10 # 添加显示图片的 Label
11 label_image = tkinter.Label(main, bg="#F2F1D7")
```

此时，窗口的布局已经完成，其运行效果如图 13.5 所示。

图 13.5　窗口的初始效果

> 说明
>
> 实现该案例之前，需要下载安装第三方模块 PIL。

13.4.2 预览图片和显示图片路径

为窗口中的浏览按钮绑定 select_button() 方法，该方法用于选择图片，然后将图片的路径显示在文本框中，并且将所选图片等比例缩小后显示在文本框的下方。在 13.4.1 节步骤①的第 4 行代码下面添加如下代码：

```
01 # 单击选择图片按钮，预览图片
02 def select_button():
03     global a
04     fileType=[("png 文件","*.png"),("jpg 文件","*.jpg")]
05     a = tk.filedialog.askopenfilename(title=" 选择图片 ",filetypes=fileType)
06     # 预览图片
07     img = Image.open(a)
08     image_width = img.size[0]                           # 获取原图片的宽度
09     image_height = img.size[1]                          # 获取原图片的高度
10     if image_width > image_height:  # 如果原图片的宽度大于高度，那么设置预览图的宽度为310，高度等比例缩小
11         image_height = int(image_height * 310 / image_width)
12         image_width = 310
13     else:  # 如果原图的高度大于宽度，那么设置预览图的高度为280，宽度等比例缩小
14         image_width = int(image_width * 280 / image_height)
15         image_height = 280
16     out = img.resize((image_width, image_height))       # 设置图片大小，缩放显示
17     img = ImageTk.PhotoImage(out)
18     label_image.config(image=img)                       # 将图片显示在窗口中
19     label_image.place(x=120, y=80)                      # 设置图片容器 label 组件的位置
20     txt.set(a)                                          # 将图片路径显示在文本框中
```

13.4.3 实现切图

接下来实现程序的核心部分，在剪切图片之前，首先需要判断是否选择了图片，如果图片路径为空，则弹出一个会话框，提醒用户路径为空；反之，图片路径有效，那么开始切图。具体步骤如下：

① 实现 cut_button() 方法，在该方法中判断图片路径是否有效，代码如下：

```
01 # 单击切分图片按钮，调用切图和保存图片的函数
02 def cut_button():
03     file_path = txt.get()
04     if file_path == "":
05         tk.messagebox.showerror(" 错误 "," 所选文件为空，请重新选择文件 ")
06     else:
07         image = Image.open(file_path)
08         image_list = cut_image(image)
09         save_images(image_list)
10         tk.messagebox.showinfo(" 切图成功 "," 切图成功，请在程序所在的目录查看 ")
```

② 实现 cut_image() 方法，该方法的作用是剪切图片，在该方法中主要使用 PIL 模块的 crop() 方法来裁剪图片，然后将裁剪好的图片放置在列表中。代码如下：

```
01 # 切图（切成9张图）
02 def cut_image(image):
03     width, height = image.size
04     colWidth = int(width / 3)   # 一行3张
05     colHeight = int(height / 3)
```

```
06        image_grid = []
07        for i in range(0, 3):
08            for j in range(0, 3):
09                row = (j * colWidth, i * colHeight, (j + 1) * colWidth, (i + 1) * colHeight)
10                image_grid.append(row)
11        image_list = [image.crop(row) for row in image_grid]
12        return image_list
```

此时，编写一个空方法 save_image() 方法，然后运行本程序，并且在窗口中设置文件路径为空，单击"我选好了"按钮，可以看到效果如图 13.6 所示。

图 13.6　所选路径为空时的错误会话框

13.4.4　保存切好的图片

上面只是把裁切好的图片放置在列表中，接下来将列表中的图片依次保存成文件，然后放置在程序所在路径中，保存图片需要使用 save() 方法。在 13.4.3 节后面添加如下代码：

```
01 # 保存图片
02 def save_images(image_list):
03     index = 1
04     for image in image_list:
05         image.save(str(index) + '.png', 'PNG')
06         index += 1
```

小结

本章主要实现了一个九宫格切图器，实现该程序时主要依靠 tkinter 模块、tkinter.filedialog 模块、tkinter.messagebox 模块以及 PIL 模块；其中 tkinter.filedialog 模块用于选择文件以及获取所选文件的路径；tkinter.dialog 模块用于错误提醒；PIL 模块用于显示图片、裁剪图片以及保存图片。

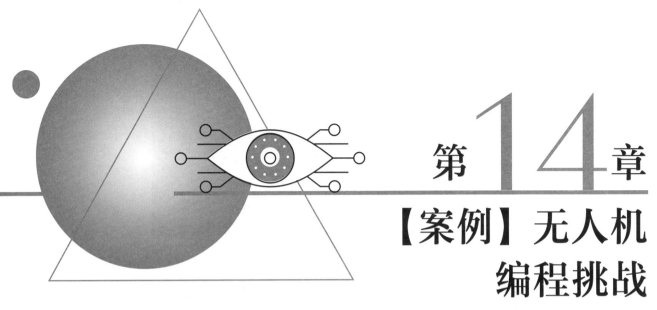

第14章

【案例】无人机编程挑战

(tkinter+winsound+Pillow 实现)

扫码领取
· 教学视频
· 配套源码
· 练习答案
· ……

随着科技发展，无人机的应用越来越广泛，使用程序操控无人机也越来越普遍。本章案例将实现无人机编程挑战，通过本案例帮助读者更好地掌握 Python tkinter 的使用。

14.1 案例效果预览

本案例主要实现无人机编程挑战，挑战为 5 步完成无人机飞行任务，飞行过程中需要依次穿过时空门、风洞和拱门。挑战任务时，挑战者需要在初始窗口输入自己的名称如图 14.1 所示，然后才能进入挑战窗口，在挑战窗口中输入距离，然后单击对应的按钮，即可在流程展示区显示已输入的操作流程，5 个步骤以后，在流程展示区自动添加降落按钮，如图 14.2 所示，此时，单击"确认执行"按钮即可再次打开一个新窗口，在新窗口中显示动画模拟用户的飞行路线，如图 14.3 所示，动画完成后，新弹出一个窗口，该窗口中显示一张闯关成功的gif动态图，在动态图下方是"重新开始"按钮和"恢复上次"操作按钮，具体如图 14.4 所示。

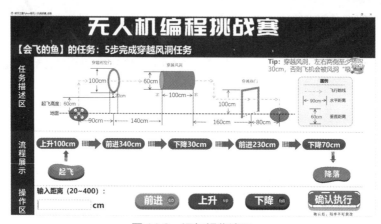

图 14.1　输入挑战者名字

图 14.2　添加操作流程

图 14.3　模拟无人机飞行路线

图 14.4　显示闯关成功

> **说明**
>
> 本章的无人机编程挑战程序为模拟案例,如果您想要用实际的无人机进行飞行,可以使用大疆的 Tello 测试无人机进行测试。

14.2 案例准备

本系统的软件开发及运行环境具体如下:
- 操作系统:Windows 10。
- 语言:Python 3.9.6。
- 开发环境:PyCharm。
- 开发模块:tkinter、Winsound Pillow、tkinter.messagebox。

14.3 业务流程

实现本案例之前,首先了解实现本案例的业务流程。根据本案例的功能以及业务流程图,设计如图 14.5 所示的业务流程图。

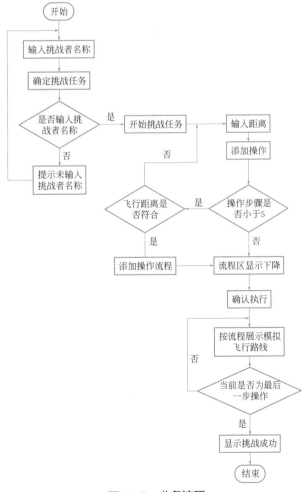

图 14.5　业务流程

14.4 实现过程

14.4.1 实现登录窗口布局

① 引入相关模块，具体有 tkinter 模块、tkinter.messagebox 模块、time 模块、threading 模块以及 Pillow 模块，然后定义程序相关的变量，如 flyaction、entry_length 等。具体代码如下：

```
01  from tkinter import *
02  from tkinter.messagebox import *
03  import time
04  import threading
05  from PIL import Image, ImageTk, ImageSequence
06  ''' 界面设计中应用的全局变量 '''
07  flyaction = []                                          # 飞行流程
08  entry_length = None
09  ifmodify = False
10  top = None
11  top1 = None
12  cav_t = None
13  taskstep = 5                                            # 任务要求完成步骤，采用小于 9 的正整数
14  tempbg = []                                             # 临时用于保存 PhotoImage 对象，防止图片绘制完成被销毁
15  p = 280
16  rem = 0
17  student_name = ""                                       # 学生姓名
18  screen_width = 1920                                     # 屏幕分辨率的宽度
19  screen_height = 1016                                    # 屏幕分辨率的高度
```

② 定义根窗口。根窗口也是本程序中的登录窗口，该窗口中需要挑战者输入自己的名称，然后才能挑战任务，所以根窗口中需要添加用户名文本框和确定按钮，单击确定按钮即可提交自己的名称，并且该程序中还为文本框绑定了键盘事件，便于用户单击回车键时，提交自己的名称。具体代码如下：

```
01  ''' 根窗口——登录 '''
02  win = Tk()
03  win.state("zoomed")
04  win.iconbitmap('picture/mr.ico')
05  win.title(" 明日之星 Pyhon 版无人机挑战赛 ")
06  cav = Canvas(win, width=screen_width, height=screen_height, bg="black")
07  cav.place(width=screen_width, height=screen_height, relx=0, rely=0)
08  img = PhotoImage(file="picture/bg-3.png")
09  bg = cav.create_image(screen_width // 2, screen_height // 2, image=img)   # 显示背景图片
10  # 问题
11  question = ' 请输入挑战者名字? '
12  cav.create_text(890, 330, text=question, justify="left", fill="white", font=(" 微软雅黑 ", 36, "bold"))
13  # 确定按钮
14  fly = cav.create_text(962, 775, text=" 确定 ", justify=RIGHT, fill="white", font=(" 微软雅黑 ", 37, "bold"))
15  cav.tag_bind(fly, "<Button-1>", submit)
16  # 输入名字的文本框
17  entry = Entry(win, textvariable="", font=(" 宋体 ", 30, "normal"), relief="groove", bd=2)
18  entry.place(x=712, y=407, width=287, height=51)
19  entry.bind("<Return>", submit)
20  entry.focus_set()      # 让文本框获得焦点
21  win.mainloop()
```

③ 步骤②的代码中为确定按钮和文本框绑定了同一个方法，即 submit() 方法，该方法实现的是判断挑战者名称是否为空，如果为空，则弹出提示框，提醒挑战者还没有输入名字；反之，则进入下一个窗口——挑战任务窗口。在步骤②的前面（步骤①的后面）添加如下代码：

```
01 # 确定按钮事件
02 def submit(event):
03     if entry.get() != "":
04         global student_name
05         student_name = entry.get()              # 获取名字
06         print(' 你的名字是: ', student_name)
07         entry.delete(0, END)                    # 清空文本框
08         createTask()                            # 打开新窗口
09     else:
10         showinfo(' 提示 ', ' 还没有输入名字呦！ ')
11         return
```

此时，添加一个空的 createTask() 方法，然后运行本程序，运行效果如图 14.6 所示，然后不输入名称直接单击确定按钮，其效果如图 14.7 所示。

图 14.6 初始运行效果图

图 14.7 挑战者名称为空时，弹出提示框

14.4.2 实现挑战任务窗口

挑战任务窗口是一个顶层窗口，该窗口中包括任务提示、任务描述区、流程展示区以及操作区。其中任务提示是一行文字，显示挑战者的任务；任务描述区为一张图片，详细展示任务；流程展示区用于展示挑战者的操作流程；操作区需要用户输入参数并且选择无人机的飞行方向。在 14.4.1 节步骤③后面添加如下代码：

```
01 # 弹出挑战任务新窗口
02 def createTask():
03     global flyaction,p,ifmodify,rem,cav_t,entry_length,top
```

```
04        flyaction = []                                    # 飞行流程
05        p = 250
06        ifmodify = False
07        rem = 0
08        top = Toplevel()
09        top.title(' 明日之星 Pyhon 版无人机挑战赛 _ 任务 ')
10        top.state("zoomed")
11        top.iconbitmap(bitmap="picture/mr.ico")            # 设置图标
12        cav_t = Canvas(top, width=screen_width, height=screen_height, bg="black")
13        cav_t.place(width=screen_width, height=screen_height, relx=0, rely=0)
14        img_v = PhotoImage(file="picture/bg-task.png")
15        cav_t.create_image(screen_width // 2, (screen_height - 42) // 2, image=img_v)   # 显示背景图片
16
17        # 显示 XXX 的任务
18        cav_t.create_text(490, 170, text="【" + student_name + "】的任务: " + str(taskstep) + " 步完成穿越风洞任务 ",
   justify="left", fill="white", font=(" 微软雅黑 ", 36, "bold"))
19        # 显示任务描述
20        pao = PhotoImage(file="picture/describe.png")
21        text = cav_t.create_image(screen_width // 2 + 50, 386, image=pao)
22        # 执行按钮
23        fly = cav_t.create_text(1700, 927, text=" 确认执行 ", justify=RIGHT, fill="white", font=(" 微软雅黑 ", 37,
   "bold"))
24        cav_t.tag_bind(fly, "<Button-1>", start)
25        cav_t.create_text(330, 890, text=" 输入距离（20 ～ 400）: ", justify="left", fill="black", font=(" 微软雅黑 ",
26    "bold"))
26        # 输入距离的文本框
27        entry_length = Entry(top,  font=(" 宋体 ", 30, "normal"), relief="groove", bd=2)
28        entry_length.place(x=142, y=937, width=287, height=51)
29        entry_length.focus_set()                             # 让文本框获得焦点
30        cav_t.create_text(466, 962, text="cm", justify="left", fill="black", font=(" 微软雅黑 ", 30, "bold"))
31        # 执行按钮
32        btn_go = PhotoImage(file="picture/go.png")           # 前进按钮
33        fly = cav_t.create_image(779, 943, image=btn_go)
34        cav_t.tag_bind(fly, "<Button-1>", add_go)
35
36        btn_up = PhotoImage(file="picture/up.png")           # 上升按钮
37        fly = cav_t.create_image(1059, 943, image=btn_up)
38        cav_t.tag_bind(fly, "<Button-1>", add_up)
39        btn_fall = PhotoImage(file="picture/fall.png")       # 下降按钮
40        fly = cav_t.create_image(1354, 943, image=btn_fall)
41        cav_t.tag_bind(fly, "<Button-1>", add_fall)
42        top.mainloop()
```

挑战任务窗口的初始效果如图 14.8 所示。

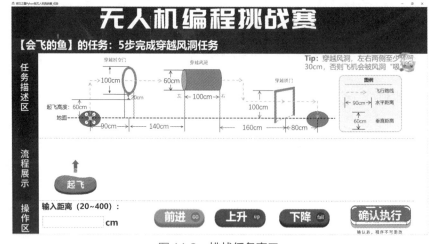

图 14.8　挑战任务窗口

14.4.3 挑战流程展示

挑战者完成挑战时，需要在 14.4.2 节的代码中调用多个方法，以实现在流程展示区正确展示流程和修改流程。具体实现步骤如下：

① 依次添加 add_go() 方法、add_up() 方法和 add_fall() 方法，实现单击前进按钮、上升按钮以及下降按钮时，获取飞行方向，具体代码如下：

```
01  def add_go(event):                                   # 前进方法
02      add('前进')
03  def add_up(event):                                   # 上升方法
04      add('上升')
05  def add_fall(event):                                 # 下降方法
06      add('下降')
```

② 添加 add() 方法，该方法用于添加执行流程，该方法中需要判断挑战者输入的距离，是否为当前方向的有效数值，如果不是，则弹出提示框，提醒挑战者输入的值不是有效数值，反之调用 draw() 方法，在流程展示区展示流程，最后把该操作添加到流程列表中，具体代码如下：

```
01  # 添加执行流程
02  def add(action):
03      global entry_length
04      number = entry_length.get()                      # 获取值
05      btnbg = PhotoImage(file="picture/btn_bg.png")    # 操作流程背景
06      if number.strip() != "":
07          try:
08              if 20 <= int(number) <= 400:
09                  if action in ["上升", "下降"] and int(number) > 100:
10                      showinfo('提示', '不是有效的数值!', parent=top)
11                  else:
12                      global ifmodify
13                      global rem
14                      print("rem:", rem)
15                      flyactionlen = len(flyaction)
16                      print("flyactionlen:", flyactionlen)
17                      entry_length.delete(0, END)       # 清空文本框
18                      if rem != 0 and ifmodify:
19                          cav_t.itemconfigure(rem, text=action + number + "cm")
20                          for i in range(flyactionlen):
21                              if flyaction[i][0] == rem:
22                                  flyaction[i] = (rem, action, number)  # 修改流程
23                          rem = 0
24                          ifmodify = False
25                      else:                             # 当绘制时
26                          global p
27                          p_y = 650                     # y 轴位置
28                          if flyactionlen <= taskstep - 1:  # 小于限定步骤
29  
30                              if taskstep < 6:          # 步骤在一行可以显示时
31                                  p_y = 650             # y 轴位置
32                                  if flyactionlen != taskstep - 1:  # 显示指示箭头
33                                      btnline = PhotoImage(file="picture/btn_line.png")
34                                      text = cav_t.create_image(p + 180, p_y, image=btnline)
35                                  draw(p, p_y, action, number, btnbg)  # 绘制一步
36                                  p += 350
37                                  if flyactionlen == taskstep - 1:     # 当最后一步时
38                                      # 显示降落
39                                      a_stop = PhotoImage(file="picture/stop.png")
40                                      cav_t.create_image(screen_width-230,768, image=a_stop)
41                              else:   # 步骤需两行显示时
42                                  p_y = 788             # y 轴位置
43                                  if flyactionlen // 5 == 1:  # 显示第二行的内容
```

```
44                              p -= 350
45                              # 显示指示箭头
46                              if flyactionlen == 5:    # 第二行的第一步时显示竖向箭头
47                                  btnlineb = PhotoImage(file="picture/btn_lineb.png")
48                                  cav_t.create_image(p, 717, image=btnlineb)
49                              # 显示横向箭头
50                              btnline = PhotoImage(file="picture/btn_linel.png")
51                              cav_t.create_image(p - 180, p_y, image=btnline)
52                              draw(p, p_y, action, number, btnbg)    # 绘制一步
53                              if flyactionlen == taskstep - 1:
54                                  # 显示降落
55                                  a_stop = PhotoImage(file="picture/stop1.png")
56                                  cav_t.create_image(p - 350, p_y, image=a_stop)
57                          else:    # 显示两行中的第一行
58                              p_y = 650    # y轴位置
59                              if flyactionlen < 4:    # 显示指示箭头
60                                  btnline = PhotoImage(file="picture/btn_line.png")
61                                  text=cav_t.create_image(p+ 180, p_y, image=btnline)
62                              draw(p, p_y, action, number, btnbg)    # 绘制一步
63                              p += 350
64                      top.mainloop()
65              else:
66                  showinfo('提示', '不是有效的数值!', parent=top)
67          except Exception as e:
68              showinfo('提示', '请输入正确的整数!', parent=top)
69              print(e)
70      else:
71          showinfo('提示', '还没有输入距离!', parent=top)
72      print("流程列表: ", flyaction)
```

③ 接下来编写 draw() 方法，将挑战者的操作添加到流程展示区，并且为流程展示区的流程绑定一个单击事件，其目的是，挑战者单击该流程即可重新修改该流程，具体代码如下：

```
01  # 绘制一步
02  def draw(x,y,action,number,btnbg):
03      # 显示操作流程背景
04      cav_t.create_image(x, y, image=btnbg)
05      # 显示操作流程文字
06      fly = cav_t.create_text(x, y, text=action + number + "cm", justify=RIGHT, fill="white", font=("微软雅黑", 27, "bold"))
07      cav_t.tag_bind(fly, "<Button-1>", modify)
08      flyaction.append((fly, action, number))    # 记录流程
```

④ 接下来实现 modify() 方法，该方法主要获取要修改的流程以及将 imodify 的值修改为 True，修改了 imodify 的值以后，操作区的操作就是修改操作而不是新增操作。具体代码如下：

```
01  # 修改执行流程
02  def modify(event):
03      global rem
04      rem = cav_t.find_closest(event.x, event.y)[0]
05      global ifmodify
06      ifmodify = True
```

14.4.4 执行挑战任务

挑战者确定操作流程以后，单击确认执行按钮，然后新弹出一个窗口，并且在新窗口按照用户设定的流程展示飞行动画。具体实现步骤如下：

① 实现 start() 方法，该方法的功能是新建一个顶层窗口，然后在顶层窗口中显示时空门、风洞、功能以及无人机，并且在该方法中调用 fly1() 方法。具体代码如下：

```
01  # 任务执行
02  def start(event):
03      global airplane, plaine, canvas_flyanim, flybox, fly_bg, flybg, gong, feng, shi
04      print(flyaction)
05      flybox = Toplevel()
06      flybox.geometry("1920x498+0+0")
07      canvas_flyanim = Canvas(flybox, width=1920, height=498, bg="#EFEFDA")
08      canvas_flyanim.place(x=0, y=0, width=1920, height=498)
09      airplane = PhotoImage(file="picture/airplane.png")
10      fly_bg = PhotoImage(file="picture/showfly.png")
11      gong = PhotoImage(file="picture/gong.png")
12      feng = PhotoImage(file="picture/feng.png")
13      shi = PhotoImage(file="picture/shi.png")
14      flybg = canvas_flyanim.create_image(960, 229, image=fly_bg)
15      canvas_flyanim.create_text(20, 20, text=student_name, font=("微软雅黑", 20, "bold"), fill="#f00", anchor=NW)
16      canvas_flyanim.create_text(150, 20, text=" 的飞行轨迹 ", font=("微软雅黑", 20, "bold"), fill="#000", anchor=NW)
17      plaine = canvas_flyanim.create_image(posx, posy, image=airplane)
18      canvas_flyanim.create_image(498, 137, image=shi)
19      canvas_flyanim.create_image(927, 163, image=feng)
20      canvas_flyanim.create_image(1408, 220, image=gong)
21      fly1(step, flyaction)
22      flybox.mainloop()
```

② 编写 fly1() 方法，该方法作用是，判断无人机的移动方向以及移动的距离，然后调用对应的方法。具体代码如下：

```
01  def fly1(step, fly_ist):
02      if step >= len(fly_ist):
03          showresult()
04      else:
05          dire = fly_ist[step][1]                          # 方向
06          dis = int(fly_ist[step][2])                      # 飞行距离
07          if dire == " 前进 ":
08              go_head(dis, fly_ist)
09          elif dire == " 上升 ":
10              go_up(dis, fly_ist)
11          elif dire == " 下降 ":
12              go_down(dis, fly_ist)
```

③ 步骤 2 已经获取了无人机的移动方向和距离，接下来编写 go_head() 方法、go_up() 方法以及 go_down() 方法分别实现无人机向前、向上以及向下移动的动画效果，具体代码如下：

```
01  ef go_head(dis, fly_ist):                                # 向前移动
02    global posx, posy, plaine, posx1, posy1, step, canvas_flyanim, flybox
03    if posx1 < posx + dis * 2.5:                           # 判断是否移动了指定距离
04        posx1 += 2
05        canvas_flyanim.coords(plaine, posx1, posy1)        # 使用 coords() 方法移动无人机
06        flybox.after(50, lambda: go_head(dis, fly_ist))
07    else:
08        posx += dis * 2.5
09        step += 1                                          # 当前运行的步数加 1
10        flybox.after(1000, lambda: fly1(step, fly_ist))
11  ef go_up(dis, fly_ist):                                  # 向上移动
12    global posx, posy, plaine, posx1, posy1, step
13      if posy1 > posy - dis * 1.5:
14          posy1 -= 2
15          canvas_flyanim.coords(plaine, posx1, posy1)
16          flybox.after(50, lambda: go_up(dis, fly_ist))
17      else:
18          posy -= dis * 1.5
19          step += 1
20          flybox.after(1000, lambda: fly1(step, fly_ist))
```

```python
21  def go_down(dis, fly_ist):                              # 向下移动
22      global posx, posy, plaine, posx1, posy1, step
23      if posy1 < posy + dis * 1.5:
24          posy1 += 2
25          canvas_flyanim.coords(plaine, posx1, posy1)
26          flybox.after(50, lambda: go_down(dis, fly_ist))
27      else:
28          posy += dis * 1.5
29          step += 1
30          flybox.after(1000, lambda: fly1(step, fly_ist))
```

14.4.5 挑战成功窗口展示

当飞行动画展示完毕以后，新弹出一个窗口展示挑战结果，该窗口为一张动态的 gif 图片以及重新开始按钮和恢复上次操作按钮，单击重新开始按钮，页面回到初始窗口（设置挑战者名称窗口），而单击恢复上次按钮，窗口跳转到挑战任务窗口（流程展示区展示上一次设定的流程）。具体实现步骤如下：

① 添加顶层窗口，在顶层窗口中添加 gif 动画，然后添加按钮，具体代码如下：

```python
01  def showresult():                                       # 显示挑战结果
02      global top1
03      top1 = Toplevel()
04      top1.state("zoomed")
05      # 弹出任务完成的图片
06      global cav_s
07      cav_s = Canvas(top1, width=screen_width, height=screen_height, bg="black")
08      cav_s.place(width=screen_width, height=screen_height, relx=0, rely=0)
09      img_s = PhotoImage(file="picture/successbg.png")
10      cav_s.create_image(screen_width // 2, (screen_height - 42) // 2, image=img_s)   # 显示背景图片
11      # 重新开始按钮
12      close_s = cav_s.create_text(screen_width // 2, (screen_height + 500) // 2, text="重新开始",
    justify=RIGHT, fill="white",
13                                   font=("微软雅黑", 37, "bold"))
14      cav_s.tag_bind(close_s, "<Button-1>", close2)
15      # 恢复上次操作按钮
16      close_r = cav_s.create_text(screen_width // 2, (screen_height + 650) // 2, text="恢复上次",
    justify=RIGHT, fill="white",
17                                   font=("微软雅黑", 37, "bold"))
18      cav_s.tag_bind(close_r, "<Button-1>", close3)
19      im = Image.open('picture/success.gif')   # gif 动图路径
20      while True:
21          for frame in ImageSequence.Iterator(im):    # ImageSequence.Iterator(im) 将 gif 动画分解为每一帧
22              pic = ImageTk.PhotoImage(frame)
23              cav_s.create_image(screen_width // 2, (screen_height - 42) // 3,
24                                  image=pic)   # 设置动画的位置，代码中的坐标为动图的中心点的坐标，而不是左上角坐标
25              top1.update()
26              time.sleep(0.1)   # 控制动画的播放速度
27      top1.mainloop()
```

② 分别实现重新开始和恢复上次操作功能，具体代码如下：

```python
01  def close2(event):
02      '''重新开始'''
03      global step, posy1, posx1, posx, posy
04      cav_t.delete("all")
05      cav_s.delete("all")
06      canvas_flyanim.delete("all")
07      top1.destroy()
08      top.destroy()
09      flybox.destroy()
10      step = 0
```

```
11      posx = 250
12      posy = 300
13      posx1 = 250
14      posy1 = 300
15 def close3(event):
16      global step, posy1, posx1, posx, posy
17      ''' 恢复上次操作 '''
18      cav_s.delete("all")
19      canvas_flyanim.delete("all")
20      step = 0
21      posx = 250
22      posy = 300
23      posx1 = 250
24      posy1 = 300
25      flybox.destroy()
26      top1.destroy()
```

小结

本章主要实现了无人机编程挑战赛的程序，运行本程序时，需要用户在指定步数内完成无人机穿越障碍并到达目的地，用户编写完成后，还需要模拟用户的飞行动画，最后显示挑战成功。本案例中需要多次使用 tkinter 中的 canvas 画布组件、Toplever 顶层窗口组件以及 PIL 模块。由于本案例的功能较多且部分功能较复杂，希望用户实现本案例时，认真分析其中的代码、逻辑关系等。

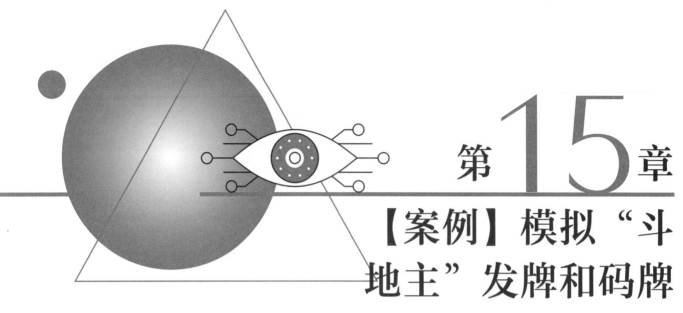

第 15 章

【案例】模拟"斗地主"发牌和码牌（tkinter+random+Pillow 实现）

扫码领取
- 教学视频
- 配套源码
- 练习答案
- ……

斗地主，是一种在中国流行的纸牌游戏，该游戏最少由 3 个玩家进行，用一副 54 张牌，其中一方为"地主"，其余两家为另一方，双方对战，先出完牌的一方获胜。本案例将使用 Python+tkinter 模拟"斗地主"游戏的发牌和码牌过程。

15.1 案例效果预览

本案例主要模拟"斗地主"游戏中的发牌码牌功能，运行本程序时，初始效果如图 15.1 所示，然后选择"地主"、发牌，发完牌的效果如图 15.2 所示，此时，玩家手上的扑克牌不是按顺序排列的，继续单击码牌按钮，玩家手上的扑克牌就会按大小顺序码好，效果如图 15.3 所示。

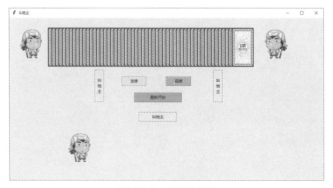

图 15.1 初始效果

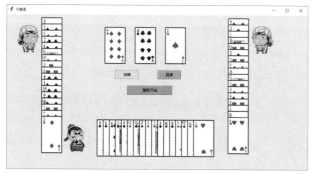

图 15.2　发牌

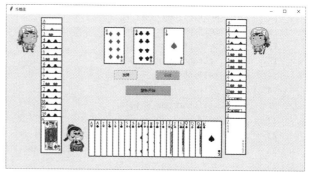

图 15.3　码牌

15.2　案例准备

本系统的软件开发及运行环境具体如下：
- 操作系统：Windows 10。
- 语言：Python 3.9.6。
- 开发环境：PyCharm。
- 开发模块：tkinter、Pillow、random、tkinter.messagebox。

15.3　业务流程

实现本案例之前，首先了解实现本案例的业务流程。根据本案例的功能以及业务流程图，设计如图 15.4 所示的业务流程图。

15.4　实现过程

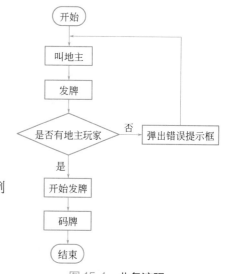

图 15.4　业务流程

15.4.1　实现窗口布局

首先引入相关模块，具体有 tkinter 模块、Pillow 模块、random 模块以及 tkinter.messagebox 模块，然后定义相关变量，再定义根窗口、设置窗口属性、添加按钮。具体代码如下：

```
01  from tkinter import *
02  from PIL import Image, ImageTk
03  import random
04  from tkinter.messagebox import *
05  class poker():
06      def __init__(self):
07          self.win = Tk()
08          self.win.geometry("1000x500-200-200")
09          self.win.title(" 斗地主 ")
10          self.pkBox_num = []                    # 所有扑克牌编号
11          self.pkBox = []
12          self.moveCenter = True
13          self.pb = []                           # 底牌
14          self.pb_box = []                       # 玩家手里的牌
```

```
15        self.pb_num = []                                          # 底牌编号
16        self.pb1_num = []                                         # 左边玩家牌的编号
17        self.pb2_num = []                                         # 右边玩家牌的编号
18        self.pb3_num = []                                         # 中间玩家牌的编号
19        self.pbback = []                                          # 发牌时，显示牌背面
20        self.temp = 0                                             # 所发出去的牌的数量
21        self.backbox = []                                         # 将绘制的扑克背面存储在该列表中
22        self.boo = 0    # 判断谁是"地主"，0 表示没人"叫地主"，1 表示左侧玩家，2 表示中间玩家，3 表示右侧玩家
23        self.imgback1 = Image.open("border/back.png")             # 牌背面
24        self.imgback2 = self.imgback1.resize((70, 120))           # 设置扑克牌大小
25        for i in range(1, 55):
26            self.img1 = Image.open("border/" + str(i) + ".png")
27            self.img2 = self.img1.resize((70, 120))
28            self.img = ImageTk.PhotoImage(self.img2)
29            self.pkBox.append(self.img)                           # 初始状态时，显示 54 张牌的背面
30        self.imgback = ImageTk.PhotoImage(self.imgback2)
31        self.p1 = PhotoImage(file="border/people1.png")
32        self.p2 = PhotoImage(file="border/people2.png")
33        self.p3 = PhotoImage(file="border/people3.png")
34        self.p4 = PhotoImage(file="border/people4.png")
35        self.canvas = Canvas(self.win, bg="#DDF3FF")
36        self.canvas.place(x=0, y=0, width=1000, height=500)
37        self.call1 = Button(self.win, text="叫地主", command=lambda: self.dizhu(1), wraplength=20,
bg="#efefda", relief="groove")                                     # 左侧的"叫地主"
38        self.call2 = Button(self.win, text="叫地主", command=lambda: self.dizhu(2), bg="#efefda",
relief="groove")                                                    # 中间的"叫地主"
39        self.call3 = Button(self.win, text="叫地主", command=lambda: self.dizhu(3), wraplength=20,
bg="#efefda", relief="groove")                                     # 右侧的"叫地主"
40        self.dizhubox = [self.call1, self.call2, self.call3]
41        self.btn1 = Button(self.win, text="发牌", command=self.fapai, relief="groove", bg="#E8E8FF")
42        self.btn2 = Button(self.win, text="码牌", command=self.mapai, relief="groove", bg="#bdbdec")
43        self.btn3 = Button(self.win, text="重新开始", command=self.reset, relief="groove", bg="#66cccc")
44        self.btn1.place(x=360, y=180, width=80, height=30)
45        self.btn2.place(x=500, y=180, width=80, height=30)
46        self.btn3.place(x=400, y=230, width=150, height=30)
47        self.reset()
48        self.win.mainloop()
```

窗口的初始效果与图 15.1 相同。

15.4.2 玩家叫地主

通过初始运行效果可以看到，每位玩家都有一个"叫地主"按钮，当有玩家"叫地主"以后，自动隐藏"叫地主"按钮，并且该玩家旁边图像从"农民"变为"地主"，具体代码如下：

```
01  def dizhu(self, who):
02      if who == 1:
03          self.canvas.itemconfig(self.left, image=self.p1)
04      elif who == 2:
05          self.canvas.itemconfig(self.center, image=self.p1)
06          self.moveCenter = False
07      elif who == 3:
08          self.canvas.itemconfig(self.right, image=self.p2)
09      self.boo = who
```

此时，为任意玩家"叫地主"（以中间玩家为例），其效果如图 15.5 所示。

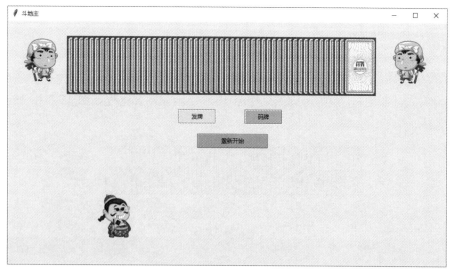

图 15.5 "叫地主"功能展示

15.4.3 实现发牌功能

发牌之前需要判断地主是否产生，如果没有人"叫地主"，则弹出提示信息"请先确定地主"，反之开始发牌。发牌时，依次向左侧玩家、中间玩家和右侧玩家发牌，并且每发出一张牌，玩家手里就多一张牌，同时扑克牌背面减少一张，最后还剩三张时，作为底牌展示出来。具体代码如下：

```
01 # 发牌
02 def fapai(self):
03     self.btn2.config(state="normal")
04     if self.boo == 0:
05         showerror("错误", "请先确定地主")
06         return False
07     a = random.randint(0, len(self.pkBox) - 1)
08     if (a not in self.pb2_num) and (a not in self.pb3_num) and (a not in self.pb1_num):
09         if self.temp % 3 == 0:
10             lt = self.canvas.create_image(150, 70 + self.temp // 3 * 20, image=self.pkBox[a])
11             self.pb1_num.append(a)
12             self.pb_box.append(lt)
13         elif self.temp % 3 == 1:
14             rt = self.canvas.create_image(335 + self.temp // 3 * 20, 400, image=self.pkBox[a])
15             self.pb2_num.append(a)
16             self.pb_box.append(rt)
17         else:
18             ct = self.canvas.create_image(770, 70 + self.temp // 3 * 20, image=self.pkBox[a])
19             self.pb3_num.append(a)
20             self.pb_box.append(ct)
21         self.pb.remove(a)
22         self.canvas.delete(self.backbox[-1])
23         del self.backbox[-1]
24     else:
25         self.temp -= 1
26     self.temp += 1
27     if self.temp < len(self.pkBox) - 3:
28         self.win.after(30, self.fapai)
29     else:
30         self.canvas.create_image(360, 100, image=self.pkBox[self.pb[0]])
31         self.canvas.create_image(460, 100, image=self.pkBox[self.pb[1]])
32         self.canvas.create_image(560, 100, image=self.pkBox[self.pb[2]])
33         for i in self.backbox:
```

```
34              self.canvas.delete(self.backbox[-1])
35              del self.backbox[-1]
36          self.canvas.delete(self.backbox[-1])
37          del self.backbox[-1]
38          print(len(self.backbox))
```

发牌时，若没有人"叫地主"，则运行效果如图 15.6 所示，发牌过程如图 15.7 和 15.8 所示。

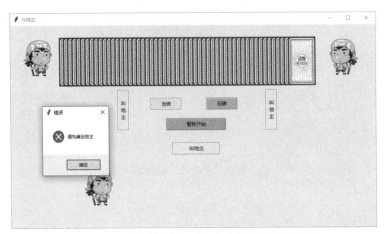

图 15.6 没有"地主"时，点击发牌的运行效果

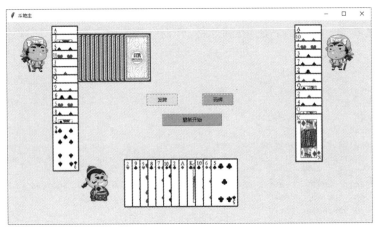

图 15.7 发牌功能展示①

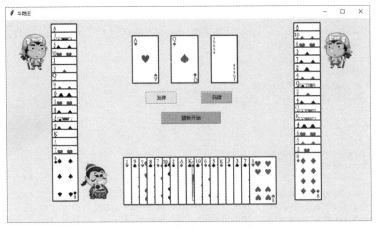

图 15.8 发牌功能展示②

15.4.4 实现码牌功能

码牌时需要将之前展示给各玩家的扑克牌按照从小到大的顺序排列好,并且将底牌添加到"地主"的扑克牌中,所以在进行码牌时,需要将玩家手中的所有扑克牌清除,然后重新按顺序绘制扑克牌,具体代码如下:

```
01  # 码牌
02  def mapai(self):
03      self.btn2.config(state="disabled")
04      # self.canvas.delete("all")
05      for it in self.pb_box:
06          self.canvas.delete(it)
07          self.pb_box.remove(it)
08      if self.boo == 1:
09          self.pb1_num.extend(self.pb)
10      elif self.boo == 2:
11          self.pb2_num.extend(self.pb)
12      else:
13          self.pb3_num.extend(self.pb)
14      self.pb1_num.sort()
15      self.pb2_num.sort()
16      self.pb3_num.sort()
17      for i in range(len(self.pb1_num)):
18          self.canvas.create_image(150, 70 + i * 20, image=self.pkBox[self.pb1_num[i]])
19      for i in range(len(self.pb3_num)):
20          self.canvas.create_image(770, 70 + i * 20, image=self.pkBox[self.pb3_num[i]])
21      if self.moveCenter:
22          for i in range(len(self.pb2_num)):
23              self.canvas.create_image(335 + i * 20, 400, image=self.pkBox[self.pb2_num[i]])
24      else:
25          for i in range(len(self.pb2_num)):
26              self.canvas.create_image(310 + i * 20, 400, image=self.pkBox[self.pb2_num[i]])
```

码完牌的运行效果如图 15.9 所示。

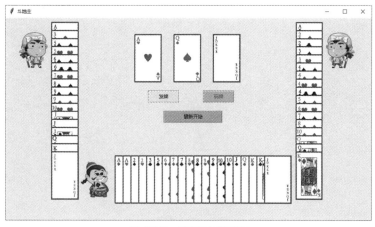

图 15.9 码牌功能展示

15.4.5 实现重新开始

重新开始功能就是让窗口回到初始状态,并且为了程序正常运行,需要初始化一些变量,具体代码如下:

```
01  def reset(self):
02      self.temp = 0
03      self.canvas.delete("all")
```

```
04      self.pb = []
05      self.boo = 0
06      self.pb1_num = []
07      self.pb2_num = []
08      self.pb3_num = []
09      self.moveLeft = True
10      self.left = self.canvas.create_image(70, 80, image=self.p3)
11      self.right = self.canvas.create_image(850, 80, image=self.p4)
12      self.center = self.canvas.create_image(225, 400, image=self.p3)
13      for it in self.dizhubox:
14          it.config(state="normal")
15      for i in range(54):
16          self.back1 = self.canvas.create_image(160 + i * 11, 90, image=self.imgback)
17          self.backbox.append(self.back1)
18          self.pb.append(i)
19      self.call1.place(x=275, y=160, width=30, height=100)    # 左侧的 " 叫地主 "
20      self.call2.place(x=415, y=290, width=120, height=30)    # 中间的 " 叫地主 "
21      self.call3.place(x=650, y=160, width=30, height=100)    # 右侧的 " 叫地主 "
22      for it in self.dizhubox:
23          it.place_forget()
```

最后调用 poker 类，代码如下：

```
poker()
```

小结

本章主要实现了"斗地主"游戏中的发牌和码牌功能。本案例中主要使用了 tkinter 模块、Pillow 模块以及 random 模块，其中 Pillow 模块用于修改扑克牌的尺寸，然后显示在窗口中；random 用于给玩家随机发牌。运行本程序时，需要有玩家"叫地主"，然后才能进行发牌，发完牌后，码牌时将底牌添加到"地主玩家"的扑克牌中。

第 3 篇
PyQt5 模块实战篇

- 第 16 章　PyQt5 窗口设计基础
- 第 17 章　PyQt5 常用控件
- 第 18 章　菜单、工具栏和状态栏
- 第 19 章　会话框应用
- 第 20 章　布局管理
- 第 21 章　PyQt5 绘图技术
- 第 22 章【案例】DIY 字符画
- 第 23 章【案例】为图片批量添加水印
- 第 24 章【案例】二手房销售预测分析
- 第 25 章【案例】影视作品可视化分析
- 第 26 章【案例】AI 智能语音识别
- 第 27 章【案例】AI 图像识别工具

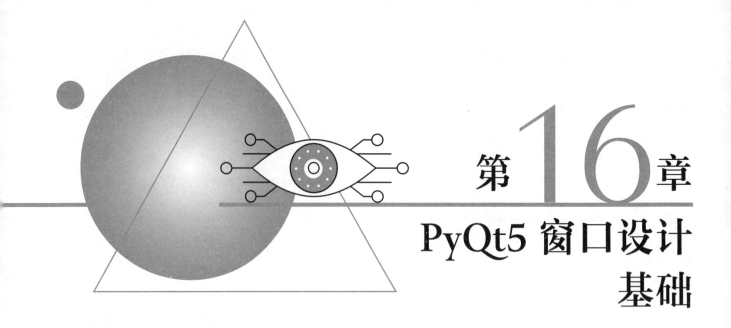

第 16 章 PyQt5 窗口设计基础

扫码领取
- 教学视频
- 配套源码
- 练习答案
- ……

PyQt5 窗口是向用户展示信息的可视化界面，它是 GUI 程序的基本单元。窗口都有自己的特征，可以通过 Qt Designer 可视化编辑器进行设置，也可以通过代码进行设置。本章将对 PyQt5 窗口程序设计的基础进行讲解，包括熟悉 Qt Designer 设计器、使用 Qt Designer 创建窗口、窗口的个性化设置、PyQt5 中的信号与槽机制、多窗口的设计，以及 UI 与逻辑代码分离开发方式等。

本章知识架构如下：

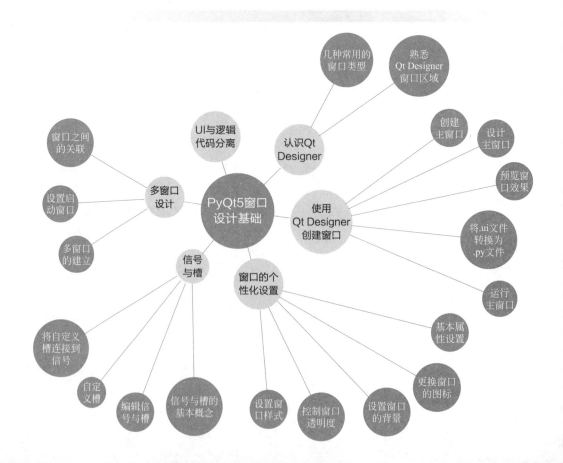

16.1 认识 Qt Designer

Qt Designer，中文名称为 Qt 设计师，它是一个强大的可视化 GUI 设计工具，通过使用 Qt Designer 设计 GUI 程序界面，可以大大提高开发效率，本节先对 Qt Designer 及其支持的几种窗口类型进行介绍。

16.1.1 几种常用的窗口类型

通过 PyCharm 开发工具中的 "External Tools"（扩展工具）菜单可以方便地打开 Qt Designer，步骤如下：

① 在 PyCharm 的菜单栏中依次单击 "Tools" → "External Tools" → "Qt Designer" 菜单，如图 16.1 所示。

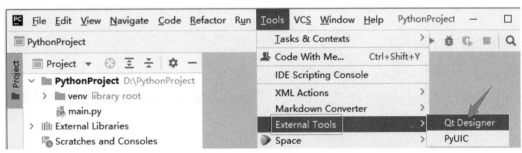

图 16.1　在 PyCharm 菜单中选择 "Qt Designer" 菜单

② 通过步骤①即可打开 Qt Designer 设计器，并显示 "新建窗体" 窗口，该窗口中以列表形式列出 Qt 支持的几种窗口类型，分别如下：

- Dialog with Buttons Bottom：按钮在底部的会话框窗口，效果如图 16.2 所示。

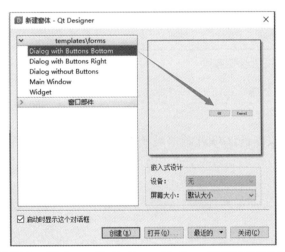

图 16.2　Dialog with Buttons Bottom 窗口及预览效果

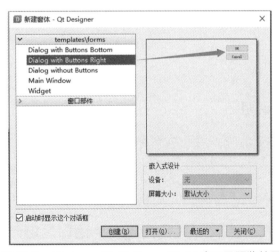

图 16.3　Dialog with Buttons Right 窗口及预览效果

- Dialog with Buttons Right：按钮在右上角的会话框窗口，效果如图 16.3 所示。
- Dialog without Buttons：没有按钮的会话框窗口，效果如图 16.4 所示。
- Main Window：一个带菜单、停靠窗口和状态栏的主窗口，效果如图 16.5 所示。
- Widget：通用窗口，效果如图 16.6 所示。

图 16.4 Dialog without Buttons 窗口及预览效果

图 16.5 Main Window 窗口及预览效果

图 16.6 Widget 窗口及预览效果

> 📖 说明
>
> Main Window 窗口和 Widget 窗口是使用 PyQt5 设计 GUI 程序时最常用的两种窗口类型，从图 16.5 和图 16.6 看，这两个窗口看起来是一样的，但它们其实是有区别的，Main Window 窗口会自带一个菜单栏和一个状态栏，而 Widget 窗口没有，默认就是一个空窗口。

16.1.2 熟悉 Qt Designer 窗口区域

在 Qt Designer 设计器的"新建窗体"窗口中选择"Main Window"，即可创建一个主窗口，Qt Designer 设计器的主要组成部分如图 16.7 所示。

下面对 Qt Designer 设计器的主要区域进行介绍。

1. 菜单栏

菜单栏显示了所有可用的 Qt 命令，Qt Designer 的菜单栏如图 16.8 所示。

图 16.7　Qt Designer 设计器

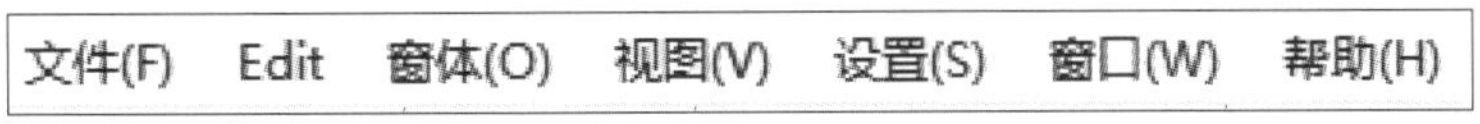

图 16.8　Qt Designer 的菜单栏

在 Qt Designer 的菜单栏中，最常用的是前面 4 个菜单，即文件、Edit（编辑）、窗体和视图。其中，文件菜单主要提供基本的新建、保存、关闭等功能菜单；Eidt（编辑）菜单除了提供常规的复制、粘贴、删除等操作外，还提供了特定于 Qt 的几个菜单，即编辑窗口部件、编辑信号/槽、编辑伙伴、编辑 Tab 顺序，这 4 个菜单主要用来切换 Qt 窗口的设计状态；窗体菜单提供布局及预览窗体效果、C++ 代码和 Python 代码相关的功能；视图菜单主要用来提供 Qt 常用窗口的快捷打开方式。

2．工具栏

为了操作更方便、快捷，菜单项中常用的命令放入了工具栏中，通过工具栏可以快速地访问常用的菜单命令。Qt Designer 的工具栏如图 16.9 所示。

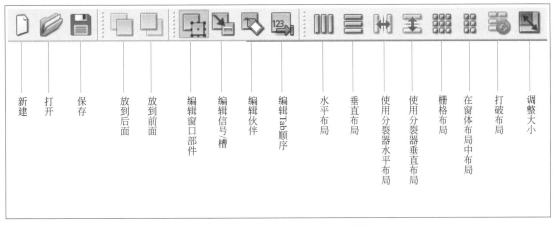

图 16.9　Qt Designer 的工具栏

3. 工具箱

工具箱是 Qt Designer 最常用、最重要的一个窗口，每一个开发人员都必须对这个窗口非常熟悉。工具箱提供了进行 PyQt5 GUI 界面开发所必需的控件。通过工具箱，开发人员可以方便地进行可视化地窗体设计，简化程序设计的工作量，提高工作效率。根据控件功能的不同，工具箱分为 8 个分类，如图 16.10 所示，而展开每个分类，都可以看到各个分类下包含的控件，如图 16.11 所示。

图 16.10　工具箱分类

图 16.11　每个分类包含的控件

> 📖 说明
>
> 在设计 GUI 界面时，如果需要使用某个控件，可以在工具箱中选中需要的控件，直接将其拖放到设计窗口的指定位置。

4. 窗口设计区域

窗口设计区域是 GUI 界面的可视化显示窗口，任何对窗口的改动，都可以在该区域实时显示出来，例如，图 16.12 是一个默认的 MainWindow 窗口，该窗口中包含一个默认的菜单和状态栏。

5. 对象查看器

对象查看器主要用来查看设计窗口中放置的对象列表，如图 16.13 所示。

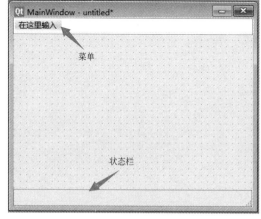

图 16.12　窗口设计区

图 16.13　对象查看器

6. 属性编辑器

属性编辑器是 Qt Designer 中另一个常用并且重要的窗口，该窗口为 PyQt5 设计的 GUI 界面提供了对窗口、控件和布局等相关属性的修改功能。对设计窗口中的各个控件属性都可以在属性编辑器中设置完成。属性编辑器窗口如图 16.14 所示。

7. 信号/槽编辑器

信号/槽编辑器主要用来编辑控件的信号和槽函数，另外，也可以为控件添加自定义的信号和槽函数，效果如图 16.15 所示。

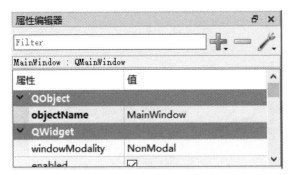

图 16.14 属性编辑器

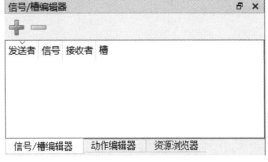

图 16.15 信号/槽编辑器

8. 动作编辑器

动作编辑器主要用来对控件的动作进行编辑，包括提示文字、图标及图标主题、快捷键等，如图 16.16 所示。

9. 资源浏览器

资源浏览器中，开发人员可以为控件添加图片（例如 Label、Button 等的背景图片）、图标等资源，如图 16.17 所示。

图 16.16 动作编辑器

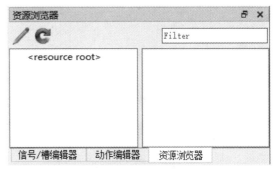

图 16.17 资源浏览器

16.2 使用 Qt Designer 创建窗口

16.2.1 创建主窗口

创建主窗口的方法非常简单，只需要打开 Qt Designer 设计器，在"新建窗体"中选择 Main Window 选项，然后单击"创建"按钮即可，如图 16.18 所示。

16.2.2 设计主窗口

创建完主窗口后，主窗口中默认只有一个菜单栏和一个状态栏，要设计主窗口，只需要根据自己的需求，在左侧的"Widget Box"工具箱中选中相应的控件，然后按住鼠标左键，将其拖放到主窗口中的指定位置即可，操作如图 16.19 所示。

图 16.18　创建主窗口　　　　　　　　图 16.19　设计主窗口

16.2.3 预览窗口效果

Qt Designer 设计器提供了预览窗口效果的功能，可以预览设计的窗口实际运行时的效果，以便根据该效果进行调整设计。具体使用方式为，在 Qt Designer 设计器的菜单栏中选择"窗体"→"预览于"，然后分别选择相应的菜单项即可，这里提供了 3 种风格的预览方式，如图 16.20 所示。

以上 3 种风格的预览效果分别如图 16.21、图 16.22 和图 16.23 所示。

图 16.20　选择预览窗口的菜单　　　　　图 16.21　windows vista 风格

图 16.22　Windows 风格　　　　　　　图 16.23　Fusion 风格

16.2.4 将 .ui 文件转换为 .py 文件

在 Qt Designer 窗口中使用扩展工具 PyUIC，将 .ui 文件转换为对应的 .py 文件。步骤如下：

① 首先在 Qt Designer 设计器窗口中设计完的 GUI 窗口中，按下 <Ctrl + S> 组合快捷键将窗体 UI 保存到指定路径下，这里直接保存到创建的 Python 项目中。

② 在 PyCharm 的项目导航窗口中选择保存的 .ui 文件，然后选择菜单栏中的"Tools"→"External Tool"→"PyUIC"菜单，如图 16.24 所示。

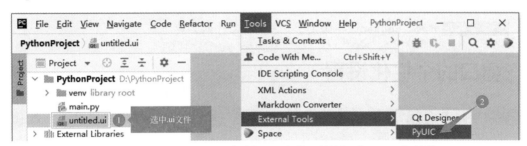

图 16.24 在 PyCharm 中选择 .ui 文件，并选择"PyUIC"菜单

③ 步骤②之后即可自动将选中的 .ui 文件转换为同名的 .py 文件，双击即可查看代码，如图 16.25 所示。

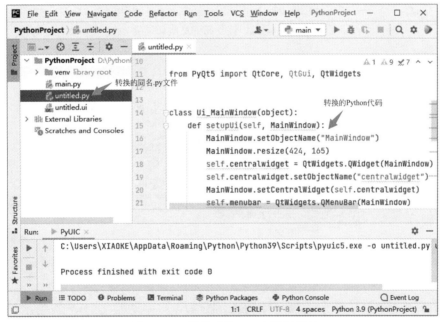

图 16.25 转换成的 .py 文件及代码

16.2.5 运行主窗口

通过上面的步骤，已经将在 Qt Designer 中设计的窗体转换为了 .py 脚本文件，但还不能运行，因为转换后的文件代码中没有程序入口，因此需要通过判断名称是否为 __main__ 来设置程序入口，并在其中通过 MainWindow 对象的 show() 函数来显示窗口，代码如下：

```
01  import sys
02  # 程序入口，程序从此处启动 PyQt 设计的窗体
03  if __name__ == '__main__':
04      app = QtWidgets.QApplication(sys.argv)
```

```
05    MainWindow = QtWidgets.QMainWindow()              # 创建窗体对象
06    ui = Ui_MainWindow()                              # 创建 PyQt 设计的窗体对象
07    ui.setupUi(MainWindow)                            # 调用 PyQt 窗体的方法，对窗体对象进行初始化设置
08    MainWindow.show()                                 # 显示窗体
09    sys.exit(app.exec_())                             # 程序关闭时退出进程
```

添加完上面代码后，在当前的 .py 文件中，单击右键，在弹出的快捷菜单中选择 ，即可运行。

> **说明**
>
> 中的"untitled"不固定，它是 .py 文件的名称。

16.3 窗口的个性化设置

PyQt5 窗口创建完成后，可以在 Qt Designer 设计器中通过属性对窗口进行设置，表 16.1 列出了 PyQt5 窗口常用的一些属性及说明。

表 16.1 PyQt5 窗口常用属性及说明

属性	说明
objectName	窗口的唯一标识，程序通过该属性调用窗口
geometry	该属性中可以设置窗口的宽度和高度
windowTitle	标题栏文本
windowIcon	窗口的标题栏图标
windowOpacity	窗口的透明度，取值范围 0～1
windowModality	窗口样式，可选值有 NonModal、WindowModal 和 ApplicationModal
enabled	窗口是否可用
mininumSize	窗口最小化时的大小，默认为 0×0
maximumSize	窗口最大化时的大小，默认为 16777215×16777215
palette	窗口的调色板，可以用来设置窗口的背景
font	设置窗口的字体，包括字体名称、字体大小、是否粗体、是否斜体、是否有下划线、是否有删除线等
cursor	窗口的鼠标样式
contextMenuPolicy	窗口的快捷菜单样式
acceptDrops	是否接受拖放操作
toolTip	窗口的提示文本
toolTipDuration	窗口提示文本的显示间隔
statusTip	窗口的状态提示
whatsThis	窗口的"这是什么"提示
layoutDirection	窗口的布局方式，可选值有 LeftToRight、RightToLeft 和 LayoutDirectionAuto
autoFillBackground	是否自动填充背景
styleSheet	设置窗口样式，可以用来设置窗口的背景
locale	窗口国际化设置
iconSize	窗口标题栏图标的大小
toolButtonStyle	窗口中的工具栏样式，默认值为 ToolButtonIconOnly，表示默认工具栏中只显示图标，用户可以更改为只显示文本，或者同时显示文本和图标
dockOptions	停靠选项
unifiedTitleAndToolBarOnMac	在 Mac OS 系统中是否可以定义标题和工具栏

表 16.1 中列出了 PyQt5 窗口的常用属性，接下来对如何使用属性对窗口进行个性化设置进行讲解。

16.3.1 基本属性设置

窗口包含一些基本的组成要素，包括对象名称、图标、标题、位置和背景等，这些要素可以通过窗口的"属性编辑器"窗口进行设置，也可以通过代码实现。下面详细介绍窗口的常见属性设置。

1. 设置窗口的对象名称

窗口的对象名称相当于窗口的标识，是唯一的，编写代码时，对窗口的任何设置和使用都是通过该名称来操作的。在 Qt Designer 设计器中，窗口的对象名称是通过"属性编辑器"中的 objectName 属性来设置的，默认名称为 MainWindow，如图 16.26 所示，用户可以根据实际情况更改，但要保证在当前窗口中唯一。

除了可以在 Qt Designer 设计器的属性编辑器中对其进行修改之外，还可以通过 Python 代码进行设置，设置时需要使用 setObjectName() 函数，使用方法如下：

```
MainWindow.setObjectName("MainWindow")
```

2. 设置窗口的标题栏名称

在窗口的属性中，通过 windowTitle 属性设置窗口的标题栏名称，标题栏名称就是显示在窗口标题上的文本，windowTitle 属性设置及窗口标题栏预览效果分别如图 16.27 和图 16.28 所示。

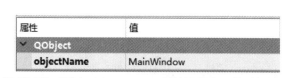
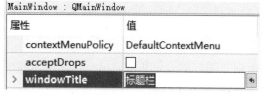

图 16.26　通过 objectName 属性设置窗口的对象名称　　图 16.27　windowTitle 属性设置

在 Python 代码中使用 setWindowTitle() 函数也可以设置窗口标题栏，代码如下：

```
MainWindow.setWindowTitle("标题栏")
```

3. 修改窗口的大小

在窗口的属性中，通过展开 geometry 属性，可以设置窗口的大小。修改窗口的大小，只需更改宽度和高度的值即可，如图 16.29 所示。

图 16.28　窗口标题栏预览效果　　图 16.29　通过 geometry 属性修改窗口的大小

> **说明**
>
> 在设置窗口的大小时，其值只能是整数，不能是小数。

在 Python 代码中使用 resize() 函数也可以设置窗口的大小，代码如下：

```
MainWindow.resize(252, 100)
```

指点迷津

如果想自定义 PyQt5 窗口的显示位置,可以根据窗口大小和屏幕大小来进行设置,其中,窗口的大小使用 geometry() 方法即可获取到,而获取屏幕大小可以使用 QDesktopWidget 类的 screenGeometry() 方法,QDesktopWidget 类是 PyQt5 中提供的一个与屏幕相关的类,其 screenGeometry() 方法用来获取屏幕的大小。例如,下面代码用来获取当前屏幕的大小(包括宽度和高度):

```
01  from PyQt5.QtWidgets import QDesktopWidget    # 导入屏幕类
02  screen=QDesktopWidget().screenGeometry()      # 获取屏幕大小
03  width=screen.width()                          # 获取屏幕的宽
04  height=screen.height()                        # 获取屏幕的高
```

16.3.2 更换窗口的图标

添加一个新的窗口后,窗口的图标是系统默认的 QT 图标。如果想更换窗口的图标,可以在"属性编辑器"中设置窗口的 windowIcon 属性,窗口的默认图标和更换后的图标如图 16.30 所示。

图 16.30 窗口的默认图标与更换后的图标

更换窗口图标的过程非常简单,具体操作如下:
① 选中窗口,然后在"属性编辑器"中选中 windowIcon 属性,会出现 ▼ 按钮,如图 16.31 所示。
② 单击 ▼ 按钮,在下拉列表中选择"选择文件"菜单,如图 16.32 所示。

图 16.31 窗口的 windowIcon 属性

图 16.32 选择"选择文件"菜单

③ 弹出"选择一个像素映射"会话框,在该会话框中选择新的图标文件,单击"打开"按钮,即可将选择的图标文件作为窗口的图标,如图 16.33 所示。

图 16.33 选择图标文件的窗口

通过上面的方式修改窗口图标对应的 Python 代码如下：

```
01 icon = QtGui.QIcon()
02 icon.addPixmap(QtGui.QPixmap("K:/F 盘/例图/图标/32×32(像素)/ICO/图标 (7).ico"), QtGui.QIcon.Normal, QtGui.QIcon.Off)
03 MainWindow.setWindowIcon(icon)
```

指点迷津

通过上面代码可以看出，使用选择图标文件的方式设置窗口图标时，使用的是图标的绝对路径，这样做的缺点是，如果用户使用你的程序时，没有上面的路径，就会无法正常显示，那么如何解决该问题呢？可以将要使用的图标文件复制到项目的目录下，如图 16.34 所示。

图 16.34　将图标文件复制到项目文件夹下

这时就可以直接通过图标文件名进行使用，上面的代码可以更改如下：

```
01 icon = QtGui.QIcon()
02 icon.addPixmap(QtGui.QPixmap("图标 (7).ico"), QtGui.QIcon.Normal, QtGui.QIcon.Off)
03 MainWindow.setWindowIcon(icon)
```

16.3.3　设置窗口的背景

为使窗口设计更加美观，通常会设置窗口的背景，在 PyQt5 中设置窗口的背景有 3 种常用的方法，下面分别介绍。

1. 使用 setStyleSheet() 函数设置窗口背景

使用 setStyleSheet() 函数设置窗口背景时，需要以 background-color 或者 border-image 的方式来进行设置，其中 background-color 可以设置窗口背景颜色，而 border-image 可以设置窗口背景图片。

使用 setStyleSheet() 函数设置窗口背景颜色的代码如下：

```
MainWindow.setStyleSheet("#MainWindow{background-color:red}")
```

效果如图 16.35 所示。

图 16.35　使用 setStyleSheet() 函数设置窗口背景颜色

说明

使用 setStyleSheet() 函数设置窗口背景色之后，窗口中的控件会继承窗口的背景色，如果想要为控件设置背景图片或者图标，需要使用 setPixmap() 或者 setIcon() 函数来完成。

使用 setStyleSheet() 函数设置窗口背景图片时，首先需要存储要作为背景的图片文件，因为代码中需要用到图片的路径，这里将图片文件放在与 .py 文件同一目录层级下的 image 文件夹中，存放位置如图 16.36 所示。

图 16.36　图片文件的存放位置

存放完图片文件后，就可以使用 setStyleSheet() 函数设置窗口的背景图片了，代码如下：

```
MainWindow.setStyleSheet("#MainWindow{border-image:url(image/back.jpg)}") # 设置背景图片
```

效果如图 16.37 所示。

> **说明**
>
> 除了在 setStyleSheet() 函数中使用 border-image 方式设置窗口背景图片外，还可以使用 background-image 方式设置，但这种方式设置的背景图片会平铺显示，代码如下：
>
> ```
> MainWindow.setStyleSheet("#MainWindow{background-image:url(image/back.jpg)}")# 设置背景图片
> ```

使用 background-image 方式设置的窗口背景图片效果如图 16.38 所示。

图 16.37　使用 setStyleSheet() 函数设置窗口背景图片

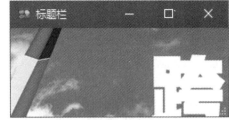
图 16.38　使用 background-image 方式设置的窗口背景图片效果

2. 使用 QPalette 设置窗口背景

QPalette 类是 PyQt5 中提供的一个调色板，专门用于管理控件的外观显示，每个窗口和控件都包含一个 QPalette 对象。通过 QPalette 对象的 setColor() 函数可以设置颜色，而通过该对象的 setBrush() 函数可以设置图片，最后使用 MainWindow 对象的 setPalette() 函数为窗口设置背景图片或者背景。

使用 QPalette 对象为窗口设置背景颜色的代码如下：

```
01 MainWindow.setObjectName("MainWindow")
02 palette=QtGui.QPalette()
03 palette.setColor(QtGui.QPalette.Background,Qt.red)
04 MainWindow.setPalette(palette)
```

> **说明**
>
> 使用 Qt.red 时，需要使用下面代码导入 Qt 模块：
>
> ```
> from PyQt5.QtCore import Qt
> ```

运行效果与使用 setStyleSheet() 函数设置窗口背景颜色的效果一样，可以参见图 16.35。

使用 QPalette 对象为窗口设置背景图片的代码如下：

```
01  # 使用 QPalette 设置窗口背景图片
02  MainWindow.resize(252, 100)
03  palette = QtGui.QPalette()
04  palette.setBrush(QtGui.QPalette.Background, QBrush(QPixmap("./image/back.jpg")))
05  MainWindow.setPalette(palette)
```

说明

上面代码中用到了 QBrush 和 QPixmap，因此需要进行导入，代码如下：

```
from PyQt5.QtGui import QBrush,QPixmap
```

使用 QPalette 对象为窗口设置背景图片的效果如图 16.39 所示。

指点迷津

观察图 16.39，发现背景图片没有显示全，这是因为在使用 QPalette 对象为窗口设置背景图片时，默认是平铺显示的。那么，如何使背景图片能够自动适应窗口的大小呢？想要使图片能够自动适应窗口的大小，需要在设置背景时，对 setBrush() 方法中的 QPixmap 对象参数进行设置，具体设置方法是，在生成 QPixmap 窗口背景图对象参数时，使用窗口大小、QtCore.Qt.IgnoreAspectRatio 值和 QtCore.Qt.SmoothTransformation 值进行设置。关键代码如下：

```
01  # 使用 QPalette 设置窗口背景图片（自动适应窗口大小）
02  MainWindow.resize(252, 100)
03  palette = QtGui.QPalette()
04  palette.setBrush(MainWindow.backgroundRole(), QBrush(
05      QPixmap("./image/back.jpg").scaled(MainWindow.size(), QtCore.Qt.IgnoreAspectRatio,
06                                         QtCore.Qt.SmoothTransformation)))
07  MainWindow.setPalette(palette)
```

运行程序，效果如图 16.40 所示，对比图 16.39，可以看到图 16.40 中的背景图片自动适应了窗口大小。

图 16.39　使用 QPalette 为窗口设置背景图片

图 16.40　使用 QPalette 为窗口设置背景图片，并自动适应窗口大小

3. 通过资源文件设置窗口背景

除了以上两种设置窗口背景的方式，PyQt5 还推荐使用资源文件的方式对窗口背景进行设置，下面介绍具体的实现过程。

（1）在 Qt Designer 创建并使用资源文件

在 Qt Designer 工具中设计程序界面时，是不可以直接使用图片和图标等资源的，而是需要通过资源浏览器添加图片或图标等资源，具体步骤如下：

① 在 Python 的项目路径中创建一个名称为"images"的文件夹，然后将需要测试的图片保存在该文件夹中，打开 Qt Designer 工具，在资源浏览器左上角单击"编辑资源"按钮，如图 16.41 所示。

② 在弹出的"编辑资源"会话框中，单击左下角的第一个按钮"新建资源文件"，如图 16.42 所示。

图 16.41　单击"编辑资源"按钮

图 16.42　单击"新建资源文件"按钮

③ 在"新建资源文件"的会话中，选择该资源文件保存的路径为当前 Python 项目的路径，然后设置文件名称为"img"，保存类型为"资源文件（*.qrc）"，最后单击"保存"按钮，如图 16.43 所示。

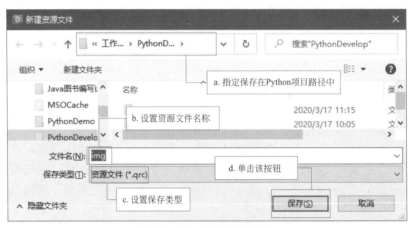
图 16.43　新建资源文件

④ 单击"保存"按钮后，将自动返回至"编辑资源"会话框中，然后在该会话框中选择"添加前缀"按钮，设置前缀为"png"，再单击"添加文件"按钮，如图 16.44 所示。

⑤ 在"添加文件"的会话框中选择需要添加的图片文件，然后单击"打开"按钮即可，如图 16.45 所示。

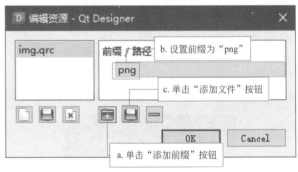
图 16.44　单击"添加前缀"按钮

图 16.45　选择添加的图片

⑥ 图片添加完成以后，将自动返回至"编辑资源"的会话框，在该会话框中直接单击"OK"按钮即可，然后资源浏览器将显示添加的图片资源，如图 16.46 所示的效果。

> 说明
>
> 设置的前缀，是我们自己定义的路径前缀，用于区分不同的资源文件。

⑦ 选中主窗口，找到 styleSheet 属性，单击右面的 ... 按钮，如图 16.47 所示。

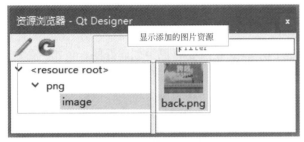

图 16.46　显示添加的图片资源

图 16.47　styleSheet 属性

⑧ 弹出"编辑样式表"会话框，该会话框中，单击"添加资源"后面的向下箭头，在弹出菜单中选择"border-image"，如图 16.48 所示。

⑨ 弹出"选择资源"会话框，在该会话框中选择创建好的资源，单击 OK 按钮，如图 16.49 所示。

⑩ 返回"编辑样式表"会话框，该会话框中可以看到自动生成的代码，单击 OK 按钮即可，如图 16.50 所示。

图 16.48　"编辑样式表"会话框

图 16.49　Label 控件显示指定的图片资源

图 16.50　设置完图片资源的"编辑样式表"会话框

(2) 资源文件的转换

在 Qt Designer 中设计好窗口（该窗口中使用了 .qrc 资源文件）之后，将已经设计好的 .ui 文件转换为 .py 文件，但是转换后的 .py 代码中会显示如图 16.51 所示的提示信息。

图 16.51　转换后的 .py 文件

图 16.51 中的提示信息说明 img_rc 模块导入出现异常，所以此处需要将已经创建好的 img.qrc 资源文件转换为 .py 文件，这样主窗口才可以正常使用，资源文件转换的具体步骤如下：

① 在 PyCharm 开发工具的设置窗中依次单击 "Tools" → "External Tools" 选项，然后在右侧单击 "+" 按钮，弹出 "Create Tool" 窗口，在该窗口中，首先在 "Name" 文本框中填写工具名称为 qrcTopy，然后单击 "Program" 后面的文件夹图标，选择 Python 模块安装目录下的 Scripts 文件夹中的 pyrcc5.exe 文件，接下来在 "Arguments" 文本框中输入将 .qrc 文件转换为 .py 文件的命令 "$FileName$ -o $FileNameWithoutExtension$_rc.py"，最后在 "Working directory" 文本框中输入 "$FileDir$"，它表示 .qrc 文件所在的路径，单击 OK 按钮，如图 16.52 所示。

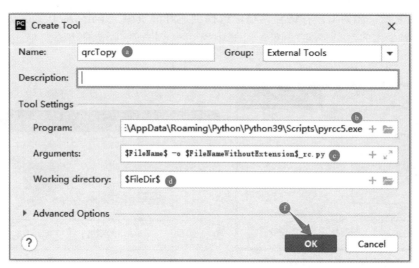

图 16.52　添加将 .qrc 文件转换为 .py 文件的快捷工具

> 💡 注意
>
> 　　图 16.52 中选择的 pyrcc5.exe 文件位于 Python 模块安装目录下的 Scripts 文件夹中，如果选择当前项目的虚拟环境路径下的 pyrcc5.exe 文件，有可能会出现无法转换资源文件的问题，所以这里一定要注意。

② 转换资源文件的快捷工具创建完成以后，选中需要转换的 .qrc 文件，然后在菜单栏中依次单击 "Tools" → "External Tools" → "qrcTopy" 菜单，即可在 .qrc 文件的下面自动生成对应的 .py 文件，如图 16.53 所示。

③ 文件转换完成以后，图 16.51 中的提示信息即可消失，然后添加程序入口，并在其中通过 MainWindow 对象的 show() 函数来显示主窗口。

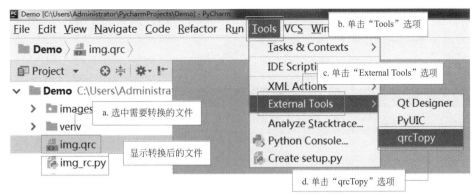

图 16.53　.qrc 转换为 .py 文件

16.3.4　控制窗口透明度

窗口透明度是窗口相对于其他界面的透明显示度，默认不透明，将窗口透明度设置为 0.5，则可以成为半透明，对比效果如图 16.54 所示。

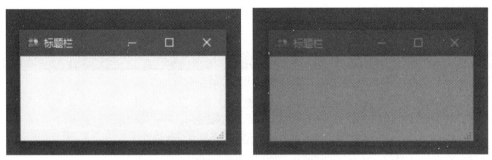

图 16.54　透明度设置为 1 和 0.5 时的对比效果

控制窗口透明度的过程非常简单，具体操作为：选中窗口，然后在"属性编辑器"中设置 windowOpacity 属性的值即可，如图 16.55 所示。

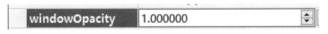

图 16.55　通过 windowOpacity 属性设置窗口透明度

> **说明**
>
> windowOpacity 属性的值为 0 到 1 之间的数，其中，0 表示完全透明，1 表示完全不透明。

在 Python 代码中使用 setWindowOpacity() 函数也可以设置窗口的透明度，例如，下面代码将窗口的透明度设置为半透明：

```
MainWindow.setWindowOpacity(0.5)
```

16.3.5　设置窗口样式

在 PyQt5 中，使用 setWindowFlags() 函数设置窗口的样式，该函数的语法如下：

```
setWindowFlags(Qt.WindowFlags)
```

Qt.WindowFlags 参数表示要设置的窗口样式，它的取值分为两种类型，分别如下：

① PyQt5 的基本窗口类型，如表 16.2 所示。

表 16.2 PyQt5 的基本窗口类型及说明

参数值	说明
Qt.Widget	默认窗口，有最大化、最小化和关闭按钮
Qt.Window	普通窗口，有最大化、最小化和关闭按钮
Qt.Dialog	会话框窗口，有问号（？）和关闭按钮
Qt.Popup	无边框的弹出窗口
Qt.ToolTip	无边框的提示窗口，没有任务栏
Qt.SplashScreen	无边框的闪屏窗口，没有任务栏
Qt.SubWindow	子窗口，窗口没有按钮，但有标题

例如，下面代码用来将名称为 MainWindow 的窗口设置为一个会话框窗口：

```
MainWindow.setWindowFlags(QtCore.Qt.Dialog)   # 显示一个有问号（？）和关闭按钮的会话框
```

② 自定义顶层窗口外观，如表 16.3 所示。

表 16.3 自定义顶层窗口外观及说明

参数值	说明
Qt.MSWindowsFixedSizeDialogHint	无法调整大小的窗口
Qt.FramelessWindowHint	无边框窗口
Qt.CustomizeWindowHint	有边框但无标题栏和按钮，不能移动和拖动的窗口
Qt.WindowTitleHint	添加标题栏和一个关闭按钮的窗口
Qt.WindowSystemMenuHint	添加系统目录和一个关闭按钮的窗口
Qt.WindowMaximizeButtonHint	激活最大化按钮的窗口
Qt.WindowMinimizeButtonHint	激活最小化按钮的窗口
Qt.WindowMinMaxButtonsHint	激活最小化和最大化按钮的窗口
Qt.WindowCloseButtonHint	添加一个关闭按钮的窗口
Qt.WindowContextHelpButtonHint	添加像会话框一样的问号（？）和关闭按钮的窗口
Qt.WindowStaysOnTopHint	使窗口始终处于顶层位置
Qt.WindowStaysOnBottomHint	使窗口始终处于底层位置

例如，下面代码用来设置名称为 MainWindow 的窗口只有关闭按钮，而没有最大化、最小化按钮：

```
MainWindow.setWindowFlags(QtCore.Qt.WindowCloseButtonHint)   # 只显示关闭按钮
```

将窗口设置为会话框窗口和只有关闭按钮窗口的效果分别如图 16.56 和图 16.57 所示。

图 16.56 有一个问号和关闭按钮的会话框窗口

图 16.57 只有关闭按钮的窗口

> **注意**
>
> 对窗口样式的设置，需要在初始化窗体之后才会起作用，即需要将设置窗口样式的代码放在 setupUi() 函数之后执行，例如：
>
> ```
> 01  MainWindow = QtWidgets.QMainWindow()                              # 创建窗体对象
> 02  ui = Ui_MainWindow()                                              # 创建 PyQt 设计的窗体对象
> 03  ui.setupUi(MainWindow)                                            # 调用 PyQt 窗体的方法，对窗体对象进行初始化设置
> 04  MainWindow.setWindowFlags(QtCore.Qt.WindowCloseButtonHint)        # 只显示关闭按钮
> ```

16.4 信号与槽

16.4.1 信号与槽的基本概念

信号（signal）与槽（slot）是 Qt 的核心机制，也是进行 PyQt5 编程时对象之间通信的基础。在 PyQt5 中，每一个 QObject 对象（包括各种窗口和控件）都支持信号与槽机制，通过信号与槽的关联，就可以实现对象之间的通信，当信号发射时，连接的槽函数（方法）将会自动执行。在 PyQt5 中，信号与槽是通过对象的 signal.connect() 方法进行连接的。

PyQt5 的窗口控件中有很多内置的信号，例如，图 16.58 为 MainWindow 主窗口的部分内置信号与槽。

PyQt5 中使用信号与槽的主要特点如下：

- 一个信号可以连接多个槽。
- 一个槽可以监听多个信号。
- 信号与信号之间可以互连。
- 信号与槽的连接可以跨线程。
- 信号与槽的连接方式既可以是同步，也可以是异步。
- 信号的参数可以是任何 Python 类型。

信号与槽的连接工作示意图如图 16.59 所示。

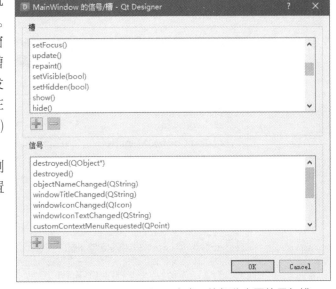

图 16.58　MainWindow 主窗口的部分内置信号与槽

图 16.59　信号与槽的连接工作示意图

16.4.2 编辑信号与槽

例如，通过信号与槽实现一个单击按钮关闭主窗口的运行效果，具体操作步骤如下：

① 打开 Qt Designer 设计器，从左侧的工具箱中向窗口添加一个 PushButton 按钮，并设置按钮的 text 属性为"关闭"，如图 16.60 所示。

> **说明**
>
> PushButton 是 PyQt5 中提供的一个控件，它是一个命令按钮控件，在单击执行一些操作时使用。

② 选中添加的"关闭"按钮，在菜单栏中选择"编辑信号/槽"菜单项，然后按住鼠标左键拖动至窗口空白区域，如图 16.61 所示。

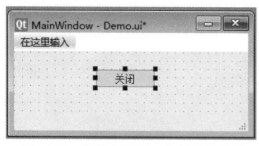

图 16.60　向窗口中添加一个"关闭"按钮

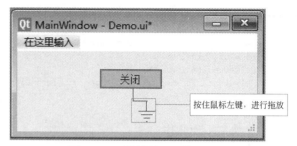

图 16.61　编辑信号/槽

③ 拖动至窗口空白区域松开鼠标后，将自动弹出"配置连接"会话框，首先选中"显示从 QWidget 继承的信号和槽"复选框，然后在上方的信号与槽列表中分别选中"clicked()"和"close()"，如图 16.62 所示。

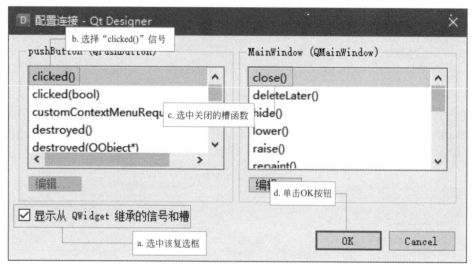

图 16.62　设置信息与槽

📖 说明

　　图 16.62 中，选中的 clicked() 为按钮的信号，选中的 close() 为槽函数（方法），工作逻辑是，单击按钮时发射 clicked 信号，该信号被主窗口的槽函数（方法）close() 所捕获，并触发关闭主窗口的行为。

④ 单击 OK 按钮，即可完成信号与槽的关联，效果如图 16.63 所示。

保存 .ui 文件，并使用 PyCharm 中配置的 PyUIC 工具将其转换为 .py 文件，转换后实现单击按钮关闭窗口的关键代码如下：

```
self.pushButton.clicked.connect(MainWindow.close)
```

为转换后的 Python 代码添加 __main__ 程序入口，然后运行程序，效果如图 16.64 所示，单击"关闭"按钮，即可关闭当前窗口。

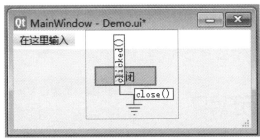
图 16.63 设置完成的信号与槽关联效果

图 16.64 关闭窗口的运行效果

16.4.3 自定义槽

前面介绍了如何将控件的信号与 PyQt5 内置的槽函数相关联,除此之外,用户还可以自定义槽,自定义槽本质上就是自定义一个函数,该函数实现相应的功能。

实例 16.1   信号与自定义槽的绑定   实例位置:资源包 \Code\16\01

自定义一个槽函数,用来单击按钮时,弹出一个"欢迎进入 PyQt5 编程世界"的信息提示框。代码如下:

```
01 def showMessage(self):
02     from PyQt5.QtWidgets import QMessageBox  # 导入 QMessageBox 类
03     # 使用 information() 方法弹出信息提示框
04     QMessageBox.information(MainWindow," 提示框 "," 欢迎进入 PyQt5 编程世界 ",QMessageBox.Yes | QMessageBox.No,QMessageBox.Yes)
```

> **说明**
>
> 上面代码中用到了 QMessageBox 类,该类是 PyQt5 中提供的一个会话框类。

16.4.4 将自定义槽连接到信号

自定义槽函数之后,即可与信号进行关联,例如,这里与 PushButton 按钮的 clicked 信号关联,即在单击 PushButton 按钮时,弹出信息提示框。将自定义槽连接到信号的代码如下:

```
self.pushButton.clicked.connect(self.showMessage)
```

运行程序,单击窗口中的 PushButton 按钮,即可弹出信息提示框,效果如图 16.65 所示。

图 16.65 将自定义槽连接到信号

16.5 多窗口设计

一个完整的项目一般都是由多个窗口组成,此时,就需要对多窗口设计有所了解。多窗口即向项目中添加多个窗口,在这些窗口中实现不同的功能。下面对多窗口的建立、启动以及如何关联多个窗口进行讲解。

16.5.1 多窗口的建立

多窗口的建立是向某个项目中添加多个窗口。

实例 16.2 创建并打开多窗口　　实例位置：资源包 \Code\16\02

在 Qt Designer 设计器的菜单栏中，选择"文件"→"新建"菜单，弹出"新建窗体"会话框，选择一个模板，单击"创建"按钮，如图 16.66 所示。

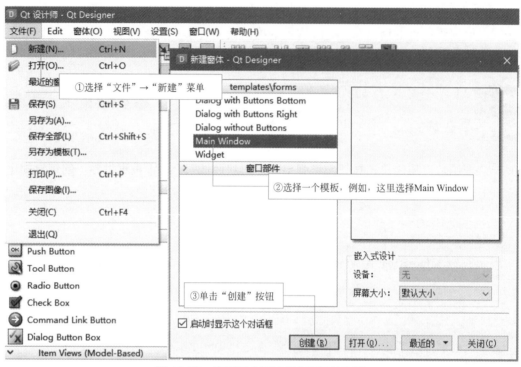

图 16.66　向项目中添加多个窗口的步骤

重复执行以上步骤，即可添加多个窗口，例如，向项目中添加 4 个窗口的效果如图 16.67 所示。

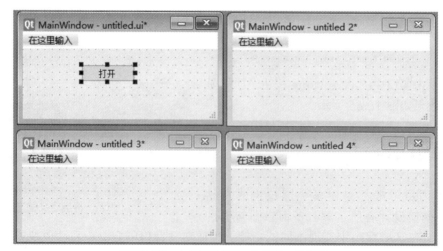

图 16.67　向项目中添加 4 个窗口的效果

> 说明
>
> 在 Qt Designer 设计器中添加多个窗口后，在保存时，需要分别将鼠标焦点定位到要保存的窗口上，单独为每个进行保存；而在将 .ui 文件转换为 .py 文件时，也需要分别选中每个 .ui 文件，单独进行转换。

16.5.2 设置启动窗口

向项目中添加了多个窗口以后，如果要调试程序，必须要设置先运行的窗口，这样就需要设置项目的启动窗口，其实现方法非常简单，只需要为要作为启动窗口的相应 .py 文件添加程序入口即可。例如，要将 untitled.py（untitled.ui 文件对应的代码文件）作为启动窗口，则在 untitled.py 文件中添加如下代码：

```
01  import sys
02  # 程序入口，程序从此处启动 PyQt 设计的窗体
03  if __name__ == '__main__':
04      app = QtWidgets.QApplication(sys.argv)
05      MainWindow = QtWidgets.QMainWindow()              # 创建窗体对象
06      ui = Ui_MainWindow()                              # 创建 PyQt 设计的窗体对象
07      ui.setupUi(MainWindow)                            # 调用 PyQt 窗体的方法对窗体对象进行初始化设置
08      MainWindow.show()                                 # 显示窗体
09      sys.exit(app.exec_())                             # 程序关闭时退出进程
```

16.5.3 窗口之间的关联

多窗口创建完成后，需要将各个窗口进行关联，然后才可以形成一个完整的项目。这里以在启动窗口中打开另外 3 个窗口为例进行讲解。

首先看一下 untitled2.py 文件、untitled3.py 文件和 untitled4.py 文件，在自动转换后的代码中，默认继承自 object 类，代码如下：

```
class Ui_MainWindow(object):
```

为了执行窗口操作，需要将继承的 object 类修改为 QMainWindow 类，由于 QMainWindow 类位于 PyQt5.QtWidgets 模块中，因此需要进行导入，修改后的代码如下：

```
01  from PyQt5.QtWidgets import QMainWindow
02  class Ui_MainWindow(QMainWindow):
```

修改完 untitled2.py 文件、untitled3.py 文件和 untitled4.py 文件的继承类之后，打开 untitled.py 主窗口文件，该文件中，首先定义一个槽函数，用来使用 QMainWindow 对象的 show() 方法打开 3 个窗口，代码如下：

```
01  def open(self):
02      import untitled2,untitled3,untitled4
03      self.second = untitled2.Ui_MainWindow()           # 创建第 2 个窗体对象
04      self.second.show()                                # 显示窗体
05      self.third = untitled3.Ui_MainWindow()            # 创建第 3 个窗体对象
06      self.third.show()                                 # 显示窗体
07      self.fouth = untitled4.Ui_MainWindow()            # 创建第 4 个窗体对象
08      self.fouth.show()                                 # 显示窗体
```

然后将 PushButton 按钮的 clicked 信号与自定义的槽函数 open 相关联，代码如下：

```
self.pushButton.clicked.connect(self.open)
```

运行 untitled.py 主窗口，单击"打开"按钮，即可打开其他 3 个窗口，效果如图 16.68 所示。

观察图 16.68，发现打开的 3 个窗口，标题都是 python，并不是新建的窗口标题，这是为什么呢？这主要是由于窗口没有初始化造成的，分别在 3 个窗口中添加下面的构造方法，调用自动生成的 setupUi 方法初始化窗口即可：

```
01  def __init__(self):                              # 构造方法
02      super(Ui_MainWindow, self).__init__()
03      self.setupUi(self)                           # 初始化窗口设置
```

16.6　UI 与逻辑代码分离

初学者在学习 PyQt5 时，使用 Qt Designer 设计器设计完 GUI 窗体后，将其转换为 .py 代码文件，通常都会将逻辑代码直接写入到转换后的 .py 文件中，但这样会出现一个问题：如果需要修改 UI 文件，并重新转换 .py 文件，那么之前写过的逻辑代码将会完全被覆盖。遇到这种问题，该如何解决呢？

在开发 PyQt5 程序时，可以使用 UI 与逻辑代码分离的方式进行开发，从而避免生成 .py 文件覆盖逻辑代码的问题，具体步骤如图 16.69 所示。

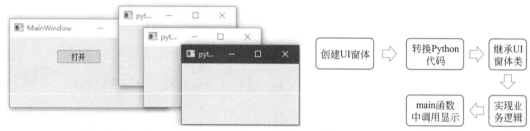

图 16.68　多窗口之间的关联　　　　图 16.69　UI 与逻辑代码分离开发步骤

图 16.69 中的前两步是创建并设计窗体、转换 .py 文件代码操作，最后三步需要新创建一个用于编写逻辑代码的 Python 代码文件，然后在其中继承自动生成的 UI 窗体类，并编写相应的业务逻辑代码和 main 函数，参考代码如下：

```
01  from PyQt5 import QtWidgets,QtGui,QtCore
02  from py 文件名 import 类名
03  class MainWindow(QtWidgets.QMainWindow, 类名 ):
04      def __init__(self, parent=None):
05          super(MainWindow, self).__init__(parent)
06          self.setupUi(self)
07          # 此处编写业务逻辑代码
08  if __name__ == "__main__":
09      import sys
10      app = QtWidgets.QApplication(sys.argv)
11      mainWindow = MainWindow()
12      mainWindow.show()
13      sys.exit(app.exec_())
```

通过这种方法开发 PyQt5 程序，就不用担心 UI 窗体的修改。

16.7　综合案例——设置窗口在桌面上居中显示

（1）案例描述

PyQt5 设计的窗口默认会按照坐标指定的位置进行，但如果想要将窗口在桌面上居中显示，该如何操作呢？在 16.3.1 节的"指点迷津"栏目中提示可以借助 QDesktopWidget 类的 screenGeometry() 方法实现，本案例将实现该功能，运行结果如图 16.70 所示。

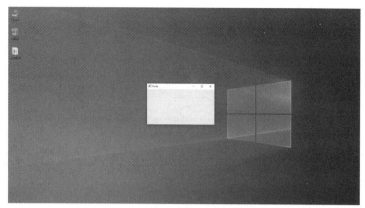

图 16.70　设置窗口在桌面上居中显示

（2）实现代码

使用 Qt Designer 设计器创建一个 Widget 窗口，适当调整窗口大小，并保存为 .ui 文件，然后将 .ui 文件转换为 .py 文件，同时在 .py 文件中导入模块，代码如下：

```python
from PyQt5.QtWidgets import QApplication, QDesktopWidget
```

将转换后的 .py 文件中自动生成的 Ui_Form 类的继承类修改为 QWidget，代码如下：

```python
class Ui_Form(QtWidgets.QWidget):
```

在自动生成的 setupUi 方法中设置窗口居中显示，实现思路为：获取桌面大小和窗口大小，然后使用桌面大小减去窗口大小并除以 2，以此来确定窗口的显示位置。代码如下：

```python
01  # 实现窗口居中显示
02  screen = QDesktopWidget().screenGeometry()
03  size = self.geometry()
04  self.move(int((screen.width() - size.width()) / 2),
05            int((screen.height() - size.height()) / 2))
```

最后为 .py 文件添加 __main__ 程序入口。

16.8　实战练习

以 UI 与逻辑代码分离的方式修改【实例 16.2】。

小结

本章主要对 PyQt5 窗口程序设计的基础知识进行了讲解，包括 Qt Designer 开发工具的使用、窗口的个性化设置、多窗口程序的创建等；另外，对窗口中数据传输用到的信号与槽机制、PyQt5 中的 UI 与逻辑代码分离开发方式进行了详细讲解。本章讲解的知识是进行 PyQt5 程序开发的最基础但又非常重要的内容，因此，读者一定要熟练掌握。

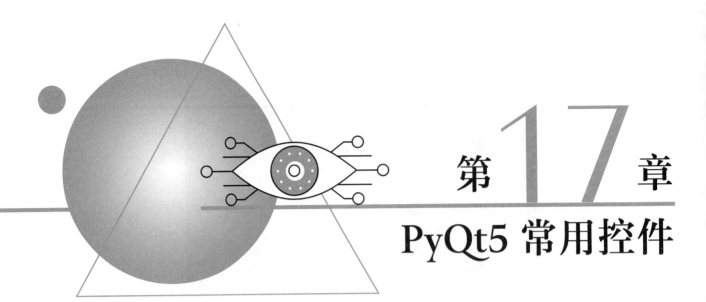

第 17 章
PyQt5 常用控件

扫码领取
- 教学视频
- 配套源码
- 练习答案
- ……

控件是窗口程序的基本组成单位，通过使用控件可以高效地开发窗口应用程序。所以，熟练掌握控件是合理有效地进行窗口程序开发的重要前提。本章将对开发 PyQt5 窗口应用程序中经常用到的控件进行详细讲解。

本章知识架构如下：

17.1 控件概述

控件是用户可以用来输入或操作数据的对象，在 PyQt5 中，控件的基类位于 QFrame 类，而 QFrame 类继承自 QWidget 类，QWidget 类是所有用户界面对象的基类。

17.1.1 认识控件

Qt Designer 设计器中默认对控件进行了分组，表 17.1 列出了控件的默认分组及其包含的控件。

表 17.1　PyQt5 控件的常用命名规范

控件名称	说明	控件名称	说明
Layouts——布局管理			
VerticalLayout	垂直布局	HorizontalLayout	水平布局
GridLayout	网格布局	FormLayout	表单布局
Spacers——弹簧			
HorizontalSpacer	水平弹簧	VerticalSpacer	垂直弹簧
Buttons——按钮类			
PushButton	按钮	ToolButton	工具按钮
RadioButton	单选按钮	CheckBox	复选框
CommandLinkButton	命令链接按钮	DialogButtonBox	会话框按钮盒
Item Views(Model-Based)——项目视图			
ListView	列表视图	TreeView	树视图
TableView	表格视图	ColumnView	列视图
UndoView	撤销命令显示视图		
Item Widgets(Item-Based)——项目控件			
ListWidget	列表控件	TreeWidget	树控件
TableWidget	表格控件		
Containers——容器			
GroupBox	分组框	ScrollArea	滚动区域
ToolBox	工具箱	TabWidget	选项卡
StackedWidget	堆栈窗口	Frame	帧
Widget	小部件	MDIArea	MDI 区域
DockWidget	停靠窗口		
Input Widgets——输入控件			
ComboBox	下拉组合框	FontComboBox	字体组合框
LineEdit	单行文本框	TextEdit	多行文本框
PlainTextEdit	纯文本编辑框	SpinBox	数字选择控件
DoubleSpinBox	小数选择控件	TimeEdit	时间编辑框
DateEdit	日期编辑框	DateTimeEdit	日期时间编辑框
Dial	旋钮	HorizontalScrollBar	横向滚动条
VerticalScrollBar	垂直滚动条	HorizontalSlider	横向滑块
VerticalSlider	垂直滑块	KeySequenceEidt	按键编辑框
Display Widgets——显示控件			
Label	标签控件	TextBrowser	文本浏览器
GraphicsView	图形视图	CalendarWidget	日期控件
LCDNumber	液晶数字显示	ProgressBar	进度条
HorizontalLine	水平线	VerticalLine	垂直线
OpenGLWidget	开放式图形库工具		

17.1.2 控件的命名规范

在使用控件的过程中，可以通过控件默认的名称调用。如果自定义控件名称，建议按照表 17.2 中的命名规范对控件进行命名。

表 17.2 PyQt5 控件的常用命名规范

控件名称	命名	控件名称	命名	控件名称	命名
Label	lab	CommandLinkButton	linbtn	TreeWidget	tw
LineEdit	ledit	RadioButton	rbtn	TableView	tbv
TextEidt	tedit	CheckBox	ckbox	TableWidget	tbw
PlainTextEidt	pedit	ComboBox	cbox	GroupBox	gbox
TextBrowser	txt	ListView	lv	SpinBox	sbox
PushButton	pbtn	ListWidget	lw	TabWidget	tab
ToolButton	tbtn	TreeView	tv	TimeEdit	time
DateEdit	date	……			

> 📖 说明
>
> 对控件的命名并不是绝对的，可以根据个人的喜好习惯或者企业要求灵活使用。

17.2 文本类控件

文本类控件主要用来显示或者编辑文本信息，PyQt5 中的文本类控件主要有 Label、LineEdit、TextEdit、SpinBox 等，本节将对它们的常用方法及使用方式进行讲解。

17.2.1 Label：标签控件

Label 控件，又称为标签控件，它主要用于显示用户不能编辑的文本，标识窗体上的对象（例如，给文本框、列表框添加描述信息等），它对应 PyQt5 中的 QLabel 类，Label 控件本质上是 QLabel 类的一个对象。Label 控件图标如图 17.1 所示。

1. 设置标签文本

可以通过两种方法设置标签控件（Label 控件）显示的文本：第一种是直接在 Qt Designer 设计器的属性编辑器中设置 text 属性；第二种是通过代码设置。

在 Qt Designer 设计器的属性编辑器中设置 text 属性的效果如图 17.2 所示。

图 17.1 Label 控件图标　　图 17.2 设置 text 属性

第二种方法是直接通过 Python 代码进行设置，需要用到 QLabel 类的 setText() 方法。

将 PyQt5 窗口中的 Label 控件的文本设置为"用户名："，代码如下：

```
self.label.setText("用户名：")
```

> 📖 说明
>
> 将 .ui 文件转换为 .py 文件时，Lable 控件所对应的类为 QLabel，即在控件前面加了一个"Q"，表示它是 Qt 的控件，其他控件也是如此。

2. 设置标签文本的对齐方式

PyQt5 中支持设置标签中文本的对齐方式，主要用到 alignment 属性，在 Qt Designer 设计器的属性编辑器中展开 alignment 属性，可以看到有两个值，分别为 Horizontal 和 Vertical，其中，Horizontal 用来设置标签文本的水平对齐方式，取值有 4 个，如图 17.3 所示，它们的说明如表 17.3 所示。

表 17.3　Horizontal 取值及说明

值	说明
AlignLeft	左对齐，效果如图 17.4 所示
AlignHCenter	水平居中对齐，效果如图 17.5 所示
AlignRight	右对齐，效果如图 17.6 所示
AlignJustify	两端对齐，效果同 AlignLeft

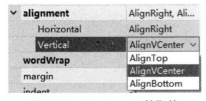

图 17.3　Horizontal 的取值　　图 17.4　AlignLeft　　图 17.5　AlignHCenter　　图 17.6　AlignRight

Vertical 用来设置标签文本的垂直对齐方式，取值有 3 个，如图 17.7 所示，它们的说明如表 17.4 所示。

表 17.4　Vertical 取值及说明

值	说明
AlignTop	顶部对齐，效果如图 17.8 所示
AlignVCenter	垂直居中对齐，效果如图 17.9 所示
AlignBottom	底部对齐，效果如图 17.10 所示

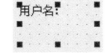

图 17.7　Horizontal 的取值　　图 17.8　AlignTop　　图 17.9　AlignVCenter　　图 17.10　AlignBottom

使用代码设置 Label 标签文本的对齐方式，需要用到 QLabel 类的 setAlignment() 方法，例如，将标签文本的对齐方式设置为水平左对齐、垂直居中对齐，代码如下：

```
self.label.setAlignment(QtCore.Qt.AlignLeft|QtCore.Qt.AlignVCenter)
```

3. 设置文本换行显示

假设将标签文本的 text 值设置为 "每天编程 1 小时，从菜鸟到大牛"，在标签宽度不足的情况下，系统会默认只显示部分文字，如图 17.11 所示，遇到这种情况，可以设置标签中的文本换行显示，只需要在 Qt Designer 设计器的属性编辑器中，将 wordWrap 属性后面的复选框选中即可，如图 17.12 所示，换行显示后的效果如图 17.13 所示。

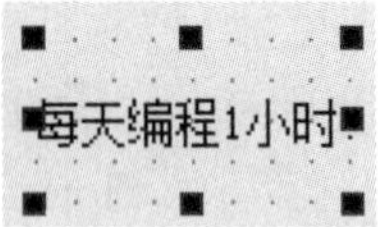

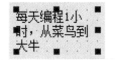

图 17.11　Label 默认显示长文本的一部分　　　图 17.12　设置 wordWrap 属性　　　图 17.13　换行显示文本

使用代码设置 Label 标签文本换行显示，需要用到 QLabel 类的 setWordWrap() 方法，代码如下：

```
self.label.setWordWrap(True)
```

4．为标签设置超链接

为 Label 标签设置超链接时，可以直接在 QLabel 类的 setText() 方法中使用 HTML 中的 <a> 标签设置超链接文本，然后将 Label 标签的 setOpenExternalLinks() 设置为 True，以便允许访问超链接，代码如下：

```
01  self.label.setText("<a href='https://www.mingrisoft.com'>明日学院</a>")
02  self.label.setOpenExternalLinks(True)              # 设置允许访问超链接
```

效果如图 17.14 所示，当单击"明日学院"时，即可使用浏览器打开 <a> 标签中指定的网址。

5．为标签设置图片

为 Label 标签设置图片时，需要使用 QLabel 类的 setPixmap() 方法，该方法中需要有一个 QPixmap 对象，表示图标对象，代码如下：

```
01  from PyQt5.QtGui import QPixmap                    # 导入 QPixmap 类
02  self.label.setPixmap(QPixmap('test.png'))          # 为 label 设置图片
```

效果如图 17.15 所示。

图 17.14　Label 标签中设置超链接的效果　　　图 17.15　在 Label 标签中显示图片

6．获取标签文本

获取 Label 标签中的文本需要使用 QLabel 类的 text() 方法，例如，下面代码在控制台中打印 Label 中的文本：

```
print(self.label.text())
```

17.2.2　LineEdit：单行文本框

LineEdit 是单行文本框，该控件只能输入单行字符串。LineEdit 控件图标如图 17.16 所示。

图 17.16　LineEdit 控件图标

LineEdit 控件对应 PyQt5 中的 QLineEdit 类，该类的常用方法及说明如表 17.5 所示。

表 17.5　QLineEdit 类的常用方法及说明

方法	说明
setText()	设置文本框内容
text()	获取文本框内容
setPlaceholderText()	设置文本框浮显文字
setMaxLength()	设置允许文本框内输入字符的最大长度
setAlignment()	设置文本对齐方式
setReadOnly()	设置文本框只读
setFocus()	使文本框得到焦点
setEchoMode()	设置文本框显示字符的模式。有以下 4 种模式： ◎ QLineEdit.Normal：正常显示输入的字符，这是默认设置 ◎ QLineEdit.NoEcho：不显示任何输入的字符（不是不输入，只是不显示） ◎ QLineEdit.Password：显示与平台相关的密码掩码字符，而不是实际输入的字符 ◎ QLineEdit.PasswordEchoOnEdit：在编辑时显示字符，失去焦点后显示密码掩码字符
setValidator()	设置文本框验证器，有以下 3 种模式： ◎ QIntValidator：限制输入整数 ◎ QDoubleValidator：限制输入小数 ◎ QRegExpValidator：检查输入是否符合设置的正则表达式
setInputMask()	设置掩码，掩码通常由掩码字符和分隔符组成，后面可以跟一个分号和空白字符，空白字符在编辑完成后会从文本框中删除，常用的掩码有以下 3 种形式： ◎ 日期掩码：0000-00-00 ◎ 时间掩码：00:00:00 ◎ 序列号掩码：>AAAAA-AAAAA-AAAAA-AAAAA-AAAAA;#
clear()	清除文本框内容

QLineEdit 类的常用信号及说明如表 17.6 所示。

表 17.6　QLineEdit 类的常用信号及说明

信号	说明
textChanged	当更改文本框中的内容时发射该信号
editingFinished	当文本框中的内容编辑结束时发射该信号，以按下回车键为编辑结束标志

指点迷津

> textChanged 信号在一些要求输入值时，实时执行操作的场景下经常使用，例如上网购物时，更改购买的商品数量或者价格，总价格都会实时变化。如果用 PyQt5 设计类似这样的功能，就可以通过 LineEdit 控件的 textChanged 信号实现。

实例 17.1　包括用户名和密码的登录窗口

实例位置：资源包 \Code\17\01

使用 LineEdit 控件，并结合 Label 控件制作一个简单的登录窗口，其中包含用户名和密码输入框，密码要求是八位数字，并且以掩码形式显示，步骤如下：

① 打开 Qt Designer 设计器，根据需求，从工具箱中向主窗口放入两个 Label 控件与两个 LineEdit 控件，然后分别将两个 Label 控件的 text 值修改为"用户名："和"密码："。

② 设计完成后，保存为 .ui 文件，并使用 PyUIC 工具将其转换为 .py 文件，并在表示密码的 LineEdit 文本框下面使用 setEchoMode() 将其设置为密码文本，同时使用 setValidator() 方法为其设置验证器，控制只能输入八位数字，代码如下：

```
01 self.lineEdit_2.setEchoMode(QtWidgets.QLineEdit.Password)    # 设置文本框为密码
02 # 设置只能输入八位数字
03 self.lineEdit_2.setValidator(QtGui.QIntValidator(10000000,99999999))
```

③ 为 .py 文件添加 __main__ 程序入口，代码如下：

```
01 import sys
02 # 程序入口，程序从此处启动 PyQt 设计的窗体
03 if __name__ == '__main__':
04     app = QtWidgets.QApplication(sys.argv)
05     MainWindow = QtWidgets.QMainWindow()           # 创建窗体对象
06     ui = Ui_MainWindow()                           # 创建 PyQt 设计的窗体对象
07     ui.setupUi(MainWindow)                         # 调用 PyQt 窗体的方法对窗体对象进行初始化设置
08     MainWindow.show()                              # 显示窗体
09     sys.exit(app.exec_())                          # 程序关闭时退出进程
```

> **说明**
>
> 在将 .ui 文件转换为 .py 文件后，如果要运行 .py 文件，必须添加 __main__ 程序入口，下面遇到时，将不再重复提示。

运行程序，效果如图 17.17 所示。

> **说明**
>
> 在密码文本框中输入字母或者超过八位数字时，系统将自动控制其输入，文本框中不会显示任何内容。

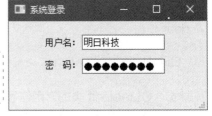

图 17.17　运行效果

17.2.3　TextEdit：多行文本框

TextEdit 是多行文本框控件，主要用来显示多行的文本内容，当文本内容超出控件的显示范围时，该控件将显示垂直滚动条；另外，TextEdit 控件不仅可以显示纯文本内容，还支持显示 HTML 网页。TextEdit 控件图标如图 17.18 所示。

TextEdit 控件对应 PyQt5 中的 QTextEdit 类，该类的常用方法及说明如表 17.7 所示。

图 17.18　TextEdit 控件图标

表 17.7　QTextEdit 类的常用方法及说明

方法	描述
setPlainText()	设置文本内容
toPlainText()	获取文本内容
setTextColor()	设置文本颜色，例如，将文本设置为红色，可以将该方法的参数设置为 QtGui.QColor(255,0,0)
setTextBackgroundColor()	设置文本的背景颜色，颜色参数与 setTextColor() 相同
setHtml()	设置 HTML 文档内容
toHtml()	获取 HTML 文档内容
wordWrapMode()	设置自动换行
clear()	清除所有内容

例如，分别使用 setPlainText() 方法和 setHtml() 方法为两个 TextEdit 控件设置要显示的文本内容，代码如下：

```
01  # 设置纯文本显示
02  self.textEdit.setPlainText('与失败比起来，我对乏味和平庸的恐惧要严重得多。'
03                             '对我而言，很好的事要比糟糕的事好，而糟糕的事要比平庸的事好，因为糟糕的事至少给生活增加了滋味。')
04  # 设置 HTML 文本显示
05  self.textEdit_2.setHtml("与失败比起来，我对乏味和平庸的恐惧要严重得多。"
06                          "对我而言，<font color='red' size=12>很好的事要比糟糕的事好，而糟糕的事要比平庸的事好，</font>因为糟糕的事至少给生活增加了滋味。")
```

对比效果如图 17.19 所示。

图 17.19　使用 TextEdit 控件显示多行文本和 HTML 文本

17.2.4　SpinBox：数字选择控件

SpinBox 是一个整数数字选择控件，该控件提供一对上下箭头，用户可以单击上下箭头选择数值，也可以直接输入。如果输入的数值大于设置的最大值，或者小于设置的最小值，SpinBox 将不会接受输入。SpinBox 控件图标如图 17.20 所示。

SpinBox 控件对应 PyQt5 中的 QSpinBox 类，该类的常用方法及说明如表 17.8 所示。

图 17.20　SpinBox 控件图标

表 17.8　QSpinBox 类的常用方法及说明

方法	描述
setValue()	设置控件的当前值
setMaximum()	设置最大值
setMinimum()	设置最小值
setRange()	设置取值范围（包括最大值和最小值）
setSingleStep()	单击上下箭头时的步长值
value()	获取控件中的值

📖 说明

默认情况下，SpinBox 控件的取值范围为 0 ～ 99，步长值为 1。

在单击 SpinBox 控件的上下箭头时，可以通过发射 valueChanged 信号，获取控件中的当前值。

实例 17.2　获取 SpinBox 中选择的数字　　　　👁 实例位置：资源包 \Code\17\02

使用 Qt Designer 设计器创建一个 MainWindow 窗口，其中添加两个 Label 控件和一个 SpinBox 控件，

然后保存为 .ui 文件，使用 PyUIC 工具将 .ui 文件转换为 .py 文件，在转换后的 .py 文件中，分别设置数字选择控件的最小值、最大值和步长值。有关 SpinBox 控件的关键代码如下：

```
01 self.spinBox = QtWidgets.QSpinBox(self.centralwidget)
02 self.spinBox.setGeometry(QtCore.QRect(20, 10, 101, 22))
03 self.spinBox.setObjectName("spinBox")
04 self.spinBox.setMinimum(0)                              # 设置最小值
05 self.spinBox.setMaximum(100)                            # 设置最大值
06 self.spinBox.setSingleStep(2)                           # 设置步长值
```

> **指点迷津**
>
> 上面代码中的第 4 行和第 5 行代码分别用来设置最小值和最大值，它们可以使用 setRange() 方法代替，代码如下：
>
> ```
> self.spinBox.setRange(0,100)
> ```

自定义一个 getvalue() 方法，使用 value() 方法获取 SpinBox 控件中的当前值，并显示在 Label 控件中，代码如下：

```
01 # 获取 SpinBox 的当前值，并显示在 Label 中
02 def getvalue(self):
03     self.label_2.setText(str(self.spinBox.value()))
```

将 SpinBox 控件的 valueChanged 信号与自定义的 getvalue() 槽函数相关联，代码如下：

```
01 # 将 valueChanged 信号与自定义槽函数相关联
02 self.spinBox.valueChanged.connect(self.getvalue)
```

为 .py 文件添加 __main__ 程序入口，然后运行程序，单击数字选择控件的上下箭头时，在 Label 控件中实时显示数字选择控件中的数值。效果如图 17.21 所示。

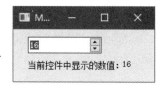

图 17.21　使用 SpinBox 控件选择整数数字

> **说明**
>
> SpinBox 控件中主要选择整数，如果需要选择小数，可以使用 DoubleSpinBox 控件，该控件默认保留两位小数，其使用方法与 SpinBox 类似，但由于它处理的是小数数字，因此，该控件提供了一个 setDecimals() 方法，用来设置小数的位数。

17.3　按钮类控件

按钮类控件主要用来执行一些命令操作，PyQt5 中的按钮类控件主要有 PushButton、RadioButton 和 CheckBox 等，本节将对它们的常用方法及使用方式进行讲解。

17.3.1　PushButton：按钮

PushButton 是 PyQt5 中最常用的控件之一，它被称为按钮控件，允许用户通过单击来执行操作。PushButton 控件既可以显示文本，也可以显示图像，当该控件被单击时，它看起来像是被按下，然后被释放。PushButton 控件图标如图 17.22 所示。

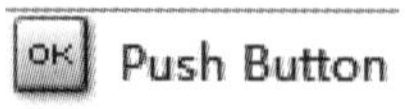

PushButton 控件对应 PyQt5 中的 QPushButton 类，该类的常用方法及说明如表 17.9 所示。

图 17.22　PushButton 控件图标

表 17.9　QPushButton 类的常用方法及说明

方法	说明
setText()	设置按钮所显示的文本
text()	获取按钮所显示的文本
setIcon()	设置按钮上的图标，可以将参数设置为 QtGui.QIcon(' 图标路径 ')
setIconSize()	设置按钮图标的大小，参数可以设置为 QtCore.QSize(int width, int height)
setEnabled()	设置按钮是否可用，参数设置为 False 时，按钮为不可用状态
setShortcut()	设置按钮的快捷键，参数可以设置为键盘中的按键或组合键，例如 'Alt+0'

PushButton 按钮最常用的信号是 clicked，当按钮被单击时，会发射该信号，执行相应的操作。

实例 17.3　制作登录窗口

> 实例位置：资源包 \Code\17\03

完善【例 17.1】，为系统登录窗口添加"登录"和"退出"按钮，当单击"登录"按钮时，弹出用户输入的用户名和密码；而当单击"退出"按钮时，关闭当前登录窗口。关键代码如下：

```
01    # 为登录按钮的 clicked 信号绑定自定义槽函数
02    self.pushButton.clicked.connect(self.login)
03    # 为退出按钮的 clicked 信号绑定 MainWindow 窗口自带的 close 槽函数
04    self.pushButton_2.clicked.connect(MainWindow.close)
05 def login(self):
06      from PyQt5.QtWidgets import QMessageBox
07      # 使用 information() 方法弹出信息提示框
08      QMessageBox.information(MainWindow, " 登录信息 ", " 用户名: "+self.lineEdit.text()+"　密码: "+self.lineEdit_2.text(), QMessageBox.Ok)
```

运行程序，输入用户名和密码，单击"登录"按钮，可以在弹出的提示框中显示输入的用户名和密码，如图 17.23 所示，而单击"退出"按钮，可以直接关闭当前窗口。

图 17.23　制作登录窗口

指点迷津

> 如果想为 PushButton 按钮设置快捷键，可以在创建对象时指定其文本，并在文本中包括 & 符号，这样，& 符号后面的第一个字母默认为快捷键。例如上面的实例中，为"登录"按钮设置快捷键，则可以将创建"登录"按钮的代码修改如下：
>
> ```
> self.pushButton = QtWidgets.QPushButton(" 登录 (&D) ",self.centralwidget)
> ```
>
> 修改完成之后，按键盘上的 <Alt+D> 组合键，即可执行与单击"登录"按钮相同的操作。

17.3.2　RadioButton：单选按钮

RadioButton 是单选按钮控件，它为用户提供由两个或多个互斥选项组成的选项集，当用户选中某单选按钮时，同一组中的其他单选按钮不能同时选定。RadioButton 控件图标如图 17.24 所示。

图 17.24　RadioButton 控件图标

RadioButton 控件对应 PyQt5 中的 QRadioButton 类，该类的常用方法及说明如表 17.10 所示。

表 17.10　QRadioButton 类的常用方法及说明

方法	说明
setText()	设置单选按钮显示的文本
text()	获取单选按钮显示的文本
setChecked() 或者 setCheckable()	设置单选按钮是否为选中状态，True 为选中状态，False 为未选中状态
isChecked()	返回单选按钮的状态，True 为选中状态，False 为未选中状态

RadioButton 控件常用的信号有两个：clicked 和 toggled。其中，clicked 信号在每次单击单选按钮时都会发射；而 toggled 信号则在单选按钮的状态改变时才会发射。因此，通常使用 toggled 信号监控单选按钮的选择状态。

实例 17.4　选择用户登录角色

实例位置：资源包 \Code\17\04

修改【例 17.3】，在窗口中添加两个 RadioButton 控件，用来选择管理员登录和普通用户登录，它们的文本分别设置为"管理员"和"普通用户"，然后定义一个槽函数 select()，用来判断"管理员"单选按钮和"普通用户"单选按钮分别选中时的弹出信息，最后将"管理员"单选按钮的 toggled 信号与自定义的 select() 槽函数关联。关键代码如下：

```
01  from PyQt5 import QtCore, QtGui, QtWidgets
02  from PyQt5.QtWidgets import QMessageBox
03  class Ui_MainWindow(object):
04      def setupUi(self, MainWindow):
05          # ……
06          self.radioButton = QtWidgets.QRadioButton(self.centralwidget)
07          self.radioButton.setGeometry(QtCore.QRect(36, 73, 61, 16))
08          self.radioButton.setObjectName("radioButton")
09          self.radioButton.setChecked(True)  # 设置管理员单选按钮默认选中
10          self.radioButton_2 = QtWidgets.QRadioButton(self.centralwidget)
11          self.radioButton_2.setGeometry(QtCore.QRect(106, 73, 71, 16))
12          self.radioButton_2.setObjectName("radioButton_2")
13          # ……
14          # 为单选按钮的 toggled 信号绑定自定义槽函数
15          self.radioButton.toggled.connect(self.select)
16      # 自定义槽函数，用来判断用户登录身份
17      def select(self):
18          if self.radioButton.isChecked():  # 判断是否为管理员登录
19              QMessageBox.information(MainWindow, " 提示 "," 您选择的是 管理员 登录 ", QMessageBox.Ok)
20          elif self.radioButton_2.isChecked():  # 判断是否为普通用户登录
21              QMessageBox.information(MainWindow, " 提示 "," 您选择的是 普通用户 登录 ", QMessageBox.Ok)
```

运行程序，"管理员"单选按钮默认处于选中状态，选中"普通用户"单选按钮，弹出"您选择的是 普通用户 登录"提示框，如图 17.25 所示。选中"管理员"单选按钮，弹出"您选择的是 管理员 登录"提示框，如图 17.26 所示。

图 17.25　选中"普通用户"单选按钮的提示

图 17.26　选中"管理员"单选按钮的提示

17.3.3　CheckBox：复选框

CheckBox 是复选框控件，它用来表示是否选取了某个选项条件，常用于为用户提供具有是 / 否或真 / 假值的选项，它对应 PyQt5 中的 QCheckBox 类。CheckBox 控件图标如图 17.27 所示。

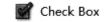

图 17.27　CheckBox 控件图标

CheckBox 控件的使用与 RadioButton 控件类似，但它是为用户提供"多选多"的选择。另外，它除了选中和未选中两种状态之外，还提供了第三种状态：半选中。如果需要第三种状态，需要使用 QCheckBox 类的 setTristate() 方法使其生效，并且可以使用 checkState() 方法查询当前状态。

CheckBox 控件的三种状态值及说明如表 17.11 所示。

表 17.11　CheckBox 控件的三种状态值及说明

方法	说明
QT.Checked	选中
QT.PartiallyChecked	半选中
QT.Unchecked	未选中

CheckBox 控件最常用的信号是 stateChanged，用来在复选框的状态发生改变时发射。

实例 17.5　设置用户权限　　实例位置：资源包 \Code\17\05

在 Qt Designer 设计器中创建一个窗口，实现通过复选框的选中状态设置用户权限的功能。在窗口中添加 5 个 CheckBox 控件，文本分别设置为"基本信息管理""进货管理""销售管理""库存管理"和"系统管理"，主要用来表示要设置的权限；添加一个 PushButton 控件，用来显示选择的权限。设计完成后保存为 .ui 文件，并使用 PyUIC 工具将其转换为 .py 代码文件。在 .py 代码文件中自定义一个 getvalue() 方法，用来根据 CheckBox 控件的选中状态记录相应的权限，代码如下：

```
01  def getvalue(self):
02      oper=""                                       # 记录用户权限
03      if self.checkBox.isChecked():                 # 判断复选框是否选中
04          oper+=self.checkBox.text()                # 记录选中的权限
05      if self.checkBox_2.isChecked():
06          oper +='\n'+ self.checkBox_2.text()
07      if self.checkBox_3.isChecked():
08          oper+='\n'+ self.checkBox_3.text()
09      if self.checkBox_4.isChecked():
10          oper+='\n'+ self.checkBox_4.text()
11      if self.checkBox_5.isChecked():
12          oper+='\n'+ self.checkBox_5.text()
```

```
13    from PyQt5.QtWidgets import QMessageBox
14    # 使用information()方法弹出信息提示，显示所有选择的权限
15    QMessageBox.information(MainWindow, "提示", "您选择的权限如下: \n"+oper, QMessageBox.Ok)
```

将"设置"按钮的 clicked 信号与自定义的槽函数 getvalue() 相关联，代码如下：

```
self.pushButton.clicked.connect(self.getvalue)
```

为 .py 文件添加 __main__ 程序入口，然后运行程序，选中相应权限的复选框，单击"设置"按钮，即可在弹出的提示框中显示用户选择的权限，如图 17.28 所示。

技巧

在设计用户权限或者考试系统中的多选题答案等功能时，可以使用 CheckBox 控件来实现。

图 17.28　通过复选框的选中状态设置用户权限

17.4　选择列表类控件

选择列表类控件主要以列表形式为用户提供选择的项目，用户可以从中选择项，本节将对 PyQt5 中的常用选择列表类控件的使用进行讲解，包括 ComboBox、FontComboBox 和 ListWidget 等。

17.4.1　ComboBox：下拉组合框

ComboBox 控件，又称为下拉组合框控件，它主要用于在下拉组合框中显示数据，用户可以从中选择项。ComboBox 控件图标如图 17.29 所示。
ComboBox 控件对应 PyQt5 中的 QComboBox 类，该类的常用方法及说明如表 17.12 所示。

图 17.29　ComboBox 控件图标

表 17.12　QComboBox 类的常用方法及说明

方法	说明
addItem()	添加一个下拉列表项
addItems()	从列表中添加下拉选项
currentText()	获取选中项的文本
currentIndex()	获取选中项的索引
itemText(index)	获取索引为 index 的项的文本
setItemText(index,text)	设置索引为 index 的项的文本
count()	获取所有选项的数量
clear()	删除所有选项

ComboBox 控件常用的信号有两个：activated 和 currentIndexChanged。其中，activated 信号在用户选中一个下拉选项时发射；而 currentIndexChanged 信号则在下拉选项的索引发生改变时发射。

实例 17.6　在下拉列表中选择职位　　实例位置：资源包 \Code\17\06

在 Qt Designer 设计器中创建一个窗口，实现通过 ComboBox 控件选择职位的功能。在窗口中添加

两个 Label 控件和一个 ComboBox，其中，第一个 Label 用来作为标识，文本设置为"职位："；第二个 Label 用来显示 ComboBox 中选择的职位；ComboBox 控件用来作为职位的下拉列表。设计完成后保存为 .ui 文件，并使用 PyUIC 工具将其转换为 .py 代码文件。在 .py 代码文件中自定义一个 showinfo() 方法，用来将 ComboBox 下拉列表中选择的项显示在 Label 标签中，代码如下：

```
01 def showinfo(self):
02     self.label_2.setText("您选择的职位是："+self.comboBox.currentText()) # 显示选择的职位
```

为 ComboBox 设置下拉列表项及信号与槽的关联。代码如下：

```
01 # 定义职位列表
02 list=["总经理","副总经理","人事部经理","财务部经理","部门经理","普通员工"]
03 self.comboBox.addItems(list) # 将职位列表添加到 ComboBox 下拉列表中
04 # 将 ComboBox 控件的选项更改信号与自定义槽函数关联
05 self.comboBox.currentIndexChanged.connect(self.showinfo)
```

为 .py 文件添加 __main__ 程序入口，然后运行程序，当在职位列表中选中某个职位时，将会在下方的 Label 标签中显示选中的职位，效果如图 17.30 所示。

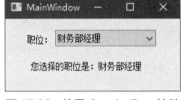

图 17.30　使用 ComboBox 控件选择职位

17.4.2　FontComboBox：字体组合框

FontComboBox 控件，又称为字体组合框控件，它主要用于在下拉组合框中显示并选择字体，它对应 PyQt5 中的 QFontComboBox 类。FontComboBox 控件图标如图 17.31 所示。

图 17.31　FontComboBox 控件图标

FontComboBox 控件的使用与 ComboBox 类似，但由于它的主要作用是选择字体，所以在 QFontComboBox 类中提供了一个 setFontFilters() 方法，用来设置可以选择的字体，该方法的参数值及说明如下：

- QFontComboBox.AllFonts：所有字体。
- QFontComboBox.ScalableFonts：可以自动伸缩的字体。
- QFontComboBox.NonScalableFonts：不自动伸缩的字体。
- QFontComboBox.MonospacedFonts：等宽字体。
- QFontComboBox.ProportionalFonts：比例字体。

例如，使用 FontComboBox 实现动态改变 Label 标签字体的功能，关键代码如下：

```
01 # 自定义槽函数，用来将选择的字体设置为 Label 标签的字体
02 def setfont(self):
03     print(self.fontComboBox.currentText()) # 控制台中输出选择的字体
04     # 为 Label 设置字体
05     self.label.setFont(QtGui.QFont(self.fontComboBox.currentText()))
06
01 # 设置字体组合框中显示所有字体
02 self.fontComboBox.setFontFilters(QtWidgets.QFontComboBox.AllFonts)
03 # 当选择的字体改变时，发射 currentIndexChanged 信号，调用 setfont 槽函数
04 self.fontComboBox.currentIndexChanged.connect(self.setfont)
```

效果如图 17.32 和图 17.33 所示，它们分别是在字体下拉组合框中选择"华文琥珀"字体和"楷体"字体时的效果。

图 17.32　选择"华文琥珀"字体的效果　　图 17.33　选择"楷体"字体的效果

17.4.3　ListWidget：列表

PyQt5 中提供了两种列表，分别是 ListView 和 ListWidget。其中，ListView 是基于模型的，它是 ListWidget 的父类，使用 ListView 时，首先需要建立模型，然后再保存数据；而 ListWidget 是 ListView 的升级版本，它已经内置了一个数据存储模型 QListWidgetItem，在使用时，不必建立模型，而是直接使用 addItem() 或者 addItems() 方法即可添加列表项。所以在实际开发时，推荐使用 ListWidget 控件作为列表。ListWidget 控件图标如图 17.34 所示。

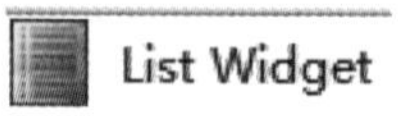

图 17.34　ListWidget 控件图标

ListWidget 控件对应 PyQt5 中的 QListWidget 类，该类的常用方法及说明如表 17.13 所示。

表 17.13　QListWidget 类的常用方法及说明

方法	说明
addItem()	向列表中添加项
addItems()	一次向列表中添加多项
insertItem()	在指定索引处插入项
setCurrentItem()	设置当前选择项
item.setToolTip()	设置提示内容
item.isSelected()	判断项是否被选中
setSelectionMode()	设置列表的选择模式，支持以下 5 种模式： ◎ QAbstractItemView.NoSelection：不能选择 ◎ QAbstractItemView.SingleSelection：单选 ◎ QAbstractItemView.MultiSelection：多选 ◎ QAbstractItemView.ExtendedSelection：正常单选，按下 \<Ctrl\> 或者 \<Shift\> 键后，可以多选 ◎ QAbstractItemView.ContiguousSelection：与 ExtendedSelection 类似
setSelectionBehavior()	设置选择项的方式，支持以下 3 种方式： ◎ QAbstractItemView.SelectItems：选中当前项 ◎ QAbstractItemView.SelectRows：选中整行 ◎ QAbstractItemView.SelectColumns：选中整列
setWordWrap()	设置是否自动换行，True 表示自动换行，False 表示不自动换行
setViewMode()	设置显示模式，有以下两种显示模式： ◎ QListView.ListMode：以列表形式显示 ◎ QListView.IconMode：以图表形式显示
item.text()	获取项的文本
clear()	删除所有列表项

ListWidget 控件常用的信号有两个：currentItemChanged 和 itemClicked。其中，currentItemChanged 信号在列表中的选择项发生改变时发射；而 itemClicked 信号在单击列表中的项时发射。

实例 17.7 用列表展示编程语言排行榜

实例位置：资源包 \Code\17\07

打开 Qt Designer 设计器，新建一个窗口，在窗口中添加一个 ListWidget 控件，设计完成后保存为 .ui 文件，并使用 PyUIC 工具将其转换为 .py 代码文件。在 .py 代码文件中，首先对 ListWidget 的显示数据及 itemClicked 信号进行设置，主要代码如下：

```python
01 # 设置列表中可以多选
02 self.listWidget.setSelectionMode(QtWidgets.QAbstractItemView.MultiSelection)
03 # 设置选中方式为整行选中
04 self.listWidget.setSelectionBehavior(QtWidgets.QAbstractItemView.SelectRows)
05 # 设置以列表形式显示数据
06 self.listWidget.setViewMode(QtWidgets.QListView.ListMode)
07 self.listWidget.setWordWrap(True)                       # 设置自动换行
08 from collections import OrderedDict
09 # 定义有序字典，作为 List 列表的数据源
10 dict=OrderedDict({'第1名':'C语言','第2名':'Python', '第3名':'Java',
11                   '第4名':'C++','第5名':'C#','第6名':'Visual Basic',
12                   '第7名': 'JavaScript', '第8名': 'PHP','第9名': 'Assembly language',
13                   '第10名': 'SQL'})
14 for key,value in dict.items():                          # 遍历字典，并分别获取到键值
15     self.item = QtWidgets.QListWidgetItem(self.listWidget)  # 创建列表项
16     self.item.setText(key+' : '+value)                  # 设置项文本
17     self.item.setToolTip(value)                         # 设置提示文字
18 self.listWidget.itemClicked.connect(self.gettext)
```

指点迷津

Python 中的字典默认是无序的，可以借助 collections 模块的 OrderedDict 类使字典有序。

上面代码中用到了 gettext() 槽函数，该函数是自定义的一个函数，用来获取列表中选中项的值，并显示在弹出的提示框中，代码如下：

```python
01 def gettext(self,item):                                 # 自定义槽函数，获取列表选中项的值
02     if item.isSelected():                               # 判断项是否被选中
03         from PyQt5.QtWidgets import QMessageBox
04         QMessageBox.information(MainWindow," 提示 "," 您选择的是："+item.text(),QMessageBox.Ok)
```

为 .py 文件添加 __main__ 程序入口，然后运行程序，效果如图 17.35 所示。

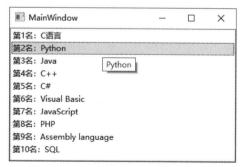

图 17.35 对 QListWidget 列表进行数据绑定　　图 17.36 单击列表项时弹出提示框

当用户单击列表中的某项时，弹出提示框，提示选择了某一项。例如，单击图 17.35 中的第 2 项，则弹出如图 17.36 所示的会话框。

17.5 容器控件

容器控件可以将窗口中的控件进行分组处理，使窗口的分类更清晰，常用的容器控件有 GroupBox 分组框、TabWidget 选项卡和 ToolBox 工具盒，本节将对它们的常用方法及使用方式进行详解。

17.5.1 GroupBox：分组框

GroupBox 控件，又称为分组框控件，它主要为其他控件提供分组，并且按照控件的分组来细分窗口的功能。GroupBox 控件图标如图 17.37 所示。

图 17.37　GroupBox 控件图标

GroupBox 控件对应 PyQt5 中的 QGroupBox 类，该类的常用方法及说明如表 17.14 所示。

表 17.14　QGroupBox 类的常用方法及说明

方法	说明
setAlignment()	设置对齐方式，有水平和垂直两种，分别如下： ↳ 水平对齐方式 　↳ Qt.AlignLeft：左对齐 　↳ Qt.AlignHCenter：水平居中对齐 　↳ Qt.AlignRight：右对齐 　↳ Qt.AlignJustify：两端对齐 ↳ 垂直对齐方式 　↳ Qt.AlignTop：顶部对齐 　↳ Qt.AlignVCenter：垂直居中 　↳ Qt.AlignBottom：底部对齐
setTitle()	设置分组标题
setFlat()	设置是否以扁平样式显示

QGroupBox 类最常用的是 setTitle() 方法，用来设置分组框的标题，例如，下面代码用来为 GroupBox 控件设置标题"系统登录"，代码如下：

```
self.groupBox.setTitle("系统登录")
```

17.5.2 TabWidget：选项卡

TabWidget 控件，又称为选项卡控件，它主要用来分页显示窗口，每一页是一个界面，众多界面共用一块区域，节省了界面占领面积，方便用户显示更多的信息。TabWidget 控件图标如图 17.38 所示。

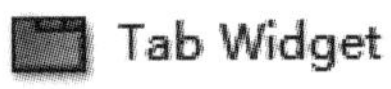

图 17.38　TabWidget 控件图标

TabWidget 控件对应 PyQt5 中的 QTabWidget 类，该类的常用方法及说明如表 17.15 所示。

表 17.15　QTabWidget 类的常用方法及说明

方法	说明
addTab()	添加选项卡
insertTab()	插入选项卡
removeTab()	删除选项卡
currentWidget()	获取当前选项卡
currentIndex()	获取当前选项卡的索引
setCurrentIndex()	设置当前选项卡的索引

续表

方法	说明
setCurrentWidget()	设置当前选项卡
setTabPosition()	设置选项卡的标题位置，支持以下 4 个位置 ⇨ QTabWidget.North：标题在北方，即上边，如图 17.39 所示，这是默认值 ⇨ QTabWidget.South：标题在南方，即下边，如图 17.40 所示 ⇨ QTabWidget.West：标题在西方，即左边，如图 17.41 所示 ⇨ QTabWidget.East：题在东方，即右边，如图 17.42 所示
setTabsClosable()	设置是否可以独立关闭选项卡，True 表示可以关闭，在每个选项卡旁边会有一个关闭按钮，如图 17.43 所示；False 表示不可以关闭
setTabText()	设置选项卡标题文本
tabText()	获取指定选项卡的标题文本

图 17.39　标题在上边　　图 17.40　标题在下边　　图 17.41　标题在左边　　图 17.42　标题在右边

图 17.43　通过将 setTabsClosable() 方法设置为 True
可以单独关闭选项卡

📋 **说明**

> TabWidget 在显示选项卡时，如果默认大小显示不下，会自动生成向前和向后的箭头，用户可以通过单击箭头，查看未显示的选项卡。

TabWidget 控件最常用的信号是 currentChanged，该信号在切换选项卡时发射。

实例 17.8　选项卡的动态添加和删除

👁 实例位置：资源包 \Code\17\08

打开 Qt Designer 设计器，新建一个窗口，在窗口中添加一个 TabWidget 控件和两个 PushButton 控件。其中，TabWidget 控件作为选项卡，两个 PushButton 控件分别执行添加和删除选项卡的操作，设计完成后保存为 .ui 文件，并使用 PyUIC 工具将其转换为 .py 代码文件。在 .py 代码文件中，首先定义 3 个函数，分别实现新增选项卡、删除选项卡和获取选中选项卡及索引的功能，主要代码如下：

```
01  # 新增选项卡
02  def addtab(self):
03      self.atab = QtWidgets.QWidget()              # 创建选项卡对象
04      name = "tab_"+str(self.tabWidget.count()+1)  # 设置选项卡的对象名
05      self.atab.setObjectName(name)                # 设置选项卡的对象名
```

```
06         self.tabWidget.addTab(self.atab, name)                    # 添加选项卡
07 # 删除选项卡
08 def deltab(self):
09         self.tabWidget.removeTab(self.tabWidget.currentIndex())   # 移除当前选项卡
10 # 获取选中的选项卡及索引
11 def gettab(self,currentIndex):
12         from PyQt5.QtWidgets import QMessageBox
13         QMessageBox.information(MainWindow," 提示 "," 您选择了 "+ self.tabWidget.tabText(currentIndex)+" 选项卡, 索
引为: "+ str(self.tabWidget.currentIndex()),QMessageBox.Ok)
```

分别为"添加""删除"按钮,以及选项卡的 currentChanged 信号绑定自定义的槽函数,代码如下:

```
01 self.pushButton.clicked.connect(self.addtab)               # 为 " 添加 " 按钮绑定单击信号
02 self.pushButton_2.clicked.connect(self.deltab)             # 为 " 删除 " 按钮绑定单击信号
03 self.tabWidget.currentChanged.connect(self.gettab)         # 为选项卡绑定页面切换信号
```

说明

当删除某个选项卡时,选项卡会自动切换到前一个,因此也会弹出相应的信息提示。

17.5.3 ToolBox:工具盒

ToolBox 控件,又称为工具盒控件,它主要提供一种列状的层叠选项卡。ToolBox 控件图标如图 17.44 所示。

图 17.44 ToolBox 控件图标

ToolBox 控件对应 PyQt5 中的 QToolBox 类,该类的常用方法及说明如表 17.16 所示。

表 17.16 QToolBox 类的常用方法及说明

方法	说明
addItem()	添加选项卡
setCurrentIndex()	设置当前选中的选项卡索引
setItemIcon()	设置选项卡的图标
setItemText()	设置选项卡的标题文本
setItemEnabled()	设置选项卡是否可用
insertItem()	插入新选项卡
removeItem()	移除选项卡
itemText()	获取选项卡的文本
currentIndex()	获取当前选项卡的索引

ToolBox 控件最常用的信号是 currentChanged,该信号在切换选项卡时发射。

实例 17.9 仿 QQ 抽屉效果　　实例位置:资源包 \Code\17\09

打开 Qt Designer 设计器,使用 ToolBox 控件,并结合 ToolButton 工具按钮设计一个仿照 QQ 抽屉效

果（一种常用的，能够在有限空间中动态直观地显示更多功能的效果）的窗口，对应 .py 代码文件代码如下：

```python
01  from PyQt5 import QtCore, QtGui, QtWidgets
02  class Ui_MainWindow(object):
03      def setupUi(self, MainWindow):
04          MainWindow.setObjectName("MainWindow")
05          MainWindow.resize(142, 393)
06          self.centralwidget = QtWidgets.QWidget(MainWindow)
07          self.centralwidget.setObjectName("centralwidget")
08          # 创建 ToolBox 工具盒
09          self.toolBox = QtWidgets.QToolBox(self.centralwidget)
10          self.toolBox.setGeometry(QtCore.QRect(0, 0, 141, 391))
11          self.toolBox.setObjectName("toolBox")
12          # 我的好友设置
13          self.page = QtWidgets.QWidget()
14          self.page.setGeometry(QtCore.QRect(0, 0, 141, 287))
15          self.page.setObjectName("page")
16          self.toolButton = QtWidgets.QToolButton(self.page)
17          self.toolButton.setGeometry(QtCore.QRect(0, 0, 91, 51))
18          icon = QtGui.QIcon()
19          icon.addPixmap(QtGui.QPixmap("图标/01.png"), QtGui.QIcon.Normal, QtGui.QIcon.Off)
20          self.toolButton.setIcon(icon)
21          self.toolButton.setIconSize(QtCore.QSize(96, 96))
22          self.toolButton.setToolButtonStyle(QtCore.Qt.ToolButtonTextBesideIcon)
23          self.toolButton.setAutoRaise(True)
24          self.toolButton.setObjectName("toolButton")
25          self.toolButton_2 = QtWidgets.QToolButton(self.page)
26          self.toolButton_2.setGeometry(QtCore.QRect(0, 49, 91, 51))
27          # 省略其他 toolButton 相关的代码设置
28
29          # 省略 "同学设置""同事设置""陌生人设置" 代码
30          MainWindow.setCentralWidget(self.centralwidget)
31
32          self.retranslateUi(MainWindow)
33          self.toolBox.setCurrentIndex(0)  # 默认选择第一个页面，即我的好友
34          QtCore.QMetaObject.connectSlotsByName(MainWindow)
35      def retranslateUi(self, MainWindow):
36          _translate = QtCore.QCoreApplication.translate
37          MainWindow.setWindowTitle(_translate("MainWindow", "我的 QQ"))
38          self.toolButton.setText(_translate("MainWindow", "宋江"))
39          self.toolButton_2.setText(_translate("MainWindow", "卢俊义"))
40          self.toolButton_3.setText(_translate("MainWindow", "吴用"))
41          self.toolBox.setItemText(self.toolBox.indexOf(self.page), _translate("MainWindow", "我的好友"))
42          self.toolButton_4.setText(_translate("MainWindow", "林冲"))
43          self.toolBox.setItemText(self.toolBox.indexOf(self.page_2), _translate("MainWindow", "同学"))
44          self.toolButton_5.setText(_translate("MainWindow", "鲁智深"))
45          self.toolButton_6.setText(_translate("MainWindow", "武松"))
46          self.toolBox.setItemText(self.toolBox.indexOf(self.page_3), _translate("MainWindow", "同事"))
47          self.toolButton_7.setText(_translate("MainWindow", "方腊"))
48          self.toolBox.setItemText(self.toolBox.indexOf(self.page_4), _translate("MainWindow", "陌生人"))
49  # 省略程序入口代码
```

运行程序，分别单击 ToolBox 工具盒中的选项卡标题，即可进行切换显示，如图 17.45～图 17.48 所示。

图17.45 "我的好友"

图17.46 "同学"

图17.47 "同事"

图17.48 "陌生人"

17.6 日期时间类控件

日期时间类控件主要是对日期、时间等信息进行编辑、选择或者显示，在 PyQt5 中提供了 Date/TimeEdit、DateEdit、TimeEdit 和 CalendarWidget 等 4 个相关的控件，本节将对它们的常用方法和使用方式进行讲解。

17.6.1 日期和（或）时间控件

PyQt5 中提供了 3 个日期时间控件，分别是 Date/TimeEdit 控件、DateEdit 控件和 TimeEdit 控件。其中，Date/TimeEdit 控件对应的类是 QDateTimeEdit，该控件可以同时显示和编辑日期时间，图标如图 17.49 所示；DateEdit 控件对应的类是 QDateEdit，它是 QDateTimeEdit 子类，只能显示和编辑日期，图标如图 17.50 所示；TimeEdit 控件对应的类是 QTimeEdit，它是 QDateTimeEdit 子类，只能显示和编辑时间，图标如图 17.51 所示。

 Date/Time Edit   Date Edit   Time Edit

图17.49 Date/TimeEdit 控件图标 　　图17.50 DateEdit 控件图标　　图17.51 TimeEdit 控件图标

QDateTimeEdit 类的常用方法及说明如表 17.17 所示。

表 17.17　QDateTimeEdit 类的常用方法及说明

方法	说明
setTime()	设置时间，默认为 0:00:00
setMaximumTime()	设置最大时间，默认为 23:59:59
setMinimumTime()	设置最小时间，默认为 0:00:00
setTimeSpec()	获取显示的时间标准，支持以下 4 种值： ◎ LocalTime：本地时间 ◎ UTC：世界标准时间 ◎ OffsetFromUTC：与 UTC 等效的时间 ◎ TimeZone：时区

续表

方法	说明
setDateTime()	设置日期时间，默认为 2000/1/1 0:00:00
setDate()	设置日期，默认为 2000/1/1
setMaximumDate()	设置最大日期，默认为 9999/12/31
setMinimumDate()	设置最小日期，默认为 1752/9/14
setDisplayFormat()	设置日期时间显示样式，常见形式如下： ○ 日期样式（yyyy 表示 4 位数年份，MM 表示 2 位数月份，dd 表示 2 位数日） ○ yyyy/MM/dd ○ yyyy/M/d ○ yy/MM/dd ○ yy/M/d ○ yy/MM ○ Mm/dd ○ 时间样式（HH 表示 2 位数小时，mm 表示 2 位数分钟，ss 表示 2 位数秒钟）： ○ HH:mm:ss ○ HH:mm ○ mm:ss ○ H:m ○ m:s
date()	获取显示的日期，返回值为 QDate 类型，例如 QDate(2000,1,1)
time()	获取显示的时间，返回值为 QTime 类型，例如 QTime(0,0)
dateTime()	获取显示的日期时间，返回值为 QDateTime 类型，例如 QDateTime(2000, 1, 1, 0, 0)

> **说明**
>
> 由于 QDateEdit 和 QTimeEdit 都是从 QDateTimeEdit 继承而来的，因此，它们都拥有 QDateTimeEdit 类的所有公共方法。

QDateTimeEdit 类的常用信号及说明如表 17.18 所示。

表 17.18 **QDateTimeEdit 类的常用信号及说明**

信号	说明
timeChanged	时间发生改变时发射
dateChanged	日期发生改变时发射
dateTimeChanged	日期或者时间发生改变时发射

例如，在 Qt Designer 设计器的窗口中分别添加一个 Date/TimeEdit 控件、一个 DateEdit 控件和一个 TimeEdit 控件，它们的显示效果如图 17.52 所示。

> **指点迷津**
>
> ① 由于 date()、time() 和 dateTime() 方法的返回值分别是 QDate 类型、QTime 类型和 QDateTime 类型，无法直接使用，因此如果想要获取日期时间控件中的具体日期和（或）时间值，可以使用 text() 方法获取，例如：
>
> ```
> self.dateTimeEdit.text()
> ```
>
> ② 使用日期时间控件时，如果要改变日期时间，默认只能通过上下箭头来改变，如果想弹出日历控件，设置 setCalendarPoput(True) 即可。

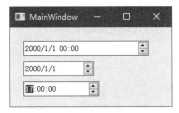

图 17.52 日期时间类控件的显示

17.6.2 CalendarWidget：日历控件

CalendarWidget 控件，又称为日历控件，主要用来显示和选择日期。CalendarWidget 控件图标如图 17.53 所示。

图 17.53　CalendarWidget 控件图标

CalendarWidget 控件对应 PyQt5 中的 QCalendarWidget 类，该类的常用方法及说明如表 17.19 所示。

表 17.19　QCalendarWidget 类的常用方法及说明

方法	说明
setSelectedDate()	设置选中的日期，默认为当前日期
setMinimumDate()	设置最小日期，默认为 1752/9/14
setMaximumDate	设置最大日期，默认为 9999/12/31
setFirstDayOfWeek	设置一周的第一天，取值如下： ● Qt.Monday：星期一 ● Qt.Tuesday：星期二 ● Qt.Wednesday：星期三 ● Qt.Thursday：星期四 ● Qt.Friday：星期五 ● Qt.Saturday：星期六 ● Qt.Sunday：星期日
setGridVisible	设置是否显示网格线
setSelectionMode	设置选择模式，取值如下： ● QCalendarWidget.NoSelection：不能选中日期 ● QCalendarWidget.SingleSelection：可以选中一个日期
setHorizontalHeaderFormat	设置水平头部格式，分别如下： ● QCalendarWidget.NoHorizontalHeader：不显示水平头部 ● QCalendarWidget.SingleLetterDayNames："周" ● QCalendarWidget.ShortDayNames：简短天的名称，如"周一" ● QCalendarWidget.LongDayNames：完整天的名称，如"星期一"
setVerticalHeaderFormat	设置对齐方式，有水平和垂直两种，分别如下： ● QCalendarWidget.NoVerticalHeader：不显示垂直头部 ● QCalendarWidget.ISOWeekNumbers：以星期数字显示垂直头部
setNavigationBarVisible	设置是否显示导航栏
setDateEditEnabled	设置是否可以编辑日期
setDateEditAcceptDelay ()	设置编辑日期的最长间隔，默认为 1500
selectedDate()	获取选择的日期，返回值为 QDate 类型

CalendarWidget 控件最常用的信号是 selectionChanged，该信号在选择的日期发生改变时发射。例如，在 PyQt5 窗口中添加一个 CalendarWidget 控件，选择该控件中的日期时，以"年-月-日"形式将选择的日期显示在弹出的提示框中，关键代码如下：

```
01 def getdate(self):
02     from PyQt5.QtWidgets import QMessageBox
03     date=QtCore.QDate(self.calendarWidget.selectedDate())    # 获取当前选中日期的 QDate 对象
04     year=date.year()                                          # 获取年份
05     month=date.month()                                        # 获取月份
06     day=date.day()                                            # 获取日
07     QMessageBox.information(MainWindow, " 提示 ", str(year)+"-"+str(month)+"-"+str(day), QMessageBox.Ok)
```

为 CalendarWidget 控件的 selectionChanged 信号绑定自定义的 getdate() 槽函数，代码如下：

```
01 # 选中日期变化时显示选择的日期
02 self.calendarWidget.selectionChanged.connect(self.getdate)
```

效果如图 17.54 所示，单击某个日期时，可以弹出会话框进行显示，如图 17.55 所示。

图 17.54　日历控件效果

图 17.55　在弹出会话框中显示选中的日期

指点迷津

在 PyQt5 中，如果要获取当前系统的日期时间，可以借助 QtCore 模块下的 QDateTime 类、QDate 类或者 QTime 类实现。其中，获取当前系统的日期时间可以使用 QDateTime 类的 currentDateTime() 方法，获取当前系统的日期可以使用 QDate 类的 currentDate() 方法，获取当前系统的时间可以使用 QTime 类的 currentTime() 方法，代码如下：

```
01  datetime= QtCore.QDateTime.currentDateTime()    # 获取当前系统日期时间
02  date=QtCore.QDate.currentDate()                 # 获取当前日期
03  time=QtCore.QTime.currentTime()                 # 获取当前时间
```

17.7　进度条类控件

进度条类控件主要显示任务的执行进度，PyQt5 提供了进度条控件和滑块控件这两种类型的进度条类控件。其中，进度条控件是我们通常所看到的进度条，用 ProgressBar 控件表示；而滑块控件是以刻度线的形式出现。本节将对 PyQt5 中的进度条类控件进行详细讲解。

17.7.1　ProgressBar：进度条

ProgressBar 控件表示进度条，通常在执行长时间任务时，用进度条告诉用户当前的进展情况。ProgressBar 控件图标如图 17.56 所示。

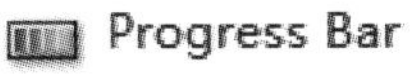

图 17.56　ProgressBar 控件图标

ProgressBar 控件对应 PyQt5 中的 QProgressBar 类，它其实就是 QProgressBar 类的一个对象。QProgressBar 类的常用方法及说明如表 17.20 所示。

表 17.20　QProgressBar 类的常用方法及说明

方法	说明
setMinimum()	设置进度条的最小值，默认值为 0
setMaximum()	设置进度条的最大值，默认值为 99
setRange()	设置进度条的取值范围，相当于 setMinimum() 和 setMaximum() 的结合
setValue()	设置进度条的当前值
setFormat()	设置进度条的文字显示格式，有以下三种格式： ↻ %p%：显示完成的百分比，默认格式 ↻ %v：显示当前的进度值 ↻ %m：显示总的步长值

续表

方法	说明
setLayoutDirection()	设置进度条的布局方向，支持以下三个方向值： ● Qt.LeftToRight：从左至右 ● Qt.RightToLeft：从右至左 ● Qt.LayoutDirectionAuto：跟随布局方向自动调整

setAlignment()	设置对齐方式，有水平和垂直两种，分别如下：
	● 水平对齐方式
	  ● Qt.AlignLeft：左对齐
	  ● Qt.AlignHCenter：水平居中对齐
	  ● Qt.AlignRight：右对齐
	  ● Qt.AlignJustify：两端对齐
	● 垂直对齐方式
	  ● Qt.AlignTop：顶部对齐
	  ● Qt.AlignVCenter：垂直居中
	  ● Qt.AlignBottom：底部对齐

setOrientation()	设置进度条的显示方向，有以下两个方向： ● Qt.Horizontal：水平方向 ● Qt.Vertical：垂直方向
setInvertedAppearance()	设置进度条是否以反方向显示进度
setTextDirection()	设置进度条的文本显示方向，有以下两个方向： ● QProgressBar.TopToBottom：从上到下 ● QProgressBar.BottomToTop：从下到上
setProperty()	对进度条的属性进行设置，可以是任何属性，例如：self.progressBar.setProperty("value", 24)
minimum()	获取进度条的最小值
maximum()	获取进度条的最大值
value()	获取进度条的当前值

ProgressBar 控件最常用的信号是 valueChanged，在进度条的值发生改变时发射。

通过对 ProgressBar 控件的显示方向、对齐方式、布局方向等进行设置，该控件可以支持四种水平进度条显示方式和两种垂直进度条显示方式，它们的效果如图 17.57 所示，用户可以根据自身需要选择适合自己的显示方式。

📖 **指点迷津**

> 如果最小值和最大值都设置为 0，那么进度条会显示为一个不断循环滚动的繁忙进度，而不是步骤的百分比。

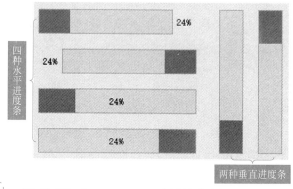

图 17.57 ProgressBar 支持的进度条显示样式

实例 17.10　　模拟一个跑马灯效果　　　　　　👁 实例位置：资源包\Code\17\10

打开 Qt Designer 设计器，创建一个窗口，并向窗口中添加 4 个 ProgressBar 控件和一个 PushButton 控件，然后将该窗口转换为 .py 文件，在 .py 文件中对进度条和 PushButton 按钮的 clicked 信号进行绑定，代码如下：

```python
01  from PyQt5 import QtCore, QtGui, QtWidgets
02  class Ui_MainWindow(object):
03      def setupUi(self, MainWindow):
04          MainWindow.setObjectName("MainWindow")
05          MainWindow.resize(305, 259)
06          self.centralwidget = QtWidgets.QWidget(MainWindow)
07          self.centralwidget.setObjectName("centralwidget")
08          self.progressBar = QtWidgets.QProgressBar(self.centralwidget)
09          self.progressBar.setGeometry(QtCore.QRect(50, 10, 201, 31))
10          self.progressBar.setLayoutDirection(QtCore.Qt.LeftToRight)
11          self.progressBar.setProperty("value", -1)
12          self.progressBar.setAlignment(QtCore.Qt.AlignHCenter|QtCore.Qt.AlignTop)
13          self.progressBar.setTextVisible(True)
14          self.progressBar.setOrientation(QtCore.Qt.Horizontal)
15          self.progressBar.setTextDirection(QtWidgets.QProgressBar.TopToBottom)
16          self.progressBar.setFormat("")
17          self.progressBar.setObjectName("progressBar")
18          # 省略其他 3 个 ProgressBar 控件的添加代码
19          MainWindow.setCentralWidget(self.centralwidget)
20          self.retranslateUi(MainWindow)
21          QtCore.QMetaObject.connectSlotsByName(MainWindow)
22          self.timer = QtCore.QBasicTimer()                    # 创建计时器对象
23          # 为按钮绑定单击信号
24          self.pushButton.clicked.connect(self.running)
25      # 控制进度条的滚动效果
26      def running(self):
27          if self.timer.isActive():                            # 判断计时器是否开启
28              self.timer.stop()                                # 停止计时器
29              self.pushButton.setText(' 开始 ')                 # 设置按钮的文本
30              # 设置 4 个进度条的最大值为 100
31              self.progressBar.setMaximum(100)
32              self.progressBar_1.setMaximum(100)
33              self.progressBar_2.setMaximum(100)
34              self.progressBar_3.setMaximum(100)
35          else:
36              self.timer.start(100,MainWindow)                 # 启动计时器
37              self.pushButton.setText(' 停止 ')                 # 设置按钮的文本
38              # 将 4 个进度条的最大值和最小值都设置为 0，以便显示循环滚动的效果
39              self.progressBar.setMinimum(0)
40              self.progressBar.setMaximum(0)
41              self.progressBar_1.setInvertedAppearance(True)   # 设置进度反方向显示
42              self.progressBar_1.setMinimum(0)
43              self.progressBar_1.setMaximum(0)
44              self.progressBar_2.setMinimum(0)
45              self.progressBar_2.setMaximum(0)
46              self.progressBar_3.setMinimum(0)
47              self.progressBar_3.setMaximum(0)
48      def retranslateUi(self, MainWindow):
49          _translate = QtCore.QCoreApplication.translate
50          MainWindow.setWindowTitle(_translate("MainWindow", " 跑马灯效果 "))
51          self.pushButton.setText(_translate("MainWindow", " 开始 "))
52  # 省略程序入口代码
```

指点迷津

上面代码中用到了 QBasicTimer 类，该类是 QtCore 模块中包含的一个类，主要用来为对象提供定时器事件。QBasicTimer 定时器是一个重复的定时器，除非调用 stop() 方法，否则它将发送后续的定时器事件。启动定时器使用 start() 方法，该方法有两个参数，分别为超时时间（毫秒）和接收事件的对象；而停止定时器使用 stop() 方法即可。

运行程序，初始效果如图 17.58 所示，单击"开始"按钮，开始跑马灯效果，并且按钮的文本变为

"停止",如图 17.59 所示,单击"停止"按钮,即可恢复如图 17.58 所示的默认效果。

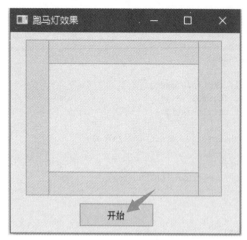

图 17.58　默认静止效果

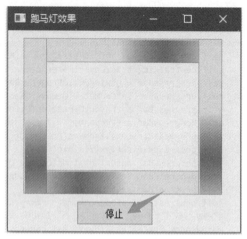

图 17.59　跑马灯效果

17.7.2　QSlider:滑块

PyQt5 中提供了两个滑块控件,分别是水平滑块 HorizontalSlider(图 17.60)和垂直滑块 VerticalSlider(图 17.61),但这两个滑块控件对应的类都是 QSlider 类,该类提供了一个 setOrientation() 方法,通过设置该方法的参数,可以将滑块显示为水平或者垂直。

图 17.60　HorizontalSlider 控件图标　　图 17.61　VerticalSlider 控件图标

QSlider 滑块类的常用方法及说明如表 17.21 所示。

表 17.21　QSlider 滑块类的常用方法及说明

方法	说明
setMinimum()	设置滑块最小值
setMaximum()	设置滑块最大值
setOrientation()	设置滑块显示方向,取值如下: ◎ Qt.Horizontal:水平滑块 ◎ Qt.Vertical:垂直滑块
setPageStep()	设置步长值,在鼠标点击滑块时使用
setSingleStep()	设置步长值,在鼠标拖动滑块时使用
setValue()	设置滑块的值
setTickInterval()	设置滑块的刻度间隔
setTickPosition()	设置滑块刻度的标记位置,取值如下: ◎ QSlider.NoTicks:不显示刻度,这是默认设置 ◎ QSlider.TicksBothSides:在滑块的两侧都显示刻度 ◎ QSlider.TicksAbove:在水平滑块的上方显示刻度 ◎ QSlider.TicksBelow:在水平滑块的下方显示刻度 ◎ QSlider.TicksLeft:在垂直滑块的左侧显示刻度 ◎ QSlider.TicksRight:在垂直滑块的右侧显示刻度
value()	获取滑块的当前值

QSlider 滑块类的常用信号及说明如表 17.22 所示。

表 17.22　QSlider 滑块类的常用信号及说明

信号	说明
valueChanged	当滑块的值发生改变时发射该信号
sliderPressed	当用户按下滑块时发射该信号
sliderMoved	当用户拖动滑块时发射该信号
sliderReleased	当用户释放滑块时发射该信号

> **注意**
>
> QSlider 滑块只能控制整数范围，因此，它不适合于需要准确的大范围取值的场景。

例如，使用水平滑块控制标签中的字体大小，关键代码如下：

```
01  # 创建水平滑块
02  self.horizontalSlider = QtWidgets.QSlider(self.centralwidget)
03  self.horizontalSlider.setGeometry(QtCore.QRect(20, 10, 231, 22))
04  self.horizontalSlider.setMinimum(8)                            # 设置最小值为 8
05  self.horizontalSlider.setMaximum(72)                           # 设置最大值为 72
06  self.horizontalSlider.setSingleStep(1)                         # 设置鼠标拖动时的步长值
07  self.horizontalSlider.setPageStep(1)                           # 设置鼠标点击时的步长值
08  self.horizontalSlider.setProperty("value", 8)                  # 设置默认值为 8
09  self.horizontalSlider.setOrientation(QtCore.Qt.Horizontal)     # 设置滑块为水平滑块
10  # 设置在滑块上方显示刻度
11  self.horizontalSlider.setTickPosition(QtWidgets.QSlider.TicksAbove)
12  self.horizontalSlider.setTickInterval(3)                       # 设置刻度的间隔
13  self.horizontalSlider.setObjectName("horizontalSlider")
14  # 为水平滑块绑定 valueChanged 信号，在值发生更改时发射
15  self.horizontalSlider.valueChanged.connect(self.setfontsize)
16  # 定义槽函数，根据水平滑块的值改变垂直滑块的值和 Label 控件的字体大小
17  def setfontsize(self):
18      value = self.horizontalSlider.value()
19      self.verticalSlider.setValue(value)
20      self.label.setFont(QtGui.QFont("楷体", value))
```

17.8　树控件

树控件可以为用户显示节点层次结构，而每个节点又可以包含子节点，包含子节点的节点叫父节点，在设计树形结构（如导航菜单等）时，非常方便。PyQt5 中提供了两个树控件，分别为 TreeView 和 TreeWidget，本节将对它们的使用进行详解。

17.8.1　TreeView：树视图

TreeView 控件对应 PyQt5 中的 QTreeView 类，它是树控件的基类，使用时，必须为其提供一个模型来与之配合。TreeView 控件的图标如图 17.62 所示。

QTreeView 类的常用方法及说明如表 17.23 所示。

图 17.62　TreeView 控件图标

表 17.23　QTreeView 类的常用方法及说明

方法	说明
autoExpandDelay()	获取自动展开节点所需的延时时间
collapse()	收缩指定级的节点

续表

方法	说明
collapseAll()	收缩所有节点
expand()	展开指定级的节点
expandAll()	展开所有节点
header()	树的头信息，常用的 setVisible() 方法，用来设置是否显示头
isHeaderHidder()	判断是否隐藏头部
setAutoExpandDelay()	设置自动展开的延时时间，单位为毫秒，如果值小于 0，表示禁用自动展开
setAlternatingRowColors()	设置每间隔一行颜色是否一样
setExpanded()	根据索引设置是否展开节点
setHeaderHidden()	设置是否隐藏头部
setItemsExpandable()	设置项是否展开
setModel()	设置要显示的数据模型
setSortingEnabled()	设置单击头部时是否可以排序
setVerticalScrollBarPolicy()	设置是否显示垂直滚动条
setHorizontalScrollBarPolicy()	设置是否显示水平滚动条
setEditTriggers()	设置默认的编辑触发器
setExpandsOnDoubleClick()	设置是否支持双击展开树节点
setWordWrap()	设置自动换行
selectionModel()	获取选中的模型
sortByColumn()	根据列排序
setSelectionMode()	设置选中模式，取值如下： QAbstractItemView.NoSelection：不能选择 QAbstractItemView.SingleSelection：单选 QAbstractItemView.MultiSelection：多选 QAbstractItemView.ExtendedSelection：正常单选，按下 \<Ctrl\> 或者 \<Shift\> 键后，可以多选 QAbstractItemView.ContiguousSelection：与 ExtendedSelection 类似
setSelectionBehavior()	设置选中方式，取值如下： QAbstractItemView.SelectItems：选中当前项 QAbstractItemView.SelectRows：选中整行 QAbstractItemView.SelectColumns：选中整列

PyQt5 中提供了很多内置模型，以便使用 TreeView 控件进行显示，常用的内置模型及说明如表 17.24 所示。

表 17.24　PyQt5 中提供的内置模型及说明

模型	说明
QStringListModel	存储简单的字符串列表
QStandardItemModel	可以用于树结构的存储，提供了层次数据
QFileSystemModel	存储本地系统的文件和目录信息（针对当前项目）
QDirModel	存储文件系统
QSqlQueryModel	存储 SQL 的查询结构集
QSqlTableModel	存储 SQL 中的表格数据
QSqlRelationalTableModel	存储有外键关系的 SQL 表格数据
QSortFilterProxyModel	对模型中的数据进行排序或者过滤

实例 17.11 显示系统文件目录

> 实例位置：资源包 \Code\17\11

使用系统内置的 QDirModel 作为数据模型，在 TreeView 中显示系统的文件目录，代码如下：

```python
from PyQt5 import QtCore, QtGui, QtWidgets
class Ui_MainWindow(object):
    def setupUi(self, MainWindow):
        MainWindow.setObjectName("MainWindow")
        MainWindow.resize(469, 280)
        self.centralwidget = QtWidgets.QWidget(MainWindow)
        self.centralwidget.setObjectName("centralwidget")
        self.treeView = QtWidgets.QTreeView(self.centralwidget)         # 创建树对象
        self.treeView.setGeometry(QtCore.QRect(0, 0, 471, 281))         # 设置坐标位置和大小
        # 设置垂直滚动条为按需显示
        self.treeView.setVerticalScrollBarPolicy(QtCore.Qt.ScrollBarAsNeeded)
        # 设置水平滚动条为按需显示
        self.treeView.setHorizontalScrollBarPolicy(QtCore.Qt.ScrollBarAsNeeded)
        # 设置双击或者按下回车键时，使树节点可编辑
        self.treeView.setEditTriggers(QtWidgets.QAbstractItemView.DoubleClicked|QtWidgets.QAbstractItemView.EditKeyPressed)
        # 设置树节点为单选
        self.treeView.setSelectionMode(QtWidgets.QAbstractItemView.SingleSelection)
        # 设置选中节点时为整行选中
        self.treeView.setSelectionBehavior(QtWidgets.QAbstractItemView.SelectRows)
        self.treeView.setAutoExpandDelay(-1)                    # 设置自动展开的延时为-1,表示自动展开不可用
        self.treeView.setItemsExpandable(True)                  # 设置是否可以展开项
        self.treeView.setSortingEnabled(True)                   # 设置单击头部可排序
        self.treeView.setWordWrap(True)                         # 设置自动换行
        self.treeView.setHeaderHidden(False)                    # 设置不隐藏头部
        self.treeView.setExpandsOnDoubleClick(True)             # 设置双击可以展开节点
        self.treeView.setObjectName("treeView")
        self.treeView.header().setVisible(True)                 # 设置显示头部
        MainWindow.setCentralWidget(self.centralwidget)
        self.retranslateUi(MainWindow)
        QtCore.QMetaObject.connectSlotsByName(MainWindow)
        model =QtWidgets.QDirModel()                            # 创建存储文件系统的模型
        self.treeView.setModel(model)                           # 为树控件设置数据模型
    def retranslateUi(self, MainWindow):
        _translate = QtCore.QCoreApplication.translate
        MainWindow.setWindowTitle(_translate("MainWindow", "MainWindow"))
# 省略程序入口代码
```

运行程序，效果如图 17.63 所示。

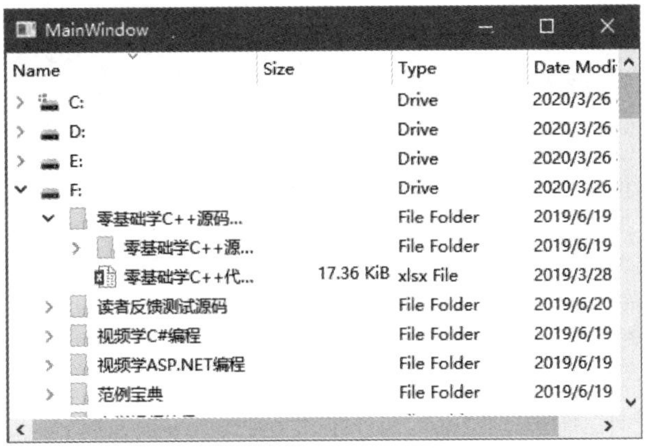

图 17.63　使用内置模型在 TreeView 中显示数据

17.8.2 TreeWidget：树控件

TreeWidget 控件对应 PyQt5 中的 QTreeWidget 类，它提供了一个使用预定义树模型的树视图，它的每一个树节点都是一个 QTreeWidgetItem。TreeWidget 控件的图标如图 17.64 所示。

图 17.64　TreeWidget 控件图标

由于 QTreeWidget 类继承自 QTreeView，因此，它具有 QTreeView 的所有公共方法，另外，它还提供了一些自身特有的方法，如表 17.25 所示。

表 17.25　QTreeWidget 类的常用方法及说明

方法	说明
addTopLevelItem()	添加顶级节点
insertTopLevelItems()	在树的顶层索引中插入节点
invisibleRootItem()	获取树控件中不可见的根选项
setColumnCount()	设置要显示的列数
setColumnWidth()	设置列的宽度
selectedItems()	获取选中的树节点

QTreeWidgetItem 类表示 QTreeWidget 中的树节点项，该类的常用方法如表 17.26 所示。

表 17.26　QTreeWidgetItem 类的常用方法及说明

方法	说明
addChild()	添加子节点
setText()	设置节点的文本
setCheckState()	设置指定节点的选中状态，取值如下： ◎ Qt.Checked：节点选中 ◎ Qt.Unchecked：节点未选中
setIcon()	为节点设置图标
text()	获取节点的文本

下面对 TreeWidget 控件的常见用法进行讲解。

1. 使用 TreeWidget 控件显示树结构

使用 TreeWidget 控件显示树结构主要用到 QTreeWidgetItem 类，该类表示标准树节点，通过其 setText() 方法可以设置树节点的文本。

实例 17.12 使用 TreeWidget 显示树结构　　实例位置：资源包 \Code\17\12

创建一个 PyQt5 窗口，并在其中添加一个 TreeWidget 控件，然后保存为 .ui 文件，并使用 PyUIC 工具将其转换为 .py 文件，在 .py 文件中，通过创建 QTreeWidgetItem 对象为树控件设置树节点。代码如下：

```
01  from PyQt5 import QtCore, QtGui, QtWidgets
02  from PyQt5.QtWidgets import QTreeWidgetItem
03
04  class Ui_MainWindow(object):
05      def setupUi(self, MainWindow):
06          MainWindow.setObjectName("MainWindow")
```

```
07        MainWindow.resize(240, 150)
08        self.centralwidget = QtWidgets.QWidget(MainWindow)
09        self.centralwidget.setObjectName("centralwidget")
10        self.treeWidget = QtWidgets.QTreeWidget(self.centralwidget)
11        self.treeWidget.setGeometry(QtCore.QRect(0, 0, 240, 150))
12        self.treeWidget.setObjectName("treeWidget")
13        self.treeWidget.setColumnCount(2)                    # 设置树结构中的列数
14        self.treeWidget.setHeaderLabels(['姓名','职务'])      # 设置列标题名
15        root=QTreeWidgetItem(self.treeWidget)                # 创建节点
16        root.setText(0,'组织结构')                           # 设置顶级节点文本
17        # 定义字典,存储树中显示的数据
18        dict= {'任正非':'华为董事长','马云':'阿里巴巴创始人','马化腾':'腾讯CEO','李彦宏':'百度CEO','董明珠':'格力董事长'}
19        for key,value in dict.items():                       # 遍历字典
20            child=QTreeWidgetItem(root)                      # 创建子节点
21            child.setText(0,key)                             # 设置第一列的值
22            child.setText(1,value)                           # 设置第二列的值
23        self.treeWidget.addTopLevelItem(root)                # 将创建的树节点添加到树控件中
24        self.treeWidget.expandAll()                          # 展开所有树节点
25        MainWindow.setCentralWidget(self.centralwidget)
26        self.retranslateUi(MainWindow)
27        QtCore.QMetaObject.connectSlotsByName(MainWindow)
28    def retranslateUi(self, MainWindow):
29        _translate = QtCore.QCoreApplication.translate
30        MainWindow.setWindowTitle(_translate("MainWindow", "MainWindow"))
31 # 省略程序入口代码
```

运行程序，效果如图 17.65 所示。

2．为节点设置图标

为节点设置图标主要用到了 QTreeWidgetItem 类的 setIcon() 方法。例如，为【例 17.12】中的第一列每个企业家姓名前面设置其对应公司的图标，代码如下：

```
01 # 为节点设置图标
02 if key=='任正非':
03     child.setIcon(0,QtGui.QIcon('images/华为.jpg'))
04 elif key=='马云':
05     child.setIcon(0,QtGui.QIcon('images/阿里巴巴.jpg'))
06 elif key=='马化腾':
07     child.setIcon(0,QtGui.QIcon('images/腾讯.png'))
08 elif key=='李彦宏':
09     child.setIcon(0,QtGui.QIcon('images/百度.jpg'))
10 elif key=='董明珠':
11     child.setIcon(0,QtGui.QIcon('images/格力.jpeg'))
```

> **说明**
>
> 上面代码中用到了 5 张图片，需要在 .py 文件的同级目录中创建 images 文件夹，并将用到的 5 张图片提前放到该文件夹中。

运行程序，效果如图 17.66 所示。

图 17.65　使用 TreeWidget 显示树结构

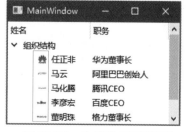

图 17.66　为树节点设置图标

3. 为节点设置复选框

为节点设置复选框主要用到了 QTreeWidgetItem 类的 setCheckState() 方法，该方法中可以设置选中（Qt.Checked），也可以设置未选中（Qt.Unchecked）。例如，为【例 17.12】中的第一列设置复选框，并全部设置为选中状态，代码如下：

```
child.setCheckState(0,QtCore.Qt.Checked)  # 为节点设置复选框，并且选中
```

运行程序，效果如图 17.67 所示。

4. 设置隔行变色显示树节点

隔行变色显示树节点需要用到 TreeWidget 控件的 setAlternatingRowColors() 方法，设置为 True 表示隔行换色，设置为 False 表示统一颜色。例如，将【例 17.12】中的树设置为隔行变色形式显示，代码如下：

```
self.treeWidget.setAlternatingRowColors(True)  # 设置隔行变色
```

运行程序，效果如图 17.68 所示，从图 17.68 可以看出，树控件的奇数行为浅灰色背景，而偶数行为白色背景。

图 17.67　为树节点设置复选框　　　图 17.68　树控件隔行变色显示

5. 获取选中节点的文本

获取选中节点的文本时，首先需要使用 currentItem() 方法获取当前的选中项，然后通过 text() 方法获取指定列的文本。例如，在单击【例 17.12】中的树节点时，定义一个槽函数，用来显示单击的树节点文本，代码如下：

```
01  def gettreetext(self,index):
02      item=self.treeWidget.currentItem()  # 获取当前选中项
03      # 弹出提示框，显示选中项的文本
04      QtWidgets.QMessageBox.information(MainWindow,' 提示 ',' 您选择的是: %s -- %s'%(item.text(0),item.text(1)),QtWidgets.QMessageBox.Ok)
```

为树控件的 clicked 信号绑定自定义的槽函数，以便在单击树控件时发射，代码如下：

```
self.treeWidget.clicked.connect(self.gettreetext)  # 为树控件绑定单击信号
```

运行程序，单击树中的节点，即可弹出提示框，显示单击的树节点的文本，如图 17.69 所示。

图 17.69　获取选中节点的文本

17.9 QTimer：计时器

在 PyQt5 程序中，如果需要周期性地执行某项操作，就可以使用 QTimer 类实现，QTimer 类表示计时器，它可以定期发射 timeout 信号，时间间隔的长度在 start() 方法中指定，以毫秒为单位，如果要停止计时器，则需要使用 stop() 方法。

在使用 QTimer 类时，首先需要进行导入，代码如下：

```
from PyQt5.QtCore import QTimer
```

17.10 综合案例——双色球彩票选号器

（1）案例描述

使用 PyQt5 实现模拟双色球选号的功能，运行程序，单击"开始"按钮，红球和蓝球同时滚动，单击"停止"按钮，则红球和蓝球停止滚动，当前显示的数字就是程序选中的号码，如图 17.70 所示。

（2）实现代码

程序开发步骤如下：

① 在 PyQt5 的 Qt Designer 设计器中创建一个窗口，设置窗口的背景，并添加 7 个 Label 标签和两个 PushButton 按钮。

② 将设计的窗口保存为 .ui 文件，并使用 PyUIC 工具将其转换为 .py 文件，同时使用 qrcTopy 工具将用到的存储图片的资源文件转换为 .py 文件。.ui 文件对应的 .py 初始代码如下：

图 17.70 双色球彩票选号器

```
01 from PyQt5 import QtCore, QtGui, QtWidgets
02 class Ui_MainWindow(object):
03     def setupUi(self, MainWindow):
04         MainWindow.setObjectName("MainWindow")
05         MainWindow.resize(435, 294)
06         MainWindow.setWindowTitle(" 双色球彩票选号器 ")       # 设置窗口标题
07         # 设置窗口背景图片
08         MainWindow.setStyleSheet("border-image: url(:/back/ 双色球彩票选号器 .jpg);")
09         self.centralwidget = QtWidgets.QWidget(MainWindow)
10         self.centralwidget.setObjectName("centralwidget")
11         # 创建第一个红球数字的标签
12         self.label = QtWidgets.QLabel(self.centralwidget)
13         self.label.setGeometry(QtCore.QRect(97, 178, 31, 31))
14         # 设置标签的字体
15         font = QtGui.QFont()                                 # 创建字体对象
16         font.setPointSize(16)                                # 设置字体大小
17         font.setBold(True)                                   # 设置粗体
18         font.setWeight(75)                                   # 设置字宽
19         self.label.setFont(font)                             # 为标签设置字体
20         # 设置标签的文字颜色
21         self.label.setStyleSheet("color: rgb(255, 255, 255);")
22         self.label.setObjectName("label")
23         # ……省略第 2、3、4、5、6 个红球和 1 个蓝球标签的代码
24         # ……因为它们的创建及设置代码与第 1 个红球标签的代码一样
25         # 创建 " 开始 " 按钮
26         self.pushButton = QtWidgets.QPushButton(self.centralwidget)
27         self.pushButton.setGeometry(QtCore.QRect(310, 235, 51, 51))
```

```
28          # 设置按钮的背景图片
29          self.pushButton.setStyleSheet("border-image: url(:/back/ 开始 .jpg);")
30          self.pushButton.setText("")
31          self.pushButton.setObjectName("pushButton")
32          # 创建 " 停止 " 按钮
33          self.pushButton_2 = QtWidgets.QPushButton(self.centralwidget)
34          self.pushButton_2.setGeometry(QtCore.QRect(370, 235, 51, 51))
35          # 设置按钮的背景图片
36          self.pushButton_2.setStyleSheet("border-image: url(:/back/ 停止 .jpg);")
37          self.pushButton_2.setText("")
38          self.pushButton_2.setObjectName("pushButton_2")
39          MainWindow.setCentralWidget(self.centralwidget)
40          # 初始化显示双色球数字的 Label 标签的默认文本
41          self.label.setText("00")
42          self.label_2.setText("00")
43          self.label_3.setText("00")
44          self.label_4.setText("00")
45          self.label_5.setText("00")
46          self.label_6.setText("00")
47          self.label_7.setText("00")
48          QtCore.QMetaObject.connectSlotsByName(MainWindow)
49  import img_rc  # 导入资源文件
```

③ 由于使用 Qt Designer 设计器设置窗口时，控件的背景会默认跟随窗口的背景，所以在 .py 文件的 setupUi() 方法中将 7 个 Label 标签的背景设置透明，代码如下：

```
01  # 设置显示双色球数字的 Label 标签背景透明
02  self.label.setAttribute(QtCore.Qt.WA_TranslucentBackground)
03  self.label_2.setAttribute(QtCore.Qt.WA_TranslucentBackground)
04  self.label_3.setAttribute(QtCore.Qt.WA_TranslucentBackground)
05  self.label_4.setAttribute(QtCore.Qt.WA_TranslucentBackground)
06  self.label_5.setAttribute(QtCore.Qt.WA_TranslucentBackground)
07  self.label_6.setAttribute(QtCore.Qt.WA_TranslucentBackground)
08  self.label_7.setAttribute(QtCore.Qt.WA_TranslucentBackground)
```

④ 定义 3 个槽函数 start()、num() 和 stop()，分别用来开始计时器、随机生成双色球数字、停止计时器的功能。代码如下：

```
01  # 定义槽函数，用来开始计时器
02  def start(self):
03      self.timer=QTimer(MainWindow)                              # 创建计时器对象
04      self.timer.start()                                          # 开始计时器
05      self.timer.timeout.connect(self.num)                        # 设置计时器要执行的槽函数
06  # 定义槽函数，用来设置 7 个 Label 标签中的数字
07  def num(self):
08      self.label.setText("{0:02d}".format(random.randint(1, 33)))    # 随机生成第 1 个红球数字
09      self.label_2.setText("{0:02d}".format(random.randint(1, 33)))  # 随机生成第 2 个红球数字
10      self.label_3.setText("{0:02d}".format(random.randint(1, 33)))  # 随机生成第 3 个红球数字
11      self.label_4.setText("{0:02d}".format(random.randint(1, 33)))  # 随机生成第 4 个红球数字
12      self.label_5.setText("{0:02d}".format(random.randint(1, 33)))  # 随机生成第 5 个红球数字
13      self.label_6.setText("{0:02d}".format(random.randint(1, 33)))  # 随机生成第 6 个红球数字
14      self.label_7.setText("{0:02d}".format(random.randint(1, 16)))  # 随机生成蓝球数字
15  # 定义槽函数，用来停止计时器
16  def stop(self):
17      self.timer.stop()
```

 说明

由于用到 random 随机数类和 QTimer 类，所以需要导入相应的模块，代码如下：

```
01  from PyQt5.QtCore import QTimer
02  import random
```

⑤ 在 .py 文件的 setupUi() 方法中为"开始"和"停止"按钮的 clicked 信号绑定自定义的槽函数，以便在单击按钮时执行相应的操作，代码如下：

```
01 # 为"开始"按钮绑定单击信号
02 self.pushButton.clicked.connect(self.start)
03 # 为"停止"按钮绑定单击信号
04 self.pushButton_2.clicked.connect(self.stop)
```

⑥ 为 .py 文件添加 __main__ 程序入口，代码如下：

```
01 # 程序入口
02 if __name__ == '__main__':
03     import sys
04     app = QtWidgets.QApplication(sys.argv)
05     MainWindow = QtWidgets.QMainWindow()              # 创建窗体对象
06     ui = Ui_MainWindow()                              # 创建 PyQt5 设计的窗体对象
07     ui.setupUi(MainWindow)                            # 调用 PyQt5 窗体的方法对窗体对象进行初始化设置
08     MainWindow.show()                                 # 显示窗体
09     sys.exit(app.exec_())                             # 程序关闭时退出进程
```

17.11 实战练习

使用 QStandardItemModel 模型存储某年级下的各个班级的学生成绩信息，最后将设置完的 QStandardItemModel 模型作为 TreeView 控件的数据模型进行显示。效果如图 17.71 所示。

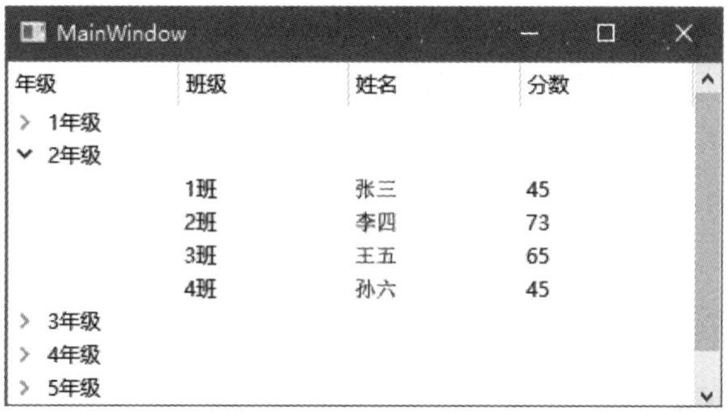

图 17.71　使用 TreeView 显示 QStandardItemModel 模型中设置的自定义数据

小结

本章主要介绍了 PyQt5 中的常用控件，在讲解的过程中，通过大量的实例演示控件的用法。PyQt5 中，常用控件大体分为：文本类控件、按钮类控件、选择列表类控件、容器控件、日期时间类控件、进度条类控件、树控件和计时器等。在讲解这些常用控件的同时，每个控件都通过实际开发中用到的实例进行讲解，以便读者不仅能够学会控件的使用方法，还能够熟悉每个控件的具体使用场景。

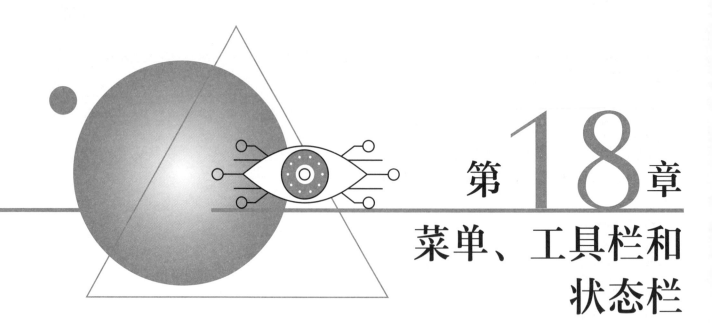

第18章
菜单、工具栏和状态栏

扫码领取
- 教学视频
- 配套源码
- 练习答案
- ……

菜单是窗口应用程序的主要用户界面要素，工具栏为应用程序提供了操作系统的界面，状态栏显示系统的一些状态信息，在 PyQt5 中，菜单、工具栏和状态栏都不以标准控件的形式体现，那么，如何使用菜单、工具栏和状态栏呢？本章将对开发 PyQt5 窗口应用程序时的菜单、工具栏和状态栏设计进行详细讲解。

本章知识架构如下：

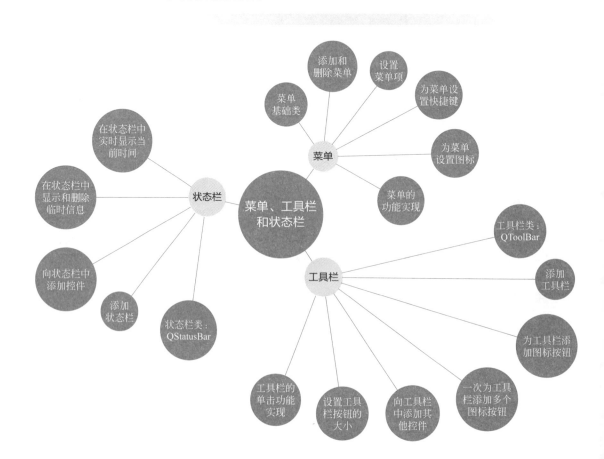

18.1 菜单

在 PyQt5 中，菜单栏使用 QMenuBar 类表示，它分为两部分：主菜单和菜单项。其中，主菜单被显示为一个 QMenu 类；而菜单项则使用 QAciton 类表示。一个 QMenu 中可以包含任意多个 QAction 对象，也可以包含另外的 QMenu，用来表示级联菜单。本节将对菜单的设计及使用进行详细讲解。

18.1.1 菜单基础类

在 PyQt5 窗口中创建菜单时，需要 QMenuBar 类、QMenu 类和 QAction 类，创建一个菜单，基本上就是使用这 3 个类完成如图 18.1 所示的 3 个步骤。本节将分别对这 3 个类进行说明。

图 18.1　创建菜单的 3 个步骤

1. QMenuBar 类

QMenuBar 类是所有窗口的菜单栏，用户需要在此基础上添加不同的 QMenu 和 QAction。创建菜单栏有两种方法，分别是 QMenuBar 类的构造方法或者 MainWindow 对象的 menuBar() 方法，代码如下：

```
self.menuBar = QtWidgets.QMenuBar(MainWindow)
```

或

```
self.menuBar = MainWindow.menuBar()
```

创建完菜单栏之后，就可以使用 QMenuBar 类的相关方法进行菜单的设置，QMenuBar 类的常用方法如表 18.1 所示。

表 18.1　QMenuBar 类的常用方法及说明

方法	说明
addAction()	添加菜单项
addActions()	添加多个菜单项
addMenu()	添加菜单
addSeparator()	添加分割线

2. QMenu 类

QMenu 类表示菜单栏中的菜单，可以显示文本和图标，但是并不负责执行操作，类似 Label 的作用。QMenu 类的常用方法如表 18.2 所示。

表 18.2　QMenu 类的常用方法及说明

方法	说明
addAction()	添加菜单项
addMenu()	添加菜单
addSeparator()	添加分割线
setTitle()	设置菜单的文本
title()	获取菜单的标题文本

3. QAction 类

PyQt5 将用户与界面进行交互的元素抽象为一种"动作"，使用 QAction 类表示。QAction 才是真正负责执行操作的部件。QAction 类的常用方法如表 18.3 所示。

表 18.3　QAction 类的常用方法及说明

方法	说明
setIcon()	设置菜单项图标
setIconVisibleInMenu()	设置图标是否显示
setText()	添加菜单项文本
setIconText()	设置图标文本
setShortcut()	设置快捷键
setToolTip()	设置提示文本
setEnabled()	设置菜单项是否可用
text()	获取菜单项的文本

QAction 类有一个常用的信号 triggered，用来在单击菜单项时发射。

> **注意**
>
> 使用 PyQt5 中的菜单时，只有 QAction 菜单项可以执行操作，QMenuBar 菜单栏和 QMenu 菜单都是不会执行任何操作的，这点一定要注意，这与其他语言的窗口编程有所不同。

18.1.2　添加和删除菜单

在 PyQt5 中，使用 Qt Designer 设计器创建一个 Main Window 窗口时，窗口中默认有一个菜单栏和状态栏，如图 18.2 所示。

由于一个窗口中只能有一个菜单栏，所以在默认的 Main Window 窗口中单击右键，是无法添加菜单的，如图 18.3 所示，这时首先需要删除原有的菜单。删除菜单非常简单，在菜单上单击右键，选择"Remove Menu Bar"即可，如图 18.4 所示。

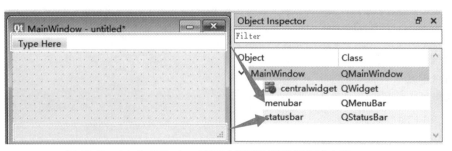

图 18.2　Main Window 窗口中的默认菜单栏和状态栏

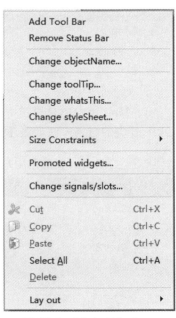

图 18.3　Main Window 窗口的默认右键菜单

添加菜单也非常简单，在一个空窗口上单击右键，在弹出的快捷菜单中选择"Create Menu Bar"即可，如图 18.5 所示。

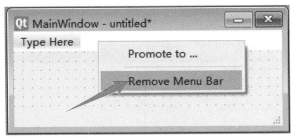

图 18.4　删除菜单

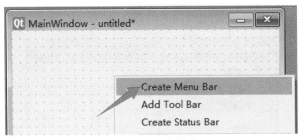

图 18.5　添加菜单

18.1.3　设置菜单项

设置菜单项，即为菜单添加相应的菜单项，在默认的菜单上双击，即可将菜单项变为一个输入框，如图 18.6 所示。

输入完成后，按回车键，即可在添加的菜单右侧和下方自动生成新的提示，如图 18.7 所示，根据自己的需求，继续重复上面的步骤添加菜单和菜单项。

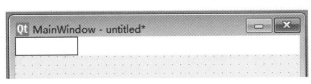

图 18.6　双击输入菜单文本

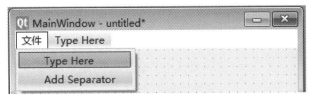

图 18.7　自动生成的新的提示

18.1.4　为菜单设置快捷键

为菜单设置快捷键有两种方法，一种是在输入菜单文本时设置，一种是使用 setShortcut() 方法设置，下面分别讲解。

① 在输入菜单文本时设置快捷键。输入菜单文本时设置快捷键，只需要在文本中输入"&+字母"的形式即可。例如，图 18.8 中为"新建"菜单设置快捷键，则直接输入文本"(&N)"，这时就可以使用 <Alt+N> 快捷键来调用该菜单。

图 18.8　在输入菜单文本时设置快捷键

② 使用 setShortcut() 方法设置快捷键。使用 setShortcut() 方法设置快捷键时，只需要输入相应的快捷组合键即可，例如：

```
self.actionxinjian.setShortcut("Ctrl+N")
```

使用上面两种方法设置快捷键的最终效果如图 18.9 所示。

18.1.5　为菜单设置图标

为菜单设置图标需要使用 setIcon() 方法，该方法要求有一个 QIcon 对象作为参数，例如，下面代码为"新建"菜单设置图标。

```
01  icon = QtGui.QIcon()
02  icon.addPixmap(QtGui.QPixmap("images/new.ico"), QtGui.QIcon.Normal, QtGui.QIcon.Off)
03  self.actionxinjian.setIcon(icon)
```

为菜单设置图标后的效果如图 18.10 所示。

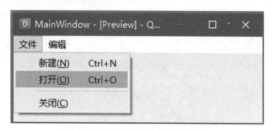

图 18.9　设置完快捷键的效果

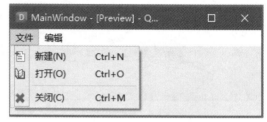

图 18.10　为菜单设置图标

18.1.6　菜单的功能实现

在单击菜单项时，可以触发其 triggered 信号，通过为该信号关联槽函数，可以实现相应的菜单项功能。

单击菜单项弹出信息提示框　　　　👁 实例位置：资源包 \Code\18\01

在前面设计的菜单栏基础上，为菜单项添加相应的事件，单击菜单项时，弹出信息提示框，提示选择了哪个菜单。完整代码如下：

```
01  from PyQt5 import QtCore, QtGui, QtWidgets
02  class Ui_MainWindow(object):
03      def setupUi(self, MainWindow):
04          MainWindow.setObjectName("MainWindow")
05          MainWindow.resize(344, 115)
06          self.centralwidget = QtWidgets.QWidget(MainWindow)
07          self.centralwidget.setObjectName("centralwidget")
08          MainWindow.setCentralWidget(self.centralwidget)
09          # self.menuBar = MainWindow.menuBar()
10          # 添加菜单栏
11          self.menuBar = QtWidgets.QMenuBar(MainWindow)
12          self.menuBar.setGeometry(QtCore.QRect(0, 0, 344, 23))
13          self.menuBar.setObjectName("menuBar")
14          # 添加 " 文件 " 菜单
15          self.menu = QtWidgets.QMenu(self.menuBar)
16          self.menu.setObjectName("menu")
17          self.menu.setTitle(" 文件 ")
18          # 添加 " 编辑 " 菜单
19          self.menu_2 = QtWidgets.QMenu(self.menuBar)
20          self.menu_2.setObjectName("menu_2")
21          self.menu_2.setTitle(" 编辑 ")
22          MainWindow.setMenuBar(self.menuBar)
23          # 添加 " 新建 " 菜单
24          self.actionxinjian = QtWidgets.QAction(MainWindow)
25          self.actionxinjian.setEnabled(True) # 设置菜单可用
26          # 为菜单设置图标
27          icon = QtGui.QIcon()
28          icon.addPixmap(QtGui.QPixmap("images/new.ico"), QtGui.QIcon.Normal, QtGui.QIcon.Off)
29          self.actionxinjian.setIcon(icon)
```

```python
30          # 设置菜单为 Windows 快捷键
31          self.actionxinjian.setShortcutContext(QtCore.Qt.WindowShortcut)
32          self.actionxinjian.setIconVisibleInMenu(True)              # 设置图标可见
33          self.actionxinjian.setObjectName("actionxinjian")
34          self.actionxinjian.setText("新建(&N)")                      # 设置菜单文本
35          self.actionxinjian.setIconText("新建")                      # 设置图标文本
36          self.actionxinjian.setToolTip("新建")                       # 设置提示文本
37          self.actionxinjian.setShortcut("Ctrl+N")                   # 设置快捷键
38          # 添加"打开"菜单
39          self.actiondakai = QtWidgets.QAction(MainWindow)
40          # 为菜单设置图标
41          icon1 = QtGui.QIcon()
42          icon1.addPixmap(QtGui.QPixmap("images/open.ico"), QtGui.QIcon.Normal, QtGui.QIcon.Off)
43          self.actiondakai.setIcon(icon1)
44          self.actiondakai.setObjectName("actiondakai")
45          self.actiondakai.setText("打开(&O)")                        # 设置菜单文本
46          self.actiondakai.setIconText("打开")                        # 设置图标文本
47          self.actiondakai.setToolTip("打开")                         # 设置提示文本
48          self.actiondakai.setShortcut("Ctrl+O")                     # 设置快捷键
49          # 添加"关闭"菜单
50          self.actionclose = QtWidgets.QAction(MainWindow)
51          # 为菜单设置图标
52          icon2 = QtGui.QIcon()
53          icon2.addPixmap(QtGui.QPixmap("images/close.ico"), QtGui.QIcon.Normal, QtGui.QIcon.Off)
54          self.actionclose.setIcon(icon2)
55          self.actionclose.setObjectName("actionclose")
56          self.actionclose.setText("关闭(&C)")                        # 设置菜单文本
57          self.actionclose.setIconText("关闭")                        # 设置图标文本
58          self.actionclose.setToolTip("关闭")                         # 设置提示文本
59          self.actionclose.setShortcut("Ctrl+M")                     # 设置快捷键
60          self.menu.addAction(self.actionxinjian)                    # 在"文件"菜单中添加"新建"菜单项
61          self.menu.addAction(self.actiondakai)                      # 在"文件"菜单中添加"打开"菜单项
62          self.menu.addSeparator()                                   # 添加分割线
63          self.menu.addAction(self.actionclose)                      # 在"文件"菜单中添加"关闭"菜单项
64          # 将"文件"菜单的菜单项添加到菜单栏中
65          self.menuBar.addAction(self.menu.menuAction())
66          # 将"编辑"菜单的菜单项添加到菜单栏中
67          self.menuBar.addAction(self.menu_2.menuAction())
68          self.retranslateUi(MainWindow)
69          QtCore.QMetaObject.connectSlotsByName(MainWindow)
70          # 为菜单中的 QAction 绑定 triggered 信号
71          self.menu.triggered[QtWidgets.QAction].connect(self.getmenu)
72      def getmenu(self,m):
73          from PyQt5.QtWidgets import QMessageBox
74          # 使用 information() 方法弹出信息提示框
75          QMessageBox.information(MainWindow,"提示","您选择的是 "+m.text(),QMessageBox.Ok)
76      def retranslateUi(self, MainWindow):
77          _translate = QtCore.QCoreApplication.translate
78          MainWindow.setWindowTitle(_translate("MainWindow", "MainWindow"))
79  import sys
80  # 主方法，程序从此处启动 PyQt 设计的窗体
81  if __name__ == '__main__':
82      app = QtWidgets.QApplication(sys.argv)
83      MainWindow = QtWidgets.QMainWindow()                           # 创建窗体对象
84      ui = Ui_MainWindow()                                           # 创建 PyQt 设计的窗体对象
85      ui.setupUi(MainWindow)                                         # 调用 PyQt 窗体的方法，对窗体对象进行初始化设置
86      MainWindow.show()                                              # 显示窗体
87      sys.exit(app.exec_())                                          # 程序关闭时退出进程
```

指点迷津

上面代码中为菜单项绑定 triggered 信号时，通过 QMenu 菜单进行了绑定：self.menu.triggered[QtWidgets.QAction].connect(self.getmenu)。其实，如果每个菜单项实现的功能不同，还可以单独为每个菜单项绑定 triggered 信号，例如下面的代码：

```
01    # 单独为"新建"菜单绑定 triggered 信号
02    self.actionxinjian.triggered.connect(self.getmenu)
03    def getmenu(self):
04        from PyQt5.QtWidgets import QMessageBox
05        # 使用 information() 方法弹出信息提示框
06        QMessageBox.information(MainWindow," 提示 "," 您选择的是 "+self.actionxinjian.text(),QMessageBox.Ok)
```

运行程序，单击菜单栏中的某个菜单，即可弹出提示框，提示您选择了哪个菜单，如图 18.11 所示。

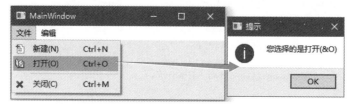

图 18.11　触发菜单的 triggered 信号

18.2　工具栏

工具栏主要为窗口应用程序提供一些常用的快捷按钮、操作等，在 PyQt5 中用 QToolBar 类表示工具栏。本节将对工具栏的使用进行讲解。

18.2.1　工具栏类：QToolBar

QToolBar 类表示工具栏，它是一个由文本按钮、图标或者其他小控件组成的可移动面板，通常位于菜单栏下方。QToolBar 类的常用方法如表 18.4 所示。

表 18.4　QToolBar 类的常用方法及说明

方法	说明
addAction()	添加具有文本或图标的工具按钮
addActions()	一次添加多个工具按钮
addWidget()	添加工具栏中按钮以外的控件
addSeparator()	添加分割线
setIconSize()	设置工具栏中图标的大小
setMovable()	设置工具栏是否可以移动
setOrientation()	设置工具栏的方向，取值如下： ⇄ Qt.Horizontal：水平工具栏 ⇄ Qt.Vertical：垂直工具栏
setToolButtonStyle()	设置工具栏按钮的显示样式，主要支持以下 5 种样式： ⇄ Qt.ToolButtonIconOnly：只显示图标 ⇄ Qt.ToolButtonTextOnly：只显示文本 ⇄ Qt.ToolButtonTextBesideIcon：文本显示在图标的旁边 ⇄ Qt.ToolButtonTextUnderIcon：文本显示在图标的下面 ⇄ Qt.ToolButtonFollowStyle：跟随系统样式

单击工具栏中的按钮时,会发射 actionTriggered 信号,通过为该信号关联相应的槽函数,可实现工具栏的相应功能。

18.2.2 添加工具栏

在 PyQt5 的 Qt Designer 设计器创建一个 Main Window 窗口,一个窗口中可以有多个工具栏,添加工具栏非常简单,单击右键,在弹出的快捷菜单中选择"Add Tool Bar"即可,如图 18.12 所示。

对应的 Python 代码如下:

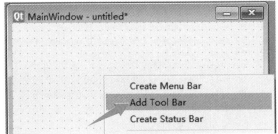

图 18.12　添加工具栏

```
01 self.toolBar = QtWidgets.QToolBar(MainWindow)
02 self.toolBar.setObjectName("toolBar")
03 MainWindow.addToolBar(QtCore.Qt.TopToolBarArea, self.toolBar)
```

除了使用 QToolBar 类的构造函数创建工具栏之外,还可以直接使用 MainWindow 对象的 addToolBar() 方法进行添加。例如,上面的代码可以替换如下:

```
MainWindow.addToolBar("toolBar")
```

18.2.3 为工具栏添加图标按钮

为工具栏中添加图标按钮,需要用到 addAction() 方法,该方法中需要传入一个 QIcon 对象,用来指定按钮的图标和文本;另外,工具栏中的按钮默认只显示图标,可以通过 setToolButtonStyle() 方法设置为既显示图标又显示文本。例如,下面代码在工具栏中添加一个"新建"按钮,并且同时显示图标和文本,图标和文本的组合方式为:图标显示在文本上方,代码如下:

```
01 # 设置工具栏中按钮的显示方式为:文字显示在图标的下方
02 self.toolBar.setToolButtonStyle(QtCore.Qt.ToolButtonTextUnderIcon)
03 self.toolBar.addAction(QtGui.QIcon("images/new.ico"),"新建") # 为工具栏添加 QAction
```

效果如图 18.13 所示。

18.2.4 一次为工具栏添加多个图标按钮

一次为工具栏添加多个图标按钮需要用到 addActions() 方法,该方法中需要传入一个 Iterable 迭代器对象,对象中的元素必须是 QAction 对象。例如,下面代码使用 addActions() 方法同时为工具栏添加"打开"和"关闭"两个图标按钮:

图 18.13　为工具栏添加一个图标按钮

```
01 # 创建"打开"按钮对象
02 self.open = QtWidgets.QAction(QtGui.QIcon("images/open.ico"),"打开")
03 # 创建"关闭"按钮对象
04 self.close = QtWidgets.QAction(QtGui.QIcon("images/close.ico"),"关闭")
05 self.toolBar.addActions([self.open,self.close]) # 将创建的两个 QAction 放到工具栏中
```

效果如图 18.14 所示。

18.2.5 向工具栏中添加其他控件

除了使用 QAction 对象向工具栏中添加图标按钮之外,PyQt5 中还支持向工具栏中添加标准控件,例如常用的 Label、LineEdit、ComboBox、CheckBox 等,

图 18.14　在工具栏中同时添加多个图标按钮

这需要用到 QToolBar 对象的 addWidget() 方法。例如，下面代码向工具栏中添加一个 ComboBox 下拉列表：

```
01  # 创建一个 ComboBox 下拉列表控件
02  self.combobox = QtWidgets.QComboBox()
03  # 定义职位列表
04  list = ["总经理","副总经理","人事部经理","财务部经理","部门经理","普通员工"]
05  self.combobox.addItems(list)                    # 将职位列表添加到 ComboBox 下拉列表中
06  self.toolBar.addWidget(self.combobox)           # 将下拉列表添加到工具栏中
```

效果如图 18.15 所示。

18.2.6　设置工具栏按钮的大小

工具栏中的图标按钮默认大小是 24×24，但在实际使用时，根据实际的需要，对工具栏按钮大小的要求也会有所不同，这时可以使用 setIconSize() 方法改变工具栏按钮的大小。例如，下面代码将工具栏中的图标按钮大小修改为 16×16：

图 18.15　在工具栏中添加 PyQt5 标准控件

```
self.toolBar.setIconSize(QtCore.QSize(16,16))      # 设置工具栏图标按钮的大小
```

工具栏按钮的大小修改前后的对比效果如图 18.16 所示。

图 18.16　工具栏按钮大小修改前后的对比效果

18.2.7　工具栏的单击功能实现

在单击工具栏中的按钮时，可以触发其 actionTriggered 信号，通过为该信号关联相应槽函数，可以实现工具栏的相应功能。

获取单击的工具栏按钮　　　　　　👁 实例位置：资源包\Code\18\02

在前面设计的工具栏基础上，为工具栏按钮添加相应的事件，提示用户单击了哪个工具栏按钮。完整代码如下：

```
01  from PyQt5 import QtCore, QtGui, QtWidgets
02  from PyQt5.QtWidgets import QMessageBox
03  class Ui_MainWindow(object):
04      def setupUi(self, MainWindow):
05          MainWindow.setObjectName("MainWindow")
06          MainWindow.resize(309, 137)
07          self.centralwidget = QtWidgets.QWidget(MainWindow)
08          self.centralwidget.setObjectName("centralwidget")
09          MainWindow.setCentralWidget(self.centralwidget)
10          self.toolBar = QtWidgets.QToolBar(MainWindow)
11          self.toolBar.setObjectName("toolBar")
12          self.toolBar.setMovable(True)                           # 设置工具栏可移动
13          self.toolBar.setOrientation(QtCore.Qt.Horizontal)       # 设置工具栏为水平工具栏
```

```
14         # 设置工具栏中按钮的显示方式为：文字显示在图标的下方
15         self.toolBar.setToolButtonStyle(QtCore.Qt.ToolButtonTextUnderIcon)
16         # 为工具栏添加 QAction
17         self.toolBar.addAction(QtGui.QIcon("images/new.ico"),"新建")
18         # 创建"打开"按钮对象
19         self.open = QtWidgets.QAction(QtGui.QIcon("images/open.ico"),"打开")
20         # 创建"关闭"按钮对象
21         self.close = QtWidgets.QAction(QtGui.QIcon("images/close.ico"), "关闭")
22         self.toolBar.addActions([self.open,self.close])          # 将创建的两个 QAction 放到工具栏中
23         # self.toolBar.setIconSize(QtCore.QSize(16,16))           # 设置工具栏图标按钮的大小
24         # 创建一个 ComboBox 下拉列表控件
25         self.combobox = QtWidgets.QComboBox()
26         # 定义职位列表
27         list = ["总经理","副总经理","人事部经理","财务部经理","部门经理","普通员工"]
28         self.combobox.addItems(list)                              # 将职位列表添加到 ComboBox 下拉列表中
29         self.toolBar.addWidget(self.combobox)                     # 将下拉列表添加到工具栏中
30         MainWindow.addToolBar(QtCore.Qt.TopToolBarArea, self.toolBar)
31         # 将 ComboBox 控件的选项更改信号与自定义槽函数关联
32         self.combobox.currentIndexChanged.connect(self.showinfo)
33         # 为菜单中的 QAction 绑定 triggered 信号
34         self.toolBar.actionTriggered[QtWidgets.QAction].connect(self.getvalue)
35     def getvalue(self,m):
36         # 使用 information() 方法弹出信息提示框
37         QMessageBox.information(MainWindow,"提示","您单击了 "+m.text(),QMessageBox.Ok)
38     def showinfo(self):
39         # 显示选择的职位
40         QMessageBox.information(MainWindow, "提示", "您选择的职位是:" + self.combobox.currentText(), QMessageBox.Ok)
41         self.retranslateUi(MainWindow)
42         QtCore.QMetaObject.connectSlotsByName(MainWindow)
43     def retranslateUi(self, MainWindow):
44         _translate = QtCore.QCoreApplication.translate
45         MainWindow.setWindowTitle(_translate("MainWindow", "MainWindow"))
46         self.toolBar.setWindowTitle(_translate("MainWindow", "toolBar"))
47 import sys
48 # 主方法，程序从此处启动 PyQt 设计的窗体
49 if __name__ == '__main__':
50     app = QtWidgets.QApplication(sys.argv)
51     MainWindow = QtWidgets.QMainWindow()                          # 创建窗体对象
52     ui = Ui_MainWindow()                                          # 创建 PyQt 设计的窗体对象
53     ui.setupUi(MainWindow)                                        # 调用 PyQt 窗体的方法对窗体对象进行初始化设置
54     MainWindow.show()                                             # 显示窗体
55     sys.exit(app.exec_())                                         # 程序关闭时退出进程
```

> **说明**
>
> 单击工具栏中的 QAction 对象默认会发射 actionTriggered 信号，但是，如果为工具栏添加了其他控件，并不会发射 actionTriggered 信号，而是会发射它们自己特有的信号。例如上面工具栏中添加的 ComboBox 下拉列表，在选择下拉列表中的项时，会发射其本身的 currentIndexChanged 信号。

运行程序，单击工具栏中的某个图标按钮，提示您单击了哪个按钮，如图 18.17 所示。
当用户选择工具栏中下拉列表中的项时，提示用户选择了哪一项，如图 18.18 所示。

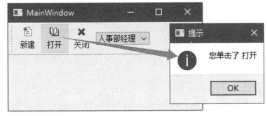

图 18.17　单击工具栏中的图标按钮效果

图 18.18　选择工具栏中下拉列表中的项时的效果

18.3 状态栏

状态栏通常放在窗口的最底部，用于显示窗口上的一些对象的相关信息或者程序信息，例如显示当前登录用户、实时显示登录时间、显示任务执行进度等，在 PyQt5 中用 QStatusBar 类表示状态栏。本节将对状态栏的使用进行讲解。

18.3.1 状态栏类：QStatusBar

QStatusBar 类表示状态栏，它是一个放置在窗口底部的水平条。QStatusBar 类的常用方法如表 18.5 所示。

表 18.5 QStatusBar 类的常用方法及说明

方法	说明
addWidget()	向状态栏中添加控件
addPermanentWidget()	添加永久性控件，不会被临时消息掩盖，位于状态栏最右端
removeWidget()	移除状态栏中的控件
showMessage()	在状态栏中显示一条临时信息
clearMessage()	删除正在显示的临时信息

QAction 类有一个常用的信号 triggered，用来在单击菜单项时发射。

18.3.2 添加状态栏

在 PyQt5 中，使用 Qt Designer 设计器创建一个 Main Window 窗口时，窗口中默认有一个菜单栏和状态栏，由于一个窗口中只能有一个状态栏，所以首先需要删除原有的状态栏，删除状态栏非常简单，在窗口中单击右键，选择 "Remove Status Bar" 即可，如图 18.19 所示。

添加状态栏也非常简单，在一个空窗口上单击右键，在弹出的快捷菜单中选择 "Create Status Bar" 即可，如图 18.20 所示。

图 18.19 删除状态栏

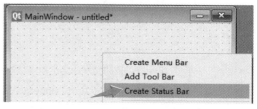

图 18.20 添加状态栏

对应的 Python 代码如下：

```
01 self.statusbar = QtWidgets.QStatusBar(MainWindow)
02 self.statusbar.setObjectName("statusbar")
03 MainWindow.setStatusBar(self.statusbar)
```

18.3.3 向状态栏中添加控件

PyQt5 中支持向状态栏中添加标准控件，例如常用的 Label、ComboBox、CheckBox、ProgressBar 等，这需要用到 QStatusBar 对象的 addWidget() 方法。例如，向状态栏中添加一个 Label 控件，用来显示版权信息，代码如下：

```
01 self.label=QtWidgets.QLabel()                              # 创建一个 Label 控件
02 self.label.setText('版权所有：吉林省明日科技有限公司')         # 设置 Label 的文本
03 self.statusbar.addWidget(self.label)                        # 将 Label 控件添加到状态栏中
```

效果如图 18.21 所示。

18.3.4 在状态栏中显示和删除临时信息

在状态栏中显示临时信息，需要使用 QStatusBar 对象的 showMessage() 方法，该方法中有两个参数，第一个参数为要显示的临时信息内容，第二个参数为要显示的时间，以毫秒为单位，但如果该参数设置为 0，则表示一直显示，例如，下面代码在状态栏中显示当前登录用户的信息：

```
self.statusbar.showMessage('当前登录用户：mr',0)                # 在状态栏中显示临时信息
```

效果如图 18.22 所示。

 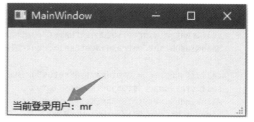

图 18.21　在状态栏中添加 PyQt5 标准控件　　　　图 18.22　在状态栏中显示临时信息

> **注意**
>
> 默认情况下，状态栏中的临时信息和添加的控件不能同时显示，否则会发生覆盖重合的情况，例如，将上面讲解的在状态栏中添加 Label 控件和显示临时信息的代码全部保留，即代码如下：
>
> ```
> 01 self.label=QtWidgets.QLabel()                              # 创建一个 Label 控件
> 02 self.label.setText('版权所有：吉林省明日科技有限公司')         # 设置 Label 的文本
> 03 self.statusbar.addWidget(self.label)                        # 将 Label 控件添加到状态栏中
> 04 self.statusbar.showMessage('当前登录用户：mr', 0)             # 在状态栏中显示临时信息
> ```
>
> 则运行时会出现如图 18.23 所示的效果。要解决该问题，可以使用 addPermanentWidget() 方法向状态栏中添加控件。
>
>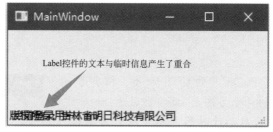
>
> 图 18.23　在状态栏中默认不能同时显示临时信息和 PyQt5 标准控件

删除临时信息使用 QStatusBar 对象的 clearMessage() 方法，例如：

```
self.statusbar.clearMessage()                                 # 清除状态栏中的临时信息
```

18.3.5 在状态栏中实时显示当前时间

实例 18.3 在状态栏中实时显示当前时间 实例位置：资源包 \Code\18\03

在 PyQt5 的 Qt Designer 设计器中创建一个 Main Window 窗口，删除默认的菜单栏，保留状态栏，然后调整窗口的大小，并保存为 .ui 文件，将 .ui 文件转换为 .py 文件，在 .py 文件中使用 QTimer 计时器实时获取当前的日期时间，并使用 QStatusBar 对象的 showMessage() 方法显示在状态栏上，代码如下：

```python
01  from PyQt5 import QtCore, QtGui, QtWidgets
02  class Ui_MainWindow(object):
03      def setupUi(self, MainWindow):
04          MainWindow.setObjectName("MainWindow")
05          MainWindow.resize(301, 107)
06          self.centralwidget = QtWidgets.QWidget(MainWindow)
07          self.centralwidget.setObjectName("centralwidget")
08          MainWindow.setCentralWidget(self.centralwidget)
09          # 添加一个状态栏
10          self.statusbar = QtWidgets.QStatusBar(MainWindow)
11          self.statusbar.setObjectName("statusbar")
12          MainWindow.setStatusBar(self.statusbar)
13          timer = QtCore.QTimer(MainWindow)                           # 创建一个 QTimer 计时器对象
14          timer.timeout.connect(self.showtime)                        # 发射 timeout 信号，与自定义槽函数关联
15          timer.start()                                                # 启动计时器
16      # 自定义槽函数，用来在状态栏中显示当前日期时间
17      def showtime(self):
18          datetime = QtCore.QDateTime.currentDateTime()               # 获取当前日期时间
19          text = datetime.toString("yyyy-MM-dd HH:mm:ss")             # 对日期时间进行格式化
20          self.statusbar.showMessage(' 当前日期时间: '+text, 0)        # 在状态栏中显示日期时间
21          self.retranslateUi(MainWindow)
22          QtCore.QMetaObject.connectSlotsByName(MainWindow)
23      def retranslateUi(self, MainWindow):
24          _translate = QtCore.QCoreApplication.translate
25          MainWindow.setWindowTitle(_translate("MainWindow", "MainWindow"))
26  import sys
27  # 主方法，程序从此处启动 PyQt 设计的窗体
28  if __name__ == '__main__':
29      app = QtWidgets.QApplication(sys.argv)
30      MainWindow = QtWidgets.QMainWindow()                           # 创建窗体对象
31      ui = Ui_MainWindow()                                           # 创建 PyQt 设计的窗体对象
32      ui.setupUi(MainWindow)                                         # 调用 PyQt 窗体的方法对窗体对象进行初始化设置
33      MainWindow.show()                                              # 显示窗体
34      sys.exit(app.exec_())                                          # 程序关闭时退出进程
```

指点迷津

对上面代码中用到了 PyQt5 中的 QTimer 类，该类是一个计时器类，它最常用的两个方法是 start() 方法和 stop() 方法。其中，start() 方法用来启动计时器，参数以秒为单位，默认为 1 秒；stop() 方法用来停止计时器。另外，QTimer 类还提供了一个 timeout 信号，在执行定时操作时发射该信号。

运行程序，在窗口中的状态栏中会实时显示当前的日期时间，效果如图 18.24 所示。

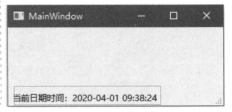

图 18.24　在窗口状态栏中实时显示当前日期时间

> **说明**
>
> 图 18.24 中显示的日期时间是跟随系统实时变化的。

18.4 综合案例——调用系统常用工具

(1) 案例描述

Windows 系统中默认提供了很多工作中常用的工具，例如计算器、记事本、画图工具，另外还有我们平时用的 Word、Excel 等，本案例要求设计一个 PyQt5 窗口，能够通过单击菜单直接打开系统中常用的一些工具。运行结果如图 18.25 所示。

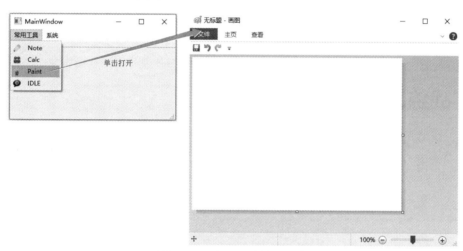

图 18.25　调用系统常用工具

(2) 实现代码

创建一个 PyQt5 窗口，其中添加一个菜单，菜单中包含"常用工具"和"系统"两个主菜单。"常用工具"主菜单下包含 Note、Calc、Paint 和 IDLE 菜单；"系统"主菜单下包括 Exit 菜单。设计完界面后，转换为 .py 文件，然后以 UI 与逻辑代码分离开发方式开发该案例，实现单击各个菜单时，打开系统相应的工具或者退出程序。逻辑代码文件如下：

```
01  from PyQt5 import QtCore,QtGui,QtWidgets
02  from PyQt5.QtWidgets import *
03  from Demo import Ui_MainWindow
04  import os
05  class MainWindow(QMainWindow,Ui_MainWindow):
06      def __init__(self):
07          super(MainWindow,self).__init__()
08          self.setupUi(self)
09          icon = QtGui.QIcon()
10          icon.addPixmap(QtGui.QPixmap("note.ico"), QtGui.QIcon.Normal, QtGui.QIcon.Off)
11          self.actionNote.setIcon(icon)
12          icon2 = QtGui.QIcon()
13          icon2.addPixmap(QtGui.QPixmap("calc.ico"), QtGui.QIcon.Normal, QtGui.QIcon.Off)
14          self.actionCalc.setIcon(icon2)
15          icon3 = QtGui.QIcon()
16          icon3.addPixmap(QtGui.QPixmap("paint.ico"), QtGui.QIcon.Normal, QtGui.QIcon.Off)
17          self.actionPaint.setIcon(icon3)
18          icon4 = QtGui.QIcon()
```

```
19          icon4.addPixmap(QtGui.QPixmap("idle.ico"), QtGui.QIcon.Normal, QtGui.QIcon.Off)
20          self.actionIDLE.setIcon(icon4)
21          self.menu.triggered[QAction].connect(self.openTool)      # 打开工具
22          self.actionExit.triggered.connect(self.close)            # 退出
23      # 打开各种工具
24      def openTool(self, m):
25          if m.text() == "Note":
26              os.system("notepad")                                 # 打开记事本
27          elif m.text() == "Calc":
28              os.system("calc")                                    # 打开计算器
29          elif m.text() == "Paint":
30              os.system("mspaint")                                 # 打开画图工具
31          elif m.text() == "IDLE":                                 # 由于路径中有空格，所以使用 startfile 方式
32              os.startfile(r"C:\Program Files\Python39\Lib\idlelib\idle.bat")
33  import sys
34  if __name__=="__main__":
35      app=QApplication(sys.argv)
36      main=MainWindow()
37      main.show()
38      sys.exit(app.exec_())
```

18.5 实战练习

完善综合案例，为程序添加登录窗口，在登录窗口中输入用户名和密码后（用户名和密码默认分别为 mr、mrsoft），单击"登录"按钮，可以进入主窗口，在主窗口的状态栏中显示登录的用户名。

小结

本章主要对 PyQt5 中的菜单、工具栏和状态栏的使用进行了详细讲解，在 PyQt5 中，分别使用 QMenu、QToolBar 和 QStatusBar 类表示菜单、工具栏和状态栏。菜单、工具栏和状态栏是一个项目中最常用到的 3 大部分，因此，读者在学习本章内容时，应该熟练掌握它们的设计及使用方法，并能将其运用于实际项目开发中。

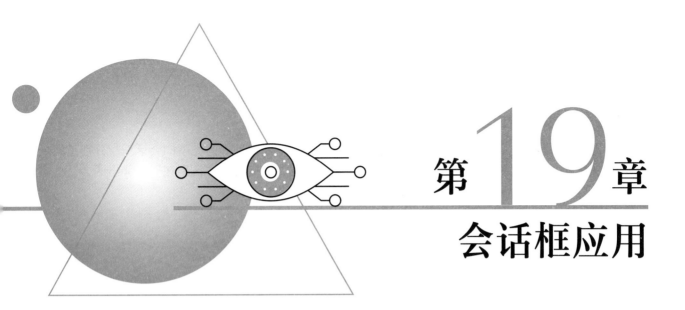

第19章
会话框应用

扫码领取
- 教学视频
- 配套源码
- 练习答案
- ……

平时在使用各种软件或者网站时，经常会看到各种各样的会话框，有的会话框可以与用户进行交互，而有的只是显示一些提示信息。使用 PyQt5 设计的窗口程序，同样支持弹出会话框。在 PyQt5 中，常用的会话框有 QMessageBox 内置会话框、QFileDialog 会话框、QInputDialog 会话框、QFontDialog 会话框和 QColorDialog 会话框。本章将对开发 PyQt5 窗口应用程序中经常用到的会话框进行详细讲解。

本章知识架构如下：

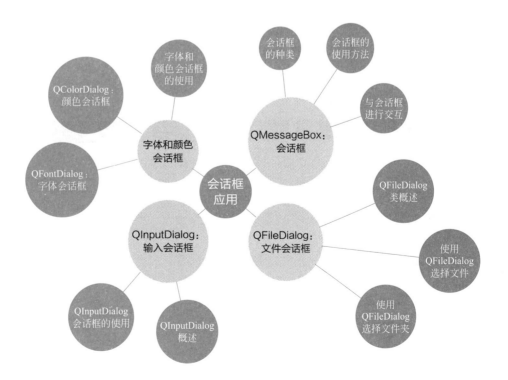

19.1　QMessageBox：会话框

19.1.1　会话框的种类

在 PyQt5 中，会话框使用 QMessageBox 类表示，PyQt5 内置 5 种不同类型的会话框，分别是消息会话框、问答会话框、警告会话框、错误会话框和关于会话框，它们的主要区别在于，弹出的会话框中的图标不同。PyQt5 内置的 5 种不同类型的会话框及说明如表 19.1 所示。

表 19.1　PyQt5 内置的 5 种不同类型的会话框

会话框类型	说明
QMessageBox.information()	消息会话框
QMessageBox.question()	问答会话框
QMessageBox.warning()	警告会话框
QMessageBox.critical()	错误会话框
QMessageBox.about()	关于会话框

19.1.2　会话框的使用方法

PyQt5 内置的 5 种不同类型的会话框在使用时是类似的，本节将以消息会话框为例讲解会话框的使用方法。消息会话框使用 QMessageBox.information() 表示，它的语法格式如下：

```
QMessageBox.information(QWidget, 'Title', 'Content', buttons, defaultbutton)
```

- QWidget：self 或者窗口对象，表示该会话框所属的窗口。
- Title：字符串，表示会话框的标题。
- Content：字符串，表示会话框中的提示内容。
- buttons：会话框上要添加的按钮，多个按钮之间用"|"连接，常见的按钮种类如表 19.2 所示，该值可选，没有指定该值时，默认为 OK 按钮。
- defaultbutton：默认选中的按钮，该值可选，没有指定该值时，默认为第一个按钮。

表 19.2　会话框中的按钮种类

按钮种类	说明
QMessageBox.Ok	同意操作
QMessageBox.Yes	同意操作
QMessageBox.No	取消操作
QMessageBox.Abort	终止操作
QMessageBox.Retry	重试操作
QMessageBox.Ignore	忽略操作
QMessageBox.Close	关闭操作
QMessageBox.Cancel	取消操作
QMessage.Open	打开操作
QMessage.Save	保存操作

> **说明**
>
> QMessageBox.about() 关于会话框中不能指定按钮,其语法如下:
>
> QMessageBox.about(QWidget, 'Title', 'Content')

实例 19.1　弹出 5 种不同的会话框

实例位置:资源包 \Code\19\01

打开 Qt Designer 设计器,新建一个窗口,在窗口中添加 5 个 PushButton 控件,并分别设置它们的文本为"消息框""警告框""问答框""错误框"和"关于框",设计完成后保存为 .ui 文件,使用 PyUIC 工具将其转换为 .py 代码文件。在 .py 代码文件中,定义 5 个槽函数,分别使用 QMessageBox 类的不同方法弹出会话框,代码如下:

```
01 def info(self):                                         # 显示消息会话框
02     QMessageBox.information(None,'消息','这是一个消息会话框',QMessageBox.Ok)
03 def warn(self):                                          # 显示警告会话框
04     QMessageBox.warning(None,'警告','这是一个警告会话框',QMessageBox.Ok)
05 def question(self):                                      # 显示问答会话框
06     QMessageBox.question(None,'问答','这是一个问答会话框',QMessageBox.Ok)
07 def critical(self):                                      # 显示错误会话框
08     QMessageBox.critical(None,'错误','这是一个错误会话框',QMessageBox.Ok)
09 def about(self):                                         # 显示关于会话框
10     QMessageBox.about(None,'关于','这是一个关于会话框')
```

分别为 5 个 PushButton 控件的 clicked 信号绑定自定义的槽函数,以便在单击按钮时,弹出相应的会话框,代码如下:

```
01 # 关联"消息框"按钮的方法
02 self.pushButton.clicked.connect(self.info)
03 # 关联"警告框"按钮的方法
04 self.pushButton_2.clicked.connect(self.warn)
05 # 关联"问答框"按钮的方法
06 self.pushButton_3.clicked.connect(self.question)
07 # 关联"错误框"按钮的方法
08 self.pushButton_4.clicked.connect(self.critical)
09 # 关联"关于框"按钮的方法
10 self.pushButton_5.clicked.connect(self.about)
```

为 .py 文件添加 __main__ 主方法,然后运行程序,主窗口效果如图 19.1 所示。

图 19.1　主窗口

分别单击主窗口的各个按钮,可以弹出相应的会话框,消息会话框、警告会话框、问答会话框、错误会话框和关于会话框的效果分别如图 19.2～图 19.6 所示。

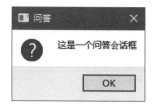

图 19.2　消息会话框　　图 19.3　警告会话框　　图 19.4　问答会话框

图 19.5　错误会话框　　图 19.6　关于会话框

19.1.3　与会话框进行交互

实际开发时，可能会需要根据会话框的返回值执行相应的操作，PyQt5 中的 QMessageBox 会话框支持获取返回值，例如，修改【例 19.1】中的消息会话框的槽函数，使其弹出一个带有 "Yes" 和 "No" 按钮的会话框，然后当用户单击 "Yes" 按钮时，弹出 "您同意了本次请求……" 的信息提示。修改后的代码如下：

```
01  def info(self):                                          # 显示消息会话框
02      # 获取会话框的返回值
03      select = QMessageBox.information(None, '消息', '这是一个消息会话框', QMessageBox.Yes | QMessageBox.No)
04      if select==QMessageBox.Yes:                          # 判断是否单击了 Yes 按钮
05          QMessageBox.information(MainWindow,'提醒','您同意了本次请求……')
```

重新运行程序，单击主窗口中的 "消息框" 按钮，即可弹出一个带有 "Yes" 和 "No" 按钮的会话框，单击 "Yes" 按钮时，弹出 "您同意了本次请求……" 的信息提示，如图 19.7 所示。

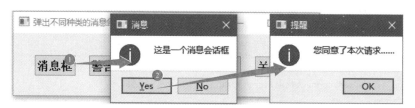

图 19.7　单击 "Yes" 按钮时弹出的信息提示

19.2　QFileDialog：文件会话框

19.2.1　QFileDialog 类概述

PyQt5 中的文件会话框使用 QFileDialog 类表示，该类继承自 QDialog 类，它允许用户选择文件或者文件夹，也允许用户遍历文件系统，以便选择一个或多个文件或者文件夹。

QFileDialog 类的常用方法及说明如表 19.3 所示。

表 19.3　QFileDialog 类的常用方法及说明

方法	说明
getOpenFileName()	获取一个打开文件的文件名
getOpenFileNames()	获取多个打开文件的文件名
getSaveFileName()	获取保存的文件名
getExistingDirectory()	获取一个打开的文件夹
setAcceptMode()	设置接收模式，取值如下： ● QFileDialog.AcceptOpen：设置文件会话框为打开模式，这是默认值 ● QFileDialog.AcceptSave：设置文件会话框为保存模式
setDefaultSuffix()	设置文件会话框中的文件名的默认后缀名
setFileMode()	设置可以选择的文件类型，取值如下： ● QFileDialog.AnyFile：任意文件（无论文件是否存在） ● QFileDialog.ExistingFile：已存在的文件 ● QFileDialog.ExistingFiles：已存在的多个文件 ● QFileDialog.Directory：文件夹 ● QFileDialog.DirectoryOnly：文件夹（选择时只能选中文件夹）
setDirectory()	设置文件会话框的默认打开位置
setNameFilter()	设置名称过滤器，多个类型的过滤器之间用两个分号分割 [例如：所有文件 (*.*);;Python 文件 (*.py)]；而一个过滤器中如果有多种格式，可以用空格分割 [例如：图片文件 (*.jpg *.png *.bmp)]
setViewMode()	设置显示模式，取值如下： ● QFileDialog.Detail：显示文件详细信息，包括文件名、大小、日期等信息 ● QFileDialog.List：以列表形式显示文件名
selectedFile()	获取选择的一个文件或文件夹名字
selectedFiles()	获取选择的多个文件或文件夹名字

19.2.2　使用 QFileDialog 选择文件

本小节将对如何使用 QFileDialog 类在 PyQt5 窗口中选择文件进行讲解。

实例 19.2　选择并显示图片文件　　实例位置：资源包 \Code\19\02

打开 Qt Designer 设计器，新建一个窗口，在窗口中添加一个 PushButton 控件和一个 ListWidget 控件。其中，PushButton 控件用来执行操作，而 ListWidget 控件用来显示选择的图片文件。设计完成后保存为 .ui 文件，使用 PyUIC 工具将其转换为 .py 代码文件。在 .py 代码文件中，定义一个 bindList() 槽函数，用来使用 QFileDialog 类创建一个文件会话框，该文件会话框中设置可以选择多个文件，并且只能显示图片文件，选择完之后，会将选择的文件显示到 ListWidget 列表中，最后将自定义的 bindList() 槽函数绑定到 PushButton 控件的 clicked 信号上。完整代码如下：

```
01  from PyQt5 import QtCore, QtGui, QtWidgets
02  class Ui_MainWindow(object):
03      def setupUi(self, MainWindow):
04          MainWindow.setObjectName("MainWindow")
05          MainWindow.resize(370, 323)
06          self.centralwidget = QtWidgets.QWidget(MainWindow)
07          self.centralwidget.setObjectName("centralwidget")
08          # 创建一个按钮控件
09          self.pushButton = QtWidgets.QPushButton(self.centralwidget)
```

```
10          self.pushButton.setGeometry(QtCore.QRect(20, 20, 91, 23))
11          self.pushButton.setObjectName("pushButton")
12          # 创建一个 ListWidget 列表，用来显示选择的图片文件
13          self.listWidget = QtWidgets.QListWidget(self.centralwidget)
14          self.listWidget.setGeometry(QtCore.QRect(20, 50, 331, 261))
15          self.listWidget.setObjectName("listWidget")
16          MainWindow.setCentralWidget(self.centralwidget)
17          self.retranslateUi(MainWindow)
18          QtCore.QMetaObject.connectSlotsByName(MainWindow)
19          self.pushButton.clicked.connect(self.bindList)    # 为按钮的 clicked 信号绑定槽函数
20      def bindList(self):
21          from PyQt5.QtWidgets import QFileDialog
22          dir =QFileDialog()                               # 创建文件会话框
23          dir.setFileMode(QFileDialog.ExistingFiles)        # 设置多选
24          dir.setDirectory('C:\\')                         # 设置初始路径为 C 盘
25          # 设置只显示图片文件
26          dir.setNameFilter('图片文件 (*.jpg *.png *.bmp *.ico *.gif)')
27          if dir.exec_():                                  # 判断是否选择了文件
28              self.listWidget.addItems(dir.selectedFiles()) # 将选择的文件显示在列表中
29      def retranslateUi(self, MainWindow):
30          _translate = QtCore.QCoreApplication.translate
31          MainWindow.setWindowTitle(_translate("MainWindow", "MainWindow"))
32          self.pushButton.setText(_translate("MainWindow", "选择文件"))
33  if __name__ == '__main__':                               # 程序入口
34      import sys
35      app = QtWidgets.QApplication(sys.argv)
36      MainWindow = QtWidgets.QMainWindow()                 # 创建窗体对象
37      ui = Ui_MainWindow()                                 # 创建 PyQt5 设计的窗体对象
38      ui.setupUi(MainWindow)                               # 调用 PyQt5 窗体的方法对窗体对象进行初始化设置
39      MainWindow.show()                                    # 显示窗体
40      sys.exit(app.exec_())                                # 程序关闭时退出进程
```

运行程序，单击主窗口中的"选择文件"按钮，弹出"打开"会话框，该会话框中只显示图片文件，如图 19.8 所示，按住 <Ctrl> 键，可以选择多个文件，选择完文件后，单击"打开"按钮，即可将选择的图片文件显示在 ListWidget 列表中，如图 19.9 所示。

图 19.8　打开"打开"会话框并选择图片文件

图 19.9　显示选择的图片文件

指点迷津

Python 使用 QFileDialog 显示打开会话框时，还可以使用 getOpenFileName() 方法或者 getOpenFileNames() 方法，其中，getOpenFileName() 方法用来获取一个打开文件的文件名，而 getOpenFileNames() 方法可以获取多个打开文件的文件名，例如，【例 19.2】中 bindList() 槽函数中打开文件的代码可以替换如下：

```
01 def bindList(self):
02     from PyQt5.QtWidgets import QFileDialog
03     files, filetype = QFileDialog.getOpenFileNames(None, '打开', 'C:\\', '图片文件 (*.jpg *.png *.bmp *.ico *.gif)')
04     self.listWidget.addItems(files)
```

19.2.3 使用 QFileDialog 选择文件夹

使用 QFileDialog 选择文件夹时，需要用到 getExistingDirectory() 方法，该方法中需要指定打开会话框的标题和要打开的默认路径。

实例 19.3　以列表显示指定文件夹中的所有文件　　实例位置：资源包 \Code\19\03

修改【例 19.2】，在设计的窗口中添加一个 LineEdit 控件，用来显示选择的路径，并且将 PushButton 控件的文本修改为"选择"，然后对 bindList() 自定义槽函数进行修改，该函数中，主要使用 QFileDialog.getExistingDirectory() 方法打开一个选择文件夹的会话框，在该会话框中选择一个路径后，首先将选择的路径显示到 LineEdit 文本框中，然后使用 os 模块的 listdir() 方法获取该文件夹中的所有文件和子文件夹，并将它们显示到 ListWidget 列表中。主要代码如下：

```
01  def bindList(self):
02      from PyQt5.QtWidgets import QFileDialog
03      import os                                              # 导入 os 模块
04      # 创建选择路径会话框
05      dir = QFileDialog.getExistingDirectory(None, "选择文件夹路径", os.getcwd())
06      self.lineEdit.setText(dir)                             # 在文本框中显示选择的路径
07      list = os.listdir(dir)                                 # 遍历选择的文件夹
08      self.listWidget.addItems(list)                         # 将文件夹中的所有文件显示在列表中
```

运行程序，单击"选择"按钮，选择一个本地文件夹，即可将该文件夹中的所有文件及子文件夹显示在下方的列表中，如图 19.10 所示。

图 19.10　以列表显示指定文件夹中的所有文件

19.3　QInputDialog：输入会话框

19.3.1　QInputDialog 概述

QInputDialog 类表示一个标准的输入会话框，该会话框由一个文本框（或者数字选择框，或者下拉列表框）和两个按钮（OK 按钮和 Cancel 按钮）组成，它可以与用户进行简单的交互，例如在主窗口中获取输入会话框中输入或者选择的值。

QInputDialog 类的常用方法及语法如下：

- getText() 方法。显示一个用于输入字符串的文本编辑框。语法如下：

```
text, flag=QInputDialog.getText(QWidget,dlgTitle,txtLabel,echoMode,defaultInput)
```

getText() 方法的参数及返回值说明如表 19.4 所示。

表 19.4　getText() 方法的参数及返回值

参数	说明
QWidget	父窗口对象
dlgTitle	QInputDialog 的标题

续表

参数	说明
txtLabel	QInputDialog 内部显示的文本
echoMode	文本编辑框中内容的显示方式
defaultInput	文本编辑框默认显示内容
返回值	一个元组，其中 text 表示文本编辑框内的字符串，flag 表示是否正常返回

- getItem() 方法。显示一个 ComboBox 下拉列表控件，用户可从中选择数据。语法如下：

```
text,flag =QInputDialog.getItem(QWidget,dlgTitle,txtLabel,items,curIndex,editable)
```

getItem() 方法的参数及返回值说明如表 19.5 所示。

表 19.5　getItem() 方法的参数及返回值

参数	说明
QWidget	父窗口对象
dlgTitle	QInputDialog 的标题
txtLabel	QInputDialog 内部显示的文本
items	ComboBox 组件的内容列表
curIndex	默认显示 ComboBox 组件索引的内容
editable	ComboBox 组件是否可被编辑
返回值	一个元组，其中 text 表示从 ComboBox 下拉列表中选择的内容，flag 表示是否正常返回

- getInt() 方法。显示一个用于输入整数的编辑框，显示的是 SpinBox 控件。语法如下：

```
inputValue,flag =QInputDialog.getInt(QWidget,dlgTitle,txtLabel,defaultValue,minValue,maxValue,stepValue)
```

getInt() 方法的参数及返回值说明如表 19.6 所示。

表 19.6　getInt() 方法的参数及返回值

参数	说明
QWidget	父窗口对象
dlgTitle	QInputDialog 的标题
txtLabel	QInputDialog 内部显示的文本
defaultValue	SpinBox 控件默认值
minValue	SpinBox 控件最小值
maxValue	SpinBox 控件最大值
stepValue	SpinBox 控件单步值
返回值	一个元组，其中 inputValue 表示 SpinBox 中选择的整数值，flag 表示是否正常返回

- getDouble() 方法。显示一个用于输入浮点数的编辑框，显示的是 DoubleSpinBox 控件。语法如下：

```
inputValue,flag =QInputDialog.getDouble(QWidget,dlgTitle,txtLabel,defaultValue,minValue,maxValue,decimals);
```

getDouble() 方法的参数及返回值说明如表 19.7 所示。

表 19.7 getDouble() 方法的参数及返回值

参数	说明
QWidget	父窗口对象
dglTitle	QInputDialog 的标题
txtLabel	QInputDialog 内部显示的文本
defaultValue	DoubleSpinBox 控件默认值
minValue	DoubleSpinBox 控件最小值
maxValue	DoubleSpinBox 控件最大值
decimals	DoubleSpinBox 控件显示的小数点位数控制
返回值	一个元组，其中 inputValue 表示 DoubleSpinBox 中选择的小数值，flag 表示是否正常返回

19.3.2 QInputDialog 会话框的使用

本小节通过一个具体的实例讲解 QInputDialog 会话框在实际开发中的应用。

实例 19.4　　设计不同种类的输入框　　实例位置：资源包 \Code\19\04

使用 Qt Designer 设计器创建一个 MainWindow 窗口，其中添加 4 个 LineEdit 控件，分别用来录入学生的姓名、年龄、班级和分数信息，将设计的窗口保存为 .ui 文件，使用 PyUIC 工具将 .ui 文件转换为 .py 文件。在 .py 文件中，分别使用 QInputDialog 类的 4 种方法弹出不同的输入框，在输入框中完成学生信息的录入。代码如下：

```
01  from PyQt5 import QtCore, QtGui, QtWidgets
02  from PyQt5.QtWidgets import QInputDialog
03  class Ui_MainWindow(object):
04      def setupUi(self, MainWindow):
05          MainWindow.setObjectName("MainWindow")
06          MainWindow.resize(210, 164)
07          self.centralwidget = QtWidgets.QWidget(MainWindow)
08          self.centralwidget.setObjectName("centralwidget")
09          # 添加 " 姓名 " 标签
10          self.label = QtWidgets.QLabel(self.centralwidget)
11          self.label.setGeometry(QtCore.QRect(30, 20, 41, 16))
12          self.label.setObjectName("label")
13          # 添加输入姓名的文本框
14          self.lineEdit = QtWidgets.QLineEdit(self.centralwidget)
15          self.lineEdit.setGeometry(QtCore.QRect(70, 20, 113, 20))
16          self.lineEdit.setObjectName("lineEdit")
17          # 添加 " 年龄 " 标签
18          self.label_2 = QtWidgets.QLabel(self.centralwidget)
19          self.label_2.setGeometry(QtCore.QRect(30, 56, 41, 16))
20          self.label_2.setObjectName("label_2")
21          # 添加输入年龄的文本框
22          self.lineEdit_2 = QtWidgets.QLineEdit(self.centralwidget)
23          self.lineEdit_2.setGeometry(QtCore.QRect(70, 56, 113, 20))
24          self.lineEdit_2.setObjectName("lineEdit_2")
25          # 添加 " 班级 " 标签
26          self.label_3 = QtWidgets.QLabel(self.centralwidget)
27          self.label_3.setGeometry(QtCore.QRect(30, 90, 41, 16))
28          self.label_3.setObjectName("label_3")
29          # 添加输入班级的文本框
30          self.lineEdit_3 = QtWidgets.QLineEdit(self.centralwidget)
```

```python
31          self.lineEdit_3.setGeometry(QtCore.QRect(70, 90, 113, 20))
32          self.lineEdit_3.setObjectName("lineEdit_3")
33          # 添加"分数"标签
34          self.label_4 = QtWidgets.QLabel(self.centralwidget)
35          self.label_4.setGeometry(QtCore.QRect(30, 126, 41, 16))
36          self.label_4.setObjectName("label_4")
37          # 添加输入分数的文本框
38          self.lineEdit_4 = QtWidgets.QLineEdit(self.centralwidget)
39          self.lineEdit_4.setGeometry(QtCore.QRect(70, 126, 113, 20))
40          self.lineEdit_4.setObjectName("lineEdit_4")
41          MainWindow.setCentralWidget(self.centralwidget)
42          self.retranslateUi(MainWindow)
43          QtCore.QMetaObject.connectSlotsByName(MainWindow)
44          # 为"姓名"文本框的按下回车信号绑定槽函数，获取用户输入的姓名
45          self.lineEdit.returnPressed.connect(self.getname)
46          # 为"年龄"文本框的按下回车信号绑定槽函数，获取用户输入的年龄
47          self.lineEdit_2.returnPressed.connect(self.getage)
48          # 为"班级"文本框的按下回车信号绑定槽函数，获取用户选择的班级
49          self.lineEdit_3.returnPressed.connect(self.getgrade)
50          # 为"分数"文本框的按下回车信号绑定槽函数，获取用户输入的分数
51          self.lineEdit_4.returnPressed.connect(self.getscore)
52      def retranslateUi(self, MainWindow):
53          _translate = QtCore.QCoreApplication.translate
54          MainWindow.setWindowTitle(_translate("MainWindow", "录入学生信息"))
55          self.label.setText(_translate("MainWindow", "姓名："))
56          self.label_2.setText(_translate("MainWindow", "年龄："))
57          self.label_3.setText(_translate("MainWindow", "班级："))
58          self.label_4.setText(_translate("MainWindow", "分数："))
59      # 自定义获取姓名的槽函数
60      def getname(self):
61          # 弹出可以输入字符串的输入框
62          name,ok = QInputDialog.getText(MainWindow,"姓名","请输入姓名",QtWidgets.QLineEdit.Normal,"明日科技")
63          if ok:  # 判断是否单击了 OK 按钮
64              self.lineEdit.setText(name)                 # 获取输入会话框中的字符串，显示在文本框中
65      # 自定义获取年龄的槽函数
66      def getage(self):
67          # 弹出可以选择或输入年龄的输入框
68          age,ok = QInputDialog.getInt(MainWindow,"年龄","请选择年龄",20,1,100,1)
69          if ok:  # 判断是否单击了 OK 按钮
70              self.lineEdit_2.setText(str(age))           # 获取输入会话框中的年龄，显示在文本框中
71      # 自定义获取班级的槽函数
72      def getgrade(self):
73          # 弹出可以选择班级的输入框
74          grade,ok = QInputDialog.getItem(MainWindow,"班级","请选择班级",('三年一班','三年二班','三年三班'),0,False)
75          if ok:                                          # 判断是否单击了 OK 按钮
76              self.lineEdit_3.setText(grade)              # 获取输入会话框中选择的班级，显示在文本框中
77      # 自定义获取分数的槽函数
78      def getscore(self):
79          # 弹出可以选择或输入分数的输入框，模板保留 2 位小数
80          scroe,ok = QInputDialog.getDouble(MainWindow,"分数","请选择分数",0.01,0,100,2)
81          if ok:                                          # 判断是否单击了 OK 按钮
82              self.lineEdit_4.setText(str(scroe))         # 获取输入会话框中的分数，显示在文本框中
83  if __name__ == '__main__':                              # 主方法
84      import sys
85      app = QtWidgets.QApplication(sys.argv)
86      MainWindow = QtWidgets.QMainWindow()                # 创建窗体对象
87      ui = Ui_MainWindow()                                # 创建 PyQt5 设计的窗体对象
88      ui.setupUi(MainWindow)                              # 调用 PyQt5 窗体的方法对窗体对象进行初始化设置
89      MainWindow.show()                                   # 显示窗体
90      sys.exit(app.exec_())                               # 程序关闭时退出进程
```

运行程序，在相应文本框中按下 <Enter> 回车键，即可弹出相应的输入框。姓名输入框如图 19.11 所示，年龄输入框如图 19.12 所示。

图 19.11　姓名输入框　　　　　　　图 19.12　年龄输入框

班级输入框如图 19.13 所示，分数输入框如图 19.14 所示。

图 19.13　班级输入框　　　　　　　图 19.14　分数输入框

> **说明**
>
> 在弹出整数和小数输入框时，用户除了可以选择其中的值以外，还可以手动输入值，但不能超出设置的取值范围。

19.4　字体和颜色会话框

字体会话框、颜色会话框通常用来对文本的字体、颜色进行设置，在 PyQt5 中，使用 QFontDialog 类表示字体会话框，而使用 QColorDialog 类表示颜色会话框。本节将对字体和颜色会话框的使用进行介绍。

19.4.1　QFontDialog：字体会话框

QFontDialog 类表示字体会话框，用户可以从中选择字体的大小、样式、格式等信息，类似 Word 中的字体会话框。

QFontDialog 类最常用的方法是 getFont() 方法，用来获取在字体会话框中选择的字体相关的信息，其语法如下：

```
QFontDialog.getFont()
```

该方法的返回值包含一个 QFont 对象和一个标识，其中，QFont 对象直接存储字体相关的信息，而标识用来确定是否正常返回，即是否单击了字体会话框中的 OK 按钮。

19.4.2　QColorDialog：颜色会话框

QColorDialog 类表示颜色会话框，用户可以从中选择颜色。

QColorDialog 类最常用的方法是 getColor() 方法，用来获取在颜色会话框中选择的颜色信息，其语法如下：

```
QColorDialog.getColor()
```

该方法的返回值是一个 QColor 对象，存储选择的颜色相关的信息。

指点迷津

> 选择完颜色后，可以使用 QColor 对象的 isValid() 方法判断选择的颜色是否有效。

19.4.3 字体和颜色会话框的使用

本节通过一个实例讲解 QFontDialog 字体会话框和 QColorDialog 颜色会话框在实际中的应用，这里分别使用这两个会话框对 TextEdit 文本框中文本的字体和颜色进行设置。

实例 19.5　动态设置文本的字体和颜色　　实例位置：资源包 \Code\19\05

使用 Qt Designer 设计器创建一个 MainWindow 窗口，其中添加两个 PushButton 控件、一个水平布局管理器和一个 TextEdit 控件。其中，两个 PushButton 控件分别用来执行设置字体和颜色的操作；水平布局管理器用来放置 TextEdit 控件，以便使该控件能自动适应大小；TextEdit 控件用来输入文本，以便体现设置的字体和颜色。设计完成后保存为 .ui 文件，使用 PyUIC 工具将 .ui 文件转换为 .py 文件。

在转换后的 .py 文件中，首先自定义两个槽函数 setfont() 和 setcolor()，分别用来设置 TextEdit 控件中的字体和颜色，然后分别将这两个自定义的槽函数绑定到两个 PushButton 控件的 clicked 信号，最后为 .py 文件添加 __main__ 主方法。完整代码如下：

```
01  from PyQt5 import QtCore, QtGui, QtWidgets
02  from PyQt5.QtWidgets import QFontDialog,QColorDialog
03  class Ui_MainWindow(object):
04      def setupUi(self, MainWindow):
05          MainWindow.setObjectName("MainWindow")
06          MainWindow.resize(412, 166)
07          self.centralwidget = QtWidgets.QWidget(MainWindow)
08          self.centralwidget.setObjectName("centralwidget")
09          # 添加"设置字体"按钮
10          self.pushButton = QtWidgets.QPushButton(self.centralwidget)
11          self.pushButton.setGeometry(QtCore.QRect(10, 10, 75, 23))
12          self.pushButton.setObjectName("pushButton")
13          # 添加一个水平布局管理器，主要为了使 TextEdit 控件位于该区域中
14          self.horizontalLayoutWidget = QtWidgets.QWidget(self.centralwidget)
15          self.horizontalLayoutWidget.setGeometry(QtCore.QRect(10, 40, 401, 121))
16          self.horizontalLayoutWidget.setObjectName("horizontalLayoutWidget")
17          self.horizontalLayout = QtWidgets.QHBoxLayout(self.horizontalLayoutWidget)
18          self.horizontalLayout.setContentsMargins(0, 0, 0, 0)
19          self.horizontalLayout.setObjectName("horizontalLayout")
20          # 添加标签控件，用来体现设置的字体和颜色
21          self.textEdit = QtWidgets.QTextEdit(self.horizontalLayoutWidget)
22          self.textEdit.setObjectName("label")
23          self.horizontalLayout.addWidget(self.textEdit)
24          # 添加"设置颜色"按钮
25          self.pushButton_2 = QtWidgets.QPushButton(self.centralwidget)
26          self.pushButton_2.setGeometry(QtCore.QRect(100, 10, 75, 23))
```

```python
27         self.pushButton_2.setObjectName("pushButton_2")
28         MainWindow.setCentralWidget(self.centralwidget)
29         self.retranslateUi(MainWindow)
30         QtCore.QMetaObject.connectSlotsByName(MainWindow)
31         # 为"设置字体"按钮的 clicked 信号关联槽函数
32         self.pushButton.clicked.connect(self.setfont)
33         # 为"设置颜色"按钮的 clicked 信号关联槽函数
34         self.pushButton_2.clicked.connect(self.setcolor)
35     def setfont(self):
36         font, ok = QFontDialog.getFont()              # 字体会话框
37         if ok:                                         # 如果选择了字体
38             self.textEdit.setFont(font)                # 将选择的字体作为标签的字体
39     def setcolor(self):
40         color = QColorDialog.getColor()                # 颜色会话框
41         if color.isValid():                            # 判断颜色是否有效
42             self.textEdit.setTextColor(color)          # 将选择的颜色作为标签的字体
43     def retranslateUi(self, MainWindow):
44         _translate = QtCore.QCoreApplication.translate
45         MainWindow.setWindowTitle(_translate("MainWindow", "MainWindow"))
46         self.pushButton.setText(_translate("MainWindow", "设置字体"))
47         self.textEdit.setText(_translate("MainWindow", "敢想敢为"))
48         self.pushButton_2.setText(_translate("MainWindow", "设置颜色"))
49 # 主方法
50 if __name__ == '__main__':
51     import sys
52     app = QtWidgets.QApplication(sys.argv)
53     MainWindow = QtWidgets.QMainWindow()               # 创建窗体对象
54     ui = Ui_MainWindow()                               # 创建 PyQt5 设计的窗体对象
55     ui.setupUi(MainWindow)                             # 调用 PyQt5 窗体的方法对窗体对象进行初始化设置
56     MainWindow.show()                                  # 显示窗体
57     sys.exit(app.exec_())                              # 程序关闭时退出进程
```

运行程序，单击"设置字体"按钮，在弹出的会话框中设置完字体后，单击 OK 按钮，即可将选择的字体应用于文本框中的文字，效果如图 19.15 所示。

图 19.15　设置字体

设置颜色时，首先需要选中要设置颜色的文字，然后单击"设置颜色"按钮，在弹出的会话框中选择颜色后，单击 OK 按钮，即可将选择的颜色应用于文本框中选中的文字，效果如图 19.16 所示。

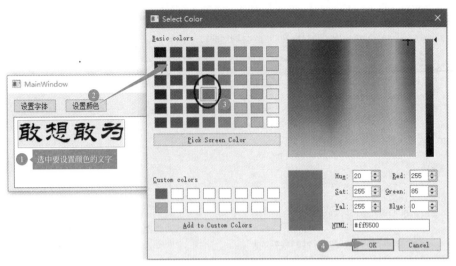

图 19.16 设置颜色

19.5 综合案例——设计个性签名

（1）案例描述

本案例借助 PyQt5 窗口设计一个个性签名程序，运行程序，单击"设计签名"按钮，弹出输入姓名的会话框，输入之后，单击 OK 按钮，即可生成个性签名并显示。运行结果如图 19.17 所示。

（2）实现代码

创建一个 PyQt5 窗口，在窗口中添加一个 PushButton 按钮，用来生成个性签名。添加一个 Label 控件，用来显示生成的个性签名。窗口设计完成后，转换为 .py 代码文件，该文件中自定义一个 getImage

图 19.17 设计个性签名

函数，该函数中，首先使用 QInputDialog 弹出输入会话框，在其中输入姓名后，以 POST 方式将输入的姓名、字体及大小提交到 http://www.uustv.com/ 网站，并从中爬取出生成的个性签名图片，最后显示在 Label 控件中。代码如下：

```
01  import requests,re
02  from PyQt5 import QtCore, QtWidgets
03  from PyQt5.QtGui import QPixmap
04  from PyQt5.QtWidgets import QInputDialog, QApplication
05  class Ui_Form(object):
06      def setupUi(self, Form):
07          Form.setObjectName("Form")
08          Form.resize(464, 272)
09          self.pushButton = QtWidgets.QPushButton(Form)
10          self.pushButton.setGeometry(QtCore.QRect(170, 20, 81, 31))
11          self.pushButton.setObjectName("pushButton")
12          self.label = QtWidgets.QLabel(Form)
13          self.label.setGeometry(QtCore.QRect(50, 80, 381, 151))
14          self.label.setText("")
```

```
15              self.label.setObjectName("label")
16              self.retranslateUi(Form)
17              QtCore.QMetaObject.connectSlotsByName(Form)
18              self.pushButton.clicked.connect(self.getImage)        # 绑定信号
19          def retranslateUi(self, Form):
20              _translate = QtCore.QCoreApplication.translate
21              Form.setWindowTitle(_translate("Form", "Form"))
22              self.pushButton.setText(_translate("Form", " 设计签名 "))
23          def getImage(self):
24              name,ok=QInputDialog.getText(main," 姓名 "," 请输入姓名 ",QtWidgets.QLineEdit.Normal," 小王 ")
25              if ok:
26                  name = name.replace(' ', '')                      # 去掉空格
27                  if name == '':
28                      self.label.setText(' 请输入数据 ')
29                  else:
30                      starUrl = 'http://www.uustv.com/'
31                      data = {                                      # 提交数据（post 方式传递）
32                          'word': name,
33                          'sizes': 60,
34                          'fonts': 'lfc.ttf'}
35                      r = requests.post(starUrl, data=data)
36                      r.encoding = 'utf-8'                          # 转换 utf8 格式
37                      html = r.text                                 # 获取网页文本内容
38                      reg = '<div class="tu">.*?<img src="(.*?)"/></div>'
39                      imagePath = re.findall(reg, html)
40                      imgUrl = starUrl + imagePath[0]               # 图片完整路径
41                      response = requests.get(imgUrl).content       # 获取图片内容
42                      f = open('{}.gif'.format(name), 'wb')
43                      f.write(response)
44                      photo = QPixmap('{}.gif'.format(name))
45                      self.label.setPixmap(photo)                   # 显示签名图片
46      if __name__=='__main__':
47          import sys
48          app=QApplication(sys.argv)                                # 创建窗口程序
49          main=QtWidgets.QMainWindow()
50          ui=Ui_Form()
51          ui.setupUi(main)
52          main.show()
53          sys.exit(app.exec_())
```

19.6 实战练习

在 QFileDialog 文件会话框中选择文件时，设置只能选择视频文件，如 .mp4、.m4v、.wmv、.avi 等。

小结

本章对 PyQt5 中的多种会话框的使用进行了详细讲解，包括 QMessageBox 会话框、QFileDialog 文件会话框、QInputDialog 输入会话框、QFontDialog 字体会话框和 QColorDialog 颜色会话框。学习本章内容时，应该重点掌握 QMessageBox 会话框、QFileDialog 文件会话框和 QInputDialog 输入会话框的使用。

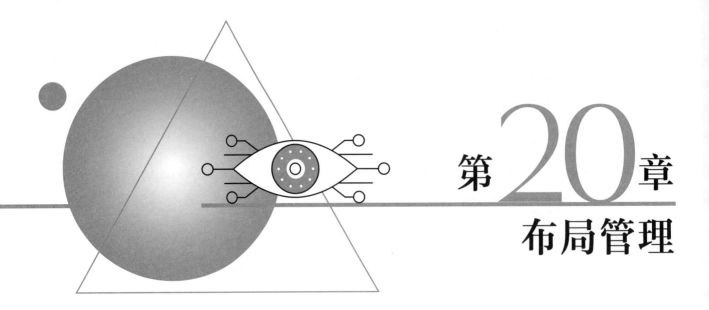

第20章
布局管理

前面设计的窗口程序都是绝对布局,即在 Qt Designer 窗口中,将控件放到窗口中的指定位置上,那么该控件的大小和位置就会固定在初始放置的位置,除了绝对布局,PyQt5 中还提供了一些常用的布局方式,例如垂直布局、水平布局、网格布局、表单布局等。另外,这些布局方式可以互相嵌套使用。本章将对开发 PyQt5 窗口应用程序中经常用到的布局方式进行详细讲解。

本章知识架构如下:

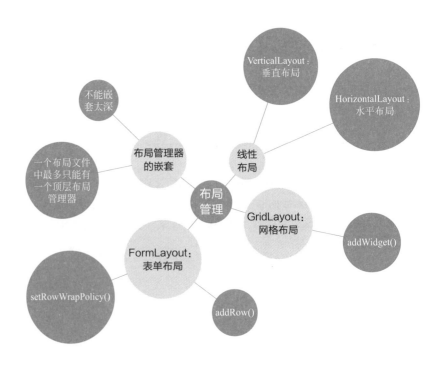

20.1 线性布局

线性布局是将放入其中的组件按照垂直或水平方向来布局，也就是控制放入其中的组件纵向排列或横向排列。其中，纵向排列的称为垂直线性布局管理器，如图 20.1 所示，用 VerticalLayout 控件表示，其基类为 QVBoxLayout；横向排列的称为水平线性布局管理器，如图 20.2 所示，用 HorizontalLayout 控件表示，其基类为 QHBoxLayout。在垂直线性布局管理器中，每一行中只能放一个组件，而在水平线性布局管理器中，每一列中只能放一个组件。

图 20.1　垂直线性布局管理器　　图 20.2　水平线性布局管理器

下面分别对 PyQt5 中的垂直布局管理器和水平布局管理器进行讲解。

20.1.1　VerticalLayout：垂直布局

VerticalLayout 控件表示垂直布局，其基类是 QVBoxLayout，它的特点是，放入该布局管理器中的控件，默认垂直排列，如图 20.3 所示为在 PyQt5 的设计窗口中添加了一个 VerticalLayout 控件，并在其中添加了 4 个 PushButton 控件。

对应的 Python 代码如下：

```
01 # 垂直布局
02 vlayout=QVBoxLayout()
03 btn1=QPushButton()
04 btn1.setText('按钮1')
05 btn2 = QPushButton()
06 btn2.setText('按钮2')
07 btn3 = QPushButton()
08 btn3.setText('按钮3')
09 btn4 = QPushButton()
10 btn4.setText('按钮4')
11 vlayout.addWidget(btn1)
12 vlayout.addWidget(btn2)
13 vlayout.addWidget(btn3)
14 vlayout.addWidget(btn4)
15 self.setLayout(vlayout)
```

通过上面代码，可以看到，在向垂直布局管理器中添加控件时，用到了 addWidget() 方法，除此之外，垂直布局管理器中还有一个常用的方法：addSpacing()，用来设置控件的上下间距，语法如下：

```
addSpacing(self,int)
```

参数 int 表示要设置的间距值。

例如，将上面代码中的第一个按钮和第二个按钮之间的间距设置为 10，代码如下：

```
vlayout.addSpacing(10)  # 设置两个控件之间的间距
```

效果对比如图 20.4 所示。

图 20.3　垂直布局的默认排列方式

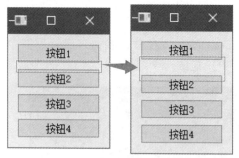

图 20.4　调整间距前后的对比效果

📒 指点迷津

在使用 addWidget 向布局管理器中添加控件时，还可以指定控件的伸缩量和对齐方式，该方法的标准形式如下：

```
addWidget(self, QWidget, stretch, alignment)
```

其中，QWidget 表示添加的控件，stretch 表示控件的伸缩量，设置该伸缩量之后，控件会随着窗口的变化而变化；alignment 用来指定控件的对齐方式，其取值如表 20.1 所示。

表 20.1　控件对齐方式的取值及说明

值	说明
Qt.AlignLeft	水平左对齐
Qt.AlignRight	水平右对齐
Qt.AlignCenter	水平居中对齐
Qt.AlignJustify	水平两端对齐
Qt.AlignTop	垂直靠上对齐
Qt.AlignBottom	垂直靠下对齐
Qt.AlignVCenter	垂直居中对齐

例如，向垂直布局管理器中添加一个名称为 btn1，伸缩量为 1，对齐方式为垂直居中对齐的按钮，代码如下：

```
vlayout.addWidget(btn1,1,QtCore.Qt.AlignVCenter)
```

20.1.2　HorizontalLayout：水平布局

HorizontalLayout 控件表示水平布局，其基类是 QHBoxLayout，它的特点是，放入该布局管理器中的控件，默认水平排列，如图 20.5 所示为在 PyQt5 的设计窗口中添加了一个 HorizontalLayout 控件，并在其中添加了 4 个 PushButton 控件。

图 20.5　水平布局的默认排列方式

对应的 Python 代码如下：

```
01  # 水平布局
02  hlayout=QHBoxLayout()
03  btn1=QPushButton()
04  btn1.setText('按钮1')
05  btn2 = QPushButton()
06  btn2.setText('按钮2')
07  btn3 = QPushButton()
08  btn3.setText('按钮3')
09  btn4 = QPushButton()
10  btn4.setText('按钮4')
11  hlayout.addWidget(btn1)
12  hlayout.addWidget(btn2)
13  hlayout.addWidget(btn3)
14  hlayout.addWidget(btn4)
15  self.setLayout(hlayout)
```

另外，水平布局管理器中还有两个常用的方法：addSpacing() 方法和 addStretch() 方法，其中，addSpacing() 方法用来设置控件的左右间距，语法如下：

```
addSpacing(self,int)
```

参数 int 表示要设置的间距值。

例如，将上面代码中的第一个按钮和第二个按钮之间的间距设置为 10，代码如下：

```
hlayout.addSpacing(10)  # 设置两个控件之间的间距
```

效果对比如图 20.6 所示。

addStretch() 方法用来增加一个可伸缩的控件，并且将伸缩量添加到布局末尾，语法如下：

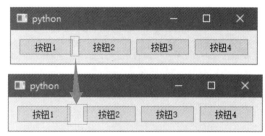

图 20.6　调整间距前后的对比效果

```
addStretch(self,stretch)
```

参数 stretch 表示要均分的比例，默认值为 0。

例如，下面代码在水平布局管理器的第一个按钮之前增加一个水平伸缩量，代码如下：

```
hlayout.addStretch(1)
```

效果如图 20.7 所示。

而如果在每个按钮之前增加一个水平伸缩量，则在运行时，会显示如图 20.8 所示的效果。

图 20.7　在第一个按钮之前增加一个伸缩量的效果　　　图 20.8　每个按钮之前增加一个伸缩量的效果

20.2　GridLayout：网格布局

GridLayout 被称为网格布局（多行多列），它将位于其中的控件放入一个网格中。GridLayout 需要将提供给它的空间划分成行和列，并把每个控件插入到正确的单元格中。网格布局的示意图如图 20.9 所示。

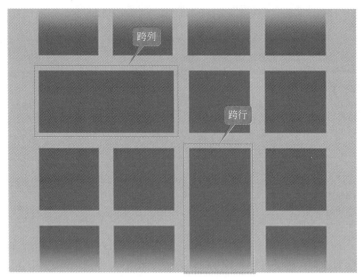

图 20.9 网格布局示意图

网格控件的基类是 QGridLayout，其常用的方法及说明如表 20.2 所示。

表 20.2 网格控件的常用方法及说明

方法	说明
addWidget (QWidget widget, int row, int clumn, Qt.Alignment alignment)	添加控件，主要参数说明如下： ● widget：要添加的控件 ● row：添加控件的行数 ● column：添加控件的列数 ● alignment：控件的对齐方式
addWidget (QWidget widget, int fromRow, int fromColumn, int rowSpan, int columnSpan, Qt.Alignment alignment)	跨行和列添加控件，主要参数说明如下： ● widget：要添加的控件 ● fromRow：添加控件的起始行数 ● fromColumn：添加控件的起始列数 ● rowSpan：控件跨越的行数 ● columnSpan：控件跨越的列数 ● alignment：控件的对齐方式
setRowStretch()	设置行比例
setColumnStretch()	设置列比例
setSpacing()	设置控件在水平和垂直方向上的间距

实例 20.1　　使用网格布局登录窗口　　　实例位置：资源包 \Code\20\01

创建一个 .py 文件，首先导入 PyQt5 窗口程序开发所需的模块，定义一个类，继承自 QWidget，该类中定义一个 initUI 方法，用来使用 GridLayout 网格布局一个登录窗口。定义完成之后，在 __init__ 方法中调用，对窗口进行初始化；最后在 __main__ 方法中显示创建的登录窗口。代码如下：

```
01 from PyQt5 import QtCore
02 from PyQt5.QtWidgets import *
03 class Demo(QWidget):
04     def __init__(self,parent=None):
```

```
05          super(Demo,self).__init__(parent)
06          self.initUI()                                          # 初始化窗口
07      def initUI(self):
08          grid=QGridLayout()                                     # 创建网格布局
09          # 创建并设置标签文本
10          label1=QLabel()
11          label1.setText("用户名:")
12          # 创建输入文本框
13          text1=QLineEdit()
14          # 创建并设置标签文本
15          label2 = QLabel()
16          label2.setText("密码:")
17          # 创建输入文本框
18          text2 = QLineEdit()
19          # 创建"登录"和"取消"按钮
20          btn1=QPushButton()
21          btn1.setText("登录")
22          btn2 = QPushButton()
23          btn2.setText("取消")
24          # 第一行第一列添加标签控件,并设置左对齐
25          grid.addWidget(label1,0,0,QtCore.Qt.AlignLeft)
26          # 第一行第二列添加输入文本框控件,并设置左对齐
27          grid.addWidget(text1, 0, 1, QtCore.Qt.AlignLeft)
28          # 第二行第一列添加标签控件,并设置左对齐
29          grid.addWidget(label2, 1, 0, QtCore.Qt.AlignLeft)
30          # 第二行第二列添加输入文本框控件,并设置左对齐
31          grid.addWidget(text2, 1, 1, QtCore.Qt.AlignLeft)
32          # 第三行第一列添加按钮控件,并设置居中对齐
33          grid.addWidget(btn1, 2, 0, QtCore.Qt.AlignCenter)
34          # 第三行第二列添加按钮控件,并设置居中对齐
35          grid.addWidget(btn2, 2, 1, QtCore.Qt.AlignCenter)
36          self.setLayout(grid)                                   # 设置网格布局
37  if __name__=='__main__':
38      import sys
39      app=QApplication(sys.argv)                                 # 创建窗口程序
40      demo=Demo()                                                # 创建窗口类对象
41      demo.show()                                                # 显示窗口
42      sys.exit(app.exec_())
```

运行程序,窗口效果如图 20.10 所示。

图 20.10　使用网格布局登录窗口

使用网格布局时,除了普通的按行、列布局,还可以跨行、列进行布局,实现该功能,需要使用 addWidget() 方法的以下形式:

addWidget(QWidget widget, int fromRow, int fromColumn, int rowSpan, int columnSpan, Qt.Alignment alignment)

参数说明:

- widget:要添加的控件。
- fromRow:添加控件的起始行数。
- fromColumn:添加控件的起始列数。
- rowSpan:控件跨越的行数。

- columnSpan：控件跨越的列数。
- alignment：控件的对齐方式。

例如，下面代码使用 addWidget() 方法跨行列添加控件：

```
01  grid=QGridLayout()                # 创建网格布局
02  # 跨行和列添加一个标签控件
03  grid.addWidget(label1,0,0,3,4,QtCore.Qt.AlignCenter)
04  # 跨列添加一个按钮控件
05  grid.addWidget(btn1, 5, 1,1,2, QtCore.Qt.AlignCenter)
```

指点迷津

当窗口中的控件布局比较复杂时，应该尽量使用网格布局，而不是使用水平和垂直布局的组合或者嵌套的形式，因为在多数情况下，后者往往会更加复杂而难以控制。网格布局使得窗口设计器能够以更大的自由度来排列组合控件，而仅仅只有微小的复杂度。

20.3 FormLayout：表单布局

FormLayout 控件表示表单布局，它的基类是 QFormLayout，该控件以表单方式进行布局。表单是一种网页中常见的与用户交互的方式，其主要由两列组成，第一列用来显示信息，给用户提示，而第二列需要用户进行输入或者选择，如图 20.11 所示的 IT 教育类网站——明日学院的登录窗口就是一种典型的表单布局。

表单布局最常用的方式是 addRow() 方法，该方法用来向表单布局中添加行，一行中可以添加两个控件，分别位于一行中的两列上。addRow() 方法语法如下：

```
addRow(self,__args)
```

图 20.11　典型的表单布局

参数 __args 表示要添加的控件，通常是两个控件对象。

实例 20.2　使用表单布局登录窗口

实例位置：资源包 \Code\20\02

创建一个 .py 文件，使用表单布局实现【例 20.1】的功能，布局一个通用的登录窗口。代码如下：

```
01  from PyQt5 import QtCore,QtWidgets,QtGui
02  from PyQt5.QtWidgets import *
03  class Demo(QWidget):
04      def __init__(self,parent=None):
05          super(Demo,self).__init__(parent)
06          self.initUI()                          # 初始化窗口
07      def initUI(self):
08          form=QFormLayout()                     # 创建表单布局
09          # 创建并设置标签文本
10          label1=QLabel()
11          label1.setText("用户名：")
12          # 创建输入文本框
```

```
13        text1=QLineEdit()
14        # 创建并设置标签文本
15        label2 = QLabel()
16        label2.setText(" 密码: ")
17        # 创建输入文本框
18        text2 = QLineEdit()
19        # 创建 " 登录 " 和 " 取消 " 按钮
20        btn1=QPushButton()
21        btn1.setText(" 登录 ")
22        btn2 = QPushButton()
23        btn2.setText(" 取消 ")
24        # 将上面创建的 6 个控件分为 3 行添加到表单布局中
25        form.addRow(label1,text1)
26        form.addRow(label2,text2)
27        form.addRow(btn1,btn2)
28        self.setLayout(form)                              # 设置表单布局
29 if __name__=='__main__':
30     import sys
31     app=QApplication(sys.argv)                           # 创建窗口程序
32     demo=Demo()                                          # 创建窗口类对象
33     demo.show()                                          # 显示窗口
34     sys.exit(app.exec_())
```

运行程序，窗口效果如图 20.12 所示。

另外，表单布局还提供了一个 setRowWrapPolicy() 方法，用来设置表单布局中每一列的摆放方式，该方法的语法如下：

```
setRowWrapPolicy(RowWrapPolicy policy)
```

参数 policy 的取值及说明如下：

- QFormLayout.DontWrapRows：文本框总是出现在标签的后面，其中标签被赋予足够的水平空间以适应表单中出现的最宽的标签，其余的空间被赋予文本框。
- QFormLayout.WrapLongRows：适用于小屏幕，当标签和文本框在屏幕的当前行显示不全时，文本框会显示在下一行，使得标签独占一行。
- QFormLayout.WrapAllRows：标签总是在文本框的上一行。

例如，在上面【例 20.2】中添加如下代码：

```
01 # 设置标签总在文本框的上方
02 form.setRowWrapPolicy(QtWidgets.QFormLayout.WrapAllRows)
```

则效果如图 20.13 所示。

图 20.12　使用网格布局登录窗口

图 20.13　设置标签总在文本框的上方

📘 **指点迷津**

观察图 20.13，由于表单布局中的最后一行是两个按钮，在设置标签总在文本框上方后，默认第二列会作为一个文本框填充整个布局，所以就出现了"取消"按钮比"登录"按钮长的情况，想改变这种情况，可以在使用 addRow() 方法添加按钮时，一行只添加一个按钮控件，即将下面代码：

```
form.addRow(btn1,btn2)
```

修改如下：

```
01 form.addRow(btn1)
02 form.addRow(btn2)
```

再次运行程序，效果如图 20.14 所示。

📘 **指点迷津**

当要设计的窗口是一种类似于两列和若干行组成的形式时，使用表单布局要比网格布局更方便。

20.4 布局管理器的嵌套

图 20.14 表单布局中一行只添加一个按钮

在进行用户界面设计时，很多时候只通过一种布局管理器很难实现想要的界面效果，这时就需要将多种布局管理器混合使用，即布局管理器的嵌套。

多种布局管理器之间可以互相嵌套，在实现布局管理器的嵌套时，只需要记住以下两点原则即可：

① 在一个布局文件中，最多只能有一个顶层布局管理器。如果想要使用多个布局管理器，就需要使用一个根布局管理器将它们包括起来。

② 不能嵌套太深。如果嵌套太深，则会影响性能，主要是会降低页面的加载速度。

例如，在【例 20.2】中使用表单布局制作了一个登录窗口，但表单布局的默认两列中只能添加一个控件，现在需要在"密码"文本框下方提示"密码只能输入 8 位"，这时单纯使用表单布局是无法实现的。则可以在"密码"文本框的列中嵌套一个垂直布局管理器，在其中添加一个输入密码的文本框和一个用于提示的标签，这样就可以实现想要的功能，修改后的关键代码如下：

```
01 def initUI(self):
02     form=QFormLayout() # 创建表单布局
03     # 创建并设置标签文本
04     label1=QLabel()
05     label1.setText("用户名：")
06     # 创建输入文本框
07     text1=QLineEdit()
08     # 创建并设置标签文本
09     label2 = QLabel()
10     label2.setText("密码：")
11     # 创建输入文本框
12     text2 = QLineEdit()
13     # 创建"登录"和"取消"按钮
14     btn1=QPushButton()
15     btn1.setText("登录")
16     btn2 = QPushButton()
17     btn2.setText("取消")
```

```
18      # 将上面创建的 6 个控件分为 3 行添加到表单布局中
19      form.addRow(label1,text1)
20      vlayout = QVBoxLayout()                               # 创建垂直布局管理器
21      vlayout.addWidget(text2)                              # 向垂直布局中添加密码输入框
22      vlayout.addWidget(QLabel("密码只能输入 8 位"))         # 向垂直布局中添加提示标签
23      form.addRow(label2, vlayout)                          # 将垂直布局嵌套进表单布局中
24      form.addRow(btn1,btn2)
25      self.setLayout(form)                                  # 设置表单布局
```

运行结果对比效果如图 20.15 所示。

20.5 综合案例——设计微信聊天窗口

（1）案例描述

通过嵌套布局设计一个微信聊天窗口，运行程序，效果如图 20.16 所示。

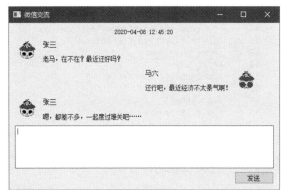

图 20.15　通过在表单布局中嵌套垂直布局使一个单元格中可以摆放两个控件

图 20.16　通过嵌套布局设计一个微信聊天窗口

（2）实现代码

创建一个 .py 文件，通过在 GirdLayout 网格布局中嵌套垂直布局，设计一个微信聊天窗口，窗口中主要模拟两个人的对话，并且在窗口下方显示输入框及"发送"按钮。代码如下：

```
01  from PyQt5 import QtCore,QtGui
02  from PyQt5.QtWidgets import *
03  class Demo(QWidget):
04      def __init__(self,parent=None):
05          super(Demo,self).__init__(parent)
06          self.initUI()                                     # 初始化窗口
07      def initUI(self):
08          self.setWindowTitle("微信交流")
09          grid=QGridLayout()                                # 创建网格布局
10          # 创建顶部时间栏
11          label1 = QLabel()
12          # 显示当前日期时间
13          label1.setText(QtCore.QDateTime.currentDateTime().toString("yyyy-MM-dd HH:mm:ss"))
14          # 第 1 行第 1 列到第 1 行第 4 列添加标签控件，并设置居中对齐
15          grid.addWidget(label1, 0, 0, 1, 4, QtCore.Qt.AlignCenter)
16          # 创建对方用户头像、昵称及信息，并在网格中嵌套垂直布局显示
17          label2=QLabel()
18          label2.setPixmap(QtGui.QPixmap("images/head1.png"))
19          vlayout1=QVBoxLayout()
20          vlayout1.addWidget(QLabel("张三"))
21          vlayout1.addWidget(QLabel("老马，在不在？最近还好吗？"))
22          grid.addWidget(label2, 1, 0, QtCore.Qt.AlignRight)
23          grid.addLayout(vlayout1, 1, 1)
24          # 创建自己的头像、昵称及信息，并在网格中嵌套垂直布局显示
```

```
25        label3=QLabel()
26        label3.setPixmap(QtGui.QPixmap("images/head2.png"))
27        vlayout2=QVBoxLayout()
28        vlayout2.addWidget(QLabel("马六"))
29        vlayout2.addWidget(QLabel("还行吧，最近经济不太景气啊！"))
30        grid.addWidget(label3, 2, 3, QtCore.Qt.AlignLeft)
31        grid.addLayout(vlayout2, 2, 2)
32        # 创建对方用户头像、昵称及第 2 条信息，并在网格中嵌套垂直布局显示
33        label4=QLabel()
34        label4.setPixmap(QtGui.QPixmap("images/head1.png"))
35        label4.resize(24,24)
36        vlayout3=QVBoxLayout()
37        vlayout3.addWidget(QLabel("张三"))
38        vlayout3.addWidget(QLabel("嗯，都差不多，一起度过难关吧……"))
39        grid.addWidget(label4, 3, 0, QtCore.Qt.AlignRight)
40        grid.addLayout(vlayout3, 3, 1)
41        # 创建输入框，并设置宽度和高度，跨列添加到网格布局中
42        text=QTextEdit()
43        text.setFixedWidth(500)
44        text.setFixedHeight(80)
45        # 第 1 行第 1 列到第 1 行第 4 列添加标签控件，并设置居中对齐
46        grid.addWidget(text, 4, 0, 1, 4, QtCore.Qt.AlignCenter)
47        # 添加 " 发送 " 按钮
48        grid.addWidget(QPushButton("发送"), 5, 3, QtCore.Qt.AlignRight)
49        self.setLayout(grid)                          # 设置网格布局
50 if __name__=='__main__':
51     import sys
52     app=QApplication(sys.argv)                       # 创建窗口程序
53     demo=Demo()                                      # 创建窗口类对象
54     demo.show()                                      # 显示窗口
55     sys.exit(app.exec_())
```

20.6 实战练习

通过使用网格布局实现跨行列布局 QQ 登录窗口，效果如图 20.17 所示。

图 20.17　跨行列布局 QQ 登录窗口

小结

布局管理是 PyQt5 程序中非常重要的内容，通过合理的布局，可以使程序界面变美观、大方，而且能够自适应于各种环境。本章首先对 PyQt5 中常用的 4 种布局方式进行了讲解，包括垂直布局、水平布局、网格布局和表单布局，每种布局方式都有适合于自己的使用场景，然后对各种布局的嵌套使用进行了讲解。通过本章的学习，读者应该能够灵活地使用各种布局方式对自己的程序界面进行布局。

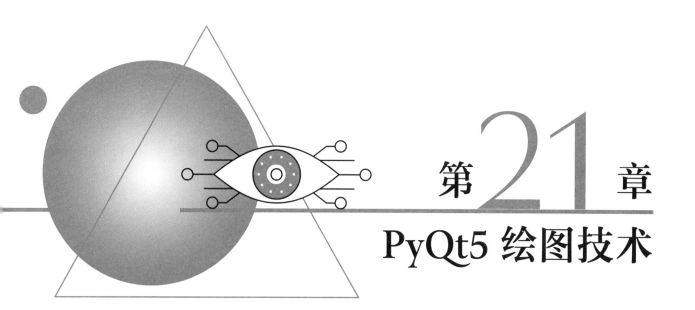

第 21 章
PyQt5 绘图技术

扫码领取
- 教学视频
- 配套源码
- 练习答案
- ……

使用图形分析数据，不仅简单明了，而且清晰可见。在 PyQt5 程序中，使用 QPainter 类可以绘制各种图形，从简单的点、直线、文本到复杂的饼图、柱形图等。本章将对如何在 PyQt5 程序中绘图进行详细讲解。

本章知识架构如下：

21.1 PyQt5 绘图基础

绘图是窗口程序设计中非常重要的技术，例如，应用程序需要绘制闪屏图像、背景图像及各种图形形状等。本节将对 PyQt5 中的绘图基础类——QPainter 类进行介绍。

QPainter 类是 PyQt5 中的绘图基础类，它可以在 QWidget 控件上执行绘图操作，具体的绘图操作在 QWidget 的 paintEvent() 方法中完成。

创建一个 QPainter 绘图对象的方法非常简单，代码如下：

```
01 from PyQt5.QtGui import QPainter
02 painter=QPainter(self)
```

上面的代码中，第一行代码用来导入模块，第二行代码用来创建 QPainter 的对象，其中的 self 表示所属的 QWidget 控件对象。

QPainter 类中常用的图形绘制方法如表 21.1 所示。

表 21.1 QPainter 类中常用的图形绘制方法

方法	说明	方法	说明
drawArc()	绘制弧线	drawPolygon()	绘制多边形
drawChord()	绘制和弦	drawPloyline()	绘制折线
drawEllipse()	绘制椭圆	drawRect()	绘制一个矩形
drawImage()	绘制图片	darwRects()	绘制多个矩形
drawLine()	绘制直线	drawRoundedRect()	绘制圆角矩形
drawLines()	绘制多条直线	drawText()	绘制文本
drawPath()	绘制路径	fillPath()	填充路径
drawPicture()	绘制图片	fillRect()	填充矩形
drawPie()	绘制扇形	setPen()	设置画笔
drawPixmap()	从图像中提取 Pixmap 并绘制	setBrush()	设置画刷
drawPoint()	绘制一个点	setOpacity()	设置透明度
drawPoints()	绘制多个点	begin()	开始绘制
setFont()	设置字体	end()	结束绘制

实例 21.1 使用 QPainter 绘制图形　　　　　　　　实例位置：资源包 \Code\21\01

创建一个 .py 文件，导入 PyQt5 的相应模块，然后分别使用 QPainter 类的相应方法在 PyQt5 窗口中绘制椭圆、矩形、直线和文本等图形，代码如下：

```
01 from PyQt5.QtWidgets import *
02 from PyQt5.QtGui import QPainter
03 from PyQt5.QtCore import Qt
04 class Demo(QWidget):
05     def __init__(self,parent=None):
06         super(Demo,self).__init__(parent)
07         self.setWindowTitle("使用 QPainter 绘制图形")    # 设置窗口标题
08         self.resize(300,120)                           # 设置窗口大小
09     def paintEvent(self,event):
```

```
10      painter=QPainter(self)                          # 创建绘图对象
11      painter.setPen(Qt.red)                          # 设置画笔
12      painter.drawEllipse(80, 10, 50, 30)             # 绘制一个椭圆
13      painter.drawRect(180, 10, 50, 30)               # 绘制一个矩形
14      painter.drawLine(80, 70, 200, 70)               # 绘制直线
15      painter.drawText(90,100," 敢想敢为   注重细节 ")  # 绘制文本
16 if __name__=='__main__':
17      import sys
18      app=QApplication(sys.argv)                      # 创建窗口程序
19      demo=Demo()                                     # 创建窗口类对象
20      demo.show()                                     # 显示窗口
21      sys.exit(app.exec_())
```

运行程序，效果如图 21.1 所示。

21.2 设置画笔与画刷

在使用 QPainter 类绘制图形时，可以使用 setPen() 方法和 setBrush() 方法对画笔与画刷进行设置，它们的参数分别是一个 QPen 对象和 QBrush 对象，本节将对如何设置画笔与画刷进行讲解。

图 21.1　QPainter 类的基本应用

21.2.1 设置画笔：QPen

QPen 类主要用于设置画笔，该类的常用方法及说明如表 21.2 所示。

表 21.2　QPen 类的常用方法及说明

方法	说明
setColor()	设置画笔颜色
setStyle()	设置画笔样式，取值如下： ● Qt.SolidLine：正常直线 ● Qt.DashLine：由一些像素分割的短线 ● Qt.DotLine：由一些像素分割的点 ● Qt.DashDotLine：交替出现的短线和点 ● Qt.DashDotDotLine：交替出现的短线和两个点 ● Qt.CustomDashLine：自定义样式
setWidth()	设置画笔宽度
setDshPattern()	使用数字列表自定义画笔样式

📑 指点迷津

使用 setColor() 方法设置画笔颜色时，可以使用 QColor 对象根据 RGB 值生成颜色，也可以使用 QtCore.Qt 模块提供的内置颜色进行设置，如 Qt.red 表示红色，Qt.green 表示绿色等。

展示不同的画笔样式

👁 实例位置：资源包 \Code\21\02

创建一个 .py 文件，导入 PyQt5 的相应模块，通过 QPen 对象的 setStyle() 方法设置 6 种不同的画笔样式，并分别以设置的画笔绘制直线，代码如下：

```
01  from PyQt5.QtWidgets import *
02  from PyQt5.QtGui import QPainter,QPen,QColor
03  from PyQt5.QtCore import Qt
04  class Demo(QWidget):
05      def __init__(self,parent=None):
06          super(Demo,self).__init__(parent)
07          self.setWindowTitle(" 画笔的设置 ")          # 设置窗口标题
08          self.resize(300,120)                          # 设置窗口大小
09      def paintEvent(self,event):
10          painter=QPainter(self)                        # 创建绘图对象
11          pen=QPen()                                    # 创建画笔对象
12          # 设置第 1 条直线的画笔
13          pen.setColor(Qt.red)                          # 设置画笔颜色为红色
14          pen.setStyle(Qt.SolidLine)                    # 设置画笔样式为正常直线
15          pen.setWidth(1)                               # 设置画笔宽度
16          painter.setPen(pen)                           # 设置画笔
17          painter.drawLine(80, 10, 200, 10)             # 绘制直线
18          # 设置第 2 条直线的画笔
19          pen.setColor(Qt.blue)                         # 设置画笔颜色为蓝色
20          pen.setStyle(Qt.DashLine)                     # 设置画笔样式为由一些像素分割的短线
21          pen.setWidth(2)                               # 设置画笔宽度
22          painter.setPen(pen)                           # 设置画笔
23          painter.drawLine(80, 30, 200, 30)             # 绘制直线
24          # 设置第 3 条直线的画笔
25          pen.setColor(Qt.cyan)                         # 设置画笔颜色为青色
26          pen.setStyle(Qt.DotLine)                      # 设置画笔样式为由一些像素分割的点
27          pen.setWidth(3)                               # 设置画笔宽度
28          painter.setPen(pen)                           # 设置画笔
29          painter.drawLine(80, 50, 200, 50)             # 绘制直线
30          # 设置第 4 条直线的画笔
31          pen.setColor(Qt.green)                        # 设置画笔颜色为绿色
32          pen.setStyle(Qt.DashDotLine)                  # 设置画笔样式为交替出现的短线和点
33          pen.setWidth(4)                               # 设置画笔宽度
34          painter.setPen(pen)                           # 设置画笔
35          painter.drawLine(80, 70, 200, 70)             # 绘制直线
36          # 设置第 5 条直线的画笔
37          pen.setColor(Qt.black)                        # 设置画笔颜色为黑色
38          pen.setStyle(Qt.DashDotDotLine)               # 设置画笔样式为交替出现的短线和两个点
39          pen.setWidth(5)                               # 设置画笔宽度
40          painter.setPen(pen)                           # 设置画笔
41          painter.drawLine(80, 90, 200, 90)             # 绘制直线
42          # 设置第 6 条直线的画笔
43          pen.setColor(QColor(48,235,100))              # 自定义画笔颜色
44          pen.setStyle(Qt.CustomDashLine)               # 设置画笔样式为自定义样式
45          pen.setDashPattern([1,3,2,3])                 # 设置自定义的画笔样式
46          pen.setWidth(6)                               # 设置画笔宽度
47          painter.setPen(pen)                           # 设置画笔
48          painter.drawLine(80, 110, 200, 110)           # 绘制直线
49  if __name__=='__main__':
50      import sys
51      app=QApplication(sys.argv)                        # 创建窗口程序
52      demo=Demo()                                       # 创建窗口类对象
53      demo.show()                                       # 显示窗口
54      sys.exit(app.exec_())
```

运行程序，效果如图 21.2 所示。

21.2.2 设置画刷：QBrush

QBrush 类主要用于设置画刷，以填充几何图形，如将正方形和圆形填充为其他颜色。QBrush 类的常用方法及说明如表 21.3 所示。

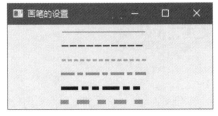

图 21.2　画笔的设置

表 21.3　QBrush 类的常用方法及说明

方法	说明
setColor()	设置画刷颜色
setTextureImage()	将画刷图像设置为图像，样式需设置为 Qt.TexturePattern
setTexture()	将画刷的 pixmap 设置为 QPixmap，样式需设置为 Qt.TexturePattern
setStyle()	设置画刷样式，取值如下： ● Qt.SolidPattern：纯色填充样式 ● Qt.Dense1Pattern：密度样式 1 ● Qt.Dense2Pattern：密度样式 2 ● Qt.Dense3Pattern：密度样式 3 ● Qt.Dense4Pattern：密度样式 4 ● Qt.Dense5Pattern：密度样式 5 ● Qt.Dense6Pattern：密度样式 6 ● Qt.Dense7Pattern：密度样式 7 ● Qt.HorPattern：水平线样式 ● Qt.VerPattern：垂直线样式 ● Qt.CrossPattern：交叉线样式 ● Qt.DiagCrossPattern：斜线交叉线样式 ● Qt.BDiagPattern：反斜线样式 ● Qt.FDiagPattern：斜线样式 ● Qt.LinearGradientPattern：线性渐变样式 ● Qt.ConicalGradientPattern：锥形渐变样式 ● Qt.RadialGradientPattern：放射渐变样式 ● Qt.TexturePattern：纹理样式

实例 21.3　展示不同的画刷样式

实例位置：资源包 \Code\21\03

创建一个 .py 文件，导入 PyQt5 的相应模块，通过 QBrush 对象的 setStyle() 方法设置 18 种不同的画刷样式，并分别以设置的画刷对绘制的矩形进行填充，观察它们的不同效果。代码如下：

```python
01 from PyQt5.QtWidgets import *
02 from PyQt5.QtGui import *
03 from PyQt5.QtCore import Qt,QPoint
04 class Demo(QWidget):
05     def __init__(self,parent=None):
06         super(Demo,self).__init__(parent)
07         self.setWindowTitle(" 画刷的设置 ")           # 设置窗口标题
08         self.resize(430,250)                          # 设置窗口大小
09     def paintEvent(self,event):
10         painter=QPainter(self)                        # 创建绘图对象
11         brush=QBrush()                                # 创建画刷对象
12         # 创建第 1 列的矩形及标识文字
13         # 设置第 1 个矩形的画刷
14         brush.setColor(Qt.red)                        # 设置画刷颜色为红色
15         brush.setStyle(Qt.SolidPattern)               # 设置画刷样式为纯色样式
16         painter.setBrush(brush)                       # 设置画刷
17         painter.drawRect(10, 10, 30, 30)              # 绘制矩形
18         painter.drawText(50, 30, " 纯色样式 ")         # 绘制标识文本
19         # 设置第 2 个矩形的画刷
20         brush.setColor(Qt.blue)                       # 设置画刷颜色为蓝色
21         brush.setStyle(Qt.Dense1Pattern)              # 设置画刷样式为密度样式 1
22         painter.setBrush(brush)                       # 设置画刷
23         painter.drawRect(10, 50, 30, 30)              # 绘制矩形
24         painter.drawText(50, 70, " 密度样式 1")        # 绘制标识文本
```

```python
25          # 设置第 3 个矩形的画刷
26          brush.setColor(Qt.cyan)                         # 设置画刷颜色为青色
27          brush.setStyle(Qt.Dense2Pattern)                # 设置画刷样式为密度样式 2
28          painter.setBrush(brush)                         # 设置画刷
29          painter.drawRect(10, 90, 30, 30)                # 绘制矩形
30          painter.drawText(50, 110, "密度样式 2")           # 绘制标识文本
31          # 设置第 4 个矩形的画刷
32          brush.setColor(Qt.green)                        # 设置画刷颜色为绿色
33          brush.setStyle(Qt.Dense3Pattern)                # 设置画刷样式为密度样式 3
34          painter.setBrush(brush)                         # 设置画刷
35          painter.drawRect(10, 130, 30, 30)               # 绘制矩形
36          painter.drawText(50, 150, "密度样式 3")           # 绘制标识文本
37          # 设置第 5 个矩形的画刷
38          brush.setColor(Qt.black)                        # 设置画刷颜色为黑色
39          brush.setStyle(Qt.Dense4Pattern)                # 设置画刷样式为密度样式 4
40          painter.setBrush(brush)                         # 设置画刷
41          painter.drawRect(10, 170, 30, 30)               # 绘制矩形
42          painter.drawText(50, 190, "密度样式 4")           # 绘制标识文本
43          # 设置第 6 个矩形的画刷
44          brush.setColor(Qt.darkMagenta)                  # 设置画刷颜色为洋红色
45          brush.setStyle(Qt.Dense5Pattern)                # 设置画刷样式为密度样式 5
46          painter.setBrush(brush)                         # 设置画刷
47          painter.drawRect(10, 210, 30, 30)               # 绘制矩形
48          painter.drawText(50, 230, "密度样式 5")           # 绘制标识文本
49          # 创建第 2 列的矩形及标识文字
50          # 设置第 1 个矩形的画刷
51          brush.setColor(Qt.red)                          # 设置画刷颜色为红色
52          brush.setStyle(Qt.Dense6Pattern)                # 设置画刷样式为密度样式 6
53          painter.setBrush(brush)                         # 设置画刷
54          painter.drawRect(150, 10, 30, 30)               # 绘制矩形
55          painter.drawText(190, 30, "密度样式 6")           # 绘制标识文本
56          # 设置第 2 个矩形的画刷
57          brush.setColor(Qt.blue)                         # 设置画刷颜色为蓝色
58          brush.setStyle(Qt.Dense7Pattern)                # 设置画刷样式为密度样式 7
59          painter.setBrush(brush)                         # 设置画刷
60          painter.drawRect(150, 50, 30, 30)               # 绘制矩形
61          painter.drawText(190, 70, "密度样式 7")           # 绘制标识文本
62          # 设置第 3 个矩形的画刷
63          brush.setColor(Qt.cyan)                         # 设置画刷颜色为青色
64          brush.setStyle(Qt.HorPattern)                   # 设置画刷样式为水平线样式
65          painter.setBrush(brush)                         # 设置画刷
66          painter.drawRect(150, 90, 30, 30)               # 绘制矩形
67          painter.drawText(190, 110, "水平线样式")          # 绘制标识文本
68          # 设置第 4 个矩形的画刷
69          brush.setColor(Qt.green)                        # 设置画刷颜色为绿色
70          brush.setStyle(Qt.VerPattern)                   # 设置画刷样式为垂直线样式
71          painter.setBrush(brush)                         # 设置画刷
72          painter.drawRect(150, 130, 30, 30)              # 绘制矩形
73          painter.drawText(190, 150, "垂直线样式")          # 绘制标识文本
74          # 设置第 5 个矩形的画刷
75          brush.setColor(Qt.black)                        # 设置画刷颜色为黑色
76          brush.setStyle(Qt.CrossPattern)                 # 设置画刷样式为交叉线样式
77          painter.setBrush(brush)                         # 设置画刷
78          painter.drawRect(150, 170, 30, 30)              # 绘制矩形
79          painter.drawText(190, 190, "交叉线样式")          # 绘制标识文本
80          # 设置第 6 个矩形的画刷
81          brush.setColor(Qt.darkMagenta)                  # 设置画刷颜色为洋红色
82          brush.setStyle(Qt.DiagCrossPattern)             # 设置画刷样式为斜线交叉线样式
83          painter.setBrush(brush)                         # 设置画刷
84          painter.drawRect(150, 210, 30, 30)              # 绘制矩形
85          painter.drawText(190, 230, "斜线交叉线样式")       # 绘制标识文本
86          # 创建第 3 列的矩形及标识文字
87          # 设置第 1 个矩形的画刷
88          brush.setColor(Qt.red)                          # 设置画刷颜色为红色
89          brush.setStyle(Qt.BDiagPattern)                 # 设置画刷样式为反斜线样式
90          painter.setBrush(brush)                         # 设置画刷
```

```
 91         painter.drawRect(300, 10, 30, 30)                          # 绘制矩形
 92         painter.drawText(340, 30, "反斜线样式")                      # 绘制标识文本
 93         # 设置第 2 个矩形的画刷
 94         brush.setColor(Qt.blue)                                     # 设置画刷颜色为蓝色
 95         brush.setStyle(Qt.FDiagPattern)                             # 设置画刷样式为斜线样式
 96         painter.setBrush(brush)                                     # 设置画刷
 97         painter.drawRect(300, 50, 30, 30)                           # 绘制矩形
 98         painter.drawText(340, 70, "斜线样式")                        # 绘制标识文本
 99         # 设置第 3 个矩形的画刷
100         # 设置线性渐变区域
101         linearGradient= QLinearGradient(QPoint(300, 90), QPoint(330, 120))
102         linearGradient.setColorAt(0, Qt.red)                        # 设置渐变色 1
103         linearGradient.setColorAt(1, Qt.yellow)                     # 设置渐变色 2
104         linearbrush=QBrush(linearGradient)                          # 创建线性渐变画刷
105         linearbrush.setStyle(Qt.LinearGradientPattern)              # 设置画刷样式为线性渐变样式
106         painter.setBrush(linearbrush)                               # 设置画刷
107         painter.drawRect(300, 90, 30, 30)                           # 绘制矩形
108         painter.drawText(340, 110, "线性渐变样式")                    # 绘制标识文本
109         # 设置第 4 个矩形的画刷
110         # 设置锥形渐变区域
111         conicalGradient = QConicalGradient(315,145,0)
112         # 将要渐变的区域分为 6 个区域, 分别设置颜色
113         conicalGradient.setColorAt(0, Qt.red)
114         conicalGradient.setColorAt(0.2, Qt.yellow)
115         conicalGradient.setColorAt(0.4, Qt.blue)
116         conicalGradient.setColorAt(0.6, Qt.green)
117         conicalGradient.setColorAt(0.8, Qt.magenta)
118         conicalGradient.setColorAt(1.0, Qt.cyan)
119         conicalbrush=QBrush(conicalGradient)                        # 创建锥形渐变画刷
120         conicalbrush.setStyle(Qt.ConicalGradientPattern)            # 设置画刷样式为锥形渐变样式
121         painter.setBrush(conicalbrush)                              # 设置画刷
122         painter.drawRect(300, 130, 30, 30)                          # 绘制矩形
123         painter.drawText(340, 150, "锥形渐变样式")                    # 绘制标识文本
124         # 设置第 5 个矩形的画刷
125         # 设置放射渐变区域
126         radialGradient=QRadialGradient(QPoint(315, 185), 15)
127         radialGradient.setColorAt(0, Qt.green)                      # 设置中心点颜色
128         radialGradient.setColorAt(0.5, Qt.yellow)                   # 设置内圈颜色
129         radialGradient.setColorAt(1, Qt.darkMagenta)                # 设置外圈颜色
130         radialbrush=QBrush(radialGradient)                          # 创建放射渐变画刷
131         radialbrush.setStyle(Qt.RadialGradientPattern)              # 设置画刷样式为放射渐变样式
132         painter.setBrush(radialbrush)                               # 设置画刷
133         painter.drawRect(300, 170, 30, 30)                          # 绘制矩形
134         painter.drawText(340, 190, "放射渐变样式")                    # 绘制标识文本
135         # 设置第 6 个矩形的画刷
136         brush.setStyle(Qt.TexturePattern)                           # 设置画刷样式为纹理样式
137         brush.setTexture(QPixmap("test.jpg"))                       # 设置作为纹理的图片
138         painter.setBrush(brush)                                     # 设置画刷
139         painter.drawRect(300, 210, 30, 30)                          # 绘制矩形
140         painter.drawText(340, 230, "纹理样式")                       # 绘制标识文本
141 if __name__=='__main__':
142     import sys
143     app=QApplication(sys.argv)                                      # 创建窗口程序
144     demo=Demo()                                                     # 创建窗口类对象
145     demo.show()                                                     # 显示窗口
146     sys.exit(app.exec_())
```

> **说明**
>
> 在设置线性渐变画刷、锥形渐变画刷和放射渐变画刷时，分别需要使用 QLinearGradient 类、QConicalGradient 类和 QRadialGradient 类设置渐变的区域，并且它们有一个通用的方法 setColorAt()，用来设置渐变的颜色。另外，在设置纹理画刷时，需要使用 setTexture() 方法或者 setTextureImage() 方法指定作为纹理的图片。

运行程序,效果如图 21.3 所示。

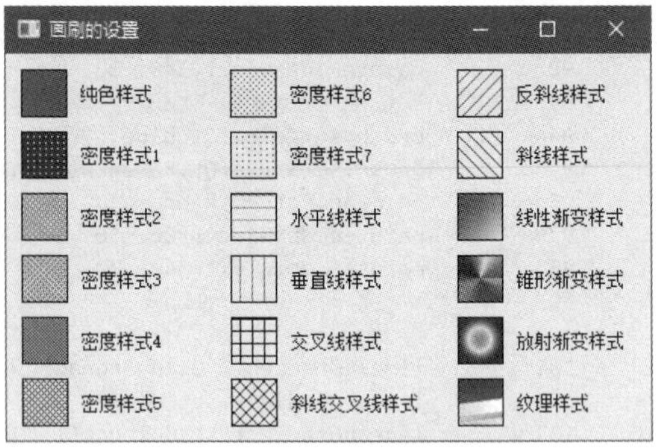

21.3 绘制文本

使用 QPainter 绘图类可以绘制文本内容,并且在绘制文本之前可以设置使用的字体、大小等。本节将介绍如何设置文本的字体及绘制文本。

21.3.1 设置字体:QFont

PyQt5 中使用 QFont 类封装了字体的大小、样式等属性,该类的常用方法及说明如表 21.4 所示。

图 21.3 画刷的设置

表 21.4 QFont 类的常用方法及说明

方法	说明
setFamily()	设置字体
setPixelSize()	以像素为单位设置文字大小
setBold()	设置是否为粗体
setItalic()	设置是否为斜体
setPointSize()	设置文字大小
setStyle()	设置文字样式,常用取值如下: ● QFont.StyleItalic:斜体样式 ● QFont.StyleNormal:正常样式
setWeight()	设置文字粗细,常用取值如下: ● QFont.Light:高亮 ● QFont.Normal:正常 ● QFont.DemiBold:半粗体 ● QFont.Bold:粗体 ● QFont.Black:黑体
setOverline()	设置是否有上划线
setUnderline()	设置是否有下划线
setStrikeOut()	设置是否有中划线
setLetterSpacing()	设置文字间距,常用取值如下: ● QFont.PercentageSpacing:按百分比设置文字间距,默认为 100 ● QFont.AbsoluteSpacing:以像素值设置文字间距
setCapicalization()	设置字母的显示样式,常用取值如下: ● QFont.Capitalize:首字母大写 ● QFont.AllUppercase:全部大写 ● QFont.AllLowercase:全部小写

例如,创建一个 QFont 字体对象,并对字体进行相应的设置,代码如下:

```
01 font=QFont()                                        # 创建字体对象
02 font.setFamily("华文行楷")                            # 设置字体
03 font.setPointSize(20)                                # 设置文字大小
04 font.setBold(True)                                   # 设置粗体
05 font.setUnderline(True)                              # 设置下划线
06 font.setLetterSpacing(QFont.PercentageSpacing,150)   # 设置字间距
```

21.3.2 绘制文本内容：drawText()

QPainter 类提供了 drawText() 方法，用来在窗口中绘制文本字符串，该方法的语法如下：

```
drawText(int x, int y, string text)
```

> **参数说明**：
> - x：绘制字符串的水平起始位置。
> - y：绘制字符串的垂直起始位置。
> - text：要绘制的字符串。

例如，下面代码在 PyQt5 窗口中绘制文本 "GO BIG OR GO HOME"：

```
01 def paintEvent(self,event):
02     painter=QPainter(self)                           # 创建绘图对象
03     painter.setPen(Qt.red)                           # 设置画笔
04     font = QFont()                                   # 创建字体对象
05     font.setFamily(" 微软雅黑 ")                     # 设置字体
06     font.setPointSize(20)                            # 设置文字大小
07     font.setBold(True)                               # 设置粗体
08     painter.setFont(font)
09     painter.drawText(30,50,"GO BIG OR GO HOME")      # 绘制文本
```

效果如图 21.4 所示。

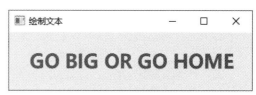

图 21.4　绘制文本

21.4　绘制图像

在 PyQt5 窗口中绘制图像需要使用 drawPixmap()，该方法有多种重载形式，比较常用的两种如下：

```
drawImage(int x, int y , QPixmap pixmap)
drawImage(int x, int y, int width, int height, QPixmap pixmap)
```

> **参数说明**：
> - x：所绘制图像的左上角的 x 坐标。
> - y：所绘制图像的左上角的 y 坐标。
> - width：所绘制图像的宽度。
> - height：所绘制图像的高度。
> - pixmap：QPixmap 对象，用来指定要绘制的图像。

drawPixmap() 方法中有一个参数是 QPixmap 对象，它表示 PyQt5 中的图像对象，通过使用 QPixmap 可以将图像显示在标签或者按钮等控件上，而且它支持的图像类型有很多，例如常用的 BMP、JPG、JPEG、PNG、GIF、ICO 等。QPixmap 类的常用方法及说明如表 21.5 所示。

表 21.5　QPixmap 类的常用方法及说明

方法	说明
load()	加载指定图像文件作为 QPixmap 对象
fromImage()	将 QImage 对象转换为 QPixmap 对象
toImage()	将 QPixmap 对象转换为 QImage 对象
copy()	从 QRect 对象复制到 QPixmap 对象
save()	将 QPixmap 对象保存为文件

📔 **指点迷津**

使用 QPixmap 获取图像时，可以直接在其构造函数中指定图片，用法为：QPixmap(" 图片路径 ")。

实例 21.4 绘制公司 Logo

实例位置：资源包 \Code\21\04

创建一个 .py 文件，导入 PyQt5 相关模块，分别使用 drawPixmap() 的两种重载形式绘制公司的 Logo，代码如下：

```python
01  from PyQt5.QtWidgets import *
02  from PyQt5.QtGui import QPainter,QPixmap
03  class Demo(QWidget):
04      def __init__(self,parent=None):
05          super(Demo,self).__init__(parent)
06          self.setWindowTitle(" 使用 QPainter 绘制图形 ")      # 设置窗口标题
07          self.resize(300,120)                                  # 设置窗口大小
08      def paintEvent(self,event):
09          painter=QPainter(self)                                # 创建绘图对象
10          painter.drawPixmap(10, 10, QPixmap("logo.jpg"))       # 默认大小
11          # painter.drawPixmap(10, 10, 290, 110, QPixmap("logo.jpg"))  # 指定大小
12  if __name__=='__main__':
13      import sys
14      app=QApplication(sys.argv)                                # 创建窗口程序
15      demo=Demo()                                               # 创建窗口类对象
16      demo.show()                                               # 显示窗口
17      sys.exit(app.exec_())
```

📔 **说明**

logo.jpg 文件需要放在与 .py 文件同级目录中。

运行程序，以原图大小和以指定大小绘制图像的效果分别如图 21.5 和图 21.6 所示。

图 21.5 以原图大小绘制公司 Logo   图 21.6 以指定大小绘制公司 Logo

21.5 综合案例——绘制带噪点和干扰线的验证码

（1）案例描述

每当用户注册或登录一个程序时，大多数情况下都要求输入验证码，所有信息经过验证无误时才可

以进入。本案例讲解如何在 PyQt5 窗口中绘制一个带噪点和干扰线的验证码。运行程序，效果如图 21.7 所示。

(2) 实现代码

创建一个 .py 文件，首先定义存储数字和字母的列表，并使用随机数生成器随机产生数字或字母；然后在窗口的 paintEvent() 方法中创建 QPainter 绘图对象，使用该绘图对象的 drawRect() 方法绘制要显示验证码的区域，并使用 drawLine() 方法和 drawPoint() 绘制干扰线和噪点；最后设置画笔，并使用绘图对象的 drawText() 在指定的矩形区域绘制随机生成的验证码。代码如下：

图 21.7　绘制验证码

```python
01  from PyQt5.QtWidgets import *
02  from PyQt5.QtGui import QPainter,QFont
03  from PyQt5.QtCore import Qt
04  import random
05  class Demo(QWidget):
06      def __init__(self,parent=None):
07          super(Demo,self).__init__(parent)
08          self.setWindowTitle(" 绘制验证码 ")           # 设置窗口标题
09          self.resize(150,60)                          # 设置窗口大小
10          char = []                                    # 定义存储数字、字母的列表，用来从中生成验证码
11          for i in range(48, 58):                      # 添加 0～9 的数字
12              char.append(chr(i))
13          for i in range(65, 91):                      # 添加 A～Z 的大写字母
14              char.append(chr(i))
15          for i in range(97, 123):                     # 添加 a～z 的小写字母
16              char.append(chr(i))
17      # 生成随机数字或字母
18      def rndChar(self):
19          return self.char[random.randint(0, len((self.char)))]
20      def paintEvent(self,event):
21          painter=QPainter(self)                       # 创建绘图对象
22          painter.drawRect(10,10, 100, 30)
23          painter.setPen(Qt.red)
24          # 绘制干扰线（此处设 20 条干扰线，可以随意设置）
25          for i in range(20):
26              painter.drawLine(
27                      random.randint(10, 110), random.randint(10, 40),
28                      random.randint(10, 110), random.randint(10, 40)
29                  )
30          painter.setPen(Qt.green)
31          # 绘制噪点（此处设置 500 个噪点，可以随意设置）
32          for i in range(500):
33              painter.drawPoint(random.randint(10, 110), random.randint(10, 40))
34          painter.setPen(Qt.black)                     # 设置画笔
35          font=QFont()                                 # 创建字体对象
36          font.setFamily(" 楷体 ")                      # 设置字体
37          font.setPointSize(15)                        # 设置文字大小
38          font.setBold(True)                           # 设置粗体
39          font.setUnderline(True)                      # 设置下划线
40          painter.setFont(font)
41          for i in range(4):
42              painter.drawText(30 * i + 10, 30,str(self.rndChar())) # 绘制文本
43  if __name__=='__main__':
44      import sys
45      app=QApplication(sys.argv)                       # 创建窗口程序
46      demo=Demo()                                      # 创建窗口类对象
47      demo.show()                                      # 显示窗口
48      sys.exit(app.exec_())
```

21.6 实战练习

通过使用 PyQt5 绘图技术制作一个简单的画板，可以使用鼠标在窗口中任意绘制图形、文字等内容，效果如图 21.8 所示。

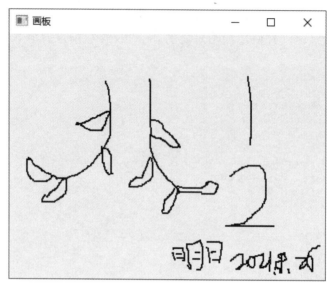

图 21.8　画板

小结

本章详细介绍了 PyQt5 中绘图的基础知识，其中包括 QPainter 绘图基础类、QPen 画笔对象、QBrush 画刷对象和 QFont 字体对象；然后讲解了如何在 PyQt5 程序中绘制文本与图像。绘图技术在 PyQt5 程序开发中的应用比较广泛，希望读者能够认真学习本章的知识。

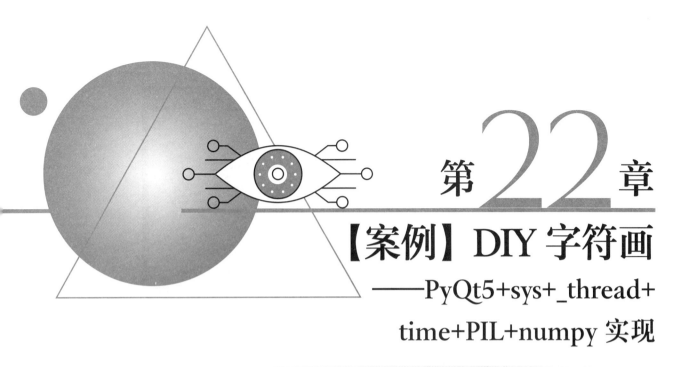

第22章

【案例】DIY 字符画
——PyQt5+sys+_thread+time+PIL+numpy 实现

在学习编程的初期，多数学习者都会使用打印功能，输出一个比较形象的字符画。而通过打印出来的字符画多数都是没有颜色，或者是使用复杂的换行方式才能达到与原图相似的字符画效果。由于 Python 语言有着强大的模块库，所以在实现字符画时，不仅可以制作与原图一样的彩色效果，还可以让字符画的显示效果更加的细腻、逼真。本章将通过 Python 实现将一个彩色图片转换成一个可以自定义字符的字符画图片。

22.1 案例效果预览

DIY 字符画的主要功能都集中在一个窗口上实现，在这个窗口中，首先需要导入需要转换的原图，然后可以输入自定义的字符，当不输入字符时将使用后台默认的字符，然后选择合适的清晰度，最后单击"转换"按钮，实现字符画的转换功能。主窗体运行效果如图 22.1 所示。

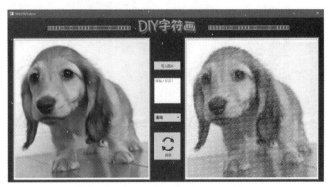

图 22.1　DIY 字符画主窗体运行效果图

在主窗体中单击"导入图片"按钮，将显示选择需要转换图片的窗口，如图 22.2 所示。

图 22.2　导入需要转换的图片

图片导入完成以后，将自动显示在主窗体的左侧窗口当中，如图 22.3 所示。

图 22.3　主窗体显示已经导入的图片

输入字符画中的自定义字符，然后根据需求选择清晰度，最后单击"转换"按钮，转换后的字符画图片将显示在主窗体的右侧窗口当中，如图 22.4 所示。

图 22.4　显示转换后的 DIY 字符画

22.2 案例准备

本软件的开发及运行环境具体如下：
- 操作系统：Windows 10 及以上。
- Python 版本：Python 3.9.6（兼容 Python 3.x 版本）。
- 开发工具：PyCharm。
- Python 内置模块：sys、_thread、time。
- 第三方模块：PyQt5、pyqt5-tools、PIL、numpy。

注意

> 在使用第三方模块时，首先需要使用 pip install 命令安装该模块。

22.3 业务流程

在开发 DIY 字符画工具前，需要先思考该工具的业务流程，其流程如图 22.5 所示。

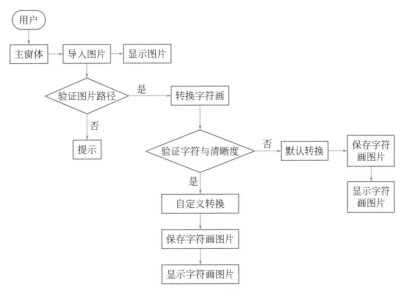

图 22.5　系统业务流程

22.4 实现过程

22.4.1 设计主窗体

1. 创建图片资源

打开 Qt Designer 窗体设计工具，在创建主窗体之前需要创建一个图片资源文件，用于实现导入图片按钮与转换按钮的单击效果。具体步骤如下：

① 首先在右下角的资源浏览器中单击"编辑资源"的按钮，如图 22.6 所示。

② 在弹出的"编辑资源"会话框中，单击左下角的第一个按钮"新建资源文件"，如图 22.7 所示。

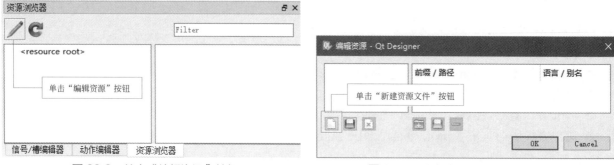

图 22.6　单击"编辑资源"按钮　　　　　图 22.7　单击"新建资源文件"按钮

③ 在"新建资源文件"的会话框中，首先选择该资源文件保存的路径为当前 Python 的项目路径，然后设置文件名称为"img_qc"，保存类型为"资源文件（*.qrc）"，最后单击"保存"按钮。如图 22.8 所示。

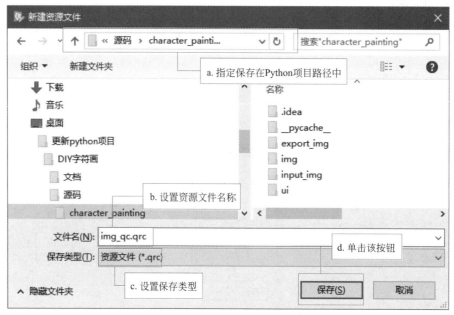

图 22.8　新建资源文件

④ 单击"保存"按钮后，将自动返回至"编辑资源"会话框，然后在该会话框中选择"添加前缀"按钮，设置前缀为"png"，再单击"添加文件"按钮，如图 22.9 所示。

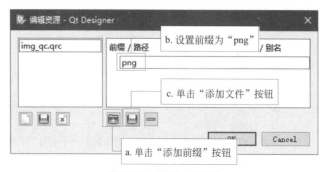

图 22.9　"添加前缀"

⑤ 在"添加文件"会话框中选择需要添加的图片文件，然后单击"打开"按钮即可。图片添加完成以后，将自动返回至"编辑资源"会话框，在该会话框中直接单击"OK"按钮即可，然后资源浏览器将显示添加的图片资源，如图22.10所示的效果。

图22.10　显示添加的图片资源

2. 控件位置

创建主窗体，然后在窗体的中间位置依次拖拽导入图片的按钮、输入字符的编辑框、选择清晰度的组合框以及实现转换的按钮，最后在窗体的两侧添加用于显示导入图片与转换后图片的Label控件。如图22.11所示。

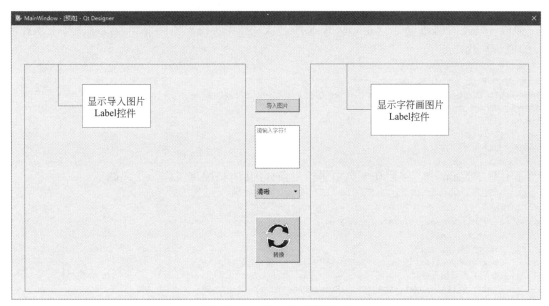

图22.11　窗体设计预览效果

> **说明**
>
> 导入图片按钮与转换按钮以指定背景样式的方式，选择对应的图片资源。

窗体内控件的对象名称以及属性设置如表22.1所示。

表 22.1 主窗体控件

对象名称	控件名称	属性	描述
pushButton_input	QPushButton	styleSheet：background-image: url(:/png/import.png);	该控件为导入图片的按钮
pushButton_conversion	QPushButton	styleSheet：background-image: url(:/png/conversion.png);	该控件为转换按钮
textEdit	QTextEdit	styleSheet：color: rgb(255, 0, 0); placeholderText：请输入字符！	该控件是用于输入字符的编辑框
comboBox	QComboBox	无	该控件是用于选择清晰度的组合框
input_img	QLabel	勾选 ScaledContents 属性	该控件是用于显示导入的图片
export_img	QLabel	勾选 ScaledContents 属性	该控件是用于显示转换后的字符画图片
MainWindow	Q MainWindow	minimumSize：宽度 1200 高度 600 maximumSize：宽度 1200 高度 600	该控件是主窗体控件

22.4.2 将 .ui 与 .qrc 文件转换为 .py 文件

将已经设计好的窗体文件保存至项目文件结构中的 ui 文件夹内，并命名为"window.ui"，然后将 .ui 文件转换为 .py 文件。

由于主窗体中用到资源文件，因此，同样需要使用 qrcTopy 工具将资源文件也转换为 .py 文件。

22.4.3 主窗体的显示

主窗体的 UI 设计完成以后，需要实现主窗体的显示与控制功能。实现主窗体显示的具体步骤如下：

① 在项目文件夹内创建 show_window.py 文件，该文件用于主窗体的显示与控制。接下来在该文件内导入相应的模块。代码如下：

```
01  from window import Ui_MainWindow                                    # 导入主窗体 UI 类
02  from PyQt5.QtWidgets import QMainWindow, QApplication, QFileDialog  # 导入 qt 窗体类
03  from PyQt5 import QtGui
04  import sys                                                          # 导入系统模块
05  import _thread                                                      # 导入线程模块
06  import time                                                         # 导入时间模块
```

② 创建主窗体 Main 类，然后在该类中进行主窗体 UI 的初始化工作。代码如下：

```
01  # 主窗体初始化类
02  class Main(QMainWindow, Ui_MainWindow):
03      def __init__(self):
04          super(Main, self).__init__()
05          self.setupUi(self)
06          # 开启自动填充背景
07          self.centralwidget.setAutoFillBackground(True)
08          palette = QtGui.QPalette()                                  # 调色板类
09          palette.setBrush(QtGui.QPalette.Background, QtGui.QBrush(
10              QtGui.QPixmap('img/bg.png')))                           # 设置背景图片
11          self.centralwidget.setPalette(palette)                      # 设置调色板
12
13          input_img = QtGui.QPixmap('img/input_test.png')             # 打开位图
14          self.input_img.setPixmap(input_img)                         # 设置位图
15
16          export_img = QtGui.QPixmap('img/output_test.png')           # 打开位图
17          self.export_img.setPixmap(export_img)                       # 设置位图
```

③ 创建程序入口，然后实现主窗体的显示。代码如下：

```
01  if __name__ == '__main__':
02      app = QApplication(sys.argv)              # 创建 GUI 对象
03      main = Main()                             # 创建主窗体 UI 类对象
04      main.show()                               # 显示主窗体
05      sys.exit(app.exec_())                     # 除非退出程序关闭窗体，否则一直运行
```

22.4.4 创建字符画转换文件

完成了主窗体的显示以后，需要实现整个程序最关键的部分，也就是字符画的转换功能。具体步骤如下：

① 在项目文件夹内创建 conversion.py 文件，该文件用于实现字符画的转换与保存功能。首先在该文件中导入用于处理图片的 PIL 模块，以及用于创建数组对象的 numpy 模块。然后创建 scale 变量用于指定字符画图片缩放比例，最后创建一个 default_char 字符串，该字符串用于生成字符画的默认字符。代码如下：

```
01  from PIL import Image,ImageDraw,ImageFont     # 导入图像处理模块（图像、图像绘制、图像文字）
02  import numpy                                  # 导入 numpy 模块，用于创建数组对象
03
04
05  scale = 1                                     # 生成后图片的缩放比例
06  default_char ='$@B%8&WM#*oahkbdpqwmZO0QLCJUYXzcvunxrjft 我爱 Python'  # 默认字符
```

② 创建 picture_conversion() 方法，在该方法中首先读取导入图片的相关信息。代码如下：

```
01  """
02  该方法用于实现字符画图片的转换与生成
03  import_img：该参数为指定原图片的路径
04  export_img：该参数为转换后字符画图片输出路径
05  input_char：该参数为自定义字符画中的字符内容，如果该参数为空将使用默认参数
06  pix_distance：该参数为字符画图片的字符密度，3 为清晰，4 为一般，5 为字符
07  """
08  def picture_conversion(import_img, export_img = None,input_char = '',pix_distance=''):
09      # 导入图片处理
10      img = Image.open(import_img)              # 读取图片信息
11      img_pix = img.load()                      # 加载图片像素
12      img_width = img.size[0]                   # 获取图片宽度
13      img_height = img.size[1]                  # 获取图片高度
```

③ 在 picture_conversion() 方法中依次添加代码，此段代码用于根据导入图片的信息创建一张新的图片画布。代码如下：

```
01      # 创建画布数组对象
02      canvas_array = numpy.ndarray((img_height*scale, img_width*scale, 3), numpy.uint8)
03      canvas_array[:, :, :] = 255               # 设置画布的三原色（255 255 255）为白色
04      new_image = Image.fromarray(canvas_array) # 根据画布创建新的图像
05      img_draw = ImageDraw.Draw(new_image)      # 创建图像绘制对象
06      font = ImageFont.truetype('simsun.ttc', 10)  # 字库类型
```

④ 继续添加用于判断字符画所使用的字符的代码。代码如下：

```
01      # 判断字符画所使用的字符
02      if input_char=='':
03          char_list = list(default_char)        # 指定默认显示的字符列表
04      else:
05          char_list =list(input_char)
```

⑤ 继续添加用于判断主窗体中所选择的清晰度的代码。代码如下：

```
01    # 判断选择的清晰度
02    if pix_distance==' 清晰 ':
03        pix_distance=3
04    elif pix_distance==' 一般 ':
05        pix_distance=4
06    elif pix_distance==' 字符 ':
07        pix_distance=5
```

⑥ 继续添加用于实现字符画的绘制与字符画图片的保存工作。代码如下：

```
01    # 开始绘制
02    pix_count = 0                                              # 记录绘制的字符像素点数量
03    table_len = len(char_list)                                 # 字符长度
04    for y in range(img_height):                                # 根据图片高度，获取 y 坐标
05        for x in range(img_width):                             # 根据图片宽度，获取 x 坐标
06            if x % pix_distance == 0 and y % pix_distance == 0:   # 判断字符间隔位置
07                # 实现根据图片像素绘制字符
08                img_draw.text((x*scale, y*scale), char_list[pix_count % table_len], img_pix[x, y], font)
09                pix_count += 1                                 # 叠加绘制字符像素点数量
10
11    # 保存
12    if export_img is not None:                                 # 判断是否设置了新图片保存的名称与路径
13        new_image.save(export_img)                             # 实现字符图片的保存
14    return False                                               # 通知说明已经转换完毕
```

22.4.5 关联主窗体

用于转换字符画的 conversion.py 文件创建完成以后，主窗体还无法控制该文件实现字符画的转换功能。所以需要将主窗体与用于转换字符画的 conversion.py 文件进行关联。具体步骤如下：

① 打开用于主窗体显示与控制的 show_window.py 文件，在该文件内首先导入用于转换的 conversion 模块。代码如下：

```
import conversion    # 导入用于转换的模块
```

② 在 Main 类中创建 openfile() 方法，该方法用于实现打开文件窗体，进行图片的选择。代码如下：

```
01 # 打开图片文件路径
02 def openfile(self):
03     # 打开文件的窗体，进行图片的选择
04     openfile_name = QFileDialog.getOpenFileName()
05     if openfile_name[0] != '':
06         self.input_path = openfile_name[0]              # 获取选中的图片路径
07         self.show_input_img(self.input_path)            # 调用显示导入图片的方法
```

③ 依次创建 show_input_img() 方法，该方法用于将导入的图片显示在主窗体的左侧。代码如下：

```
01 # 显示导入的图片
02 def show_input_img(self,file_path):
03     input_img = QtGui.QPixmap(file_path)                # 打开位图
04     self.input_img.setPixmap(input_img)                 # 设置位图
```

④ 依次创建 start_conversion() 与 is_conversion() 方法，用于实现字符画图片的转换工作。代码如下：

```
01 # 启动转换图片
02 def start_conversion(self):
03     if hasattr(main,'input_path'):
04         self.gif = QtGui.QMovie('img\loding.gif')       # 加载 gif 图片
```

```
05          self.loding.setMovie(self.gif)                          # 设置 gif 图片
06          self.gif.start()                                        # 启动图片，实现等待 gif 图片的显示
07          # 线程启动转换方法，避免与主窗体冲突
08          _thread.start_new_thread(lambda: self.is_conversion(main.input_path))
09       else:
10          print('没有选择指定的图片路径！')
11
12 # 转换方法，方便线程启动
13 def is_conversion(self, file_path):
14      t = str(int(time.time()))                                   # 当前时间戳，秒级
15      # 转换后的字符画图片路径
16      export_path = 'export_img\\export_img'+t+'.png'
17      input_char = main.textEdit.toPlainText()                    # 获取输入的字符内容
18      definition =main.comboBox.currentText()                     # 获取选中的文字
19      # 调用转换字符画的方法 file_path 为输入图片路径
20      is_over = conversion.picture_conversion(file_path,export_path,input_char,definition)
21      if is_over == False:                                        # 判断图片是否转换完毕
22          self.loding.clear()                                     # 转换完毕就将等待 gif 图片清理掉
23          main.show_export_img(export_path)                       # 调用显示转换后的字符画图片方法
```

⑤ 依次创建 show_export_img() 方法，该方法用于将转换后的字符画图片显示在主窗体的右侧。代码如下：

```
01 # 显示转换后的字符画图片
02 def show_export_img(self,file_path):
03      export_img = QtGui.QPixmap(file_path)                       # 打开位图
04      self.export_img.setPixmap(export_img)                       # 设置位图
```

⑥ 在程序入口代码中，添加导入图片按钮与转换按钮的单击事件。代码如下：

```
01 # 导入文件按钮指定打开图片文件路径的事件
02 main.pushButton_input.clicked.connect(main.openfile)
03 # 转换按钮指定启动转换图片的方法
04 main.pushButton_conversion.clicked.connect(main.start_conversion)
```

小结

本章主要使用 Python 开发了一个 DIY 字符画生成工具，该项目主要通过 PIL 图像处理模块中的 Image、ImageDraw、ImageFont 子模块进行图片像素与颜色的识别，然后使用自定义或默认的字符替换图片中原有的像素点，最后将转换后的字符画保存为图片即可。在开发中，实现字符画的转换是开发时的重点与难点，需要读者认真领会转换过程的具体业务流程与开发思想。

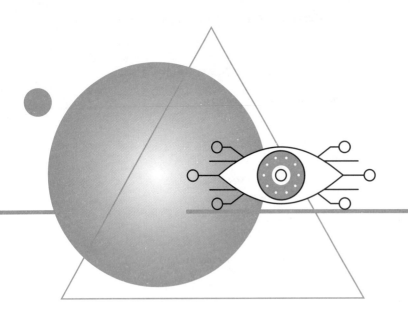

第23章

【案例】为图片批量添加水印
——PyQt5+PIL 模块实现

扫码领取
- 教学视频
- 配套源码
- 练习答案
- ……

平时在网店购买商品时，每种商品的宣传图片中都会有透明度不同的商家店铺名称，这种文字被叫作水印文字。这样做的好处是，可以防止其他店铺直接盗用。另外，还可以对图片添加图片水印，例如在百度中搜索的图片，或者在微博上查看一些带图的信息时，经常会看到带有指定公司 Logo 或者微博主头像的水印，这种都是图片水印。本章将使用 Python+PyQt5 技术开发一个为图片批量添加水印的工具。

23.1 案例效果预览

为图片批量添加水印的软件主要用来为选择的图片批量添加文字或者图片水印。运行该软件，首先单击"加载图片"按钮，选择要添加水印的图片列表，然后设置添加文字水印还是图片水印。如果是文字水印，可以设置添加的文字，以及文字的字体、大小；如果是图片水印，则需要选择要作为水印的图片。接下来设置水印的透明度及位置，并选择水印图片的保存路径，最后单击"执行"按钮，即可按照用户的设置为图片列表中的每张图片添加水印。批量添加水印窗体效果如图 23.1 所示。

文字水印效果如图 23.2 所示，图片水印效果如图 23.3 所示。

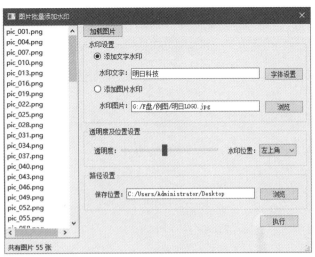

图 23.1　批量添加水印窗体

图 23.2　文字水印

图 23.3　图片水印

23.2　案例准备

本软件的开发及运行环境具体如下：
- 操作系统：Windows 10 及以上。
- Python 版本：Python 3.9.6（兼容 Python 3.x 版本）。
- 开发工具：PyCharm。
- Python 内置模块：os、os.path、sys。
- 第三方模块：PyQt5、pyqt5-tools、PIL。

23.3　业务流程

在开发为图片批量添加水印工具前，需要先思考该工具的业务流程，其流程如图 23.4 所示。

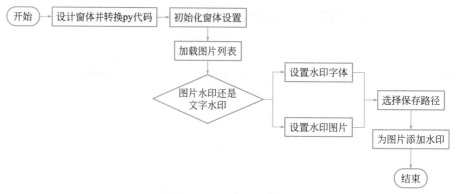

图 23.4　系统业务流程

23.4　实现过程

23.4.1　设计窗体

在 PyQt5 设计器中创建一个 MainWindow，保存为 imageMark.ui，作为批量添加水印窗体，设计效果如图 23.5 所示。

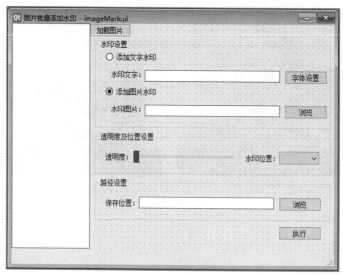

图 23.5　窗体设计效果

imageMark.ui 窗体中用到的主要控件如表 23.1 所示。

表 23.1　批量添加水印窗体用到的控件及说明

控件类型	控件 ID	说明
QListWidget	listWidget	要添加水印的图片列表
QRadioButton	radioButton	文字水印单选按钮
	radioButton_2	图片水印单选按钮
QLineEdit	lineEdit	输入水印文字
	lineEdit_2	显示水印图片路径
	lineEdit_3	显示添加完水印的图片的保存路径

续表

控件类型	控件 ID	说明
QPushButton	pushButton	加载图片按钮
	pushButton_2	字体设置按钮
	pushButton_3	选择要作为水印的图片
	pushButton_4	选择添加完水印的图片的保存路径
	pushButton_5	执行添加水印操作的按钮
QComboBox	comboBox	设置水印添加位置的下拉列表（添加5项，分别为左上角、右上角、左下角、右下角和居中位置）
QSlider	horizontalSlider	设置水印的透明度
QStatusBar	statusBar	窗体的状态栏

使用 PyUIC 工具将 imageMark.ui 转换为同名的 py 代码文件，即 imageMark.py。

23.4.2 初始化窗体设置

在 imageMark.py 文件中，定义窗体的构造方法为 __init__()，该方法中设置批量添加水印的窗体只显示关闭按钮，并且调用自动生成的 setupUi() 函数来初始化窗体。__init__() 构造方法代码如下：

```
01  def __init__(self):                                          # 构造方法
02      super(Ui_MainWindow, self).__init__()
03      self.setWindowFlags(QtCore.Qt.WindowCloseButtonHint)     # 只显示关闭按钮
04      self.setupUi(self)                                       # 初始化窗体设置
```

> **说明**
>
> 由于批量添加水印窗体需要使用 show() 函数打开，因此，需要将该窗体的继承类修改为 QMainWindow，即将以下代码：
>
> ```
> class Ui_MainWindow(object):
> ```
>
> 修改为：
>
> ```
> class Ui_MainWindow(QMainWindow):
> ```

23.4.3 加载图片列表

在批量添加水印窗体中，单击"加载图片"按钮，可以弹出选择文件夹会话框，在该会话框中选择一个文件夹，程序即可将该文件夹中的所有图片名称显示到窗体左侧的列表中，效果如图 23.6 所示。

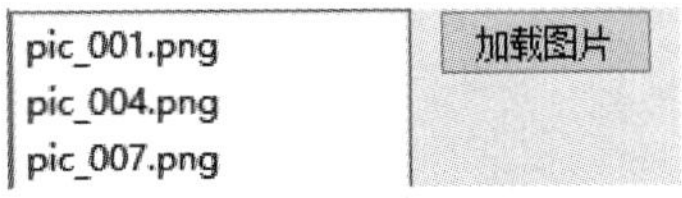

图 23.6 加载图片列表

定义一个 getFiles() 函数，用来弹出一个会话框，在该会话框中选择一个文件夹路径后，程序从该文件夹中获取图片文件，并显示在 QListWidget 列表中，同时在状态栏中显示图片的总数量。getFiles() 函数代码如下：

```
01  def getFiles(self):                                                              # 获取所有文件
02      try:
03          # 选择图片文件夹路径
04          self.img_path = QFileDialog.getExistingDirectory(None, "选择图片文件夹路径", os.getcwd())
05          self.list = os.listdir(self.img_path)                                    # 遍历选择的文件夹
06          num=0                                                                    # 记录图片数量
07          self.listWidget.clear()                                                  # 清空列表项
```

```
08        for i in range(0, len(self.list)):                              # 遍历图片列表
09            filepath = os.path.join(self.img_path, self.list[i])        # 记录遍历到的文件名
10            if os.path.isfile(filepath):                                # 判断是否为文件
11                imgType = os.path.splitext(filepath)[1]                 # 获取扩展名
12                if self.isImg(imgType):                                 # 判断是否为图片
13                    num += 1                                            # 数量加1
14                    self.item = QtWidgets.QListWidgetItem(self.listWidget)  # 创建列表项
15                    self.item.setText(self.list[i])                     # 显示图片列表
16        self.statusBar.showMessage(' 共有图片 '+str(num)+' 张 ')        # 显示图片总数
17    except Exception:
18        QMessageBox.warning(None, ' 警告 ', ' 请选择一个有效路径 ......', QMessageBox.Ok)
```

为"加载图片"按钮的 clicked 信号关联方法,代码如下:

```
01 # 关联"加载图片"按钮的方法
02 self.pushButton.clicked.connect(self.getFiles)
```

另外,加载完图片列表后,当用户选择图片列表中的图片名称时,可以预览选中的图片,效果如图 23.7 所示。

图 23.7　预览选中的图片

说明

要添加水印的图片不能是 jpg 或 jpeg 格式,因为这两种格式的图片不支持透明度设置。

实现预览选中图片时,首先需要定义一个 itemClick() 函数,用来调用 os 模块的 startfile() 函数以打开相应文件。代码如下:

```
01 # 预览图片
02 def itemClick(self, item):
03     os.startfile(self.img_path + '\\' + item.text())
```

然后为图片列表的 itemClicked 信号关联方法,代码如下:

```
01 # 关联列表单击方法,用来预览选中的图片
02 self.listWidget.itemClicked.connect(self.itemClick)
```

23.4.4 设置水印字体

在明日图片助手软件中，如果选择的是文字水印，用户可以通过单击"字体设置"按钮，对水印文字的字体、大小等样式进行设置，字体设置会话框如图 23.8 所示。

字体设置会话框使用 QFontDialog 类实现，在 imageMark.py 文件中定义一个 setFont() 函数，用来对水印文字的字体进行设置，该函数中，首先使用 QFontDialog 类弹出字体设置会话框，并使用其 getFont() 函数获取到设置的字体，通过对设置的字体进行解析，分别获取字体的尺寸大小和字体信息。setFont() 函数实现代码如下：

```
01  # 设置字体
02  def setFont(self):
03      self.waterfont, ok = QFontDialog.getFont()          # 显示字体会话框
04      if ok:                                              # 判断是否选择了字体
05          self.lineEdit.setFont(self.waterfont)           # 设置水印文字的字体
06          self.fontSize = QFontMetrics(self.waterfont)    # 获取字体尺寸
07          self.fontInfo = QFontInfo(self.waterfont)       # 获取字体信息
```

为"字体设置"按钮的 clicked 信号关联方法，代码如下：

```
01  # 关联"字体设置"按钮的方法
02  self.pushButton_2.clicked.connect(self.setFont)
```

23.4.5 选择水印图片

在明日图片助手软件中，如果选择的是图片水印，则需要选择要作为水印的图片文件，用户可以通过单击"浏览"按钮来执行该操作，单击该按钮时，可以弹出"选择水印图片"会话框，在会话框中即可选择要作为水印的图片文件。"选择水印图片"会话框如图 23.9 所示。

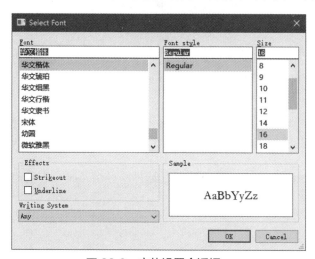

图 23.8 字体设置会话框

图 23.9 "选择水印图片"会话框

"选择水印图片"会话框使用 QFileDialog 类实现，这里需要注意的是，由于只能选择图片，所以使用该会话框时，对其筛选器进行了设置，设置为"图片文件 (*.png;*.bmp)"，表示只能选择这两种图片类型。选择完图片路径后，将选择的图片文件路径及名称显示在相应的文本框中。选择水印图片的实现代码如下：

```
01  # 选择水印图片
02  def setImg(self):
03      try:
```

```
04        # waterimg 即为选择的水印图片，第二个参数表示会话框标题
05        # 第三个参数表示会话框打开后默认的路径，第四个参数表示文件筛选器
06        self.waterimg = QFileDialog.getOpenFileName(None,' 选择水印图片 ','C:\\'," 图片文件 (*.png;*.bmp)")
07        self.lineEdit_2.setText(self.waterimg[0]) # 显示选择的水印图片
08    except Exception as e:
09        print(e)
```

> **说明**
>
> 本程序设置选择图片的会话框中只能选择 png、bmp 这两种图片格式，用户可以根据自己的实际需要，增加或者减少图片的种类，只需要修改筛选器设置即可，但不要设置 jpg 或者 jpeg 格式，因为这两种格式的图片不支持透明度设置。

为选择水印图片按钮的 clicked 信号关联方法，代码如下：

```
01 # 关联选择水印图片按钮的方法
02 self.pushButton_3.clicked.connect(self.setImg)
```

23.4.6　选择水印图片保存路径

为了保留要添加水印图片的原文件，本程序中将添加水印后的图片保存到了另外的位置，而该位置需要用户自己手动选择。在批量添加水印窗体的路径设置区域单击"浏览"按钮，可以选择要保存的路径，效果如图 23.10 所示。

图 23.10　"选择路径"会话框

定义一个 msg() 函数，使用 QFileDialog 类的 getExistingDirectory() 函数打开选择路径会话框，并将选择的路径显示在相应的文本框中，msg() 函数实现代码如下：

```
01 def msg(self): # 选择保存路径
02     try:
03         # dir_path 即为选择的文件夹的绝对路径，第二个参数表示会话框标题
04         # 第三个参数表示会话框打开后默认的路径
05         self.dir_path = QFileDialog.getExistingDirectory(None, " 选择路径 ", os.getcwd())
06         self.lineEdit_3.setText(self.dir_path)# 显示选择的保存路径
07     except Exception as e:
08         print(e)
```

为选择保存路径按钮的 clicked 信号关联方法，代码如下：

```
01 # 关联 " 选择保存路径 " 按钮的方法
02 self.pushButton_4.clicked.connect(self.msg)
```

23.4.7 为图片添加水印

当用户对所有水印相关内容设置完成后,单击"执行"按钮,即可按照用户的设置,对图片列表中的每张图片添加文字水印或者图片水印。文字水印效果如图 23.11 所示,图片水印效果如图 23.12 所示。

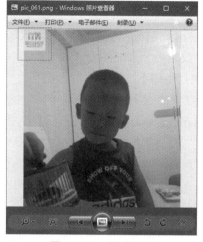

图 23.11　文字水印　　　　图 23.12　图片水印

自定义一个 textMark() 函数,实现添加文字水印的功能,该函数中有 3 个参数,第一个参数为 self 默认参数,第二个参数为要添加文字水印的图片,第三个参数为添加完文字水印后的图片的保存路径。textMark() 函数实现代码如下:

```
01  # 文字水印
02  def textMark(self,img,newImgPath):
03      try:
04          im = Image.open(img).convert('RGBA')                                    # 打开原始图片,并转换为 RGBA
05          newImg = Image.new('RGBA', im.size, (255, 255, 255, 0))                 # 存储添加水印后的图片
06          # 创建字体,说明:默认使用楷体
07          # 如果需要使用其他字体,需要将字体文件复制到当前目录中,然后对下面第一个参数进行修改
08          # 可以使用 self.fontInfo.family() 动态获取字体名称,后面加扩展名即可
09          font = ImageFont.truetype('simkai.ttf', self.fontInfo.pointSize())
10          imagedraw = ImageDraw.Draw(newImg)                                      # 创建绘制对象
11          imgwidth, imgheight = im.size                                           # 记录图片大小
12          txtwidth = self.fontSize.maxWidth() * len(self.lineEdit.text())         # 获取字体宽度
13          txtheight = self.fontSize.height()                                      # 获取字体高度
14          # 设置水印文字位置
15          if self.comboBox.currentText() == '左上角':
16              position=(0,0)
17          elif self.comboBox.currentText() == '左下角':
18              position=(0,imgheight - txtheight)
19          elif self.comboBox.currentText() == '右上角':
20              position=(imgwidth - txtwidth,0)
21          elif self.comboBox.currentText() == '右下角':
22              position=(imgwidth - txtwidth, imgheight - txtheight)
23          elif self.comboBox.currentText() == '居中位置':
24              position=(imgwidth/2,imgheight/2)
25          # 设置文本颜色
26          imagedraw.text(position, self.lineEdit.text(), font=font, fill="#FCA454")
27          # 设置透明度
28          alpha = newImg.split()[3]
29          alpha = ImageEnhance.Brightness(alpha).enhance(int(self.horizontalSlider.value())/10.0)
30          newImg.putalpha(alpha)
31          Image.alpha_composite(im, newImg).save(newImgPath)                      # 保存图片
32      except Exception:
33          QMessageBox.warning(None, '错误', '图片格式有误,请重新选择……', QMessageBox.Ok)
```

说明

明日图片助手软件中添加文字水印时，默认使用了 Windows 操作系统自带的楷体字体，您可以根据自己的实际需要，将相应字体的 .ttf 文件复制到本软件的项目文件夹中，以此来替换默认的楷体字体。

定义一个 imgMark() 函数，实现添加图片水印的功能，该函数中有 3 个参数，第一个参数为 self 默认参数，第二个参数为要添加图片水印的图片，第三个参数为添加完图片水印后的图片的保存路径。imgMark() 函数实现代码如下：

```python
# 图片水印
def imgMark(self,img,newImgPath):
    im = Image.open(img)                                    # 打开原始图片
    mark = Image.open(self.lineEdit_2.text())               # 打开水印图片
    rgbaim = im.convert('RGBA')                             # 将原始图片转换为 RGBA
    rgbamark = mark.convert('RGBA')                         # 将水印图片转换为 RGBA
    imgwidth, imgheight = rgbaim.size                       # 获取原始图片尺寸
    nimgwidth, nimgheight = rgbamark.size                   # 获取水印图片尺寸
    # 缩放水印图片
    scale = 10
    markscale = max(imgwidth / (scale * nimgwidth), imgheight / (scale * nimgheight))
    # 计算新的尺寸大小
    newsize = (int(nimgwidth * markscale), int(nimgheight * markscale))
    # 重新设置水印图片大小
    rgbamark = rgbamark.resize(newsize, resample=Image.ANTIALIAS)
    nimgwidth, nimgheight = rgbamark.size                   # 获取水印图片缩放后的尺寸
    # 计算水印位置
    if self.comboBox.currentText() == '左上角':
        position=(0,0)
    elif self.comboBox.currentText() == '左下角':
        position=(0,imgheight - nimgheight)
    elif self.comboBox.currentText() == '右上角':
        position=(imgwidth - nimgwidth,0)
    elif self.comboBox.currentText() == '右下角':
        position=(imgwidth - nimgwidth, imgheight - nimgheight)
    elif self.comboBox.currentText() == '居中位置':
        position=(int(imgwidth/2),int(imgheight/2))
    # 设置透明度：img.point(function) 接受一个参数，且对图片中的每一个点执行这个函数
    # 这个函数是一个匿名函数，使用 lambda 表达式来完成
    # convert() 函数，用于不同模式图像之间的转换，模式 "L" 为灰色图像，它的每个像素用 8 个 bit 表示，0 表示黑，255 表示白，其他数字表示不同的灰度
    # 在 PIL 中，从模式 "RGB" 转换为 "L" 模式是按照下面的公式转换的：
    # L = R * 299/1000 + G * 587/1000+ B * 114/1000
    rgbamarkpha = rgbamark.convert("L").point(lambda x: x/int(self.horizontalSlider.value()))
    rgbamark.putalpha(rgbamarkpha)
    # 水印位置
    rgbaim.paste(rgbamark, position, rgbamarkpha)
    try:
        rgbaim.save(newImgPath) # 保存水印图片
    except Exception:
        QMessageBox.warning(None, '错误', '请选择其他路径......', QMessageBox.Ok)
```

定义一个 addMark() 函数，该函数主要根据用户的选择及设置，调用 textMark() 函数或者 imgMark() 函数，循环为图片列表中的每张图片添加文字水印或者图片水印。addMark() 函数实现代码如下：

```python
def addMark(self):                                          # 添加水印
    if self.lineEdit_3.text() == '':                        # 判断是否选择了保存路径
        QMessageBox.warning(None,'警告','请选择保存路径',QMessageBox.Ok)
        return
    else:
```

```
06              num = 0                                                 # 记录处理图片数量
07              for i in range(0, self.listWidget.count()):              # 遍历图片列表
08                  # 设置原始图片路径（包括文件名）
09                  filepath = os.path.join(self.img_path, self.listWidget.item(i).text())
10                  # 设置水印图片保存路径（包括文件名）
11                  newfilepath = os.path.join(self.lineEdit_3.text(), self.listWidget.item(i).text())
12                  if self.radioButton.isChecked():                     # 判断是否选择文字水印单选按钮
13                      if self.lineEdit.text() == '':                   # 判断是否输入了水印文字
14                          QMessageBox.warning(None, '警告', '请输入水印文字', QMessageBox.Ok)
15                          return
16                      else:
17                          # 调用 textMark 方法添加文字水印
18                          self.textMark(filepath,newfilepath)
19                          num += 1                                     # 处理图片数量加 1
20                  else:
21                      if self.lineEdit_2.text() != '':                 # 判断水印图片不为空
22                          self.imgMark(filepath,newfilepath)           # 调用 imgMark 方法添加图片水印
23                          num += 1                                     # 处理图片数量加 1
24                      else:
25                          QMessageBox.warning(None, '警告', '请选择水印图片', QMessageBox.Ok)
26              # 显示处理图片总数
27              self.statusBar.showMessage('任务完成，此次共处理 ' + str(num) + ' 张图片')
```

为"执行"按钮的 clicked 信号关联方法，代码如下：

```
self.pushButton_5.clicked.connect(self.addMark)                         # 关联"执行"按钮的方法
```

小结

本章主要使用 Python+PyQt5+PIL 技术实现了为图片批量添加水印的功能，可以添加的水印有两种类型，分别是文字水印和图片水印。其中，文字水印本质上就是在图片上绘制文字，这可以使用 PIL 中 Image 对象的 text() 方法实现；而图片水印本质上是两张图片的叠加，可以使用 PIL 中 Image 对象的 paste() 方法实现。

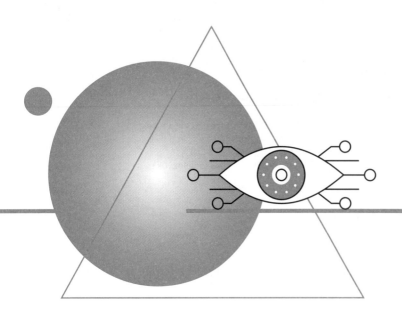

第24章

【案例】二手房销售预测分析
——PyQt5+matplotlib+sklearn+pandas 实现

扫码领取
- 教学视频
- 配套源码
- 练习答案
- ……

随着现代科技化的不断进步，信息化将是科技发展中的重要元素之一，而人们每天都要面对海量的数据，如医疗数据、人口数据、人均收入等，因此数据分析将会得到广泛应用。数据分析在实际应用时可以帮助人们在海量数据中找到具有决策意义的重要信息。本章将通过数据分析技术实现"二手房数据分析预测系统"，用于对二手房数据进行分析、统计，并根据数据中的重要特征实现房子价格的预测，最后通过可视化图表方式进行数据的显示功能。

24.1 案例效果预览

在二手房数据分析预测系统中，查看二手房各种数据分析图表时，需要在主窗体当中选择对应的图表信息，主窗体运行效果如图 24.1 所示。

在主窗体顶部功能按钮中选择"各区二手房均价分析"按钮，将显示如图 24.2 所示的均价分析图。如果需要了解该城市中哪个区的二手房子销售的数量最多，可以在主窗体中选择"各区二手房数量所占比例"按钮，将显示如图 24.3 所示的各区二手房数量所占比例图。

【案例】二手房销售预测分析——PyQt5+matplotlib+sklearn+pandas 实现

图 24.1　二手房数据分析预测系统主窗体

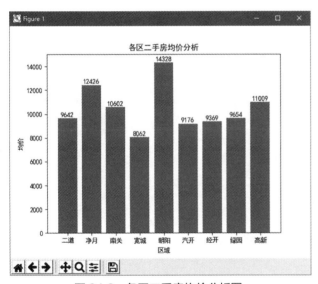

图 24.2　各区二手房均价分析图

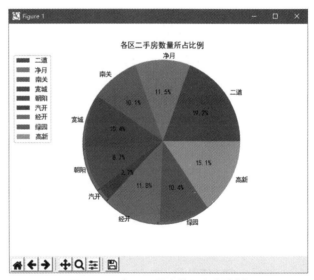

图 24.3　各区二手房数量所占比例

经过分析，二手房数据中房子的装修程度也是购买者所关心的一个重要元素，所以选择"全市二手房装修程度分析"按钮，将显示如图 24.4 所示的全市二手房装修程度分析图。二手房中户型类别很多，如果需要查看所有二手房户型中比较热门的户型均价时，选择"热门户型均价分析"按钮，将显示如图 24.5 所示的热门户型均价分析图。

进行二手房数据分析时，根据分析后的特征数据，再通过回归算法的函数预测二手房的售价。选择"二手房售价预测"按钮，将显示如图 24.6 所示的二手房售价预测的折线图。

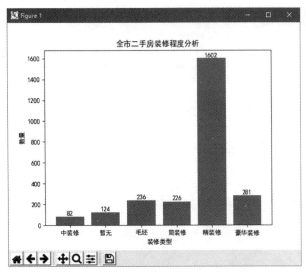

图 24.4　全市二手房装修程度分析图　　图 24.5　热门户型均价分析图

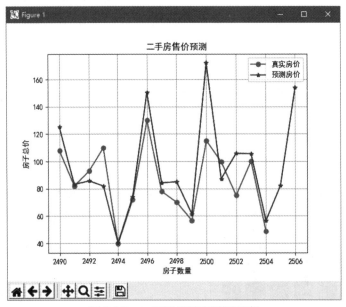

图 24.6　二手房售价预测折线图

24.2　案例准备

24.2.1　开发工具准备

本软件的开发及运行环境具体如下：

- 操作系统：Windows 10 及以上。
- Python 版本：Python 3.9.6（兼容 Python 3.x 版本）。
- 开发工具：PyCharm。
- Python 内置模块：sys。
- 第三方模块：PyQt5、pyqt5-tools、matplotlib、sklearn、pandas。

24.2.2 技术准备

1. scikit-learn 库

scikit-learn 库是机器学习领域中最知名的 Python 模块之一，该模块中整合了多种机器学习算法，可以帮助使用者在数据分析的过程中快速建立模型。在 Python 中导入该模块时需要使用 sklearn 简称进行模块的导入工作，sklearn 模块可以实现数据的预处理、分类、回归、PCA 降维、模型选择等工作。

2. 加载 datasets 子模块数据集

sklearn 模块的 datasets 子模块提供了多种自带的数据集，可以通过这些数据集进行数据的预处理、建模等操作，从而练习使用 sklearn 模块实现数据分析的处理流程和建模流程。datasets 子模块主要提供了一些导入、在线下载及本地生成数据集的方法，比较常用的有以下三种：

- 本地加载数据：sklearn.datasets.load_<name>
- 远程加载数据：sklearn.datasets.fetch_<name>
- 构造数据集：sklearn.datasets.make_<name>

本地加载数据对于 sklearn 模块的使用者来说是一个比较方便的数据集，本地数据集中比较常用的加载函数及对应解释如表 24.1 所示。

表 24.1 加载本地数据集函数及对应解释

加载数据函数	数据集名称	应用任务类型
datasets.load_iris()	鸢尾花数据集	用于分类、聚类任务的数据集
datasets.load_breast_cancer()	乳腺癌数据集	用于分类、聚类任务的数据集
datasets.load_digits()	手写数字数据集	用于分类任务的数据集
datasets.load_diabetes()	糖尿病数据集	用于分类任务的数据集
datasets.load_boston()	波士顿房价数据集	用于回归任务的数据集
datasets.load_linnerud()	体能训练数据集	用于多变量回归任务的数据集

鸢尾花数据集是记录三种不同鸢尾花，然后又分别记录了每种鸢尾花萼片与花瓣的长度和宽度信息。在加载鸢尾花数据集时需要先导入加载鸢尾花数据集的类，然后需要创建该类的对象，最后通过创建对象时所使用的变量进行属性的调用。示例代码如下：

```
01  from sklearn.datasets import load_iris      # 导入加载鸢尾花数据集的类
02  iris=load_iris()                            # 加载鸢尾花数据集
03  print('查看鸢尾花数据集中的数据：',iris.data)
04  print('鸢尾花数据长度为：',len(iris.data))
```

运行结果如下：

```
查看鸢尾花数据集中的数据： [[5.1 3.5 1.4 0.2]
 [4.9 3.  1.4 0.2]
 [4.7 3.2 1.3 0.2]
 [4.6 3.1 1.5 0.2]
 ................
 [6.5 3.  5.2 2. ]
 [6.2 3.4 5.4 2.3]
 [5.9 3.  5.1 1.8]]
鸢尾花数据长度为： 150
```

> **说明**
>
> 在以上的运行结果中可以看出，数据中为四个元素的列表，列表中的四个元素分别对应的是鸢尾花萼片和花瓣的长度与宽度，一共有 150 条这样的数据。

查询鸢尾花的种类时，需要通过 iris 变量调用 target 属性即可。示例代码如下：

```python
01  from sklearn.datasets import load_iris        # 导入加载鸢尾花数据集的类
02  iris=load_iris()                              # 加载鸢尾花数据集
03  print('鸢尾花的种类为: ',iris.target)
```

运行结果如下：

```
鸢尾花的种类为: [0 0 0 0 0 0 0 0 0 0 0 0 0 0 0 0 0 0 0 0 0 0 0 0 0 0 0 0 0 0
 0 0 0 0 0 0 0 0 0 0 0 0 0 0 0 0 0 0 0 0 1 1 1 1 1 1 1 1 1 1 1 1 1 1 1 1 1 1 1 1
 1 1 1 1 1 1 1 1 1 1 1 1 1 1 1 1 1 1 1 1 1 1 1 1 1 1 1 1 1 1 2 2 2 2 2 2 2 2 2 2
 2 2 2 2 2 2 2 2 2 2 2 2 2 2 2 2 2 2 2 2 2 2 2 2 2 2 2 2 2 2 2 2 2 2 2 2 2 2
 2 2]
```

📑 说明

在以上的运行结果中可以看出，150 个数值中共有三种取值范围（0、1 和 2），分别代表鸢尾花的三个不同的种类。获取鸢尾花种类名称时可以使用 iris.target_names 属性进行查看。

为了更加方便地查看鸢尾花数据集，这里可以使用 matplotlib 模块进行可视化数据的图形绘制，用三种不同的颜色分别表示鸢尾花三种不同的种类，这里通过散点图进行示例，其中 x 轴表示萼片的长度，y 轴表示萼片的宽度。示例代码如下：

```python
01  from sklearn.datasets import load_iris
02  # 加载数据集
03  iris=load_iris()
04  import matplotlib                              # 导入图表模块
05  import matplotlib.pyplot as plt                # 导入绘图模块
06  # 避免中文乱码
07  matplotlib.rcParams['font.sans-serif'] = ['SimHei']
08  matplotlib.rcParams['axes.unicode_minus'] = False
09  # 画散点图，其中 x 轴表示萼片的长度，y 轴表示萼片的宽度
10  x_index=0
11  y_index=1
12  colors=['red','green','blue']
13  # 遍历名字与颜色，根据循环遍历的下标获取鸢尾花种类与对应的萼片信息
14  for label,color in zip(range(len(iris.target_names)),colors):
15      plt.scatter(iris.data[iris.target==label,x_index],
16                  iris.data[iris.target==label,y_index],
17                  label=iris.target_names[label],
18                  c=color)
19  plt.xlabel('萼片长度')
20  plt.ylabel('萼片宽度')
21  plt.legend()                                   # 显示图例
22  plt.show()                                     # 显示绘制的散点图表
```

运行结果如图 24.7 所示。

3. 向量回归函数

LinearSVR() 函数是一个支持向量回归的函数，支持向量回归不仅适用于线性模型，还可以用于对数据和特征之间的非线性关系。避免多重共线性问题，从而提高泛化性能，解决高维问题。

LinearSVR() 函数的语法格式如下：

```
class sklearn.svm.LinearSVR (epsilon = 0.0, tol = 0.0001, C = 1.0, loss ='epsilon_insensitive', fit_intercept = True, intercept_scaling = 1.0, dual = True, verbose = 0, random_state = None, max_iter = 1000 )
```

LinearSVR() 函数常用参数及说明如表 24.2 所示。

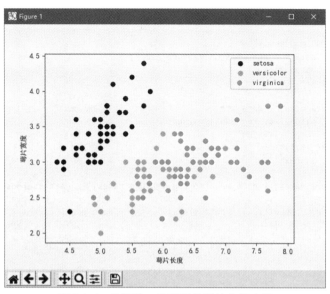

图 24.7　鸢尾花三种类型萼片信息散点图

表 24.2　LinearSVR() 函数常用参数及说明

参数名称	说明
epsilon	float 类型值，loss 参数中的 ε，默认值为 0.0
tol	float 类型值，终止迭代的标准值，默认值为 0.0001
C	float 类型值，罚项参数，该参数越大，使用的正则化越少，默认为 1.0
loss	string 类型值，损失函数，该参数有两种选项： ① epsilon_insensitive：损失函数为 Lε（标准 SVR） ② squared_epsilon_insensitive：损失函数为 $L_ε^2$ 默认值为 epsilon_insensitive
fit_intercept	boolean 类型值，是否计算此模型的截距。如果设置为 false，则不会在计算中使用截距（即数据预计已经居中）。默认为 True
intercept_scaling	float 类型值，当 fit_intercept 为 True 时，实例向量 x 变为 [x, self.intercept_scaling]。此时相当于添加了一个特征，该特征将对所有实例都是常数值 ① 此时截距变成 intercept_scaling* 特征的权重 wε ② 此时该特征值也参与了罚项的计算
dual	boolean 类型值，选择算法以解决对偶或原始优化问题。设置为 True 时将解决对偶问题，设置为 False 时解决原始问题，默认为 True
verbose	int 类型值，是否开启 verbose 输出，默认为 True
random_state	int 类型值，随机数生成器的种子，用于在混洗数据时使用。如果是整数，则是随机数生成器使用的种子；如果是 RandomState 实例，则是随机数生成器；如果为 None，随机数生成器所使用的是 RandomState 实例 np.random
max_iter	int 类型值，要运行的最大迭代次数。默认为 1000
coef_	赋予特征的权重，返回 array 数据类型
intercept_	决策函数中的常量，返回 array 数据类型

下面通过本地数据中的波士顿房价数据集，实现房价预测。示例代码如下：

```
01  from sklearn.svm import LinearSVR              # 导入线性回归类
02  from sklearn.datasets import load_boston       # 导入加载波士顿数据集
03  from pandas import DataFrame                   # 导入 DataFrame
```

```
04
05  boston = load_boston()                                      # 创建加载波士顿数据对象
06  # 将波士顿房价数据创建为 DataFrame 对象
07  df = DataFrame(boston.data, columns=boston.feature_names)
08  df.insert(0,'target',boston.target)                          # 将价格添加至 DataFrame 对象中
09  data_mean = df.mean()                                        # 获取平均值
10  data_std = df.std()                                          # 获取标准偏差
11  data_train = (df - data_mean) / data_std                     # 数据标准化
12  x_train = data_train[boston.feature_names].values            # 特征数据
13  y_train = data_train['target'].values                        # 目标数据
14  linearsvr = LinearSVR(C=0.1)                                 # 创建 LinearSVR() 对象
15  linearsvr.fit(x_train, y_train)                              # 训练模型
16  # 预测，并还原结果
17  x = ((df[boston.feature_names] - data_mean[boston.feature_names]) / data_std[boston.feature_names]).values
18  # 添加预测房价的信息列
19  df[u'y_pred'] = linearsvr.predict(x) * data_std['target'] + data_mean['target']
20  print(df[['target', 'y_pred']])                              # 打印真实价格与预测价格
```

运行结果如下：

```
     target    y_pred
0      24.0  28.345521
1      21.6  23.848394
2      34.7  30.010946
3      33.4  28.499368
4      36.2  28.317957
5      28.7  24.354010
6      22.9  22.169311
..      ...        ...
500    16.8  19.879188
501    22.4  23.803012
502    20.6  21.463153
503    23.9  26.741597
504    22.0  25.299011
505    11.9  20.997042
```

> **说明**
>
> 在以上的运行结果中索引从 0 开始，共有 506 条房价数据，左侧为真实数据，右侧为预测的房价数据。

24.3 业务流程

在开发二手房销售预测分析系统时，需要先思考该系统的业务流程。二手房销售预测分析系统的业务流程如图 24.8 所示。

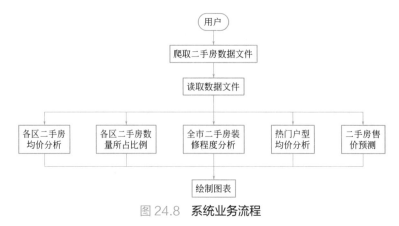

图 24.8 系统业务流程

24.4 实现过程

24.4.1 实现图表工具模块

图表工具模块为自定义工具模块，该模块中主要定义用于显示可视化数据图表的函数，用于实现饼图、折线图以及条形图的绘制与显示工作。图表工具模块创建完成后根据数据分析的类型调用对应的图表函数，即可实现数据的可视化操作。

1. 绘制饼图

饼图是将各项所占比例绘制在一张"饼"中，以"饼"中的大小确认每一项所占用的比例。在实现绘制饼图时，首先需要创建 chart.py 文件，该文件为图表工具的自定义模块。然后在该文件中导入 matplotlib 模块与 pyplot 子模块，接下来为了避免中文乱码，需要创建 rcParams() 对象。

绘制饼图的函数名称为 pie_chart()，用于显示各区二手房数量所占比例。该函数需要三个参数，size 为饼图中每个区二手房数量，label 为每个区对应的名称，title 为图表的标题。绘制饼图函数的具体代码如下：

```
01 import matplotlib                                    # 导入图表模块
02 import matplotlib.pyplot as plt                      # 导入绘图模块
03 # 避免中文乱码
04 matplotlib.rcParams['font.sans-serif'] = ['SimHei']
05 matplotlib.rcParams['axes.unicode_minus'] = False
06
07 # 显示饼图
08 def pie_chart(size,label,title):
09
10     """
11     绘制饼图
12     size: 各部分大小
13     labels: 设置各部分标签
14     labeldistance: 设置标签文本距圆心位置，1.1 表示 1.1 倍半径
15     autopct：设置圆里面的文本
16     shadow：设置是否有阴影
17     startangle：起始角度，默认从 0 开始逆时针转
18     pctdistance：设置圆内文本距圆心距离
19     """
20     plt.figure()                                       # 图形画布
21     plt.pie(size, labels=label,labeldistance=1.05,
22             autopct="%1.1f%%", shadow=True, startangle=0, pctdistance=0.6)
23     plt.axis("equal")                                  # 设置横轴和纵轴大小相等，这样饼才是圆的
24     plt.title(title, fontsize=12)
25     plt.legend(bbox_to_anchor=(0.03, 1))               # 让图例生效，并设置图例显示位置
26     plt.show()                                         # 显示饼图
```

2. 绘制折线图

折线图是将数据点按照顺序连接起来的图表。绘制折线图的函数名称为 broken_line()，用于显示真实房价与预测房价的折线图。该函数需要三个参数，y 用于表示二手房的真实价格，y_pred 为二手房的预测价格，title 为图表的标题。绘制折线图函数的具体代码如下：

```
01 # 显示预测房价折线图
02 def broken_line(y,y_pred,title):
03     '''
04     y:y 轴折线点，也就是房子总价
05     y_pred,预测房价的折线点
```

```
06      color：折线的颜色
07      marker：折点的形状
08      '''
09      plt.figure()                                          # 图形画布
10      plt.plot(y, color='r', marker='o',label=' 真实房价 ')  # 绘制折线，并在折点添加蓝色圆点
11      plt.plot(y_pred, color='b', marker='*',label=' 预测房价 ')
12      plt.xlabel(' 房子数量 ')
13      plt.ylabel(' 房子总价 ')
14      plt.title(title)                                      # 表标题文字
15      plt.legend()                                          # 显示图例
16      plt.grid()                                            # 显示网格
17      plt.show()                                            # 显示图表
```

3. 绘制条形图

条形图也叫作直方图，是统计报告图的一种，由一些高度不等的条纹表示数据的分布情况。绘制条形图的函数一共分为三个，分别用于显示各区二手房均价、全市二手房装修程度以及热门户型均价。定义函数的具体方式如下：

① 绘制各区二手房均价的条形图。各区二手房均价的条形图为纵向条形图，函数名称为 average_price_bar()，该函数需要三个参数，x 为全市中各区域的数据，y 为各区域的均价数据，title 为图表的标题。绘制各区二手房均价的条形图函数的具体代码如下：

```
01 # 显示均价条形图
02 def average_price_bar(x,y, title):
03      plt.figure()                                  # 图形画布
04      plt.bar(x,y, alpha=0.8)                       # 绘制条形图
05      plt.xlabel(" 区域 ")                           # 区域文字
06      plt.ylabel(" 均价 ")                           # 均价文字
07      plt.title(title)                              # 表标题文字
08      # 为每一个图形加数值标签
09      for x, y in enumerate(y):
10          plt.text(x, y + 100, y, ha='center')
11      plt.show()                                    # 显示图表
```

② 绘制全市二手房装修程度的条形图。全市二手房装修程度的条形图为纵向条形图，函数名称为 renovation_bar()，该函数需要三个参数，x 为装修类型的数据，y 为每种装修类型对应的数量，title 为图表的标题。绘制全市二手房装修程度的条形图函数的具体代码如下：

```
01 # 显示装修条形图
02 def renovation_bar(x,y, title):
03      plt.figure()                                  # 图形画布
04      plt.bar(x,y, alpha=0.8)                       # 绘制条形图
05      plt.xlabel(" 装修类型 ")                        # 区域文字
06      plt.ylabel(" 数量 ")                           # 均价文字
07      plt.title(title)                              # 表标题文字
08      # 为每一个图形加数值标签
09      for x, y in enumerate(y):
10          plt.text(x, y + 10, y, ha='center')
11      plt.show()                                    # 显示图表
```

③ 绘制热门户型均价的条形图。热门户型均价的条形图为水平条形图，函数名称为 bar()，该函数需要三个参数，price 为热门户型的均价，type 为热门户型的名称，title 为图表的标题。绘制热门户型均价的条形图函数的具体代码如下：

```
01 # 显示热门户型的水平条形图
02 def bar(price,type, title):
03      """
04      绘制水平条形图方法 barh
```

```
05      参数一：y 轴
06      参数二：x 轴
07      """
08      plt.figure()                                                    # 图形画布
09      plt.barh(type, price, height=0.3, color='r', alpha=0.8)         # 从下往上画水平条形图
10      plt.xlim(0, 15000)                                              # X 轴的均价 0 ~ 15000
11      plt.xlabel(" 均价 ")                                             # 均价文字
12      plt.title(title)                                                # 表标题文字
13      # 为每一个图形加数值标签
14      for y, x in enumerate(price):
15          plt.text(x + 10, y,str(x) + ' 元 ', va='center')
16      plt.show()                                                      # 显示图表
```

24.4.2 清洗数据

在实现数据分析前需要先对数据进行清洗工作，清洗数据的主要目的是减小数据分析的误差。清洗数据时首先需要将数据内容读取，然后观察数据中是否存在无用值、空值，以及数据类型是否需要进行转换等。清洗二手房数据的具体步骤如下：

① 读取二手房数据文件，然后打印文件内容的头部信息。代码如下：

```
01 import pandas                                    # 导入数据统计模块
02
03 data = pandas.read_csv('data.csv')               # 读取 csv 数据文件
04 print(data.head())                               # 打印文件内容的头部信息
```

打印文件内容的头部信息如表 24.3 所示。

表 24.3 打印文件内容的头部信息

Unnamed: 0	小区名字	总价	户型	建筑面积	单价	朝向	楼层	装修	区域
0	中天北湾新城	89 万	2 室 2 厅 1 卫	89 米^2	10000 元 / 米^2	南北	低层	毛坯	高新
1	桦林苑	99.8 万	3 室 2 厅 1 卫	143 米^2	6979 元 / 米^2	南北	中层	毛坯	净月
2	嘉柏湾	32 万	1 室 1 厅 1 卫	43.3 米^2	7390 元 / 米^2	南	高层	精装修	经开
3	中环 12 区	51.5 万	2 室 1 厅 1 卫	57 米^2	9035 元 / 米^2	南北	高层	精装修	南关
4	昊源高格蓝湾	210 万	3 室 2 厅 2 卫	160.8 米^2	13060 元 / 米^2	南北	高层	精装修	二道

📒 说明

> 观察表 24.3 中打印的文件内容头部信息，首先可以判断 Unnamed: 0 索引列对于数据分析没有任何帮助，然后观察"总价""建筑面积"以及"单价"所对应的数据并不是数值类型，所以无法进行计算。

② 首先将索引列"Unnamed: 0"删除，然后将数据中的所有空值删除，最后分别将"总价""建筑面积"以及"单价"对应数据中的字符删除仅保留数字部分，再将数字转换为 float 类型，再次打印文件内容的头部信息。代码如下：

```
01 del data['Unnamed: 0']                                  # 将索引列删除
02 data.dropna(axis=0, how='any', inplace=True)            # 删除 data 数据中的所有空值
```

```
03  # 将单价 " 元 / 米 ²" 去掉
04  data['单价'] = data['单价'].map(lambda d: d.replace('元 / 米²', ''))
05  data['单价'] = data['单价'].astype(float)                          # 将房子单价转换为浮点类型
06  data['总价'] = data['总价'].map(lambda z: z.replace('万', ''))      # 将总价 " 万 " 去掉
07  data['总价'] = data['总价'].astype(float)                          # 将房子总价转换为浮点类型
08  # 将建筑面积 " 米 ²" 去掉
09  data['建筑面积'] = data['建筑面积'].map(lambda p: p.replace('米²', ''))
10  data['建筑面积'] = data['建筑面积'].astype(float)                   # 将建筑面积转换为浮点类型
11  print(data.head())                                              # 打印文件内容的头部信息
```

打印清洗后数据的头部信息如表 24.4 所示。

表 24.4 打印清洗后数据的头部信息

小区名字	总价	户型	建筑面积	单价	朝向	楼层	装修	区域
中天北湾新城	89.0	2室2厅1卫	89.0	10000.0	南北	低层	毛坯	高新
桦林苑	99.8	3室2厅1卫	143.0	6979.0	南北	中层	毛坯	净月
嘉柏湾	32.0	1室1厅1卫	43.3	7390.0	南	高层	精装修	经开
中环12区	51.5	2室1厅1卫	57.0	9035.0	南北	高层	精装修	南关
昊源高格蓝湾	210.0	3室2厅2卫	160.8	13060.0	南北	高层	精装修	二道

24.4.3 各区二手房均价分析

在实现各区二手房均价分析时，首先需要将数据中各区域进行划分，然后计算每个区域的二手房均价，最后将区域及对应的均价信息通过纵向条形统计图显示即可。具体步骤如下：

① 通过 groupby() 方法实现二手房区域的划分，然后通过 mean() 方法计算出每个区域的二手房均价，最后分别通过 index 属性与 values 属性获取所有区域信息与对应的均价。代码如下：

```
01  # 获取各区二手房均价
02  def get_average_price():
03      group = data.groupby('区域')                                # 将房子区域分组
04      average_price_group = group['单价'].mean()                   # 计算每个区域的均价
05      region = average_price_group.index                          # 区域
06      average_price = average_price_group.values.astype(int)      # 区域对应的均价
07      return region, average_price                                # 返回区域与对应的均价
```

② 在主窗体初始化类中创建 show_average_price() 方法，用于绘制并显示各区二手房均价分析图。代码如下：

```
01  # 显示各区二手房均价分析图
02  def show_average_price(self):
03      region, average_price= house_analysis.get_average_price()   # 获取房子区域与均价
04      chart.average_price_bar(region,average_price,'各区二手房均价分析')
```

③ 指定显示各区二手房均价分析图按钮事件所对应的方法。代码如下：

```
01  # 显示各区二手房均价分析图的按钮事件
02  main.btn_1.triggered.connect(main.show_average_price)
```

24.4.4 各区房子数量比例

在实现各区房子数量比例时，首先需要将数据中每个区域进行分组并获取每个区域的房子数量，然后获取每个区域对应的二手房数量，最后计算每个区域二手房数量的百分比。具体步骤如下：

① 通过 groupby() 方法对房子区域进行分组，并使用 size() 方法获取每个区域的分组数量（区域对应的房子数量），然后使用 index 属性与 values 属性分别获取每个区域对应的二手房数量，最后计算每个区域房子数量的百分比。代码如下：

```python
# 获取各区房子数量比例
def get_house_number():
    group_number = data.groupby('区域').size()        # 区域分组数量
    region = group_number.index                        # 区域
    numbers = group_number.values                      # 获取每个区域内房子出售的数量
    percentage = numbers / numbers.sum() * 100         # 计算每个区域房子数量的百分比
    return region, percentage                          # 返回百分比
```

② 在主窗体初始化类中创建 show_house_number() 方法，用于绘制并显示各区二手房数量所占比例的分析图。代码如下：

```python
# 显示各区二手房数量所占比例
def show_house_number(self):
    region, percentage = house_analysis.get_house_number()    # 获取各区域房子数量占比
    chart.pie_chart(percentage,region,'各区二手房数量所占比例')   # 显示图表
```

③ 指定显示各区二手房数量所占比例图，关联按钮事件所对应的方法。代码如下：

```python
# 显示各区二手房数量所占比例图，关联按钮事件
main.btn_2.triggered.connect(main.show_house_number)
```

24.4.5 全市二手房装修程度分析

在实现全市二手房装修程度分析时，首先需要将二手房的装修程度进行分组并将每个分组对应的数量统计出来，再将装修程度分类信息与对应的数量进行数据的分离工作。具体步骤如下：

① 通过 groupby() 方法对房子的装修程度进行分组，并使用 size() 方法获取每个装修程度分组的数量，然后使用 index 属性与 values 属性分别获取每个装修程度分组与对应的数量。代码如下：

```python
# 获取全市二手房装修程度对比
def get_renovation():
    group_renovation = data.groupby('装修').size()    # 将房子装修程度分组并统计数量
    type = group_renovation.index                      # 装修程度
    number = group_renovation.values                   # 装修程度对应的数量
    return type, number                                # 返回装修程度与对应的数量
```

② 在主窗体初始化类中创建 show_renovation() 方法，用于绘制并显示全市房子装修程度的分析图。代码如下：

```python
# 显示全市二手房装修程度分析
def show_renovation(self):
    type, number = house_analysis.get_renovation()            # 获取全市房子装修程度
    chart.renovation_bar(type,number,'全市二手房装修程度分析')   # 显示图表
```

③ 指定显示全市二手房装修程度分析图，按钮事件所对应的方法。代码如下：

```python
# 显示全市二手房装修程度分析图，按钮事件
main.btn_3.triggered.connect(main.show_renovation)
```

24.4.6 热门户型均价分析

在实现热门户型均价分析时，首先需要将户型进行分组并获取每个分组所对应的数量，然后对户型分组

数量进行降序处理，提取前 5 组户型数据，作为热门户型的数据。最后计算每个户型的均价。具体步骤如下：

① 通过 groupby() 方法对房子的户型进行分组，并使用 size() 方法获取每个户型分组的数量，使用 sort_values() 方法对户型分组数量进行降序处理。然后通过 head(5) 方法，提取前 5 组户型数据。再通过 mean() 方法计算每个户型的均价，最后使用 index 属性与 values 属性分别获取户型与对应的均价。代码如下：

```
01  # 获取二手房热门户型均价
02  def get_house_type():
03      house_type_number = data.groupby('户型').size()            # 房子户型分组数量
04      sort_values = house_type_number.sort_values(ascending=False) # 将户型分组数量进行降序
05      top_five = sort_values.head(5)                              # 提取前 5 组户型数据
06      house_type_mean = data.groupby('户型')['单价'].mean()        # 计算每个户型的均价
07      type = house_type_mean[top_five.index].index                # 户型
08      price = house_type_mean[top_five.index].values              # 户型对应的均价
09      return type, price.astype(int)                              # 返回户型与对应的数量
```

② 在主窗体初始化类中创建 show_type() 方法，用于绘制并显示热门户型均价的分析图。代码如下：

```
01  # 显示热门户型均价分析图
02  def show_type(self):
03      type, price = house_analysis.get_house_type()               # 获取全市二手房热门户型均价
04      chart.bar(price,type,'热门户型均价分析')
```

③ 指定显示热门户型均价分析图，关联按钮事件所对应的方法。代码如下：

```
01  # 显示热门户型均价分析图，关联按钮事件
02  main.btn_4.triggered.connect(main.show_type)
```

24.4.7　二手房售价预测

在实现二手房售价预测时，需要提供二手房源数据中的参考数据（特征值），这里将"户型"与"建筑面积"作为参考数据来进行房价的预测，所以需要观察"户型"数据是否符合分析条件。如果参考数据不符合分析条件，则需要再次对数据进行清洗处理，再通过源数据中已知的参考数据"建筑面积"以及"户型"进行未知房价的预测。实现的具体步骤如下：

① 查看源数据中"建筑面积"以及"户型"数据，确认数据是否符合数据分析条件。代码如下：

```
01  # 获取价格预测
02  def get_price_forecast():
03      data_copy = data.copy()                                     # 拷贝数据
04      print(data_copy[['户型','建筑面积']].head())
```

打印"户型"以及"建筑面积"数据头部信息如下：

```
     户型      建筑面积
0  2室2厅1卫    89.0
1  3室2厅1卫   143.0
2  1室1厅1卫    43.3
3  2室1厅1卫    57.0
4  3室2厅2卫   160.8
```

② 从以上打印出的信息中可以看出，"户型"数据中包含文字信息，而文字信息并不能实现数据分析时的拟合工作，所以需要将"室""厅""卫"进行独立字段的处理，处理代码如下：

```
01  data_copy[['室','厅','卫']] = data_copy['户型'].str.extract('(\d+)室 (\d+)厅 (\d+)卫')
02  data_copy['室'] = data_copy['室'].astype(float)                 # 将室转换为浮点类型
03  data_copy['厅'] = data_copy['厅'].astype(float)                 # 将厅转换为浮点类型
04  data_copy['卫'] = data_copy['卫'].astype(float)                 # 将卫转换为浮点类型
05  print(data_copy[['室','厅','卫']].head())                       # 打印"室""厅""卫"数据
```

打印"室""厅""卫"独立字段后的头部信息如下：

```
    室    厅    卫
0   2.0   2.0   1.0
1   3.0   2.0   1.0
2   1.0   1.0   1.0
3   2.0   1.0   1.0
4   3.0   2.0   2.0
```

③ 将数据中没有参考意义的数据删除，其中包含"小区名字""户型""朝向""楼层""装修""区域""单价"以及"空值"，然后将"建筑面积"小于 300 平方米的房子信息筛选出来。处理代码如下：

```
01 del data_copy['小区名字']
02 del data_copy['户型']
03 del data_copy['朝向']
04 del data_copy['楼层']
05 del data_copy['装修']
06 del data_copy['区域']
07 del data_copy['单价']
08 data_copy.dropna(axis=0, how='any', inplace=True)      # 删除 data 数据中的所有空值
09 # 获取"建筑面积"小于 300 平方米的房子信息
10 new_data = data_copy[data_copy['建筑面积'] < 300].reset_index(drop=True)
11 print(new_data.head())                                  # 打印处理后的头部信息
```

打印处理后数据的头部信息如下：

```
    总价    建筑面积   室    厅    卫
0   89.0    89.0    2.0   2.0   1.0
1   99.8    143.0   3.0   2.0   1.0
2   32.0    43.3    1.0   1.0   1.0
3   51.5    57.0    2.0   1.0   1.0
4   210.0   160.8   3.0   2.0   2.0
```

④ 添加自定义预测数据，其中包含"总价""建筑面积""室""厅""卫"，总价数据为"None"，其他数据为模拟数据。然后进行数据的标准化，定义特征数据与目标数据，最后训练回归模型进行未知房价的预测。代码如下：

```
01 #    添加自定义预测数据
02 new_data.loc[2505] = [None, 88.0, 2.0, 1.0, 1.0]
03 new_data.loc[2506] = [None, 136.0, 3.0, 2.0, 2.0]
04 data_train=new_data.loc[0:2504]
05 x_list = ['建筑面积', '室', '厅', '卫']                # 自变量参考列
06 data_mean = data_train.mean()                          # 获取平均值
07 data_std = data_train.std()                            # 获取标准偏差
08 data_train = (data_train - data_mean) / data_std       # 数据标准化
09 x_train = data_train[x_list].values                    # 特征数据
10 y_train = data_train['总价'].values                    # 目标数据，总价
11 linearsvr = LinearSVR(C=0.1)                           # 创建 LinearSVR() 对象
12 linearsvr.fit(x_train, y_train)                        # 训练模型
13 # 标准化特征数据
14 x = ((new_data[x_list] - data_mean[x_list]) / data_std[x_list]).values
15 # 添加预测房价的信息列
16 new_data[u'y_pred'] = linearsvr.predict(x) * data_std['总价'] + data_mean['总价']
17 print('真实值与预测值分别为: \n', new_data[['总价', 'y_pred']])
18 y = new_data[['总价']][2490:]                          # 获取 2490 以后的真实总价
19 y_pred = new_data[['y_pred']][2490:]                   # 获取 2490 以后的预测总价
20 return y,y_pred                                        # 返回真实房价与预测房价
```

查看打印的"真实值"与"预测值"，其中索引编号"2505""2506"为添加的自定义预测数据，打印结果如下：

真实值与预测值分别为：

```
        总价        y_pred
0       89.0     84.714340
1       99.8    143.839042
2       32.0     32.318720
3       51.5     50.815418
4      210.0    179.302203
5      118.0    199.664493
...      ...           ...
2502    75.0    105.918738
2503   100.0    105.647402
2504    48.8     56.676315
2505     NaN     82.262082
2506     NaN    153.981559
```

> **说明**
>
> 从以上的打印结果当中可以看出"总价"一列为房价的真实数据，而右侧的"y_pred"为房价的预测数据。其中索引编号"2505"与"2506"为模拟的未知数据，所以"总价"列中数据为空，而右侧的数据是根据已知的参考数据预测而来的。

⑤ 在主窗体初始化类中创建 show_total_price() 方法，用于绘制并显示二手房售价预测折线图。代码如下：

```python
01 # 显示二手房售价预测折线图
02 def show_total_price(self):
03     true_price,forecast_price = house_analysis.get_price_forecast()    # 获取预测房价
04     chart.broken_line(true_price,forecast_price,'二手房售价预测')      # 绘制及显示图表
```

⑥ 指定显示全市二手房售价预测图，关联按钮事件所对应的方法。代码如下：

```python
01 # 显示全市二手房户售价预测图，关联按钮事件
02 main.btn_5.triggered.connect(main.show_total_price)
```

小结

本章主要使用 Python 开发了一个二手房数据分析预测系统，该项目主要应用了 pandas 与 sklearn 模块实现数据分析处理。其中 pandas 模块主要用于实现数据的预处理以及数据的分类等，而 sklearn 模块主要用于实现数据的回归模型以及预测功能。最后需要通过一个比较经典的绘图模块 matplotlib，将分析后的文字数据绘制成图表，从而形成更直观的可视化数据。在开发中，数据分析是该项目的重点与难点，需要读者认真领会其中的算法，方便读者开发其他项目。

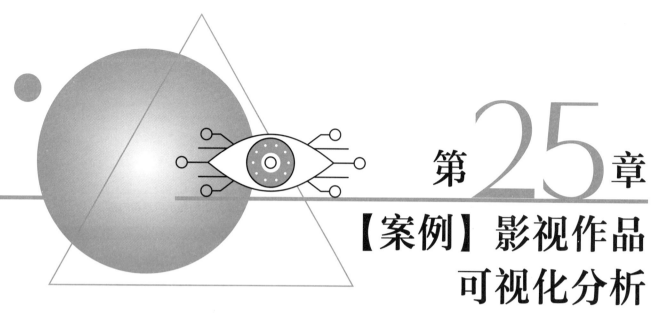

第25章

【案例】影视作品可视化分析
——PyQt5+pyecharts+wordcloud+json 模块 + request 实现

分析数据大多以图表形式展示,因为大量的数据以图表形式展示能给人更加直观的感受,有助于对数据进行分析,不同的图表样式可以满足不同的分析需求,可以根据自己的目的来选取最合适的指标、维度和图表样式。本章将使用 Python 结合 PyQt5、pyecharts 等技术实现影视作品的可视化分析。

25.1 案例效果预览

要实现影视作品分析的功能,首先要在主窗体中选择电影名称,如图 25.1 所示,选择电影后单击"分析"按钮,分析完成后会显示出可查看的内容,如图 25.2 所示,单击"查看"按钮,可以打开新的窗体显示分析图表,如单击主要城市评论数及平均分后面的"查看"按钮开启新窗体显示分析图表,如图 25.3 所示,单击热力图后面的"查看"按钮开启新窗体显示分析图表,单击词云后面的"查看"按钮开启新窗体显示分析图表,如图 25.4 所示。

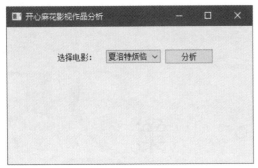
图 25.1　选择电影名称

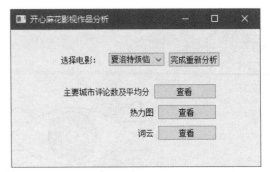
图 25.2　点击分析后显示可查看内容

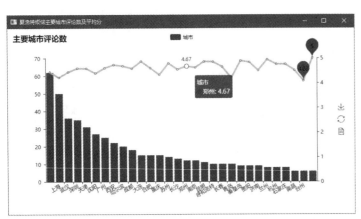
图 25.3　点击查看按钮后显示的分析图表①

图 25.4　点击查看按钮后显示的分析图表②

25.2　案例准备

本系统的软件开发及运行环境具体如下。

- 操作系统：Windows 10 及以上。
- Python 版本：Python 3.9.6（兼容 Python 3.x 版本）。
- 开发工具：PyCharm。
- Python 内置模块：os、sys、json、urllib.request、collections。
- 第三方模块：PyQt5、pyqt5-tools、pyecharts、echarts_china_cities_pypkg、echarts_china_provinces_pypkg、echarts_countries_pypkg、jieba、wordcloud、pandas、matplotlib、scipy、imageio。

> **说明**
>
> 在使用 pyecharts 模块时，需要 echarts_china_cities_pypkg、echarts_china_provinces_pypkg 和 echarts_countries_pypkg 三个模块的支持，所以尽管项目中没有导入这几个模块，也需要应用 pip 命令进行安装。

25.3　业务流程

在开发项目前，需要先了解软件的业务流程。影视作品可视化分析的业务流程如图 25.5 所示。

25.4 主窗体设计

25.4.1 实现主窗体

在实现影视作品可视化分析项目时，主窗体主要使用 PyQt5 模块实现。其运行效果如图 25.6 所示。

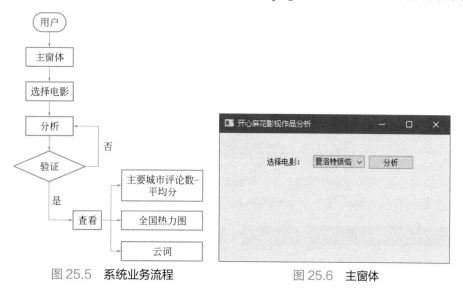

图 25.5　系统业务流程　　　　图 25.6　主窗体

要根据 PyQt5 实现初始化主窗体，先要理清初始化主窗体的业务流程和实现技术。根据本模块实现的功能，画出初始化主窗体的业务流程如图 25.7 所示。

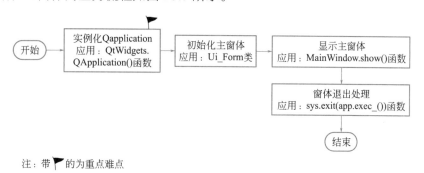

注：带 🚩 的为重点难点

图 25.7　实现主窗体的业务流程

具体步骤如下：

① 创建名称为 hool 的项目，在该项目中将自动创建 _init_.py，用于初始化项目（在该文件中不编写任何代码）；然后在 Qt Designer 中创建 main.ui 文件，用于绘制主窗体，并且将 main.ui 文件转换为 main.py 文件，用于添加实现影视作品分析的代码。

② 在 main.py 文件中新建 __name__ 主方法，用以初始化主窗体。代码如下：

```
01  # 程序主方法
02  if __name__ == '__main__':
03      app = QtWidgets.QApplication(sys.argv)
04      MainWindow = QtWidgets.QMainWindow()
05      # 初始化主窗体
06      ui = Ui_Form()
```

```
07  # 调用创建窗体方法
08  ui.setupUi(MainWindow)
09  # 显示主窗体
10  MainWindow.show()
11  sys.exit(app.exec_())
```

25.4.2 查看部分的隐藏与显示

要根据自定义的函数实现查看部分的隐藏与显示，先要理清隐藏与查看的实现技术。根据本模块实现的功能，画出查看部分的隐藏与显示的业务流程如图 25.8 所示。

图 25.8 查看部分的隐藏与显示业务流程

在下拉列表中选择一些新的电影名称后，先判断是否分析过该电影的数据，然后通过创建 hide() 方法和 show() 方法来隐藏和显示查询内容的文本标签和按钮，如图 25.9 和图 25.10 所示。

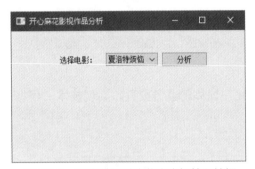

图 25.9 没有数据时隐藏文本标签和按钮

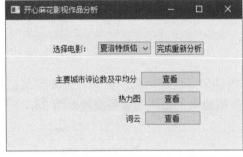

图 25.10 完成数据分析后显示文本标签和按钮

hide() 方法和 show() 方法的代码如下：

```
01  # 隐藏查看内容
02  def hide(self):
03      self.pushButton_4.setVisible(False)
04      self.label_4.setVisible(False)
05      self.pushButton_3.setVisible(False)
06      self.label_3.setVisible(False)
07      self.label_2.setVisible(False)
08      self.pushButton_2.setVisible(False)
09  # 显示查看内容
10  def show(self):
11      self.pushButton_4.setVisible(True)
12      self.label_4.setVisible(True)
13      self.pushButton_3.setVisible(True)
14      self.label_3.setVisible(True)
15      self.label_2.setVisible(True)
16      self.pushButton_2.setVisible(True)
```

25.4.3 下拉列表处理

要根据下拉控件的函数与自定义功能实现下拉列表处理，先要理清下拉列表的业务流程和实现技术。根据本模块实现的功能，画出下拉列表处理的业务流程如图 25.11 所示。

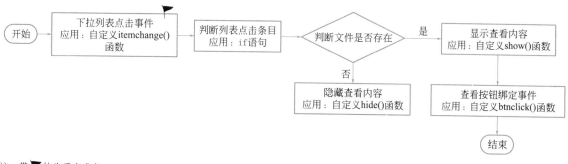

图 25.11　下拉列表处理的业务流程

在下拉列表里选择要分析的选项后，需要判断是否分析了该电影，分析过的要显示查看部分，没有分析过的隐藏，首先要绑定自定义处理方法为 itemchange() 方法，代码如下：

```
01 # 绑定电影选择处理方法
02 self.comboBox.activated[str].connect(self.itemchange)
```

在 25.4.1 节定义的程序主方法中，添加获取当前项目所在路径的代码，这里需要使用正则表达式将获取到的路径中的 "\" 替换为 "/"。关键代码如下：

```
01 d = os.path.dirname(os.path.realpath(sys.argv[0])) + "/"    # 获取当前文件所在路径
02 d = re.sub(r'\\', '/', d)                                    # 将路径中的分隔符 "\" 替换为 "/"
```

编写 itemchange() 方法用于处理下拉列表选项的改变时隐藏或者显示查询内容。在该方法中，应用了 os 模块中的 os.path.isfile() 方法，判断 path 是否存在。如果不存在，则隐藏查询的内容；如果存在，则显示查询的内容。代码如下：

```
01 # 电影选择事件
02 def itemchange(self,text):
03     # 判断下拉列表改变后的内容是什么
04     if text ==' 夏洛特烦恼 ':
05         # 判断文件是否存在
06         if not os.path.isfile(d + ' 夏洛特烦恼词云 .png'):
07             # 文件不存在，设置按钮显示文字 ' 分析 '
08             self.pushButton.setText(' 分析 ')
09             # 隐藏查看部分的控件
10             self.hide()
11         else:
12             # 文件存在，设置按钮显示文字为 ' 完成重新分析 '
13             self.pushButton.setText(' 完成重新分析 ')
14             # 设置名称变量内容
15             self.moveName = ' 夏洛特烦恼 '
16             # 设置 id 变量内容
17             self.moveId = '246082'
18             # 显示查看部分内容
19             self.show()
20             # 调用自定义查看按钮绑定事件方法
21             self.btnclick()
22     if text ==' 羞羞的铁拳 ':
23         if not os.path.isfile(d + ' 羞羞的铁拳词云 .png'):
24             self.pushButton.setText(' 分析 ')
25             self.hide()
26         else:
27             self.pushButton.setText(' 完成重新分析 ')
28             self.moveName = ' 羞羞的铁拳 '
29             self.moveId = '1198214'
```

```
30          self.show()
31          self.btnclick()
32      if text == '西虹市首富':
33          if not os.path.isfile(d + '西虹市首富词云.png'):
34              self.pushButton.setText('分析')
35              self.hide()
36          else:
37              self.pushButton.setText('完成重新分析')
38          self.moveName = '西虹市首富'
39          self.moveId = '1212592'
40          self.show()
41          self.btnclick()
```

25.5 数据分析与处理

25.5.1 获取数据

要根据数据表模块与网络请求模块实现获取数据功能，先要理清获取数据的业务流程和实现技术。根据本模块实现的功能，画出获取数据的业务流程如图 25.12 所示。

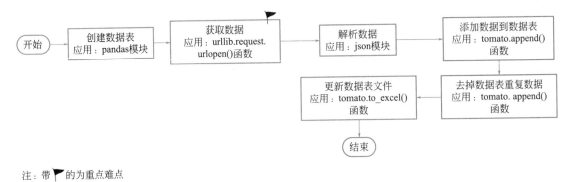

注：带 ▶ 的为重点难点

图 25.12　获取数据的业务流程

在获取数据时，首先需要应用 pandas 模块的 DataFrame() 方法创建一个 DataFrame（数据框）对象用于临时保存读取的数据。然后通过 while 循环以及 urllib.request 模块获取所需数据，并以文件形式保存，返回的内容通过 json 模块解析数据中有 total 字段，当 total 为 0 的时候就是结束循环的时候，循环结束后，应用 pandas 模块将得到的数据保存到 Excel 文件中。代码如下：

```
01 tomato = pd.DataFrame(columns=['date', 'score', 'city', 'comment', 'nick'])
02 i=1
03 while True:
04     print(i)
05     try:
06         url = 'http://m.maoyan.com/mmdb/comments/movie/'+self.moveId+'.json?_v_=yes&offset='+ str(i)
07         html = urllib.request.urlopen(url)
08         # 读取返回内容
09         content = html.read()
10         total = json.loads(content)['total']
11         print(total)
12         if total == 0:
13             # 结束循环
14             break
15         else:
16             data = json.loads(content)['cmts']
```

```
17              datah = json.loads(content)['hcmts']
18              for item in data:
19                  tomato = tomato.append(
20                      {'date': item['time'].split(' ')[0], 'city': item['cityName'],
21                       'score': item['score'],'comment': item['content'],
22                       'nick': item['nick']}, ignore_index=True)
23              for item in datah:
24                  tomato = tomato.append(
25                      {'date': item['time'].split(' ')[0], 'city': item['cityName'],
26                       'score': item['score'],'comment': item['content'],
27                       'nick': item['nick']}, ignore_index=True)
28              i +=1
29          except:
30              i += 1
31              # 跳出本次循环
32              continue
33  # 去掉重复数据
34  tomato = tomato.drop_duplicates(subset=['date', 'score', 'city', 'comment', 'nick'], keep='first')
35  # 生成 xlsx 文件
36  tomato.to_excel(self.moveName+'.xlsx', sheet_name='data')
```

25.5.2 生成全国热力图

要根据表数据内容与绘图模块生成全国热力图文件，先要理清生成全国热力图的业务流程和实现技术。根据本模块的功能，画出全国热力图的业务流程如图 25.13 所示。

图 25.13　生成全国热力图的业务流程

这里使用了 pandas 模块读取了文件数据内容，然后使用了 pyecharts 模块中的 geo 模块完成热力图的创建，最后使用 render() 函数生成全国热力图的 HTML 文件，并保存到本地。代码如下：

```
01  # 读取文件内容
02  tomato_com = pd.read_excel(self.moveName+'.xlsx')
03  grouped = tomato_com.groupby(['city'])
04  grouped_pct = grouped['score']     # tip_pct 列
05  city_com = grouped_pct.agg(['mean', 'count'])
06  # reset_index 可以还原索引，重新变为默认的整型索引
07  city_com.reset_index(inplace=True)
08  # 返回浮点数 0.01，返回到后两位
09  city_com['mean'] = round(city_com['mean'], 2)
10  data = [(city_com['city'][i], city_com['count'][i]) for i in range(0,city_com.shape[0])]
11  while flag:
12      attr, value = geo.cast(data)
13      try:
14          geo.add("", attr, value, type="heatmap", visual_range=[0, 50], visual_text_color="#fff",
15                 symbol_size=15, is_visualmap=True, is_roam=False)
16          flag = False
17      except ValueError as e:
18          e = str(e)
19          e = e.split("No coordinate is specified for ")[1]  # 获取不支持的城市名
20          for i in range(0, len(data)):
21              if e in list(data[i]):
22                  del data[i]
23                  break
24          flag = True
25  # 生成全国热力图 html 文件
26  geo.render(d + self.moveName+' 全国热力图 .html')
```

25.5.3 生成主要城市评论数及平均分

要根据表数据内容与绘图模块生成主要城市评论数及平均分，先要理清抽奖的业务流程和实现技术。根据本模块的功能，画出生成主要城市评论数及平均分的业务流程如图25.14所示。

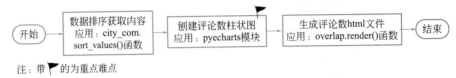

图 25.14　生成主要城市评论数及平均分的业务流程

这里使用了pandas模块读取了文件数据内容，然后使用了pyecharts模块中的Line与Bar模块完成热力图的创建，最后使用render()函数生成主要城市评论数及平均分的HTML文件保存到本地。代码如下：

```
01 city_main = city_com.sort_values('count', ascending=False)[0:30]
02 attr = city_main['city']
03 v1 = city_main['count']
04 v2 = city_main['mean']
05 line = Line(" 主要城市评分 ")
06 line.add(" 城市 ", attr, v2, is_stack=True, xaxis_rotate=30, yaxis_min=0,
07          mark_point=['min', 'max'], xaxis_interval=0, line_color='lightblue',
08          line_width=4, mark_point_textcolor='black', mark_point_color='lightblue',
09          is_splitline_show=False)
10 bar = Bar(" 主要城市评论数 ")
11 bar.add(" 城市 ", attr, v1, is_stack=True, xaxis_rotate=30, yaxis_min=0,
12          xaxis_interval=0, is_splitline_show=False)
13 overlap = Overlap()
14 # 默认不新增 x、y 轴，并且 x、y 轴的索引都为 0
15 overlap.add(bar)
16 overlap.add(line, yaxis_index=1, is_add_yaxis=True)
17 # 生成主要城市评论数及平均分 .html 文件
18 overlap.render(d + self.moveName+' 主要城市评论数及平均分 .html')
```

25.5.4 生成云图

要根据表数据内容与词云模块生成云图图片，先要理清生成云图的业务流程和实现技术。根据本模块的功能，画出生成云图的业务流程如图25.15所示。

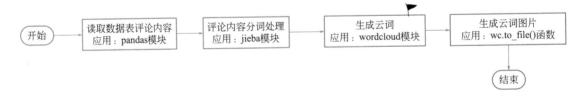

图 25.15　生成云图的业务流程

本程序导入了jieba中文分词模块，该模块支持三种分词模式：精确模式、全模式和搜索引擎模式。本程序采用搜索引擎模式，即使用jieba.cut_for_search()函数将评论的内容切割成若干个分词，然后将其生成云图图片，保存到本地，关键代码如下：

```
01 # 评论内容
02 tomato_str = ' '.join(tomato_com['comment'])
03 words_list = []
```

```
04  # 分词
05  word_generator = jieba.cut_for_search(tomato_str)
06  for word in word_generator:
07      words_list.append(word)
08  words_list = [k for k in words_list if len(k) > 1]
09  back_color = imread(d + '词云背景.jpg')                  # 解析该图片
10  wc = WordCloud(background_color='white',                # 背景颜色
11                 max_words=200,                           # 最大词数
12                 mask=back_color,  # 以该参数值作图绘制词云，这个参数不为空时，width 和 height 会被忽略
13                 max_font_size=300,                       # 显示字体的最大值
14                 font_path=" STFANGSO.ttf",               # 字体
15                 random_state=42,                         # 为每个词返回一个 PIL 颜色
16                 )
17  tomato_count = collections.Counter(words_list)
18  wc.generate_from_frequencies(tomato_count)
19  # 基于彩色图像生成相应色彩
20  image_colors = ImageColorGenerator(back_color)
21  # 绘制词云
22  plt.figure()
23  plt.imshow(wc.recolor(color_func=image_colors))
24  plt.axis('off')                                         # 去掉坐标轴
25  wc.to_file(path.join(d,self.moveName + '词云.png'))      # 保存词云图片
```

25.6 点击查看显示内容

25.6.1 创建显示 html 页面窗体

要根据窗体控件实现创建显示 html 页面窗体，先要理清创建显示 html 页面窗体的业务流程和实现技术。根据本模块的功能，画出创建显示 html 页面窗体的业务流程如图 25.16 所示。

注：带 🚩 的为重点难点

图 25.16　创建显示 html 页面窗体的业务流程

创建一个新窗体用于显示 HTML 页面，即全国热力图、主要城市评论数及平均分。在该窗体中应用了自定义的 kk() 方法显示是哪个电影的 HTML 文件，代码如下：

```
01  # 显示热力图、主要城市评论数及平均分页面
02  class MainWindows(QMainWindow):
03      def __init__(self):
04          super(QMainWindow,self).__init__()
05          self.setGeometry(200, 200, 1250, 650)
06          self.browser = QWebEngineView()
07      def kk(self,title,hurl):
08          self.setWindowTitle(title)
09          url = d+'/'+hurl
10          self.browser.load(QUrl(url))
11          self.setCentralWidget(self.browser)
```

25.6.2 创建显示图片窗体

要根据窗体控件实现创建显示图片窗体，先要理清创建窗体的业务流程和实现技术。根据本模块的功能，画出创建显示图片窗体的业务流程如图 25.17 所示。

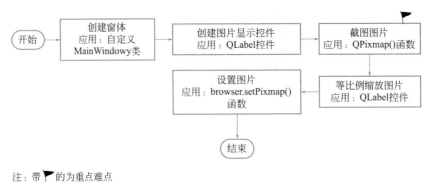

注：带 🚩 的为重点难点

图 25.17　创建显示图片窗体的业务流程

创建一个新窗体用于显示电影的词云图片。在该窗体中应用自定义的 kk() 方法，根据不同的电影打开并显示不同的图片。代码如下：

```
01  # 显示词云图片页面
02  class MainWindowy(QMainWindow):
03      def __init__(self):
04          super(QMainWindow,self).__init__()
05          self.setGeometry(200, 200, 650, 650)
06          self.browser = QLabel()
07      def kk(self,title,hurl):
08          self.setWindowTitle(title)
09          url = d+'/'+hurl
10          # self.browser.setBackgroundRole()
11          # 由 pixmap 解析图片
12          pixmap = QPixmap(url)
13          # 等比例缩放图片
14          scaredPixmap = pixmap.scaled(QSize(600, 600), aspectRatioMode=Qt.KeepAspectRatio)
15          # 设置图片
16          self.browser.setPixmap(scaredPixmap)
17          # 判断选择的类型，根据类型做相应的图片处理
18          self.browser.show()
19          self.setCentralWidget(self.browser)
```

25.6.3 绑定查询按钮单击事件

要根据控件函数与自定义函数实现绑定查询按钮单击事件，先要理清绑定事件的业务流程和实现技术。根据本模块的功能，画出绑定查询按钮单击事件的业务流程如图 25.18 所示。

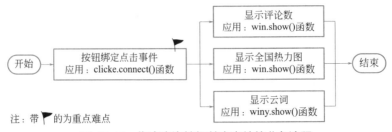

注：带 🚩 的为重点难点

图 25.18　绑定查询按钮单击事件的业务流程

查询按钮一共有3个，首先需要先绑定单击事件，为了方便调用，创建了 btnclick() 方法在其中处理绑定事件，代码如下：

```
01  #  为查看按钮绑定事件
02  def btnclick(self):
03      self.pushButton_2.clicked.connect(self.reli2)
04      self.pushButton_3.clicked.connect(self.reli3)
05      self.pushButton_4.clicked.connect(self.reli4)
```

对查询按钮点击后的处理，创建了3个方法，分别为 reli2()、reli3()、reli4()。不同的查询按钮绑定不同的事件，在其中开启新的页面，代码如下：

```
01  #  主要城市评论数及平均分查看按钮事件
02  def reli2(self):
03      win.kk(self.moveName+'主要城市评论数及平均分',self.moveName+'主要城市评论数及平均分.html')
04      win.show()
05
06  #  全国热力图查看按钮事件
07  def reli3(self):
08      win.kk(self.moveName + '全国热力图', self.moveName + '全国热力图.html')
09      win.show()
10
11  #  词云查看按钮事件
12  def reli4(self):
13      winy.kk(self.moveName + '词云', self.moveName + '词云.png')
14      winy.show()
```

小结

本章主要使用 Python 开发了一个影评分析项目，项目的核心是如何抓取电影评论数据，并保存为文件，通过文件内容生成各种图表，这需要用到 request 模块和 pandas 模块，也需要用到使用生成图表的 pyecharts 模块和 wordcloud 模块。另外，影评分析项目以窗体模式与用户进行交互，这主要通过 PyQt5 设计器来实现。通过本章的学习，读者应该掌握 PyQt5 可视化设计器的使用，并熟练掌握如何使用 Python 内置的 request 模块进行网络数据的抓取。

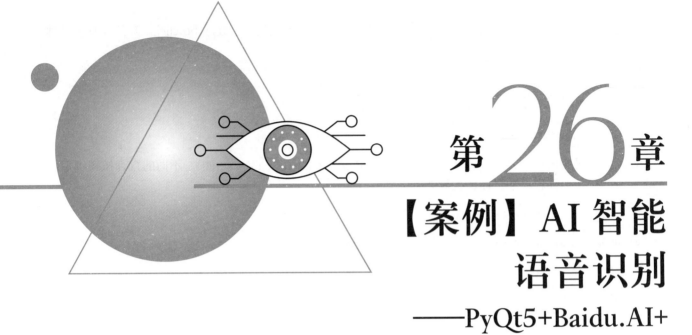

第 26 章

【案例】AI 智能语音识别
——PyQt5+Baidu.AI+ffmpeg 多媒体工具实现

扫码领取
- 教学视频
- 配套源码
- 练习答案
- ……

语音识别属于人工智能中感知智能的一部分，其本质是一种把人说的话转为文本的技术。本案例中可以将文本转换为语音，也可以将语音识别为文本。

26.1 案例效果预览

语音合成主要是将文本框中输入的文字转换为语音文件，运行程序，在文本框中输入文字，选择相应的声音之后，单击"语音合成"按钮，即可将文本框中的文字合成为 mp3 格式的语音文件，并自动打开播放，程序运行效果如图 26.1 和图 26.2 所示。

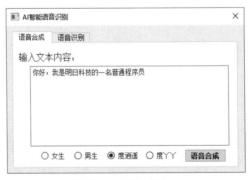

图 26.1 语音合成

图 26.2 合成的 mp3 语音文件

语音识别功能就是将语音文件中的文字识别出来，运行程序，单击"选择"按钮，选择语音文件，同时将语音文件中的文字识别出来，显示在文本框中，效果如图 26.3 所示。

图 26.3　语音识别

26.2　案例准备

本软件的开发及运行环境具体如下：
- 操作系统：Windows 10 及以上。
- Python 版本：Python 3.9.6（兼容 Python 3.x 版本）。
- 开发工具：PyCharm。
- 第三方模块：PyQt5、pyqt5-tools。
- 第三方工具：ffmpeg 多媒体处理工具。
- API 接口：百度 API 接口。

26.3　业务流程

AI 智能语音识别程序的业务流程图如图 26.4 所示。

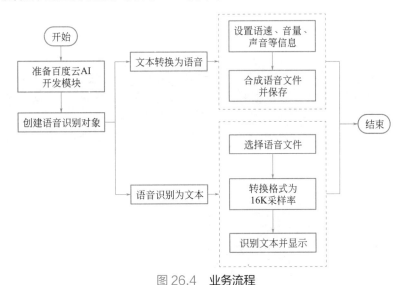

图 26.4　业务流程

26.4　实现过程

26.4.1　准备百度云 AI 开发模块

本案例实现语音与文本的相互转换使用的是百度云 AI 的 API 接口，因此，其实现的关键是：如何申请百度云 AI 的 API 使用权限，以及如何在 Python 程序中调用百度云 AI 的 SDK 开发包，下面按步骤进行详细说明。

① 在网页浏览器（例如 Chrome 或者火狐）的地址栏中输入 ai.baidu.com，进入到百度云 AI 的官网，如图 26.5 所示，该页面中单击右上角的蓝色"控制台"按钮。

图 26.5　百度云 AI 官网

② 进入到百度云 AI 官网的登录页面，如图 26.6 所示，该页面中需要输入百度账号和密码，如果没有，请单击"立即注册"超链接进行申请。

图 26.6　百度云 AI 官网的登录页面

③ 登录成功后，进入到百度云 AI 官网的控制台页面，单击左侧导航中的"产品服务"，展开列表，在列表的最右侧下方看到有"人工智能"的分类，该分类中选择"百度语音"，如图 26.7 所示。

图 26.7 在服务列表中选择"百度语音"

④ 进入"百度语音 - 概览"页面，要使用百度云 AI 的 API，首先需要申请权限，申请权限之前需要先创建自己的应用，因此单击"创建应用"按钮，如图 26.8 所示。

图 26.8 "百度语音－概览"页面中单击"创建应用"按钮

⑤ 进入到"创建应用"页面，该页面中需要输入应用的名称，选择应用类型，并选择接口，注意：这里的接口可以多选择一些，把后期可能用到的接口全部选择上，这样，在开发本章后面的实例时，就可以直接使用。选择完接口后，选择语音包名，这里选择"不需要"，输入应用描述，单击"立即创建"按钮，如图 26.9 所示。

图 26.9 创建应用

⑥ 页面跳转到应用列表页面，该页面中即可查看创建的应用，以及百度云自动为您分配的 AppID、API Key、Secret Key，这些值根据应用的不同而不同，因此一定要保存好，以便开发时使用，如图 26.10 所示。

图 26.10　应用列表页面查看 AppID、API Key、Secret Key

⑦ 打开系统的 cmd 命令窗口，使用 pip install baidu-aip 命令安装模块，如图 26.11 所示。

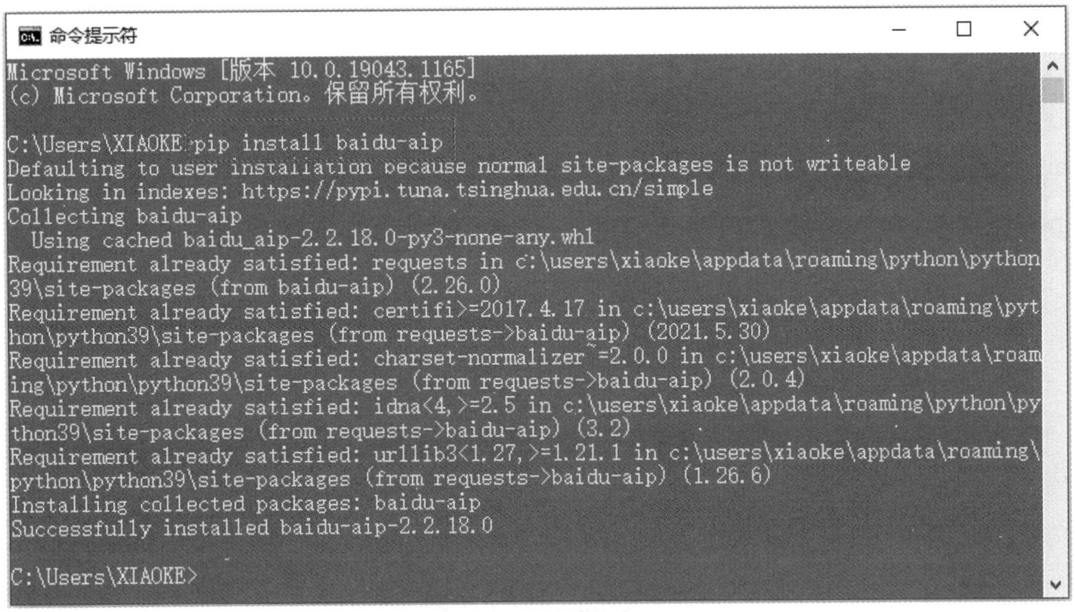

图 26.11　安装百度云 AI 模块

⑧ 打开要使用的百度云 AI 的代码文件，导入模块之后即可在程序中使用百度云 AI 提供的相应类来进行人工智能应用编程了。例如，本案例进行语音相关的编程，则需要导入下面模块：

```
from aip import AipSpeech
```

26.4.2　设计窗体

本案例中只有一个窗体，但实现两个功能，分别是将文本合成为语音、将语音识别为文本，因此窗体中使用了 TabWidget 选项卡控件进行设计，该控件中设置了两个选项卡："语音合成"和"语音识别"。其中，"语音合成"选项卡中添加一个 TextEdit 控件，用来输入要合成语音的文字；添加 4 个 RadioButton 控件，用来设置合成语音时设置的声音；添加一个 PushButton 控件，用来执行合成语音操作。"语音识别"选项卡中添加一个 PushButton 控件，用来选择语音文件，并执行语音转文字操作；添加一个 LineEdit 控件，用来显示选择的语音文件；添加一个 TextEdit 控件，用来显示识别的语音文字内容。"语音合成"选项卡设计效果如图 26.12 所示，"语音识别"选项卡设计效果如图 26.13 所示。

窗体设计完成后，使用 PyUIC 工具将 .ui 文件转换为 .py 代码文件。

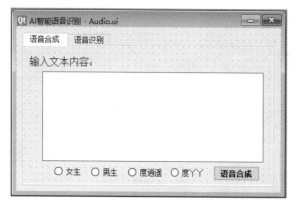

图 26.12 "语音合成"选项卡设计效果

图 26.13 "语音识别"选项卡设计效果

26.4.3 创建语音识别对象

实现功能之前,首先应该创建百度云 API 中的语音识别对象,并且创建全局变量,记录百度云应用的 ID、APIKey 和 SecretKey,代码如下:

```
01  class Audio(QMainWindow, Ui_Form):
02
03      APP_ID = '11079594'                                    # 设置自己创建百度云应用时的 ID
04      API_KEY = 'fMA2S0U0dGPHbdbn3EmtRGfZ'                   # 设置自己创建百度云应用时的 APIKey
05      SECRET_KEY = '2d9bbfc2a45bde1056d0c1fd272fd5f2'        # 设置自己创建百度云应用时的 SecretKey
06      client = AipSpeech(APP_ID, API_KEY, SECRET_KEY)        # 创建语音识别对象
07      def __init__(self):
08          super(Audio, self).__init__()
09          self.setupUi(self)
10          self.setWindowFlags(QtCore.Qt.WindowCloseButtonHint)
```

26.4.4 将文本合成语音文件

将文本合成为语音文件主要使用百度云 API 中的 synthesis 方法,该方法用来将文本合成为语音,其使用方法如下:

```
result = client.synthesis(text, option)
```

synthesis 方法参数说明如表 26.1 所示。

表 26.1 synthesis 方法参数说明

参数	类型	描述
text	String	合成的文本,使用 UTF-8 编码,请注意文本长度必须小于 1024 字节
option	Dictionary	可选参数,用来指定合成语音时的一些信息,具体指定的参数如表 26.2 所示

表 26.2 option 参数中可以指定的参数

参数	类型	描述
spd	String	语速,取值 0 ~ 9,默认 5 为中语速
pit	String	音调,取值 0 ~ 9,默认 5 为中语调
vol	String	音量,取值 0 ~ 15,默认 5 为中音量
per	String	发音人选择。0 为女声,1 为男声,3 为情感合成 – 度逍遥,4 为情感合成 – 度丫丫,默认为普通女
cuid	Int	用户唯一标识,用来区分用户,用来设置机器 MAC 地址或 IMEI 码,长度为 60 以内

单击"语音合成"按钮，首先根据单选按钮的选中情况设置要合成语音文件采用的声音，以及语速、音量等信息，然后调用 synthesis 方法将用户输入的文本合成语音文件并保存。代码如下：

```
01 def txtToAudio(self):
02     voice = 0
03     if self.radioButton.isChecked():
04         voice = 0                                        # 女声
05     elif self.radioButton_2.isChecked():
06         voice = 1                                        # 男声
07     elif self.radioButton_3.isChecked():
08         voice = 3                                        # 度逍遥
09     elif self.radioButton_4.isChecked():
10         voice = 4                                        # 度丫丫
11     # 语音合成
12     result = self.client.synthesis(self.textEdit.toPlainText(), 'zh', 3, {
13         'vol': 5,
14         'per': voice,
15     })
16     now = time.strftime("%Y-%m-%d %H:%M:%S", time.localtime()).replace('-', '').replace(':', '').replace(' ','') # 获取当前日期时间
17     # 识别正确返回语音二进制，错误则返回 dict
18     if not isinstance(result, dict):
19         with open(str(now) + '.mp3', 'wb') as f:
20             f.write(result)
21         QMessageBox.information(None, ' 提示 ', ' 文字已经转换为相应的 MP3 文件，请在当前项目路径中查看！ ', QMessageBox.Ok)
22     else:
23         QMessageBox.warning(None, ' 警告 ', ' 转换失败，请确认转换的文本长度不超过 1024 字节（342 个汉字）！ ', QMessageBox.Ok)
```

> **说明**
>
> 本案例支持的语音格式，要求原始 PCM 的录音参数必须符合 8k/16k 采样率、16bit 位深、单声道，支持的格式有：pcm（不压缩）、wav（不压缩，pcm 编码）、amr（压缩格式）。

为"语音合成"按钮的 clicked 单击信号关联槽函数，代码如下：

```
01 # 关联 " 语音合成 " 按钮的方法
02 self.pushButton.clicked.connect(self.txtToAudio)
```

26.4.5 将语音识别为文本

将语音识别为文本主要使用百度云 API 中的 asr 方法，用来向远程服务上传整段语音进行识别，其使用方法如下：

```
result = client.asr(data, farmat, rate, cuid, dev_pid)
```

asr 方法参数说明如表 26.3 所示。

表 26.3　asr 方法参数说明

参数	类型	描述
data	byte[]	语音二进制数据，语音文件的格式为 pcm、wav 或者 amr。不区分大小写
format	String	语音文件的格式为 pcm、wav 或者 amr。不区分大小写。推荐 pcm 文件
rate	int	采样率，16000，固定值
cuid	String	用户唯一标识，用来区分用户，填写机器 MAC 地址或 IMEI 码，长度为 60 以内
dev_pid	Int	不设置 lan 参数时生效，如果所有参数都不设置，则默认 1537（普通话输入法模型）

asr 方法的返回参数说明如表 26.4 所示。

表 26.4　asr 方法返回参数说明

参数	类型	是否一定输出	描述
err_no	int	是	错误码
err_msg	int	是	错误码描述
sn	int	是	语音数据唯一标识，系统内部产生，用于 debug
result	int	是	识别结果数组，提供 1～5 个候选结果，string 类型为识别的字符串，utf-8 编码

单击"选择"按钮，首先选择要识别的语音文件，然后使用 ffmpeg 将语音文件转换为采用 16K 采样率的 wav 音频文件，最后使用 asr 方法识别转换后的 wav 音频文件中的文本内容，并显示在相应的文本框中。代码如下：

```
01 def recAudio(self):
02     # 记录用户选择的音频文件地址
03     filepath,filetype=QFileDialog.getOpenFileName(None,'选择语音文件','C:\\',"音频 (*.mp3;*.wav)")
04     if filepath != "":                                    # 判断是否选择了文件
05         self.lineEdit.setText(filepath)
06         path = os.path.splitdrive(filepath)[0]            # 得到原音频的路径
07         if not path.endswith('\\'):                       # 判断路径是否以 "\\" 结尾
08             path = path + '\\'                            # 为路径结尾增加 "\\"
09         newaudio = uuid.uuid1()                           # 随机生成临时文件名
10         newfile = os.path.join(path, str(newaudio) + ".wav")  # 新的文件（包含路径和扩展名）
11         # 定义使用 ffmpeg 转换视频的命令，将 mp3 格式转换为采用 16K 采样率的 wav 文件
12         cmd = "ffmpeg -i " + str(filepath) + " -ar 16000 -ac 1  -f wav " + newfile
13         os.popen(cmd)                                     # 执行格式转换命令
14         time.sleep(0.2)                                   # 休眠 0.2 秒，这里主要是为了执行上面的转换操作
15         if os.path.exists(newfile):                       # 判断是否存在新转换的文件
16             with open(newfile, 'rb') as f:                # 以二进制形式打开文件
17                 # 识别音频文件内容
18                 result = self.client.asr(f.read(), 'wav', 16000, {'dev_pid': 1536, })
19                 self.textEdit_2.setText(result['result'][0])# 显示识别结果
20         else:
21             QMessageBox.warning(None, '警告 ', '没有该文件！ ', QMessageBox.Ok)
22     else:
23         QMessageBox.warning(None, '警告 ', '请选择一个有效文件……', QMessageBox.Ok)
```

指点迷津

> 在识别语音文件时，可能会出现 "request pv too much" 的结果，这是由于还未领取接口的免费使用次数，可以在百度云平台的"控制台－语音技术－概览"处领取接口的免费次数，另外，如果不是第一次使用，则代表免费次数已经耗尽，在相同位置开通接口的付费功能即可。

为"选择"按钮的 clicked 单击信号关联槽函数，代码如下：

```
01 # 关联 " 选择 " 按钮的方法，进行语音识别
02 self.pushButton_2.clicked.connect(self.recAudio)
```

小结

本章主要讲解了如何在 Python 中实现语音与文本的相互转换，其中主要用到的技术是百度云 AI 提供的语音识别接口，现在是一个人工智能时代，语音识别技术是其中一个重要的分支，因此通过学习本案例，希望能够引导读者初步接触人工智能技术的应用，并唤起读者深入探索人工智能的兴趣。

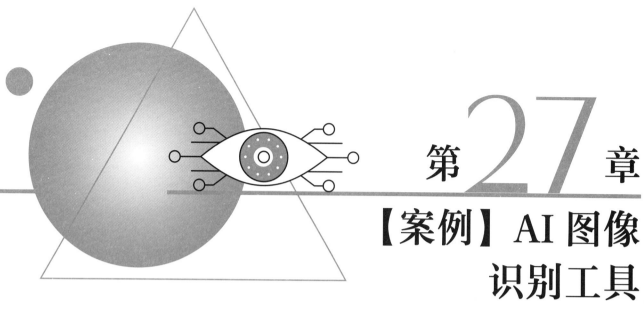

第27章

【案例】AI 图像识别工具
——PyQt5+ 百度 API+json+Base64 实现

扫码领取
- 教学视频
- 配套源码
- 练习答案
- ……

图像识别是人工智能领域发展特别迅速的一个方向，而且落地应用场景也非常多。本案例将使用 Python 结合百度 API 接口带领读者初步了解图像识别的应用，本案例中的 AI 图像识别工具主要包括植物识别、动物识别、车型识别、车牌识别、银行卡识别等。

27.1 案例效果预览

AI 图像识别工具默认显示效果如图 27.1 所示。

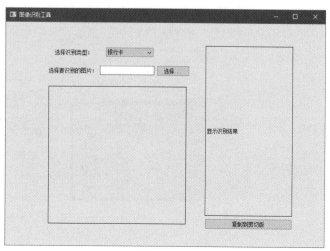

图 27.1　AI 图像识别工具默认显示效果

选择识别类型，点击默认显示银行卡的下拉按钮，如图 27.2 所示。

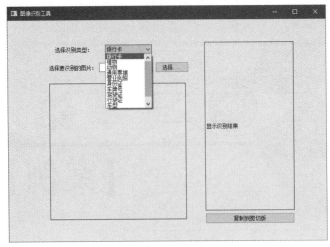

图 27.2　类别选择显示

选择完类别后点击"选择..."按钮，弹出选择图片弹窗，如图 27.3 所示。

图 27.3　显示选择图片弹窗

找到想要选择的图片，选择完成后，将会根据选择的类型，显示图片中的相关信息，如图 27.4 所示。

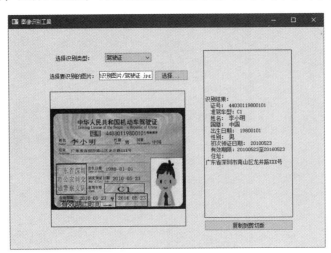

图 27.4　显示驾驶证识别结果

27.2 案例准备

27.2.1 开发工具准备

本软件的开发及运行环境具体如下：
- 操作系统：Windows 10 及以上。
- Python 版本：Python 3.9.6（兼容 Python 3.x 版本）。
- 开发工具：PyCharm。
- 第三方模块：PyQt5、pyqt5-tools、urllib、urllib.request、Base64、json。
- API 接口：百度 API 接口。

27.2.2 技术准备

1. 申请百度 AI 接口

图像识别主要使用的就是百度 AI 开放平台申请的接口，申请地址为"http://ai.baidu.com/"。访问该申请地址后点击菜单栏中的"控制台"，再点击"图像识别"，如图 27.5 所示。

图 27.5　点击"图像识别"

点击"图像识别"后会提示进入登录页面，如图 27.6 所示。

图 27.6　登录页面

登录成功后进入控制台，依次单击"产品服务"→"全部产品"→"图像识别"，如图 27.7 所示。

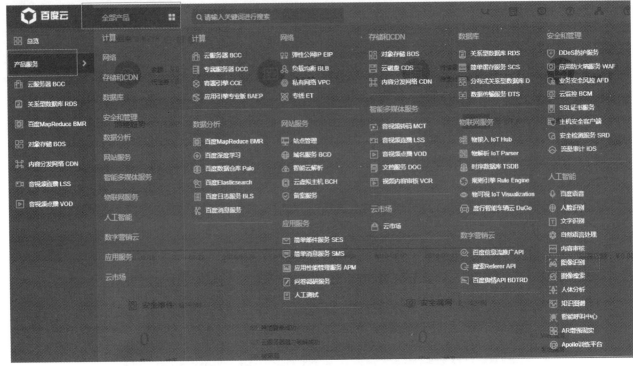

图 27.7　图像识别

进入"图像识别"页面后选择创建应用，添加应用名称，然后根据项目需求可以勾选多个接口权限（默认仅有图像识别权限），最后单击立即创建，完成应用创建。应用创建完成后进入"应用列表"页面，在该页面中查看项目中需要使用的 API Key、Secret Key 的值。如图 27.8 所示。

图 27.8　查询应用 API Key、Secret Key

2. urllib 模块

urllib 是 Python 内置的 HTTP 请求库，是 Python 的一个获取 url（Uniform Resource Locators，统一资源定位符）并爬取远程数据的库，而 urllib.request 为请求块。

例如，导入 urllib 库，然后使用 urllib.request 请求，代码如下：

```
01 import urllib.request
02 # client_id 为官网获取的 AK, client_secret 为官网获取的 SK
03 host = 'https://aip.baidubce.com/oauth/2.0/token?grant_type=client_credentials&client_id='+ API_KEY +
   '&client_secret=' + SECRET_KEY
04 # 发送请求
05 request = urllib.request.Request(host)
06 # 添加请求头
07 request.add_header('Content-Type', 'application/json; charset=UTF-8')
08 # 获取返回内容
09 response = urllib.request.urlopen(request)
10 # 读取返回内容
11 content = response.read()
```

> **说明**
>
> 以上网络请求的目标地址为百度AI图像识别工具的接口，详细信息可以参考官网中的API文档。

3. json模块

JSON（JavaScript Object Notation）是一种轻量级的数据交换格式，Python 3.x可以使用json模块来对JSON数据进行编解码。json模块的常用方法如下：

- json.dump()：将Python数据对象以JSON格式数据流的形式写入到文件。
- json.load()：解析包含JSON数据的文件为Python对象。
- json.dumps()：将Python数据对象转换为JSON格式的字符串。
- json.loads()：将包含JSON的字符串、字节以及字节数组解析为Python对象。

例如，导入json模块，然后使用json解析JSON格式数据，代码如下：

```
01  import json
02  # Python 字典类型转换为 JSON 对象
03  data1 = {
04      'no' : 1,
05      'name' : 'mrsoft',
06      'url' : 'https://www.mingrisoft.com'
07  }
08  json_str = json.dumps(data1)
09  print ("Python 原始数据: ", repr(data1))
10  print ("JSON 对象: ", json_str)
11  # 将 JSON 对象转换为 Python 字典
12  data2 = json.loads(json_str)
13  print ("data2['name']: ", data2['name'])
14  print ("data2['url']: ", data2['url'])
```

执行以上代码，输出结果为：

```
Python 原始数据: {'name': 'mrsoft', 'no': 1, 'url': 'https://www.mingrisoft.com'}
JSON 对象: {"name": "mrsoft", "no": 1, "url": "https://www.mingrisoft.com"}
data2['name']:  mrsoft
data2['url']:  https://www.mingrisoft.com
```

27.3 业务流程

在开发AI图像识别工具前，需要先思考开发该工具的业务流程，其流程如图27.9所示。

27.4 实现过程

27.4.1 设计窗体

在设计AI图像识别工具的主窗体时，首先需要创建主窗体外层，然后依次添加分类选择部分、图片选择部分、选择的图片显示区域、显示识别结果区域、复制识别结果部分（黑色框内）。设计顺序如图27.10所示。

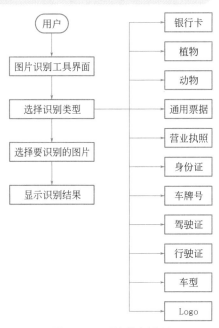

图27.9　系统业务流程

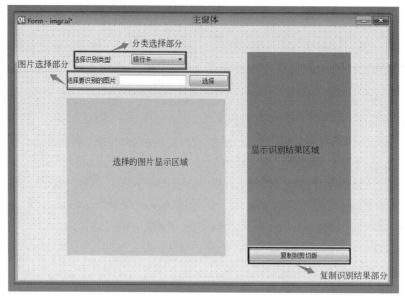

图 27.10　AI 图像识别工具的主窗体

27.4.2　添加分类

根据原型分析，分类有银行卡、植物、动物、通用票据、营业执照、身份证、车牌号、驾驶证、行驶证、车型、Logo 识别等分类。需要添加分类到控件 QComoBox 中，代码如下：

```
01 # 设置下拉控件选项内容
02 self.comboBox.setItemText(0, _translate("Form", " 银行卡 "))
03 self.comboBox.setItemText(1, _translate("Form", " 植物 "))
04 self.comboBox.setItemText(2, _translate("Form", " 动物 "))
05 self.comboBox.setItemText(3, _translate("Form", " 通用票据 "))
06 self.comboBox.setItemText(4, _translate("Form", " 营业执照 "))
07 self.comboBox.setItemText(5, _translate("Form", " 身份证 "))
08 self.comboBox.setItemText(6, _translate("Form", " 车牌号 "))
09 self.comboBox.setItemText(7, _translate("Form", " 驾驶证 "))
10 self.comboBox.setItemText(8, _translate("Form", " 行驶证 "))
11 self.comboBox.setItemText(9, _translate("Form", " 车型 "))
12 self.comboBox.setItemText(10, _translate("Form", "Logo"))
```

添加分类运行效果如图 27.11 所示。

27.4.3　选择识别的图片

选择要识别图片的功能是单击按钮后弹出选择框，进行图片选择，图片选择后显示图片路径以及图片预览效果，同时根据选择的分类进行图像的识别，实现步骤如下：

① 实现新建 openfile 按钮单击事件方法，在该方法中打开文件选择会话框查找图片，返回选择的图片，进行相应的处理，包括显示图片、设置显示图片路径、调用创建的 typeTp() 方法判断选择类型，进行图片识别，代码如下：

图 27.11　添加分类

```
01 # 打开文件选择会话框方法
02 def openfile(self):
03     # 启动选择文件会话框，查找 jpg 以及 png 图片
04     self.download_path = QFileDialog.getOpenFileName(self.widget1, " 选择要识别的图片 ", "/", "Image Files(*.jpg *.png)")
05     # 判断是否选择图片
```

```python
06  if not self.download_path[0].strip():
07      # 没有选择图片
08      pass
09  else:
10      # 选择图片执行以下内容
11      # 设置图片路径
12      self.lineEdit.setText(self.download_path[0])
13      # pixmap 解析图片
14      pixmap = QPixmap(self.download_path[0])
15      # 等比例缩放图片
16      scaredPixmap = pixmap.scaled(QSize(311, 301),aspectRatioMode=Qt.KeepAspectRatio)
17      # 设置图片
18      self.image.setPixmap(scaredPixmap)
19      # 判断选择的类型,根据类型做相应的图片处理
20      self.image.show()
21      # 判断选择的类型
22      self.typeTp()
23      pass
```

② 实现分类方法 typeTp() 判断选择的分类,进行图片识别,代码如下:

```python
01  # 判断选择的类型进行相应处理
02  def typeTp(self):
03      # 银行卡识别
04      if self.comboBox.currentIndex() == 0:
05          self.get_bankcard(self.get_token())
06          pass
07      # 植物识别
08      elif self.comboBox.currentIndex() == 1:
09          self.get_plant(self.get_token())
10          pass
11      # 动物识别
12      elif self.comboBox.currentIndex() == 2:
13          self.get_animal(self.get_token())
14          pass
15      # 通用票据识别
16      elif self.comboBox.currentIndex() == 3:
17          self.get_vat_invoice(self.get_token())
18          pass
19      # 营业执照识别
20      elif self.comboBox.currentIndex() == 4:
21          self.get_business_licensev(self.get_token())
22          pass
23      # 身份证识别
24      elif self.comboBox.currentIndex() == 5:
25          self.get_idcard(self.get_token())
26          pass
27      # 车牌号识别
28      elif self.comboBox.currentIndex() == 6:
29          self.get_license_plate(self.get_token())
30          pass
31      # 驾驶证识别
32      elif self.comboBox.currentIndex() == 7:
33          self.get_driving_license(self.get_token())
34          pass
35      # 行驶证识别
36      elif self.comboBox.currentIndex() == 8:
37          self.get_vehicle_license(self.get_token())
38          pass
39      # 车型识别
40      elif self.comboBox.currentIndex() == 9:
41          self.get_car(self.get_token())
42          pass
43      # Logo 识别
```

```
44    elif self.comboBox.currentIndex() == 10:
45        self.get_logo(self.get_token())
46        pass
47    pass
```

③ 为按钮添加单击事件，代码如下：

```
01 # 为按钮添加方法
02 self.pushButton.clicked.connect(self.openfile)
```

运行程序，选择要识别的图片的效果如图 27.12 所示。

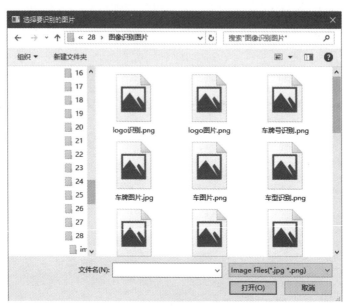

图 27.12　选择要识别的图片

27.4.4　银行卡图像识别

图像识别使用的是百度 AI 接口，访问百度接口，返回相应的数据使用 json 进行处理。以银行卡识别为例，代码如下：

```
01 # 0 表示银行卡识别
02 def get_bankcard(self, access_token):
03     request_url = "https://aip.baidubce.com/rest/2.0/ocr/v1/bankcard"
04     # 二进制方式打开图片文件
05     f = self.get_file_content(self.download_path[0])
06     img = base64.b64encode(f)
07     params = {"image": img}
08     params = urllib.parse.urlencode(params).encode('utf-8')
09     request_url = request_url + "?access_token=" + access_token
10     request = urllib.request.Request(url=request_url, data=params)
11     request.add_header('Content-Type', 'application/x-www-form-urlencoded')
12     response = urllib.request.urlopen(request)
13     content = response.read()
14     if content:
15         # 解析返回数据
16         bankcards = json.loads(content)
17         # 输出返回结果
18         strover = ' 识别结果: \n'
19         # 捕捉异常，判断是否正确返回信息
```

```
20          try:
21              # 判断银行卡类型
22              if bankcards['result']['bank_card_type']==0:
23                  bank_card_type=' 不能识别 '
24              elif bankcards['result']['bank_card_type']==1:
25                  bank_card_type = ' 借记卡 '
26              elif bankcards['result']['bank_card_type'] == 2:
27                  bank_card_type = ' 信用卡 '
28              strover += '  卡号: {} \n  银行: {} \n  类型:{}\n'.format(bankcards['result']['bank_card_number'],bankcards['result']['bank_name'],bank_card_type)
29          # 错误的时候提示错误原因
30          except BaseException:
31              error_msg = bankcards['error_msg']
32              strover += '  错误: \n {} \n '.format(error_msg)
33          # 设置识别显示结果
34          self.label_3.setText(strover)
```

运行程序，银行卡图像识别的效果如图 27.13 所示。

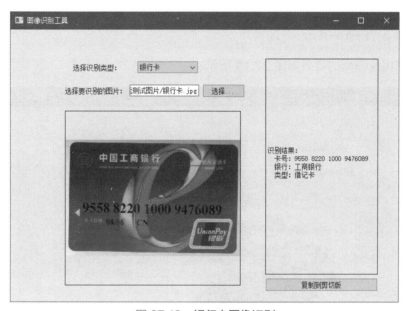

图 27.13　银行卡图像识别

27.4.5　植物图像识别

图像识别使用的是百度 AI 接口，有了银行卡识别的基础，接下来实现植物图片识别，代码如下：

```
01 # 1 表示植物识别
02 def get_plant(self, access_token):
03     request_url = "https://aip.baidubce.com/rest/2.0/image-classify/v1/plant"
04     # 二进制方式打开图片文件
05     f = self.get_file_content(self.download_path[0])
06     # 转换图片
07     img = base64.b64encode(f)
08     # 拼接图片参数
09     params = {"image": img}
10     params = urllib.parse.urlencode(params).encode('utf-8')
11     # 请求地址
12     request_url = request_url + "?access_token=" + access_token
```

```
13        # 发送请求传递图片参数
14        request = urllib.request.Request(url=request_url, data=params)
15        # 添加访问头部
16        request.add_header('Content-Type', 'application/x-www-form-urlencoded')
17        # 接收返回内容
18        response = urllib.request.urlopen(request)
19        # 读取返回内容
20        content = response.read()
21        # 内容判断
22        if content:
23            plants = json.loads(content)
24            strover = ' 识别结果: \n'
25            try:
26                i = 1
27                for plant in plants['result']:
28                    strover += '{} 植物名称: {} \n'.format(i, plant['name'])
29                    i += 1
30            except BaseException:
31                error_msg = plants['error_msg']
32                strover += ' 错误: \n {} \n '.format(error_msg)
33            self.label_3.setText(strover)
```

运行程序，植物图像识别的效果如图 27.14 所示。

图 27.14　植物图像识别

> **说明**
>
> 本项目中还包含动物、营业执照、身份证、通用票据、车牌号、驾驶证、行驶证、车型等的识别功能，它们的实现原理与银行卡识别、植物识别的原理类似，这里不再详细讲解。

27.4.6　复制识别结果到剪贴板

通过上面的步骤获取到了图像的识别结果，接下来实现复制识别结果到剪贴板，该功能在 Python 中很好实现。

创建 copyText() 方法，该方法可以实现复制识别结果到剪贴板，代码如下：

```python
01  # 复制文字到剪贴板方法
02  def copyText(self):
03      # 复制文字到剪贴板
04      clipboard = QApplication.clipboard()
05      # 设置复制的内容
06      clipboard.setText(self.label_3.text())
```

为按钮添加单击事件，代码如下：

```python
01  # 为按钮添加方法
02  self.pushButton_2.clicked.connect(self.copyText)
```

小结

本章主要讲解了如何在 Python 中使用百度的 API 接口实现一个图像识别工具，其中的识别主要有两种，一种是植物、动物、车型等的识别，这主要使用图像识别类中的相应方法实现；另外一种是车牌、营业执照等的识别，它们本质上是对图像的文字进行识别，因此这里使用了文字识别类中的响应方法来实现。

第 4 篇
项目强化篇

- 第 28 章 自制画板
- 第 29 章 Excel 数据分析系统
- 第 30 章 PyQt5 程序的打包发布

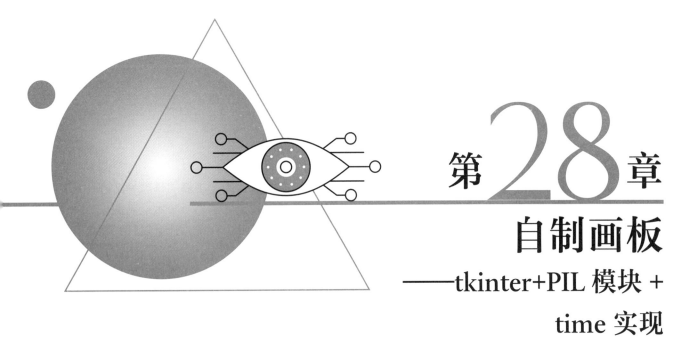

第 28 章
自制画板
——tkinter+PIL 模块 + time 实现

本章使用 Python tkinter 模块开发了一个自制画板工具，该画板工具中既可以打开图像进行修改，也可以绘制简单图形，例如圆形、矩形、直线等，甚至可以在指定位置添加文字，如果画错了，可以使用橡皮擦功能或者撤销操作，或者可以使用清屏操作清空画布，最后绘制完成以后，还可以将自己的作品保存到本地。本章知识架构如下：

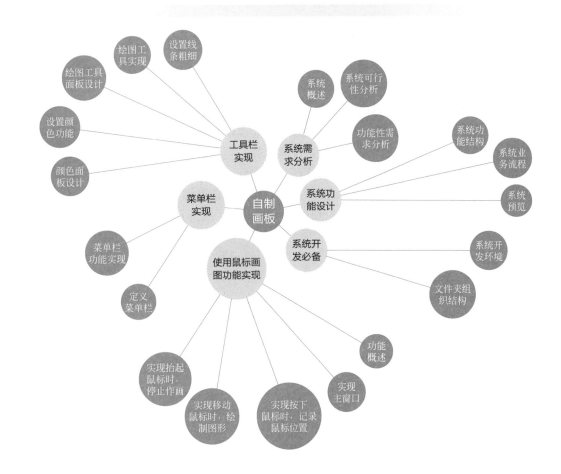

28.1 系统需求分析

本节将对自制画板工具的具体设计进行分析。首先对系统进行系统的概述，其次从技术角度分析系统实现的可行性，并且对系统进行功能性需求分析。

28.1.1 系统概述

虽然现在电脑上修改和查看图像的软件数不胜数，但是大多数软件需要下载，这就导致一些用户担心下载软件时电脑中病毒，或者软件含广告等问题。而本设计则带领大家制作一个本地画图工具——自制画板。使用本画图工具，既可以画一些规则图形，也可以使用铅笔自由作画，还可以打开图像和修改图像，完成作画和修改以后，还可以将作品以文件形式保存到本地。

用户使用画图工具时，主要可以实现两大功能，即作画和保存作好的画。作画时，用户可以直接在画布上进行作画，也可以打开本地图像文件，修改图像内容。而保存画则是将自己的绘画作品或者修改完的图像保存到本地，以便以后使用。

28.1.2 系统可行性分析

可行性分析是从技术、经济、实践操作等维度对项目的核心内容和配置要求进行详细的考量和分析，从而得出项目或问题的可行性程度。故先完成可行性分析，再进行项目开发是非常有必要的。

从技术角度分析，本系统主要使用 Python 的内置模块 tkinter 进行开发，tkinter 是 Python 的标准 GUI 库，使用 tkinter 可以快速开发 GUI 程序，本项目中使用 tkinter 设计自制画板工具的窗口，并且画板工具的菜单、窗口以及绘画区域都是使用 tkinter 模块的组件来实现。除了绘画以外，本项目还可以打开和保存图像，涉及对图像的处理，所以还是用了基于 Python 的第三方模块 PIL，该模块可以创建、打开、修改图像，甚至可以对图像进行更复杂的操作。而打开图像文件和保存图像文件时，需要用户选择文件路径和保存路径，为方便用户输入路径，引入了 tkinter 模块的文件会话框模块，这样用户在会话框中直接选择路径即可打开对应图像和保存图像到指定位置。

28.1.3 功能性需求分析

根据系统总体概述，对自制画板工具的功能性需求进行了进一步的分析。主要有以下功能：

① 绘制图形。本项目中可以绘制的图形包括矩形、椭圆形、直线，也可以使用铅笔绘制任意线条，绘制之前需要先选择对应的工具，如果没有选择，则默认使用铅笔工具。

② 绘制文字。绘制文字时，需要用户依次输入添加的文字内容，并选择字体与字号，然后单击确定，此时关闭新窗口，然后再单击画布，即可在所单击的位置添加文字，文字的颜色为填充颜色。

③ 设置线条粗细。设置线条粗细时，可以单击下拉选择框。展开下拉选项，可以看到线条粗细分为 10 个等级，选择完粗细以后，在画布中再次画画时会改变粗细，之前绘制的图形的线条粗细不发生变化。

④ 设置颜色。设置颜色时，颜色类型分为填充颜色和边框颜色，所以设置颜色时，需要单击要设置的颜色类型，然后选择颜色即可。选择颜色时，可以直接在颜色类型右侧的颜色面板选择颜色，也可以在颜色面板的右侧单击"选择颜色"按钮，打开一个颜色选择器，然后选择颜色。如果绘制之前没有选择颜色，那么默认的填充颜色为白色，边框颜色为黑色。

⑤ 打开文件。为了更方便作画，本项目中提供了打开图像功能。单击打开菜单，即可打开一个文件会话框，然后选择要修改的图像，单击确定后，即可在画布中显示该图像，用户可以在打开的图像上继续进行作画。

⑥ 保存文件。完成绘制图像以后，单击保存按钮可以将绘制的内容保存为图像文件，保存文件时，需要用户选择保存的位置和文件名称，这里需要注意，保存文件时，文件名的扩展名不可省略。

⑦ 橡皮擦。当绘画错误时，可以使用橡皮擦功能将错误的地方擦除。

⑧ 清屏。如果画布中的内容较多，使用橡皮擦擦除会比较困难，那么使用清屏是个不错的选择，使用清屏可以将画布中的所有内容全部清除。

⑨ 撤销。除了使用橡皮擦和清屏功能以外，还可以使用撤销功能直接清除上一次绘制的内容。

28.2 系统功能设计

28.2.1 系统功能结构

自制画板工具由一个窗口组成，该窗口中可分为三部分，分别为菜单栏、工具栏和绘画区域。其中菜单栏中的功能包括打开、保存、清屏、撤销、橡皮擦功能；工具栏的功能包括设置填充颜色、设置边框颜色、圆形工具、矩形工具、文本工具、直线工具、铅笔工具以及设置线条粗细；而绘画区域则是用于绘画的区域，当用户保存绘画到本地时，将会保存绘画区域的内容到本地，如图 28.1 所示。

28.2.2 系统业务流程

在开发自制画板工具前，需要先了解软件的业务流程。根据需求分析及功能结构，设计出如图 28.2 所示的系统业务流程图。

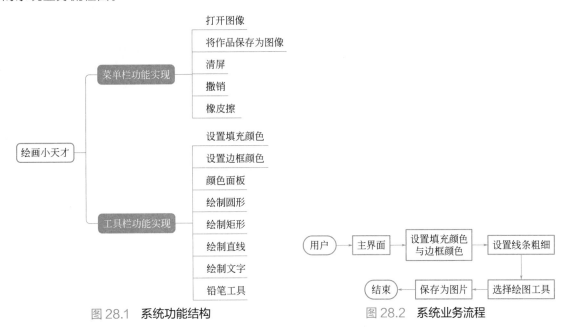

图 28.1 系统功能结构　　　图 28.2 系统业务流程

28.2.3 系统预览

自制画板是一款使用 Python tkinter 实现的仿制 Windows 本地画图工具，使用该工具可以绘制图形、修改图像等，并且可以将绘制完的内容保存为本地文件。运行该程序时，界面初始效果如图 28.3 所示。该界面中菜单栏包括保存（保存为本地文件）功能、打开（打开图片）功能、清屏功能、撤销功能以及橡皮擦功能；而菜单栏里包括设置填充颜色与边框颜色、绘制圆形、绘制矩形、绘制直线、绘制文字以及铅笔功能等,并且还可以选择线条的粗细。

设置完颜色、粗细以及绘画类型以后,可以在画板中进行绘制,具体如图 28.4 所示。

图 28.3 初始运行效果

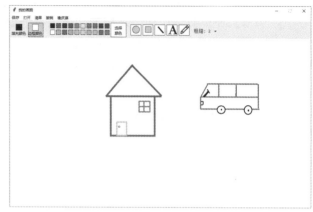

图 28.4 绘制图形

绘制完成以后,单击左上角保存,即可弹出文件会话框,然后选择保存的路径和名称,即可保存文件。保存完成后,在对应路径可以查看路径,如图 28.5 所示。

除了可以绘制规则图形以外,还可以打开图像进行编辑,例如使用铅笔工具在风景画上添加小鸟,如图 28.6 所示。

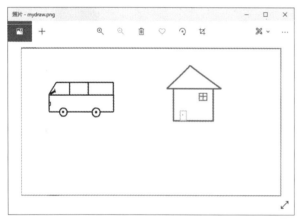

图 28.5 保存为文件的绘画作品

图 28.6 修改图像

28.3 系统开发必备

28.3.1 系统开发环境

本系统的软件开发及运行环境具体如下。

- 操作系统:Windows 10 及以上。
- Python 版本:Python 3.9.6。
- 开发工具:PyCharm。
- Python 模块:tkinter、PIL、time。

28.3.2 文件夹组织结构

自制画板的文件夹结构比较简单，只包括一个 Python 文件和一个图片文件夹，其详细结构如图 28.7 所示。

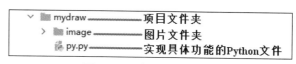

图 28.7 文件夹组织结构

28.4 使用鼠标画图功能实现

28.4.1 功能概述

本章所实现的画图工具主要使用鼠标进行绘画，所以实现本程序时，首先需要使用 canvas 定义一个"画板"，然后通过鼠标绘制图形，效果如图 28.8 所示。绘制时，在画板中按下鼠标和移动鼠标时，开始作画，鼠标抬起时，停止作画。

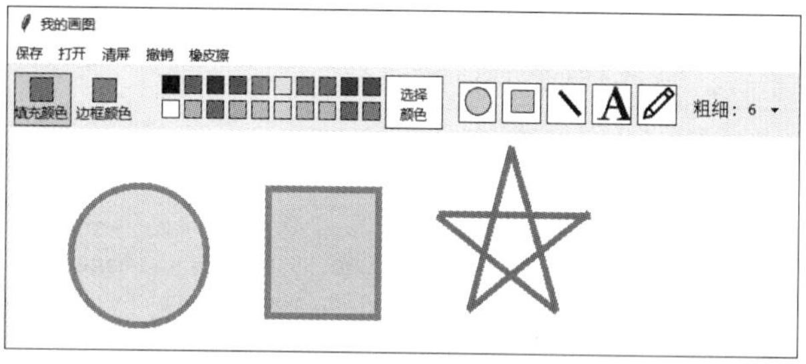

图 28.8 系统主界面的运行效果

28.4.2 实现主窗口

首先引入相关模块，然后定义变量，并且定义主窗口，然后在主窗口中定义画板，具体步骤如下：

① 引入模块和定义变量，然后添加主窗口，并且设置窗口的相关属性，具体代码如下：

```
01 from tkinter import *
02 import tkinter.ttk
03 from PIL import Image
04 import tkinter.colorchooser
05 import tkinter.filedialog
06 from PIL import Image, ImageTk, ImageGrab
07 import time
08 root = Tk()
09 root.title(' 我的画图 ')
10 root.geometry("1000x600")
11 root.resizable(0, 0)
12 # 控制是否允许画图的变量，1：允许，0：不允许
13 canDrww = IntVar(value=0)
14 # 控制画图类型的变量，1：铅笔，2：直线，3：矩形，4：文本，5：橡皮 6：圆形
15 type1 = IntVar(value=1)
16 # 记录鼠标位置的变量
17 X = IntVar(value=0)
18 Y = IntVar(value=0)
19 colorbar = 0   # colorbar=0 表示当前设置的是边框颜色，反之设置填充颜色
20 fillColor = '#000000'   # 填充颜色
21 strokeColor = '#FFFFFF'   # 边框颜色
22 # 记录最后绘制图形的 id
23 lastDraw = 0
24 end = [0]   # 每次抬起鼠标时，最后一组图形的编号
```

上面代码中，定义的全局变量较多，具体变量及其作用如表 28.1 所示。

表 28.1 菜单中的数字所表示的功能

全局变量	功能
type1	绘制的类型，1 表示铅笔、2 表示直线、3 表示矩形、4 表示文本、5 表示橡皮、6 表示圆形
X	记录鼠标位置的横坐标

续表

全局变量	功能
Y	记录鼠标位置的纵坐标
colorbar	设置颜色类型，0 表示边框颜色，1 表示填充颜色
fillColor	当前填充颜色
strokeColor	当前边框颜色
lastDraw	最后一次绘制的图形的 id
end	每次抬起鼠标时的最后一组图形的 id
canDraw	是否允许绘制，0 表示不允许，1 表示允许

② 使用 canvas 添加画板，然后为画板绑定单击鼠标左键事件、释放鼠标左键事件以及鼠标左键移动事件。具体代码如下：

```
01  # 创建画布（用于画图）
02  image = PhotoImage()
03  canvas = Canvas(root, bg='white', width=1000, height=550, relief=SOLID)
04  canvas.create_image(1000, 550, image=image)
05  canvas.bind('<Button-1>', mouseDown)          # 单击左键
06  canvas.bind('<B1-Motion>', mouseMove)         # 按住并移动左键
07  canvas.bind('<ButtonRelease-1>', mouseUp)     # 释放左键
08  canvas.place(x=0, y=50)
```

28.4.3　实现按下鼠标时，记录鼠标位置

按下鼠标时，首先需要获取按下鼠标的位置，然后判断当前绘制类型，如果是绘制文字，则在按下鼠标的位置添加文字，反之，则将绘制类型设为铅笔。下面具体介绍。

1．业务流程

根据本项目中按下鼠标时的功能，绘制按下鼠标时的业务流程图如图 28.9 所示。

2．具体实现

实现按下鼠标时，记录鼠标的位置，主要在 mouseDown() 方法中实现，在该方法中首先获取鼠标位置，然后判断当前绘制类型是否为文本，如果是文本，那么直接在鼠标按下的位置添加文本。具体代码如下：

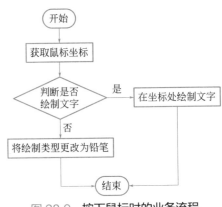

图 28.9　按下鼠标时的业务流程

```
01  # 鼠标左键单击，允许画图
02  def mouseDown(event):
03      canDraw.set(1)
04      X.set(event.x)
05      Y.set(event.y)
06      if type1.get() == 4:
07          canvas.create_text(event.x, event.y, font=font1, text=text, fill=fillColor)
08          type1.set(1)
```

28.4.4　实现移动鼠标时，绘制图形

定义 mouseMove() 方法，该方法实现移动鼠标时，绘制图形，该方法中需要先判断当前绘制的图形，然后根据绘制的图形来指定绘制方案。

1. 业务流程

根据移动鼠标时的功能，绘制按下鼠标时的流程图如图 28.10 所示。

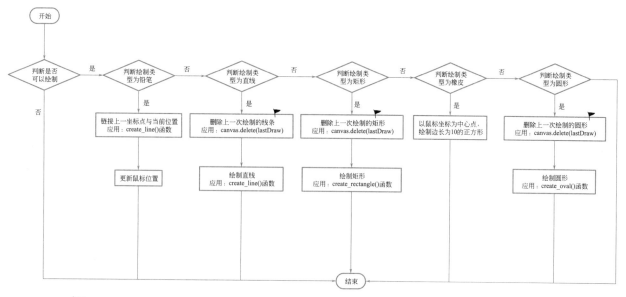

图 28.10 按下鼠标进行作画时的流程图

2. 具体实现

通过图 28.10 所示的流程图，可以看到按下鼠标后，需要判断当前绘画类型，然后才能进行具体操作，具体代码如下：

```
01  # 按住鼠标左键移动，画图
02  def mouseMove(event):
03      global lastDraw
04      if canDraw.get() == 0:
05          return
06      if type1.get() == 1:
07          # 使用当前选择的前景色绘制曲线
08          lastDraw = canvas.create_line(X.get(), Y.get(), event.x, event.y,
09                                  fill=fillColor, width=linWid.get())  # 返回值就是对图形的计数，直接delete
这个数字就能删除该图形
10          X.set(event.x)
11          Y.set(event.y)
12      elif type1.get() == 2:
13          try:
14              canvas.delete(lastDraw)
15          except Exception as e:
16              pass
17          # 绘制直线，先删除刚刚画过的直线，再画一条新的直线
18          lastDraw = canvas.create_line(X.get(), Y.get(), event.x, event.y,
19                                  fill=fillColor, width=linWid.get())
20      elif type1.get() == 3:
21          # 绘制矩形，先删除刚刚画过的矩形，再画一个新的矩形
22          try:
23              canvas.delete(lastDraw)
24          except Exception as e:
25              pass
26          lastDraw = canvas.create_rectangle(X.get(), Y.get(), event.x, event.y,
27                                  outline=strokeColor, fill=fillColor, width=linWid.get())
28      elif type1.get() == 5:
29          lastDraw = canvas.create_rectangle(event.x - 5, event.y - 5, event.x + 5, event.y + 5,
outline="#fff")
30      elif type1.get() == 6:
```

```
31        # 绘制圆形，先删除刚刚画过的矩形，再画一个新的矩形
32        try:
33            canvas.delete(lastDraw)
34        except Exception as e:
35            pass
36        lastDraw = canvas.create_oval(X.get(), Y.get(), event.x, event.y,
37                            fill=fillColor, outline=strokeColor, width=linWid.get())
```

28.4.5 实现抬起鼠标时，停止作画

1. 业务流程

因为抬起鼠标后，需要停止作画，所以抬起鼠标时，需要绘制完最后一笔，并且将其保存到 end 列表中，其流程图如图 28.11 所示。

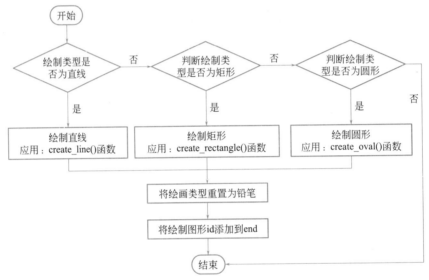

图 28.11 抬起鼠标时的业务流程

2. 具体实现

接下来实现抬起鼠标左键时停止作画的功能，该功能由 mouseUp() 方法实现，具体代码如下：

```
01  # 鼠标左键抬起，不允许画图
02  def mouseUp(event):
03      global lastDraw
04      if type1.get() == 2:
05          # 绘制直线
06          lastDraw = canvas.create_line(X.get(), Y.get(), event.x, event.y, fill=fillColor)
07      elif type1.get() == 3:
08          lastDraw = canvas.create_rectangle(X.get(), Y.get(), event.x, event.y, outline=strokeColor)
09      elif type1.get() == 6:
10          lastDraw = canvas.create_oval(X.get(), Y.get(), event.x, event.y, outline=strokeColor)
11      canDraw.set(0)
12      end.append(lastDraw)
```

28.5 菜单栏实现

28.5.1 定义菜单栏

本项目中菜单栏主要包括保存、打开、清屏、撤销和橡皮擦功能，效果图如图 28.12 所示，其中保

存功能指的是将绘制的作品保存为图像文件；打开指的是在画图工具中打开图像文件；清屏将清除画图面板中所有内容；撤销指的是清除上一次绘画的内容；橡皮擦则需要用户手动擦除指定位置内容。

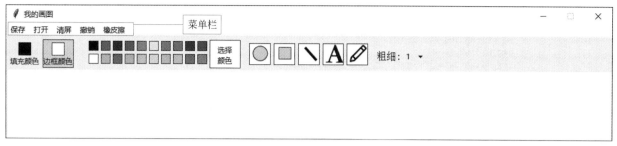

图 28.12　菜单栏效果图

菜单栏使用 Menu 组件实现，具体代码如下：

```
01  ''' 主菜单及其关联的函数 '''
02  menu = Menu(root, tearoff=0)
03  menu.add_command(label=' 保存 ', command=getter)
04  menu.add_command(label=' 打开 ', command=Open)
05  menu.add_command(label=' 清屏 ', command=Clear)
06  menu.add_command(label=' 撤销 ', command=Back)
07  menu.add_command(label=' 橡皮擦 ', command=lambda: selType("", 5))
08  root.config(menu=menu)
```

28.5.2　菜单栏功能实现

菜单栏显示的各功能中，橡皮擦功能是通过绘制白色内容从而实现擦除功能，所以只需要调用 selType() 方法修改绘制类型即可，而其他功能需要逐一实现，具体步骤如下：

① 实现保存图像功能。实现该功能需要使用 tkinter.filedialog 模块的 asksaveasfilename() 方法，该方法用于保存文件，并且返回文件名。而创建图像则是运用了 PIL 模块的 ImageGrab() 方法和 crop() 方法，ImageGrab() 方法用于抓取屏幕，crop() 方法用于从抓取的图像中选取指定位置和大小的内容进行保存。从而实现将绘制内容保存为文件。具体代码如下：

```
01  # 保存画布
02  def getter():
03      app_x = root.winfo_x()
04      app_y = root.winfo_y()
05      canvas_x = canvas.winfo_x()
06      canvas_y = canvas.winfo_y()
07      canvas_width = canvas.winfo_width()
08      canvas_height = canvas.winfo_height()
09      x1 = app_x + canvas_x + 7
10      y1 = app_y + canvas_y + 52
11      x2 = x1 + canvas_width
12      y2 = y1 + canvas_height - 2
13      time.sleep(0.5)   # 等待一会儿，否则会把点击 " 保存 " 那一刻也存进去
14      filename = tkinter.filedialog.asksaveasfilename(filetypes=[('.jpg', 'JPG')],
15          initialdir='C:\\Users\\Public\\Desktop')
16      ImageGrab.grab().crop((x1, y1, x2, y2)).save(filename)
```

② 实现打开图像文件。打开图像时需要将图像重置大小，然后显示在画布中。具体代码如下：

```
01  # 打开图像文件
02  def Open():
03      filename = tkinter.filedialog.askopenfilename(title=' 导入图片 ',
```

```
04                                      filetypes=[('image', '*.jpg *.png *.gif')])
05      if filename:
06          global image
07          image = Image.open(filename)
08          img_width0=image.size[0]
09          img_height0=image.size[1]
10          if img_width0>img_height0:
11              img_width1=1000
12              img_height1=img_height0*img_width1//img_width0
13          else:
14              img_height1 = 550
15              img_width1 = img_width0 * img_height1 // img_height0
16          image = image.resize((img_width1, img_height1), Image.ANTIALIAS)
17          image = ImageTk.PhotoImage(image)
18          canvas.create_image(img_width1/2, img_height1/2, image=image)
```

③ 实现清屏功能。清屏功能需要使用 delete() 方法，设置其参数为"all"，然后将 lastDraw 和 end 进行重置，具体代码如下：

```
01  # 清屏
02  def Clear():
03      global lastDraw, end
04      canvas.delete("all")
05      # for item in canvas.find_all():
06      #     canvas.delete(item)
07      end = [0]
08      lastDraw = 0
```

④ 实现撤销功能，因为在 end 中保存了每一次抬起鼠标时，绘画的内容，所以撤销图像时，只需要将 end 中的最后一个元素删除，并且将画布上的最后一个内容删除即可。

```
01  # 撤销
02  def Back():
03      global end
04      try:
05          for i in range(end[-2], end[-1] + 1):    # 要包含最后一个点，否则无法删除图形
06              canvas.delete(i)
07          end.pop()                                 # 弹出末尾元素
08      except:
09          end = [0]
```

28.6 工具栏实现

28.6.1 颜色面板设计

自制画板工具栏中主要分为颜色面板、工具面板和设置线条粗细这三部分。在颜色面板中用户可以选择设置填充颜色或者边框颜色，而设置颜色时既可以单击色块直接设置颜色，也可以单击选择颜色通过颜色选择器来自定义颜色，如图 28.13 所示。

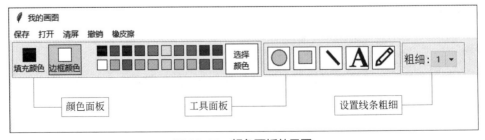

图 28.13　颜色面板效果图

1. 业务流程

在颜色面板中，需要通过一个背景色块来提示用户当前设置的是边框颜色还是填充颜色，这是通过判断用户单击按钮时，所传递的参数来判断的，具体实现该功能的流程如图 28.14 所示。

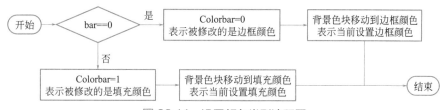

图 28.14　设置颜色类型流程图

2. 具体实现

设置颜色面板时，快捷设置颜色的色块较多，所以使用 for 循环依次添加色块，并且为每一个色块绑定鼠标左键单击事件。具体实现步骤如下：

① 添加一个 canvas 组件，在 canvas 组件中添加工具栏，首先添加填充颜色和边框颜色提示部分，这部分包括两个矩形、两行文字以及一个背景框，具体代码如下：

```
01 ''' 该 canvas 用于显示工具栏 '''
02 canvasTool = Canvas(root, width=1000, height=50, bg="#f0f0f0")
03 canvasTool.place(x=0, y=0)
04 colrect = canvasTool.create_rectangle(60, 5, 110, 50, fill="#c9e0f7")
05 fgrect = canvasTool.create_rectangle(20, 10, 40, 30, fill="#000")
06 canvasTool.create_text(30, 40, text=" 填充颜色 ")
07 bgrect = canvasTool.create_rectangle(75, 10, 95, 30, fill="#fff")
08 canvasTool.create_text(85, 40, text=" 边框颜色 ")
09 canvasTool.tag_bind(fgrect, "<Button-1>", lambda event: colorType(event, 0))
10 canvasTool.tag_bind(bgrect, "<Button-1>", lambda event: colorType(event, 1))
```

② 编写 colorType() 方法，该方法用于显示当前设置的是边框颜色还是填充颜色，当鼠标单击"边框颜色"时，"边框颜色"文字底层就会显示一个背景框；反之单击"填充颜色"时，填充颜色底层就会显示一个背景框。具体代码如下：

```
01 def colorType(event, bar):
02     global colorbar
03     if bar:
04         colorbar = 0
05         canvasTool.moveto(colrect, 60, 5)
06     else:
07         colorbar = 1
08         canvasTool.moveto(colrect, 5, 5)
```

③ 定义一个列表快速设置颜色的颜色值，然后使用 for 循环添加颜色块，并且为每个色块绑定数百个左键单击事件，具体代码如下：

```
01 # 批量添加颜色色块
02 colorbox = ["#000", "#fff", "#7f7f7f", "#c3c3c3", "#880015", "#b97a57", "#ed1c24", "#ffaec9", "#ff7f27",
   "#ffc90e", "#fff200", "#efe480", "#22b14c", "#b6e61d", "#00a2eb", "#99d9ea", "#3f48cc", "#7092be", "#a349a4", "#c88fe7"]
03 for item in colorbox:
04     index = colorbox.index(item)
05     if index % 2 == 0:
06         color1 = canvasTool.create_rectangle(135 + 20 * index // 2, 7, 150 + 20 * index // 2, 22, fill=item)
07     else:
08         color1 = canvasTool.create_rectangle(135 + 20 * (index - 1) // 2, 28, 150 + 20 * (index - 1) // 2,
   43, fill=item)
09     canvasTool.tag_bind(color1, "<Button-1>", lambda event: colorSel(event, 1))
```

④ 实现自定义颜色按钮，该按钮由一个矩形和文字（选择颜色）组成，具体代码如下：

```
01 colorcust = canvasTool.create_rectangle(335, 5, 385, 50, fill="#fff")
02 colortext = canvasTool.create_text(360, 30, text=" 选择 \n 颜色 ")
03 canvasTool.tag_bind(colorcust, "<Button-1>", lambda event: colorSel(event, 0))
04 canvasTool.tag_bind(colortext, "<Button-1>", lambda event: colorSel(event, 0))
```

28.6.2 设置颜色功能

设置颜色有两种方式，其一是单击色块，即可将颜色设置为色块的颜色，如图 28.15 所示，其二就是单击"选择颜色"，然后通过颜色选择器来设置颜色，如图 28.16 所示。

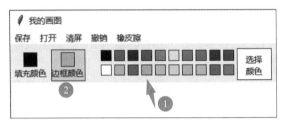

图 28.15　通过色块直接设置颜色

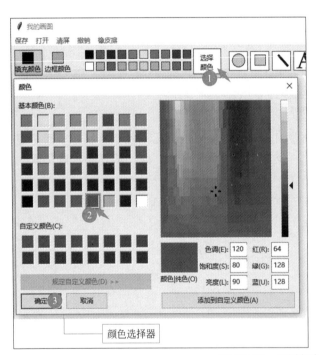

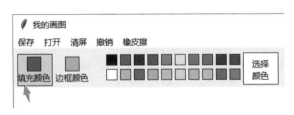

图 28.16　通过颜色选择器设置颜色

1. 业务流程

设置颜色时，既需要判断当前设置的是填充颜色还是边框颜色，又需要判断颜色来源（设置的颜色值来自面板里的色块还是颜色选择器），然后将颜色值设置为相应的颜色，该功能的业务流程图如图 28.17 所示。

2. 具体实现

编写主函数中调用的设置颜色功能的函数 colorSel ()，代码如下：

```
01 # 选择颜色
02 def colorSel(event, boo):
03     global fillColor, strokeColor
04     if boo:    # boo=1，表示从鼠标单击的位置获取颜色值，boo=1 表示要打开颜色版选择颜色
05         colorTag = canvasTool.find_closest(event.x, event.y)    # 鼠标单击位置的颜色色块
06         theColor = canvasTool.itemcget(colorTag, "fill")        # 获取该色块的颜色值
07         if colorbar:                                            # 判断应该设置为边框颜色还是填充颜色
08             fillColor = theColor
09             canvasTool.itemconfig(fgrect, fill=theColor)
10         else:
11             strokeColor = theColor
12             canvasTool.itemconfig(bgrect, fill=theColor)
13     else:
14         if colorbar:
15             fillColor = tkinter.colorchooser.askcolor()[1]
16             canvasTool.itemconfig(fgrect, fill=fillColor)
17         else:
18             strokeColor = tkinter.colorchooser.askcolor()[1]
19             canvasTool.itemconfig(bgrect, fill=strokeColor)
```

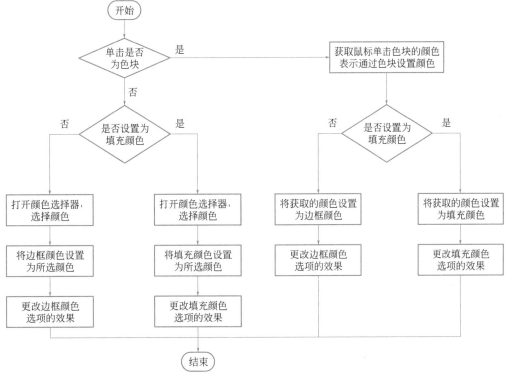

图 28.17　设置颜色功能的业务流程图

28.6.3　绘图工具面板设计

在绘图工具面板中，主要有圆形工具、矩形工具、直线工具、文本工具和铅笔工具。其中每一个工具都由图标和一个方框组成，并且为了扩大点击范围，每一个图标和方框都绑定了单击事件，具体代码如下：

```
01 ''' 绘制工具栏 '''
02 # 绘制圆形工具
03 img1 = PhotoImage(file="image/circle.png")
04 circleIcon = canvasTool.create_rectangle(400, 10, 434, 44, fill="#fff")
```

```
05  circle1 = canvasTool.create_image(420, 27, image=img1)
06  canvasTool.tag_bind(circleIcon, "<Button-1>", lambda event: selType(event, 6))
07  canvasTool.tag_bind(circle1, "<Button-1>", lambda event: selType(event, 6))
08  # 绘制矩形工具
09  img2 = PhotoImage(file="image/rect.png")
10  rectIcon = canvasTool.create_rectangle(440, 10, 474, 44, fill="#fff")
11  rect1 = canvasTool.create_image(460, 27, image=img2)
12  canvasTool.tag_bind(rectIcon, "<Button-1>", lambda event: selType(event, 3))
13  canvasTool.tag_bind(rect1, "<Button-1>", lambda event: selType(event, 3))
14  # 绘制直线工具
15  img3 = PhotoImage(file="image/line.png")
16  lineIcon = canvasTool.create_rectangle(480, 10, 514, 44, fill="#fff")
17  line1 = canvasTool.create_image(500, 27, image=img3)
18  canvasTool.tag_bind(lineIcon, "<Button-1>", lambda event: selType(event, 2))
19  canvasTool.tag_bind(line1, "<Button-1>", lambda event: selType(event, 2))
20  # 绘制文字工具
21  img4 = PhotoImage(file="image/text.png")
22  textIcon = canvasTool.create_rectangle(520, 10, 554, 44, fill="#fff")
23  text1 = canvasTool.create_image(540, 27, image=img4)
24  canvasTool.tag_bind(textIcon, "<Button-1>", drawText)
25  canvasTool.tag_bind(text1, "<Button-1>", drawText)
26  # 铅笔工具
27  img5 = PhotoImage(file="image/pen.png")
28  penIcon = canvasTool.create_rectangle(560, 10, 594, 44, fill="#fff")
29  pen1 = canvasTool.create_image(580, 27, image=img5)
30  canvasTool.tag_bind(penIcon, "<Button-1>", lambda event: selType(event, 1))
31  canvasTool.tag_bind(pen1, "<Button-1>", lambda event: selType(event, 1))
```

28.6.4 绘图工具实现

28.6.3 小节所示的绘图工具中，当用户选择绘图工具以后，使用方法修改当前的绘画类型，但是如果用户选择绘制文字，那么需要新弹出窗口，让用户输入添加的文字并选择字号以及字体。具体步骤如下：

① 用户单击矩形、圆形、直线以及铅笔工具时，调用 selType() 方法，将绘画类型修改为对应的值。具体代码如下：

```
01  def selType(event, num):
02      global type1
03      type1.set(num)
```

② 用户单击文本工具时，新弹出一个窗口，在新窗口中需要用户输入文本内容以及选择文字样式，具体代码如下：

```
01  # 文本框
02  def drawText(event):
03      global text, size, font_Style, font_size, top, entry
04      top = Toplevel()
05      top.title(" 输入文本 ")
06      Label(top, text=" 请输入文本: ").pack(side=LEFT)
07      entry = Entry(top)
08      entry.pack(side=LEFT)
09      entry.focus_set()
10      font_family = (" 宋体 ", " 黑体 ", " 方正舒体 ", " 楷体 ", " 隶书 ", " 方正姚体 ", " 微软雅黑 ")
11      font_Style = StringVar()
12      font_Style.set(" 宋体 ")    # 初始字体
13      family = tkinter.ttk.Combobox(top, textvariable=font_Style, values=font_family).pack(side=LEFT)
14      font_size = Spinbox(top, from_=12, to=30, increment=2, width=10)    # 选择字号
15      font_size.pack(side=LEFT)
16      Button(top, text=" 确定 ", command=showText).pack(side=LEFT)
```

③ 设置完文字内容和样式以后，保存文本内容以及文本样式，然后修改绘制类型，最后关闭新窗口，具体代码如下：

```
01 def showText():
02     global font1, text
03     text = entry.get()
04     font1 = (font_Style.get(), font_size.get())
05     type1.set(4)
06     top.destroy()
```

28.6.5 设置线条粗细

工具栏里的最后一栏可以设置线条粗细，设置线条粗细由 ttk 模块的 OptionMenu 组件实现，线条粗细分为 1 ～ 10 共 10 个等级，具体代码如下：

```
01 # 设置文字粗细
02 canvasTool.create_text(630, 30, text=" 粗细 :", font=10)
03 linWid = IntVar()
04 spin = tkinter.ttk.OptionMenu(canvasTool, linWid, *range(1, 11))
05 linWid.set(1)
06 canvasTool.create_window(670, 30, window=spin)
07 root.mainloop()
```

小结

本章通过设计一个自制画板工具带领读者了解一个完整的程序开发的流程，并且详细地讲解了从窗口设计到功能实现的各环节的设计思路、实现方法以及相关知识点等。通过本章学习，希望读者对开发完整程序有一个整体认知，对以后的学习和工作奠定基础。

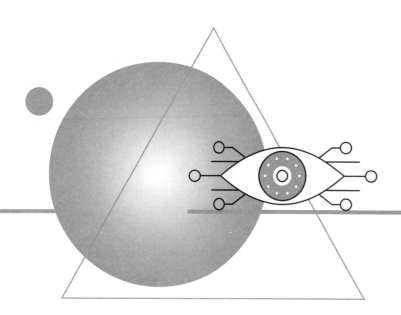

第29章
Excel 数据分析系统
——PyQt5+pandas+xlrd+xlwt+matplotlib 实现

扫码领取
- 教学视频
- 配套源码
- 练习答案
- ……

Python 提供了大量的扩展库（如 NumPy、pandas 和 matplotlib 等），使得它在数据挖掘和数据分析方面有很大的优势。例如，淘宝电商积累了大量的图书历史销售数据分别保存在不同的 Excel 表格中，现在要将它们合并且仅选取"买家会员名""收货人姓名""联系手机"和"宝贝标题"列，然后从中提取《零基础学 Python》一书购买者的信息数据以做定向宣传，这时就可以用 Python 对其进行方便的处理。本章将使用 Python 结合 PyQt5、pandas、matplotlib 开发一个 C/S 架构的 EXCEL 数据分析系统。

本章知识架构如下：

29.1 系统需求分析

本节将对 Excel 数据分析系统的具体设计进行讲解。首先对系统进行系统的概述，其次从技术角度分析系统实现的可行性，之后从系统使用者方面对系统进行用户角色分析，并且对系统进行功能性需求与非功能性需求分析。通过本节的分析，为之后的系统功能设计与实现提供可靠基础。

29.1.1 系统概述

大数据时代离不开数据收集、数据挖掘、数据分析。例如，淘宝电商积累了大量的历史数据，日常工作涉及的数据整理，而从网页爬下来的大量数据只是第一步，最终的数据分析才是重点。由于工作需要将多个 Excel 表格合成一个 Excel 表格等，这些工作都需要大量的时间和人工，那么有没有一种方法可以从这些数据中洞察商机、提取价值、提高效率、减少人工呢？答案是肯定的，Python 提供了方便地操作 Excel 并对其数据进行分析的强大功能，而 PyQt5 作为 Python 的一个强大的第三方可视化窗体设计库，可以为用户提供很好的交互体验。

29.1.2 系统可行性分析

可行性分析是从技术、经济、实践操作等维度对项目的核心内容和配置要求进行详细的考量和分析，从而得出项目或问题的可行性程度。故先完成可行性分析，再进行项目开发是非常有必要的。

从技术角度分析，本系统采用成熟的 Python+PyQt5 框架方式进行开发，存储数据采用的是常用的 Excel 文件，可供查询的资料和范例十分丰富。从经济成本上来说，通过该系统可以实现对企业所拥有的人、财、物、信息、时间和空间等综合资源进行综合平衡和优化管理，协调企业各管理部门，围绕市场导向开展业务活动，提高企业的核心竞争力，从而取得最好的经济效益。

29.1.3 系统用户角色分配

设计开发一个系统，首先需要确定系统所面向的用户群体，也就是哪部分人群会更多地使用该系统。本系统面向的用户是所有需要使用电脑分析 Excel 数据的用户，是一个日常使用的数据分析工具，因此，在使用时，不用设置权限限制，只要获得了该系统的用户，都可以使用。

29.1.4 功能性需求分析

根据某电商对销售数据分析及处理的需求，Excel 数据分析系统应该具备以下功能：
① 加载文件夹内所有 Excel 表格数据；
② 提取 Excel 表格指定列数据；
③ 定向筛选所需数据；
④ 多表数据合并功能；
⑤ 多表数据统计排行；
⑥ 生成图表。

29.1.5 非功能性需求分析

Excel 数据分析系统的主要设计目的是为给用户提供一个方便分析 Excel 数据的工具，因此，除了上一小节提到的功能性需求外，本系统还应注意系统的非功能性需求，如良好的用户交互界面、系统运行的稳定性、系统功能的可维护性，以及系统开发的可拓展性等。

29.2 系统功能设计

29.2.1 系统功能结构

Excel 数据分析系统主要分准备数据、分析数据和生成图表三大部分。其中，准备数据主要包括导入保存原始数据的 Excel 文件、读取 Excel 数据以及设置文件存储路径并保存数据到新的 Excel 文件中；而分析数据主要是提取列数据、定向筛选、多表合并以及多表统计排行；生成图表主要是显示贡献度分析图表。Excel 数据分析系统详细功能结构如图 29.1 所示。

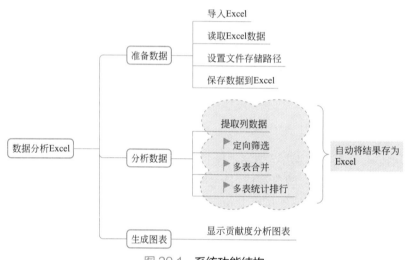

图 29.1　系统功能结构

29.2.2 系统业务流程

在开发 Excel 数据分析系统前，需要先了解程序的业务流程。根据 Excel 数据分析系统的需求分析及功能结构，设计出如图 29.2 所示的系统业务流程图。

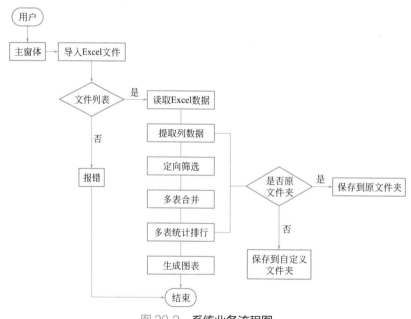

图 29.2　系统业务流程图

29.2.3 系统预览

Excel 数据分析系统主要用于对 Excel 表格数据的提取、筛选、合并统计分析等，包括导入 EXCEL、提取列数据、定向筛选、多表合并、多表统计排行和生成图表。通过工具栏按钮调用相关功能，通过列表区显示导入的 Excel 文件，通过数据显示区显示结果。Excel 数据分析系统程序运行效果如图 29.3 所示。

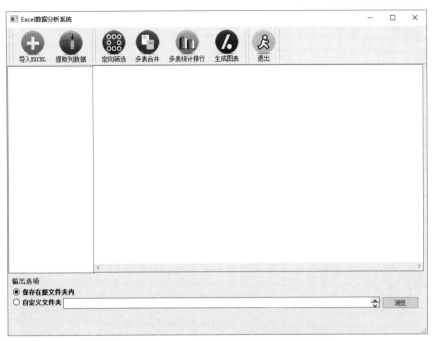

图 29.3 Excel 数据分析系统程序运行效果

单击工具栏中的"导入 EXCEL"按钮，打开文件会话框选择文件夹，如 data 文件夹，系统将遍历该文件夹中的 *.xls 文件，并且将文件添加到列表区，效果如图 29.4 所示。

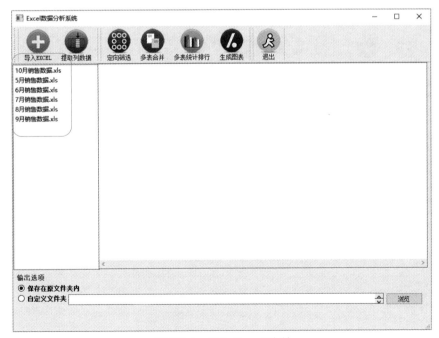

图 29.4 导入 Excel 文件

单击工具栏中的"提取列数据"按钮，提取买家会员名、收货人姓名、联系手机和宝贝标题，效果如图 29.5 所示，提取后的数据将保存在程序所在目录下的 mycell.xls 文件中。

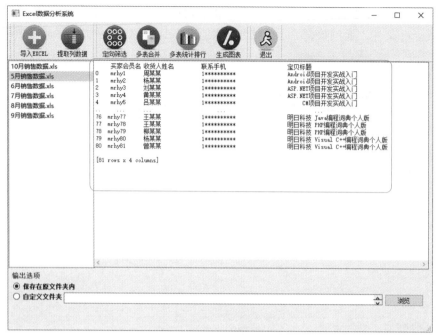

图 29.5　提取列数据

 说明

"输出选项"可以选择数据分析结果要保存的位置，默认是程序所在文件夹。

单击工具栏中的"定向筛选"按钮，筛选"零基础学 Python"的用户信息，效果如图 29.6 所示。

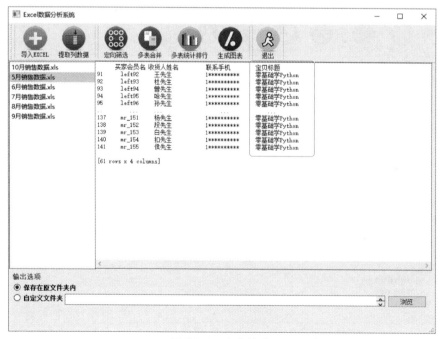

图 29.6　定向筛选

单击工具栏中的"多表合并"按钮，将列表中的 Excel 表全部合并成一个表，合并结果将保存在程序所在目录下的 mycell.xls 文件中。单击工具栏中的"多表统计排行"按钮，按"宝贝标题"进行分组统计数量并进行排序，效果如图 29.7 所示。统计排行结果将保存在程序所在目录下的 mycell.xls 文件中。

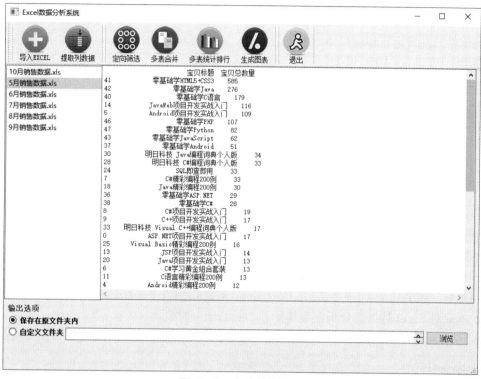

图 29.7　多表统计排行

生成图表功能主要分析产品的贡献度。单击工具栏中的"生成图表"按钮，将全彩系列图书 2021 年 5 ～ 10 月收入占 80% 的产品以图表形式展示，效果如图 29.8 所示。

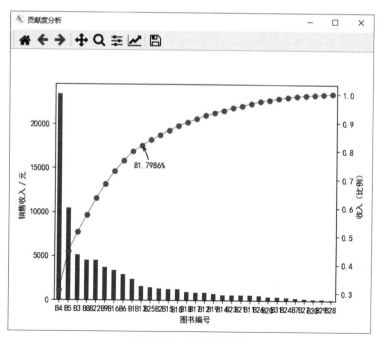

图 29.8　贡献度分析

29.3 系统开发必备

29.3.1 系统开发环境

本系统的软件开发及运行环境具体如下。
- 操作系统：Windows 10 及以上。
- Python 版本：Python 3.9.6。
- 可视化开发环境：PyCharm。
- 可视化界面设计工具：PyQt5+Qt Designer。
- Python 内置模块：os、sys、glob。
- 第三方模块：pandas、xlrd、xlwt、matplotlib。

29.3.2 pandas 模块基础应用

本系统对数据分析时用到了 pandas 模块，该模块是 Python 用于数据导入及数据整理的模块，对于数据分析、数据挖掘等前期数据处理工作十分有用，它提供了很多方法，使得数据处理变得简单高效。

pandas 模块有两个主要的数据结构对象：Series 和 DataFrame。Series 对象是序列，类似一维数组，同时带有标签和索引，像 Python 的字典结构；DataFrame 对象则相当于一张二维表格，类似二维数组，像数据库中的表。本章对 Excel 数据的分析主要使用了 DataFrame 对象。

首先导入 pandas 库，代码如下：

```
import pandas as pd
```

下面介绍如何读取 Excel 文件、读取指定的行列、数据清理、数据合并、数据分组统计，主要使用了 DataFrame 对象，分别为 df、df1 和 df2。

1. 读取 Excel 文件
- 方法一：默认读取第一个表单（Sheet）。

```
01 excelFile = r'D:\XS\a.xls'
02 df = pd.DataFrame(pd.read_excel(excelFile))
```

- 方法二：通过指定表单（Sheet）的方式来读取。

```
01 excelFile = r'D:\XS\a.xls'
02 df = pd.DataFrame(pd.read_excel(excelFile,sheet_name='淘宝 202107'))
```

2. 读取指定的行列
- df[col]：根据列名，并以 Series 的形式返回列。

例如：df1= df[['宝贝标题']]
- df[[col1, col2]]：以表格数据形式返回多列。

例如：df1= df[['宝贝标题','买家实际支付金额']]
- df.iloc[0,:]：返回第一行（以列形式返回 Excel 表格第一行数据）。
- df.iloc[0,0]：返回第一行第一列单元格数据。

读取指定的多行，例如 10 行，代码如下：

```
df1=df.ix[[1,10]].values
```

如果默认读取前 5 行，可以使用下面代码：

```
df1=df.head()
```

3．数据清理

数据清理主要实现对 Excel 数据的清理，包括重命名列名、判断空值、删除包含空值的行和列，替换空值等。

- df.columns = ['a','b','c']：重命名列名。

例如，将"买家会员名""买家实际支付金额"重命名为"会员名"和"消费金额"，代码如下：

```
01  df1= df[['买家会员名','买家实际支付金额']]
02  df1.columns = ['会员名','消费金额']
```

- pd.isnull()：检查 DataFrame 对象中的空值，并返回一个 Boolean 数组。

例如，检查"联系手机"一列是否有空值，代码如下：

```
01  df1= df[['联系手机']]
02  a=pd.isnull(df1)
```

- df.dropna()：删除所有包含空值的行。

例如：print(df.dropna(axis = 0))

- df.dropna(axis=1)：删除所有包含空值的列。

例如：print(df1.dropna(axis = 1))

- df.fillna(x)：用 x 替换 DataFrame 对象中所有的空值。

例如，将联系手机为空的手机号替换为 18688888888，代码如下：

```
df['联系手机'] = df['联系手机'].fillna(18688888888)
```

4．数据合并

数据合并主要介绍如何将多个 Excel 文件以不同方式合并。

- df1.append(df2)：将 df2 中的行添加到 df1 的尾部。
- pd.concat([df1, df2],axis=1)：将 df2 中的列添加到 df1 的尾部。
- df1.join(df2,on=None,how='inner')：对 df1 的列和 df2 的列执行 SQL 形式的 join（拼接列）。

如果两列的列名相同，可以通过 lsuffix='', rsuffix='' 区分，例如：

```
print(df1.join(df2,on=None,how='inner',lsuffix='1',rsuffix='2'))
```

5．数据分组统计

数据分组统计是对 Excel 数据进行分组汇总统计。

例如，按"宝贝标题"分组统计宝贝数量，代码如下：

```
df1=df.groupby(["宝贝标题"])["宝贝总数量"].sum()
```

例如，按"宝贝标题"分组统计每种商品有多少客户购买，代码如下：

```
df1 = df.groupby(["宝贝标题"])["客户名称"].count()
```

- df.mean()：返回所有列的均值。
- df.count()：返回每一列中的非空值的个数。
- df.max()：返回每一列的最大值。返回某列最大值需要指定列名，例如 df["宝贝总数量"].max()。
- df.min()：返回每一列的最小值。返回某列最小值需要指定列名，例如 df["宝贝总数量"].min()。

29.4 窗体 UI 设计

对于 Python 程序员来说，用纯代码编写应用程序并不稀奇。不过，大多程序员还是喜欢使用可视化的方法来设计界面，大大减少程序代码量，设计起来也更加方便清晰。Qt 设计器（Qt Designer）则提供了这样一种可视化的设计环境，可以随心所欲地设计出自己想要的界面。

Excel 数据分析系统就是使用 Qt Designer 设计的界面，界面主要由窗体、工具栏、列表框、文本框、单选按钮和命令按钮等组成，界面基本布局如图 29.9 所示。

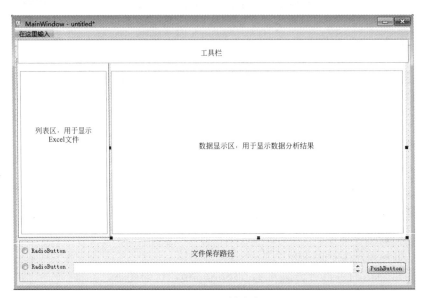

图 29.9　界面基本布局

29.4.1　创建窗体

设计界面前首先要创建一个窗体，然后将需要的控件放置在窗体上。运行 Qt Designer，将弹出"新建窗体"，选择 Main Window，单击"创建"按钮，窗体创建完成，如图 29.10 所示。

图 29.10　新创建的窗体

窗体图标和窗体标题栏需使用"属性编辑器"设置,设置方法如图 29.11 所示。

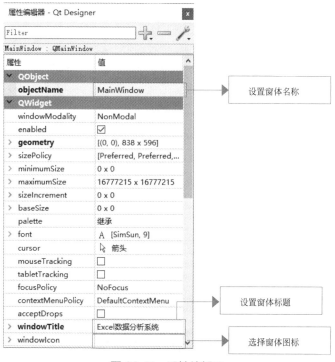

图 29.11　属性编辑器

相关属性设置完成后,可预览效果,选择主菜单中的 Form/preview 菜单项即可看到,最后 Ctrl+S 保存文件,将窗体保存为 dataEXCEL.ui 文件。

29.4.2　工具栏设计

工具栏主要使用 QToolBar 控件,在窗体上单击鼠标右键在弹出的快捷菜单中选择"Add Tool Bar"添加工具栏菜单项,然后再为工具栏添加工具栏按钮,最终设计完成的效果如图 29.12 所示。

图 29.12　工具栏设计

工具栏按钮主要通过 Action Editor(动作编辑器)添加,单击新建按钮图标,打开"New action"(新建动作)窗口,依次输入文本、对象名称、提示文本,为按钮添加图标,操作步骤如图 29.13 所示。

按照如图 29.14 所示的名称、文本依次完成各个工具栏按钮。设计完成后,还要注意一个重要的属性,它就是 toolButtonStyle 属性,若要实现图文结合的工具栏效果,需要将该属性值设置为 ToolButtonTextUnderIcon,否则工具栏按钮默认只显示图标或只显示文字。

编辑完成工具栏按钮信息后,则将其放到工具栏上,这里有一个小技巧:在 Action Editor 中将设计好的动作名称直接拖拽到工具栏上即可,如图 29.15 所示。

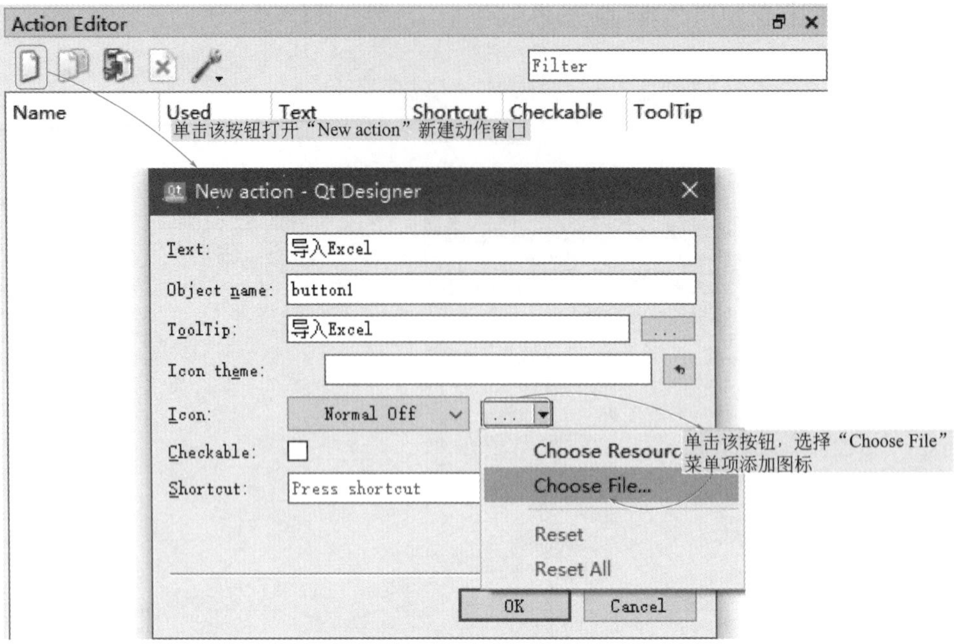

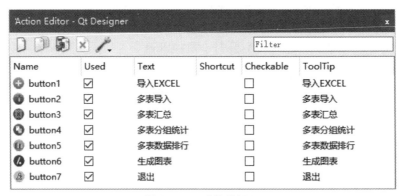

图 29.13　工具栏按钮设置方法

图 29.14　动作编辑器

图 29.15　拖拽动作名称到工具栏

至此，工具栏便设计完成。

29.4.3 其他布局与设置

下面在窗体上添加其他控件，并通过 Qt Designer 属性编辑器设置每一个控件的属性，具体步骤如下：

① 在窗体上添加一个 List View 控件（QListView）用于显示 Excel 文件，设置它的 objectName 的属性为"list1"。

② 在窗体上添加两个 Text Edit 控件（QTextEdit），一个用于显示数据，一个用于显示文件夹路径。单击第一个文本框，使用默认名称；第二个文本框，设置它的 objectName 属性为"text1"。

③ 在窗体上添加一个 Label 标签控件，设置 enabled 属性为"false"（即去掉复选框中的√符号），设置 text 属性为"输出选项"。

④ 在窗体上添加两个 Radio Button 控件（QRadioButton），用于选择文件保存的路径，设置 objectName 属性分别为 rButton1 和 rButton2。rButton1 的 text 属性为"保存在原文件夹内"，rButton2 的 text 属性为"自定义文件夹"。

⑤ 在窗体上添加一个 Push Button 控件（QPushButton），用于显示文件会话框，设置 objectName 属性为 viewButton，设置 text 属性为"浏览"。

效果如图 29.16 所示，Ctrl+S 保存文件。还可以预览一下界面设计效果，要预览效果，选择菜单"窗体"→"预览"即可看到。

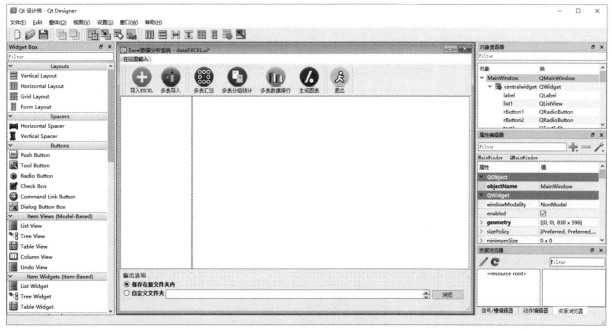

图 29.16　界面设计完成效果

29.4.4 将 ui 文件转换为 py 文件

前面介绍了本系统使用了可视化开发环境 PyCharm，接下来的任务将在 PyCharm 中完成，首先将 ui 文件转换为 py 文件，具体步骤如下：

① 运行 PyCharm，新建一个工程（File/New Project....），选择工程文件保存的位置，单击 Create 按钮创建工程（如 untitled1），然后会弹出会话框选择是新建一个窗口还是打开已有窗口，这里单击 New Window 按钮，新建一个窗口。

② 将之前保存的 dataEXCEL.ui 文件拷贝到工程目录下，这时在左侧工程文件列表中就会出现

dataEXCEL.ui，单击鼠标右键，在弹出的菜单中选择 External Tools/PyUIC 菜单项，如图 29.17 所示。

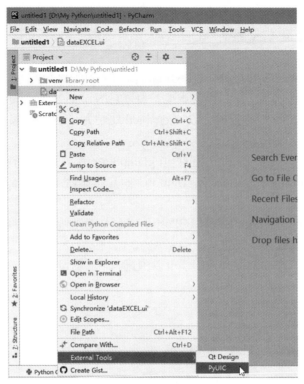

图 29.17　ui 文件转换为 py 文件

> 📖 说明
>
> 　　此操作还可以通过命令完成，在 cmd 中打开 dataEXCEL.ui 所在路径，例如 cd D:\My Python888\untitled1，然后输入 pyuic5 -o dataEXCEL.py dataEXCEL.ui，回车，其中 -o 后的第一个参数为输出文件的名称，-o 后第二个参数为生成的 ui 文件的名称。

③ 使用转换后的 dataEXCEL.py 文件。那么如何直接运行 py 文件运行程序显示界面呢？需要修改以下两个地方。

导入系统模块 sys：

```
import sys
```

定义显示窗体的方法：

```
01  # 定义载入主窗体的方法
02  def show_MainWindow():
03      app = QtWidgets.QApplication(sys.argv)
04      MainWindow = QtWidgets.QMainWindow()
05      ui = Ui_MainWindow()
06      ui.setupUi(MainWindow)
07      MainWindow.show()
08      sys.exit(app.exec_())
09  if __name__ == "__main__":
10      show_MainWindow()
```

单击菜单栏中的 Run 菜单命令，运行 dataEXCEL.py 文件显示程序界面，效果如图 29.18 所示。程序界面大功告成，接下来完成功能代码。

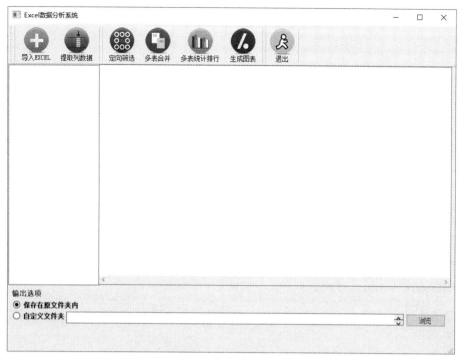

图 29.18　运行 dataEXCEL.py 文件显示程序界面

29.5　功能代码设计

29.5.1　导入 Excel 文件

导入 Excel 通过单击"导入 EXCEL"工具栏按钮，打开文件会话框选择文件夹，遍历文件夹 *.xls 文件，将文件添加到列表区，效果如图 29.19 所示。

首先定义导入 Excel 文件函数，代码如下。

图 29.19　导入 Excel 文件

```
01 def click1(self):
02     # 文件夹路径
03     global root
04     root = QFileDialog.getExistingDirectory(self,"选择文件夹","/")
05     mylist = []
06     # 遍历文件夹文件
07     for dirpath, dirnames, filenames in os.walk(root):
08         for filepath in filenames:
09             # mylist.append(os.path.join(dirpath, filepath))
10             mylist.append(os.path.join(filepath))
11     # 实例化列表模型，添加数据列表
12     self.model = QtCore.QStringListModel()
13     # 添加列表数据
14     self.model.setStringList(mylist)
15     self.list1.setModel(self.model)
16     self.list1 = mylist
```

其次，单击工具栏按钮触发自定义槽函数，代码如下：

```
01 # 单击工具栏按钮触发自定义槽函数
02 self.button1.triggered.connect(self.click1)
```

> 说明
>
> 上述代码需要放在窗体的 class Ui_MainWindow 类中。

29.5.2 读取 Excel 数据

单击列表区中的 Excel 文件，右侧数据显示区即可显示该文件第一个 Sheet 中的数据。

首先，定义显示数据的函数，代码如下：

```
01 # 单击左侧目录右侧表格显示数据
02 def clicked(self, qModelIndex):
03     global root
04     global myrow
05     myrow=qModelIndex.row()
06     # 获取当前选中行的数据
07     a = root + '/' + str(self.list1[qModelIndex.row()])
08     df = pd.DataFrame(pd.read_excel(a))
09     self.textEdit.setText(str(df))
```

其次，在窗体的 class Ui_MainWindow 类中添加如下代码，选择列表区中的 Excel 文件触发自定义槽函数，代码如下：

```
01 # 单击QListView列表触发自定义的槽函数
02 self.list1.clicked.connect(self.clicked)
```

29.5.3 设置文件存储路径

设置文件路径主要使用了 QFileDialog 模块，QFileDialog 类提供了一个供用户选择文件或者文件夹的会话框。例如：

```
temproot = QFileDialog.getExistingDirectory(self, "选择文件夹", "/")
```

调用后的结果如图 29.20 所示。

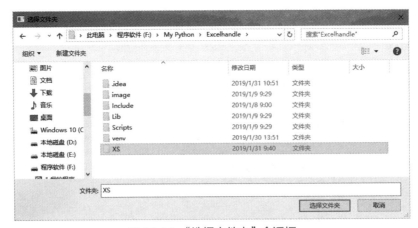

图 29.20 "选择文件夹"会话框

程序代码如下：

```
01 # 单击"浏览"按钮选择文件存储路径
02 def viewButton_click(self):
```

```
03      global temproot
04      temproot = QFileDialog.getExistingDirectory(self,"选择文件夹","/")
05      self.text1.setText(temproot)
```

29.5.4 保存数据到 Excel

为了方便用户查看想要的结果数据，本章程序对每个功能模块最后输出的结果数据都设计了保存到 Excel 的功能，因此这里自定义了保存数据到 Excel 的函数 SaveExcel，该函数代码如下：

```
01 # 自定义函数 SaveExcel 用于保存数据到 Excel
02 def SaveExcel(df,isChecked):
03     # 将提取后的数据保存到 Excel
04     if (isChecked):
05         writer = pd.ExcelWriter('mycell.xls')
06     else:
07         global temproot
08         writer = pd.ExcelWriter(temproot + 'mycell.xls')
09     df.to_excel(writer, 'sheet1')
10     writer.save()
```

参数 df 表示 DataFrame 结构数据，参数 isChecked 是一个布尔值表示是否选择原文件夹。

> **说明**
>
> 上述代码需要放置在最上端，也就是窗体的 class Ui_MainWindow 类的上面。

29.5.5 提取列数据

要处理的电商数据有 58 列，包含了每个订单的各种信息（订单编号、买家会员名、支付宝账号、付款单号、支付详情……）。这么多列，不利于分析数据，下面仅提取有用的列，并保存到新的 Excel 表格中。

提取 Excel 表中指定列数据，然后将提取的数据保存到名为 mycell.xls 表中，代码如下：

```
01 # 提取列数据
02 def click2(self):
03     global root
04     global myrow
05     # 获取当前选中行的数据
06     a = root + '/' + str(self.list1[myrow])
07     df = pd.DataFrame(pd.read_excel(a))
08     # 显示指定列数据
09     df1 = df[['买家会员名','收货人姓名','联系手机','宝贝标题']]
10     self.textEdit.setText(str(df1))
11     # 调用 SaveExcel 函数，保存数据到 Excel
12 SaveExcel(df1,self.rButton2.isChecked())
```

在窗体的 class Ui_MainWindow 类中添加如下代码，单击工具栏按钮触发自定义槽函数：

```
self.button2.triggered.connect(self.click2)
```

29.5.6 定向筛选

在列表区选择需要查看的销售数据，选取"买家会员名""收货人姓名""联系手机"和"宝贝标题"列，然后从中筛选《零基础学 Python》一书购买者的信息以做定向宣传（如短信群发、旺旺群发等），效果如图 29.21 所示。

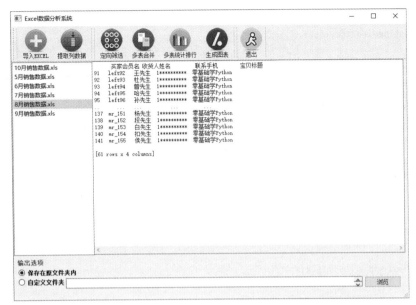
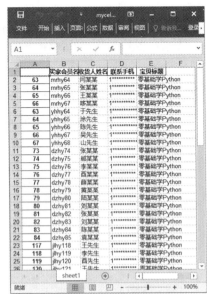

图 29.21 定向筛选

实现数据定向筛选，首先需要了解其业务流程和实现技术，具体如图 29.22 所示。

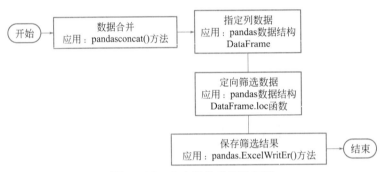

图 29.22 定向筛选业务流程图

程序代码如下：

```
01 # 定向筛选
02 def click3(self):
03     global root
04     global myrow
05     # 合并 Excel 表格
06     filearray = []
07     filelocation = glob.glob(root + "\*.xls")
08     for filename in filelocation:
09         filearray.append(filename)
10     res = pd.read_excel(filearray[0])
11     for i in range(1, len(filearray)):
12         A = pd.read_excel(filearray[i])
13         res = pd.concat([res, A], ignore_index=False, sort=True)
14     # 显示指定列数据
15     df1 = res[['买家会员名','收货人姓名','联系手机','宝贝标题']]
16     df2 = df1.loc[df1['宝贝标题'] == '零基础学 Python']
17     self.textEdit.setText(str(df2))
18     # 调用 SaveExcel 函数，保存定向筛选结果到 Excel
19     SaveExcel(df2,self.rButton2.isChecked())
```

在窗体的 class Ui_MainWindow 类中添加如下代码，单击工具栏按钮触发自定义槽函数：

```
self.button3.triggered.connect(self.click3)
```

29.5.7 多表合并

将列表区显示的所有月份的销售数据合并为一个表格，代码如下：

```
01  # 多表合并
02  def click4(self):
03      global root
04      # 合并指定文件夹下的所有 Excel 表
05      print(root)
06      filearray = []
07      filelocation = glob.glob(root+"\*.xls")
08      for filename in filelocation:
09          filearray.append(filename)
10      res = pd.read_excel(filearray[0])
11      for i in range(1, len(filearray)):
12          A = pd.read_excel(filearray[i])
13          res = pd.concat([res, A], ignore_index=False, sort=True)
14      self.textEdit.setText(str(res.index))
15      # 调用 SaveExcel 函数，将合并后的数据保存到 Excel
16      SaveExcel(res, self.rButton2.isChecked())
```

在窗体的 class Ui_MainWindow 类中添加如下代码，单击工具栏按钮触发自定义槽函数：

```
self.button4.triggered.connect(self.click4)
```

29.5.8 多表统计排行

为了了解单品销售情况，将列表区所有的销售数据按图书名称汇总统计并进行排行，效果如图 29.23 所示。

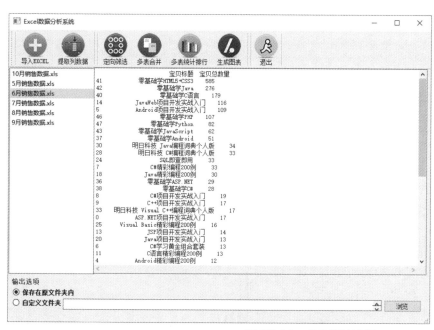

图 29.23 多表统计排行

实现多表统计排行，首先需要了解其业务流程和实现技术，具体如图 29.24 所示。

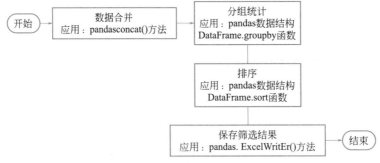

图 29.24　多表统计排行业务流程图

程序代码如下：

```
01  # 多表统计排行
02  def click5(self):
03      global root
04      # 合并 Excel 表格
05      filearray = []
06      filelocation = glob.glob(root + "\*.xls")
07      for filename in filelocation:
08          filearray.append(filename)
09      res = pd.read_excel(filearray[0])
10      for i in range(1, len(filearray)):
11          A = pd.read_excel(filearray[i])
12          res = pd.concat([res, A], ignore_index=False, sort=True)
13      # 分组统计排序
14      # 通过 reset_index() 函数将 groupby() 的分组结果转成 DataFrame 对象
15      df = res.groupby(["宝贝标题"])["宝贝总数量"].sum().reset_index()
16      df1 = df.sort_values(by='宝贝总数量', ascending=False)
17      self.textEdit.setText(str(df1))
18      # 调用 SaveExcel 函数，将统计排行结果保存到 Excel
19      SaveExcel(df1, self.rButton2.isChecked())
```

在窗体的 class Ui_MainWindow 类中添加如下代码，单击工具栏按钮触发自定义槽函数：

```
self.button5.triggered.connect(self.click5)
```

29.5.9　生成图表（贡献度分析）

前面对 Excel 数据的分析是以数据表格的形式展现，下面为了使数据更加清晰直观、可视化，介绍如何使用 Matplotlib 模块生成数据分析图表。Matplotlib 图表类型分为线形图、柱状图、面积图、饼图、散点图、箱型图等，根据要展示的数据选择相应的图表类型。

本节主要分析贡献度，它的原理是帕累托法则，意思就是 80% 的收入来自 20% 最畅销的产品，下面根据淘宝电商的需求分析全彩系列图书 2021 年 5～10 月收入占 80% 的产品，效果如图 29.25 所示，从而针对这部分产品加大投入、重点宣传。

从上图得出收入占 80% 的产品图书编号为 B4、B5、B3、B8、B22、B9、B16、B6、B1 和 B13 共 10 个品种的全彩系列图书，占全彩系列图书的 32%。接

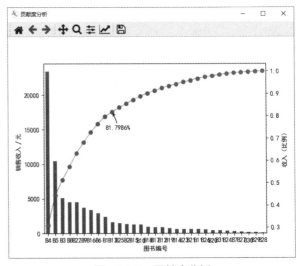

图 29.25　贡献度分析

下来再看看这些图书编号对应的图书具体信息，如图 29.26 所示。

	图书名称	编号	印刷厂	版次
1				
2	零基础学Android	B1	宁健印刷有	2017年9月第1版
3	零基础学C#	B2	宁健印刷有	2017年11月第1版
4	零基础学C语言	B3	宁健印刷有	2017年9月第1版
5	零基础学HTML5+CSS3	B4	宁健印刷有	2017年11月第1版
6	零基础学Java	B5	宁健印刷有	2017年8月第1版
7	零基础学JavaScript	B6	宁健印刷有	2017年10月第1版
8	零基础学Oracle	B7	宁健印刷有	2017年11月第1版
9	零基础学PHP	B8	控股有限	2017年9月第1版
10	零基础学Python	B9	控股有限	2018年4月第1版
11	零基础学ASP.NET	B10	宁健印刷有	2018年4月第1版
12	Android精彩编程200例	B11	控股有限	2017年8月第1版
13	Visual Basic精彩编程200例	B12	宁健印刷有	2017年11月第1版
14	C#精彩编程200例	B13	宁健印刷有	2017年10月第1版
15	C语言精彩编程200例	B14	宁健印刷有	2017年9月第1版
16	Java精彩编程200例	B15	控股有限	2017年8月第1版
17	Android项目开发实战入门	B16	宁健印刷有	2017年3月第1版
18	ASP.NET项目开发实战入门	B17	宁健印刷有	2017年7月第1版
19	C#项目开发实战入门	B18	宁健印刷有	2017年4月第1版
20	C++项目开发实战入门	B19	宁健印刷有	2017年5月第1版
21	C语言项目开发实战入门	B20	宁健印刷有	2017年4月第1版
22	Java项目开发实战入门	B21	宁健印刷有	2017年3月第1版
23	JavaWeb项目开发实战入门	B22	宁健印刷有	2017年4月第1版
24	JSP项目开发实战入门	B23	宁健印刷有	2017年4月第1版
25	PHP项目开发实战入门	B24	宁健印刷有	2017年4月第1版
26	SQL即查即用	B25	宁健印刷有	2018年4月第1版
27	Java开发详解	B26	春吉广印	2018年7月第1版
28	Android开发详解	B27	春吉广印	2018年7月第1版
29	玩转C语言程序设计	B28	春吉广印	2018年7月第1版
30	案例学Web前端开发	B29	宁健印刷有	2018年7月第1版
31	Python从入门到项目实践	B30	宁健印刷有	2018年8月第1版
32	零基础学C++	B31	春吉广印	2018年8月第1版

图 29.26　图书信息表

程序代码如下：

首先导入 Python 内置模块 numpy，用于创建数组，接着导入 matplotlib 模块生成图表，代码如下：

```
01 import numpy as np
02 import matplotlib.pyplot as plt
```

汇总数据生成图表，代码如下：

```
01 def click6(self):
02     global root
03     # 合并 Excel 表格
04     filearray = []
05     filelocation = glob.glob(root + "\*.xls")
06     for filename in filelocation:
07         filearray.append(filename)
08     res = pd.read_excel(filearray[0])
09     for i in range(1, len(filearray)):
10         A = pd.read_excel(filearray[i])
11         res = pd.concat([res, A], ignore_index=False, sort=True)
12     # 分组统计排序，通过 reset_index() 函数将 groupby() 的分组结果转成 DataFrame 对象
13     df=res[(res.类别 =='全彩系列')]
14     df1 = df.groupby(["图书编号"])["买家实际支付金额"].sum().reset_index()
15     df1 = df1.set_index('图书编号')                    # 设置索引
16     df1 = df1[u'买家实际支付金额'].copy()
17     df2=df1.sort_values(ascending=False)              # 排序
18     SaveExcel(df2, self.rButton2.isChecked())
```

```
19      # 图表字体为华文细黑，字号为 12
20      plt.rc('font', family='SimHei', size=10)
21      plt.figure(" 贡献度分析 ")
22      df2.plot(kind='bar')
23      plt.ylabel(u' 销售收入 / 元 ')
24      p = 1.0*df2.cumsum()/df2.sum()
25      print(p)
26      p.plot(color='r', secondary_y=True, style='-o', linewidth=0.5)
27      #plt.title(" 贡献度分析 ")
28      plt.annotate(format(p[9], '.4%'), xy=(9, p[9]), xytext=(9 * 0.9, p[9] * 0.9),
29          arrowprops=dict(arrowstyle="->", connectionstyle="arc3,rad=.1"))   # 添加标记，并指定箭头样式
30      plt.ylabel(u' 收入（比例） ')
31      plt.show()
```

在窗体的 class Ui_MainWindow 类中添加如下代码，单击工具栏按钮触发自定义槽函数：

```
self.button6.triggered.connect(self.click6)
```

小结

本章 Excel 数据分析系统通过 pandas 实现了对 Excel 数据的导入、提取列数据、定向筛选数据、多表合并、多表统计排行等，充分展示了 pandas 高效处理数据的能力，几行代码就可以搞定人工几十分钟的操作。但这些仅仅是冰山一角，它在数据清理、数据挖掘、数据分析以及办公自动化处理等方面还有很多应用，希望读者可以去尝试和探索。

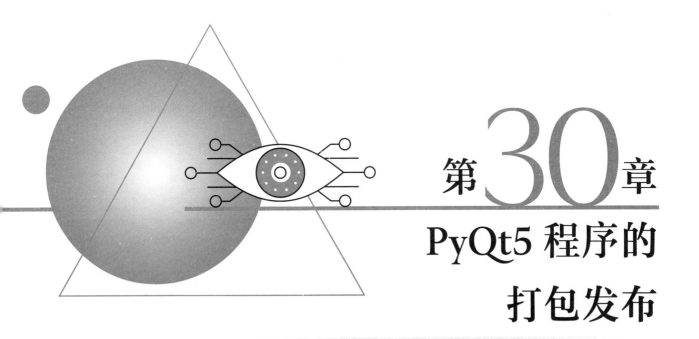

第30章
PyQt5 程序的打包发布

扫码领取
- 教学视频
- 配套源码
- 练习答案
- ……

　　PyQt5 程序的打包发布，即将 .py 代码文件打包成可以直接双击执行的 .exe 文件，在 Python 中并没有内置可以直接打包程序的模块，而是需要借助第 3 方模块实现。打包 Python 程序的第 3 方模块有很多，其中最常用的就是 Pyinstaller，本章将对如何使用 Pyinstaller 模块打包 PyQt5 程序进行详细讲解。

　　本章知识架构如下：

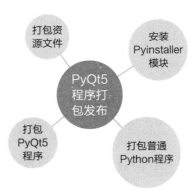

30.1 安装 Pyinstaller 模块

使用 Pyinstaller 模块打包 Python 程序前，首先需要安装该模块，安装命令为：pip install Pyinstaller，具体步骤如下：

① 以管理员身份打开系统的 cmd 命令窗口，输入安装命令，如图 30.1 所示。
② 按下 <Enter> 回车键，开始进行安装，安装成功后的效果如图 30.2 所示。

图 30.1 在 cmd 命令窗口中输入安装命令

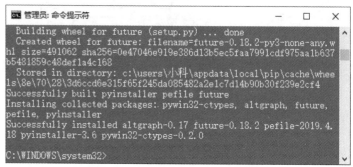

图 30.2 Pyinstaller 模块安装成功

> **注意**
>
> 在安装 Pyinstaller 模块时，计算机需要联网，因为需要下载安装包。

指点迷津

在安装 Pyinstaller 模块时，有可能会出现如图 30.3 所示的错误提示。

出现以上错误，主要是由于缺少依赖模块造成的，使用 pip installer 命令安装 pywin32 模块和 wheel 模块后，再使用 pip install Pyinstaller 安装即可。安装 pywin32 模块和 wheel 模块的命令如下：

```
pip install pywin32
pip install wheel
```

图 30.3 安装 Pyinstaller 模块时出现错误提示

安装完 Pyinstaller 后，就可以使用它对 .py 文件进行打包。打包分两种情况，一种是打包普通 Python 程序，另外一种是打包使用了第 3 方模块的 Python 程序。下面分别进行讲解。

30.2 打包普通 Python 程序

普通 Python 程序指的是完全使用 Python 内置模块或者对象实现的程序，程序中不包括任何第 3 方模块。使用 Pyinstaller 打包普通 Python 程序的步骤如下：

打开系统的 cmd 命令窗口，使用 cd 命令切换到 .py 文件所在路径（如果 .py 文件不在系统盘，需要先使用"盘符:"命令来切换盘符），然后输入"pyinstaller -F 文件名.py"命令进行打包，如图 30.4 所示。

说明

图 30.4 中的 "J:" 用来将盘符切换到 J 盘，"cd J:\PythonDevelop\14" 用来将路径切换到 .py 文件所在路径，读者需要根据自己的实际情况进行相应替换。

执行以上打包命令的过程如图 30.5 所示。

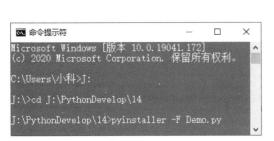

图 30.4　使用 Pyinstaller 打包单个 .py 文件

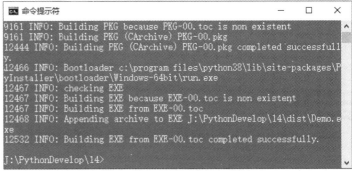

图 30.5　执行打包过程

打包成功的 .exe 可执行文件位于 .py 同级目录下的 dist 文件夹中，如图 30.6 所示，直接双击即可运行。

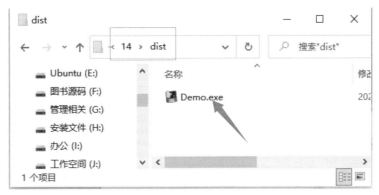

图 30.6　打包成功的 .exe 文件所在位置

指点迷津

使用 Pyinstaller 模块打包 Python 程序时，如果在 Python 程序中引入了其他的模块，在双击执行打包后的 .exe 文件时，会出现找不到相应模块的错误提示，例如，打包一个导入了 PyQt5 模块的 Python 程序，则在运行时会出现如图 30.7 所示的错误提示。

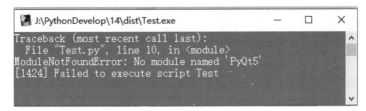

图 30.7　打包使用了第 3 方模块的 Python 程序时，运行出现的错误提示

解决该问题，需要在 pyinstaller 打包命令中使用 --paths 指定第三方模块所在的路径，30.3 节中将以打包 PyQt5 程序为例，讲解其详细使用方法。

30.3 打包 PyQt5 程序

在 30.2 节中使用"pyinstaller -F"命令可以打包没有第 3 方模块的普通 Python 程序，但如果程序中用到了第 3 方模块，在运行打包后的 .exe 文件时就会出现找不到相应模块的错误提示，怎么解决这类问题呢？本节就以打包 PyQt5 程序为例进行详细讲解。

PyQt5 是一个第 3 方模块，可以设计窗口程序，因此在使用 pyinstaller 命令打包其开发的程序时，需要使用 --path 指定 PyQt5 模块所在的路径。另外，由于是窗口程序，所以在打包时需要使用 -w 指定打包的是窗口程序，还可以使用 --icon 指定窗口的图标。具体语法如下：

```
pyinstaller --paths PyQt5模块路径 -F -w --icon=窗口图标文件 文件名.py
```

> 💬 **参数说明**：
> - --paths：指定第 3 方模块的安装路径。
> - -w：表示窗口程序。
> - --icon：可选项，如果设置了窗口图标，则指定相应文件路径，如果没有，则省略。
> - 文件名.py：窗口程序的入口文件。

例如，使用上面的命令打包一个 PyQt5 程序（Test.py）的步骤如下：

① 打开系统的 cmd 命令窗口，使用 cd 命令切换到 .py 文件所在路径（如果 .py 文件不在系统盘，需要先使用"盘符:"命令来切换盘符），然后使用 pyinstaller 命令进行打包，如图 30.8 所示。

> 📖 **说明**
>
> 图 30.8 中的"J:/PythonDevelop/venv/Lib/site-packages/PyQt5/Qt/bin"是笔者的 PyQt5 模块安装路径，"Test.py"是要打包的 PyQt5 程序文件，读者需要根据自己的实际情况进行相应替换。

② 输入以上命令后，按下 <Enter> 回车键，即可自动开始打包 PyQt5 程序，打包完成后提示"*** completed successfully"，说明打包成功，如图 30.9 所示。

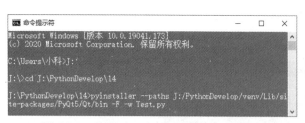

图 30.8 使用 pyinstaller 打包 PyQt5 程序

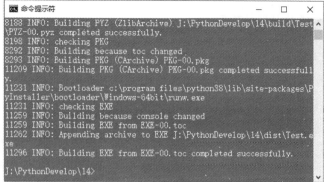

图 30.9 打包 PyQt5 过程及成功提示

③ 打包成功的 .exe 可执行文件位于 .py 同级目录下的 dist 文件夹中，直接双击即可打开 PyQt5 窗口程序，如图 30.10 所示。

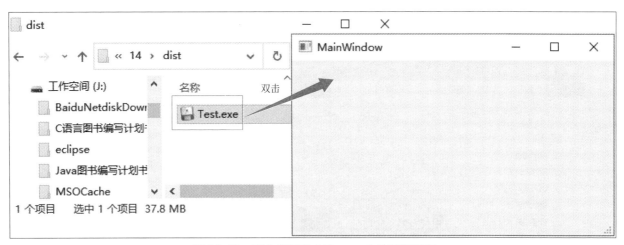

图 30.10　双击打包完成的 .exe 文件运行程序

指点迷津

在双击打包完成的 .exe 文件运行程序时，可能会出现如图 30.11 所示的警告会话框，这主要是由于本机的 PyQt5 模块未安装在全局环境中造成。解决该问题的方法是，打开系统的 cmd 命令窗口，使用 pip install PyQt5 命令将 PyQt5 模块安装到系统的全局环境中，并将 PyQt5 的安装路径配置到系统的 Path 环境变量中，如图 30.12 所示。

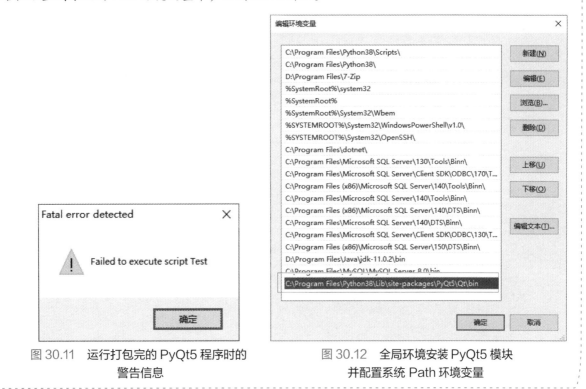

图 30.11　运行打包完的 PyQt5 程序时的警告信息　　　图 30.12　全局环境安装 PyQt5 模块并配置系统 Path 环境变量

30.4　打包资源文件

在打包 Python 程序时，如果程序中用到图片或者文件等资源文件，打包完成后，需要对资源文件进行打包。打包资源文件的过程非常简单，只需要将打包的 .py 文件同级目录下的资源文件或者文件夹复制到 dist 文件夹中即可，如图 30.13 所示。

图 30.13　打包资源文件

小结

本章首先对如何安装 Pyinstaller 模块进行了简单介绍，然后详细讲解了如何借助 Pyinstaller 模块打包普通的 Python 程序和 PyQt5 程序，最后讲解了如何在打包 Python 程序的同时，对资源文件进行打包。通过本章的学习，读者应该能够掌握对一个已经开发完成的 Python 程序进行打包的方法。